房屋建筑工程
评估基础

（第二版）

FANGWU JIANZHU GONGCHENG PINGGU JICHU

主　编◎陈汉明

副主编◎郑雪霖　段义德

首都经济贸易大学出版社

Capital University of Economics and Business Press

·北京·

图书在版编目(CIP)数据

房屋建筑工程评估基础 / 陈汉明主编. -- 2 版. --北京：首都经济贸易大学出版社，
2021. 10

ISBN 978-7-5638-3245-3

Ⅰ. ①房… Ⅱ. ①陈… Ⅲ. ①房屋-建筑工程-评估 Ⅳ. ①TU723

中国版本图书馆 CIP 数据核字(2021)第 143532 号

房屋建筑工程评估基础(第二版)

主　　编　陈汉明

副主编　郑雪霖　段义德

责任编辑　晓　红

封面设计　砚祥志远·激光照排　TEL: 010-65976003

出版发行　首都经济贸易大学出版社

地　　址　北京市朝阳区红庙 (邮编 100026)

电　　话　(010)65976483　65065761　65071505(传真)

网　　址　http://www.sjmcb.com

E-mail　publish@cueb.edu.cn

经　　销　全国新华书店

照　　排　北京砚祥志远激光照排技术有限公司

印　　刷　北京泰锐印刷有限责任公司

成品尺寸　185 毫米×260 毫米　1/16

字　　数　518 千字

印　　张　20.75

版　　次　2015 年 8 月第 1 版　**2021 年 10 月第 2 版**
　　　　　　2022 年 11 月总第 6 次印刷

书　　号　ISBN 978-7-5638-3245-3

定　　价　52.00 元

第二版前言
•PREFACE•

习近平总书记指出:"人民对美好生活的向往,就是我们的奋斗目标。"俗话说安居乐业,以住房为代表的房屋建筑工程是人民美好生活的重要载体。21世纪以来,我国城镇化进程快速推进,对房屋建筑工程评估的需要也日趋增多,诸多高校开设《房屋建筑工程评估》或相关课程。然而,由于缺乏这一领域的专门教材,开设该课程的学校只能选用中国资产评估协会编写的考试用书《建筑工程评估基础》作为授课教材,但该书并非为高校授课所编,在日常实际教学中多有不便,编著专门教材的需求非常迫切。2015年,本书第一版《房屋建筑工程评估基础》完稿付梓,供高校及资产评估从业人员使用。随着2017年资产评估师考试改革,中国评估协会编写的考试用书《建筑工程评估基础》停印,本书成为该领域为数不多的可选教材。

2015年以来,我国房地产市场和建筑工程领域发生了诸多变化,加之相关标准、规范和法律法规的更新,原教材许多内容已不再适用。具体表现在如下三大方面:

第一,相关行业标准和规范发生变化和调整。随着我国房屋建筑市场的发展,包括《建筑工程建筑面积计算规范》《建设工程工程量清单计价规范》和《房地产估价规范》在内的诸多国家标准发生了调整和更新,相关评估要求也随之调整。

第二,市场规模和结构发生了深刻变化。一方面,房地产市场规模进一步扩大,存量房、二手房规模逐步增加,房屋建筑工程评估业务种类和规模随之增加;另一方面,市场结构悄然改变,我国房地产市场逐步由一个以增量新房为主的时代转换到讲品质、讲价值的存量时代,房屋建筑工程的评估重心随之逐渐转移。

第三,政策导向层面的改变。随着"房住不炒"原则的深入贯彻,中国房地产市场无论在政策调控层面,还是在相关法律法规、金融和税收政策层面都形成了一个具有中国特色的体系,这一变化对房屋建筑工程评估提出了新的要求。例如,2016年《中华人民共和国资产评估法》(简称《资产评估法》)颁布实施,评估领域相关业务有了明确的法律规范;2016年全面实行营业税改征增值税,建筑工程相关税费制度随之调整;2017年,全国人民代表大会对《中华人民共和国招标投标法》(简称《招标投标法》)予以修正,对工程建设招投标相关事宜予以法律规范;2019年《中华人民共和国建筑法》(简称《建筑法》)再次修正,建筑工程领域相关活动得以进一步规范。

基于上述变化,《房屋建筑工程评估基础》教材相关内容亟须更新,以适应新时代我国房屋建筑工程评估教学和实务操作的需要。基于此,本书编写组对原版教材内容进行了大幅调整和完善,并结合近年来教学和实务操作经验,对原教材存在的错误或不当之处予以逐一更正,以更好地满足广大读者和高校授课的需要。

全书改编的具体内容如下(原版章节):第一章,对涉及《建筑法》和《招标投标法》的相关内容予以更新补充;第二章,更新"常用的建筑材料"、"混凝土"和"建筑功能材料"相关内容,并纠正个别错误表述;第三章,更新完善"墙体"相关内容,更正部分表述;第四章,纠正个别错误表述;第五章,删减调整"房屋建筑工程质量验收"等内容;第六章,依据新版《建筑工程建筑面积计算规范》(GB/T50353—2013)国标要求,将原 2005 版建筑面积计算相关内容予以更新;第七章,依据新国家标准更新工程造价构成,并依据最新法律法规、政策文件等,调整原版涉及的建筑工程营业税、固定资产投资方向调节税和工程排污费等内容;第八章,删去固定资产方向调节税相关内容,并依据新的《建设工程工程量清单计价规范》(GB50500—2013)国标要求,将原 2008 版工程量清单计价规范相关内容予以更新完善。第九章,删去"建筑工程财务评价"等内容。第十章,依据最新版《房地产估价规范》(GB/T50291—2015)国标要求,将原 1999 版房地产估价规范相关内容予以更新完善。第十一章,依据最新修订的《中华人民共和国土地管理法》、《中华人民共和国土地管理法实施条例(修订草案)》、《中华人民共和国城市房地产管理法》、《建设用地审查报批管理办法》和《城市用地分类与规划建设用地标准》等法律、法规和规定更新相关内容。同时,由于 2018 年国务院机构改革,我国土地主管单位由国土资源部调整为新组建的自然资源部,地方国有土地主管单位名称也随之改变,本书有关土地主管机构名称也做相应更新。

在上述具体工作基础上,编者进一步优化教材内容安排,对部分已失去现实意义或不适应资产评估本科教学需要的章节予以删减,对部分内容予以精简整合,使全书结构更加合理精炼。例如,删去原工程量计算相关内容,将原版第五章和第九章内容予以删减整合,构成新的第八章"房屋建筑工程损伤评定"。同时,删减更新原第十一章建设用地部分内容,并对全书参考文献予以更新和补充。

本次编写工作由首都经济贸易大学、四川农业大学和西南财经大学协作完成。其中,首都经济贸易大学为本书主编单位,其资产评估专业为国家级一流本科专业建设点。四川农业大学为本书副主编单位,西南财经大学为本书协编单位,这两所高校均为国家"双一流"建设高校。上述三所高校强强联合、优势互补,保障了本次编写工作的顺利完成。编写具体分工如下:第一章、第二章和第三章由陈汉明(首都经济贸易大学)编写,第四章、第五章和第六章由郑雪霖(四川农业大学)编写,第七章、第八章和第九章由段义德(四川农业大学)编写,第十章由王霞(西南财经大学)编写。全书由郑雪霖和段义德统稿,王霞校对,陈汉明最后审定。

本书可用作高校本科生和研究生的专业教材,也可用作资产评估从业人员的参考用书。编写过程得到了各协编单位领导和相关老师的大力支持,在此一并表示感谢。由于编者水平有限,加之时间仓促,书中难免有不足与疏漏之处,敬请广大专家学者和读者朋友批评指正。

编者

陈汉明　首都经济贸易大学

郑雪霖　四川农业大学

段义德　四川农业大学

王　霞　西南财经大学

2021 年 7 月 20 日

第一版前言
•PREFACE•

　　20世纪末以来,随着我国经济改革和社会发展,资产评估行业获得了实质性的机会。1996年中国资产评估协会组织了全国统一的资产评估考试,其时,考试科目当中,除了《资产评估》《财务会计》和《经济法》外,还有一门《工程技术基础》。建筑工程和机电设备估值的一些基础知识就放在《工程技术基础》这个科目当中考核。对应于全国统一考试,中国评估协会组织专家编写了一整套指定的考试教材,其中就包括《工程技术基础》。1999年,全国资产评估统一考试发生了比较巨大的变化,考试科目由四个改成五个,即将《工程技术基础》分拆成《机电设备评估基础》和《建筑工程评估基础》,同时也组织专家编写了这两门考试科目的指定用书,这一考试模式一直延续至今。从1999年算起,至2014年,用作考试用书的《建筑工程评估基础》发行了16个版本。可以说,作为考试用书的《建筑工程评估基础》影响了一代又一代的工程估值从业人员。

　　随着高校资产评估教育的发展,全国许多高校都设立了资产评估专业和方向,开设了建筑工程估值类课程的学校都选择中国评估协会编写的考试用书《建筑工程评估基础》作为本科和研究生教材,因为全国只能找到这一本,到目前为止,尚无专家和学者编著这一领域的教材。

　　本书作者自2004年起在首都经贸大学财税学院任教,主要讲授《建筑工程评估基础》《房地产评估》《资产评估》等课程,在2006年通过注册资产评估师职业资格的全国统一考试,同年还通过了注册一级建造师的全国统一考试。在十年的教学生涯中,作者同样选择了《建筑工程评估基础》考试用书作为本科与研究生教材。但毕竟考试用书编写的目的与高校人才培养的目标不完全一致,大学本科与研究生教育需要的是专业教材,因此,作者也在不断进行努力尝试,将建筑工程领域基础知识与资产评估基本理论进行有机结合,建设一个专业的课程体系,以期更加适合高校教育。随着经验的积累,编著一本专门适用于高校教育的专业教材的想法愈来愈强烈。2014年,我与首都经贸大学财税学院院长姚东旭教授进行沟通,姚院长非常支持,鼓励我立即着手编撰。在学院的大力支持下,我终于鼓起勇气,编写了这本专业教材。

　　本书可用作高校本科生和研究生的专业教材,也可用作资产评估从业人员的参考用书。

　　本书的资料收集与内容撰写均由我一人完成。由于编者水平有限,加之时间仓促,书中难免存在疏漏与缺陷,恳请各位读者和有关专家学者批评指正。

陈汉明

2015年6月

目 录

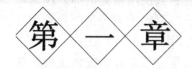

概　述

第一节　建设工程及其建设程序

一、建设工程项目及其组成

（一）建设工程项目的概念

建设工程项目是指为完成依法立项的新建、改建、扩建的各类工程而进行的,有起止日期的,达到规定要求的一组相互关联的受控活动组成的特定过程,包括策划、勘察、设计、采购、施工、试运行、竣工验收和考核评价等过程。建设工程属于固定资产投资对象,固定资产投资活动一般通过具体建设工程项目来实现,主要包括房屋建筑工程和公路、桥梁、铁路、隧道、水坝、港口、码头和机场等土木工程。

（二）建设工程项目的组成

建设工程可分为单项工程、单位(子单位)工程、分部(子分部)工程、分项工程。

1.单项工程。单项工程是指具有独立的设计文件,竣工以后可以独立发挥生产能力或效益的一组配套齐全的工程项目。单项工程从施工的角度看是一个独立的系统,在工程项目总体施工部署和管理目标的指导下,形成自身的项目管理方案和目标,依照其投资和质量要求,如期建成并交付使用。

单项工程是建设项目的组成部分,应单独编制工程概预算,一个建设项目可以包括一个单项工程,也可以是多个。生产性建设工程项目的单项工程,一般是指能独立生产的车间,包括设备的安装,设备、工具、器具、仪器的购置,厂房建筑等。非生产性建设工程项目的单项工程,如一所学校的教学楼、食堂、图书馆、宿舍等。

2.单位(子单位)工程。单位工程指具备独立施工条件并能形成独立使用功能,但建成后一般不能独立进行生产或发挥效益的工程。单位工程是单项工程的组成部分,按照单项工程的构成,又可将其分解为建筑工程和设备安装工程。如工业厂房工程中的土建工程、设备安装工程、工业管道工程等。一般情况下,单位工程是进行工程成本核算的对象,但并不是结算的对象。

对于规模较大的单位工程,可将其中能独立施工并能形成独立使用功能的部分作为一个子单位工程。从施工的角度看,单位工程就是一个独立的交工系统,有自身的项目管理方案和目标,按业主的投资及质量要求,如期建成并交付生产和使用。

3.分部(子分部)工程。分部工程是单位工程的组成部分,是建筑工程和安装工程的各个组成部分。按建筑工程的主要部位或工种工程及安装工程的种类划分,可分为土方工程、地基与基础工程、砌体工程、地面工程、装饰工程、管道工程、通风工程、通用设备安装工程、容器工程、自动化仪表安装工程、工业炉砌筑工程等。

分部工程的划分是按照专业性质、建筑部位确定的。专业性质指的是设备安装,可以划分成给排水、采暖、通风、空调、电梯、电气等。按照建筑部位的不同来划分,可分为基础、主体、屋面工程等。

当分部工程较大或较复杂时,可按材料种类、施工特点、施工程序、专业系统及类别等划分为若干子分部工程。例如,地基和基础分部工程又可以细分成无支护土方、有支护土方、地基处理、桩基、地下防水、混凝土基础、砌体基础、劲钢(管)混凝土、钢结构等子分部工程,装饰装修分部工程可分为地面、门窗、吊顶、幕墙、裱糊与软包等子分部工程,给排水、采暖、电气等分部工程又可分为室内给水、室内排水、卫生器具安装等子分部工程。

4.分项工程。分项工程是分部工程的组成部分,是施工图预算中最基本的计算单位,即计算工、料、机械消耗的基本单位。它是按照不同的施工方法、不同材料的不同规格等,将分部工程进一步划分的。例如,钢筋混凝土分部工程,可分为捣制和预制两种分项工程;预制楼板工程,可分为平板、空心板、槽型板等分项工程;砖墙分部工程,可分为眠墙(实心墙)、空心墙、内墙、外墙、一砖厚墙、一砖半厚墙等分项工程;装饰装修工程,可分为水泥砂浆地面、塑钢门窗、玻璃幕墙等分项工程。

二、建设工程项目的分类

由于建设工程项目种类繁多,为了适应科学管理的需要,正确反映建设工程项目的性质、内容和规模,可从不同角度对建设工程项目进行分类。

(一)按建设性质划分

1.新建项目。这是指根据国民经济和社会发展的近远期规划,按照规定的程序立项,从无到有,"平地起家"的建设项目。现有企业、事业和行政单位一般不应有新建项目。有的建设项目原来规模比较小,经过规模扩大后,新增加的固定资产价值超过原有固定资产价值3倍以上者,也视为新建项目。

2.扩建项目。这是指现有企业在原有场地内或其他地点,为扩大产品的生产能力或增加经济效益而增建的生产车间、独立的生产线或分厂的项目,事业和行政单位在有业务系统的基础上扩充规模而进行的新增固定资产投资项目。

3.改建项目。这是指原有企业、事业单位,为提高生产效率,改进产品质量,或改变产品方向,对原有设备或工程进行改造的项目。企业或单位增建的附属、辅助车间或非生产性工程,也被视为改建项目。

4.迁建项目。这是指原有企业、事业单位,由于各种原因经上级批准搬迁到其他地方建设的项目。迁建项目中符合新建、改建、扩建条件的,应当视为新建、改建、扩建项目。迁建项目不包括留在原址的部分。

5.恢复项目。这是指企业、事业单位因自然灾害、战争等原因使原有固定资产全部或部分报废,以后又按照原有规模重新恢复建设起来的项目。在恢复建设的同时进行新建、改建、扩建的,应当被视为扩建项目。

(二)按用途划分

1.生产性项目。这是指直接用于物质生产或直接为物质生产服务的项目。其主要包括:①工业建设,包括工业、国防和能源建设;②农业建设,包括农、林、牧、渔、水利建设;③基础设施建设,包括交通、邮电、通信建设,地质普查、勘探建设等;④商业建设,包括商业、饮食、仓储、综合技术服务事业的建设。

2.非生产性项目。这是指用于满足人民物质和文化、福利需要的建设和非物质资料生产部门的建设。其主要包括:①办公用房建设,如国家各级党政机关、社会团体、企业管理机关的办公用房;②居住建筑建设,如住宅、公寓、别墅等;③公共建筑建设,如科学、教育、文化艺术、广播电视、卫生、博览、体育、社会福利事业、公共事业、咨询服务、宗教、金融、保险等建设;④其他建设,指不属于上述各类的其他非生产性建设。

(三)按行业性质和特点划分

根据工程建设项目的经济效益、社会效益和市场需求等基本特性,可将其划分为竞争性项目、基础性项目和公益性项目三种。

1.竞争性项目。这主要是指投资效益比较高、竞争性比较强的一般性建设项目。这类建设项目应以企业作为基本投资主体,由企业自主决策、自担投资风险。

2.基础性项目。这主要是指具有自然垄断性、建设周期长、投资额大而收益低的基础设施和需要政府重点扶持的一部分基础工业项目,以及直接增强国力的符合经济规模的支柱产业项目。对于这类项目,主要应由政府集中必要的财力、物力,通过经济实体进行投资。同时,还应广泛吸收地方、企业参与投资,有时还可吸收外商直接投资。

3.公益性项目。这主要包括科技、文教、卫生、体育和环保等设施建设,公、检、法等政权机关以及政府机关、社会团体办公设施建设,国防建设等。公益性项目的投资主要由政府用财政资金安排。

(四)按建设规模划分

为适应对工程建设项目分级管理的需要,国家规定基本建设项目分为大型、中型、小型三类,更新改造项目分为限额以上和限额以下两类。对于不同等级标准的工程建设项目,国家规定的审批机关和报建程序也不尽相同。划分项目等级的原则如下:

1.按批准的可行性研究报告(初步设计)所确定的总设计能力或投资总额的大小,依据国家颁布的《基本建设项目大中小型划分标准》进行分类。

2.凡生产单一产品的项目,一般按产品的设计生产能力划分;生产多种产品的项目,一般按其主要产品的设计生产能力划分;产品分类较多,不易分清主次、难以按产品的设计能力划分时,可按投资总额划分。

3.对国民经济和社会发展具有特殊意义的某些项目,虽然设计能力或全部投资不够大、中型项目标准,但经国家批准已列入大、中型计划或国家重点建设工程的项目,也按大、中型项目管理。

4.更新改造项目一般只按投资额分为限额以上和限额以下项目,不再按生产能力或其他标准划分。

5.基本建设项目的大、中、小型和更新改造项目限额的具体划分标准,根据各个时期经济发展和实际工作中的需要而有所变化。现行国家的有关规定如下:①按投资额划分的基本建设项目,属于生产性建设项目中的能源、交通、原材料部门的工程项目,投资额达到5 000万元以上为大中型项目,其他部门和非工业建设项目,投资额达到3 000万元以上为大中型建设项目。②按生产能力或使用效益划分的建设项目,以国家对各行各业的具体规定作为标准。③更新改造项目只按投资额标准划分,能源、交通、原材料部门投资额达到5 000万元及其以上的工程项目和其他部门投资额达到3 000万元及其以上的项目为限额以上项目,否则为限额以下项目。

6.一部分工业、非工业建设项目,在国家统一下达的计划中,不作为大中型项目安排:①分散零星的江河治理、国有农场、植树造林、草原建设等,原有水库加固,并结合加高大坝、扩大溢洪道和增修的灌区配套工程项目,除国家指定者外,不作为大中型项目;②分段整治,施工期长,年度安排有较大伸缩性的航道整治疏浚工程;③科研、文教、卫生、广播、体育、出版、计量、标准、设计等事业的建设(包括工业、交通和其他部门所属的同类事业单位),新建工程按大中型标准划分,改、扩建工程除国家指定者外,一律不作为大中型项目;④城市的排水管网、污水处理、道路、立交桥梁、防洪、环保等工程城市的一般民用建筑,包括集资统一建设的住宅群、办公和生活用房等;⑤名胜古迹、风景点、旅游区的恢复、修建工程;⑥施工队伍以及地质勘探单位等独立的后方基地建设(包括工矿业的农副业基地建设);⑦采取各种形式利用外资或国内资金兴建的旅游饭店、旅馆、贸易大楼、展览馆和科教馆等。

三、工程项目建设程序

工程项目建设程序,是指工程建设项目从策划、评估、决策、设计、施工到竣工验收、投入生产或交付使用的整个建设过程中,各项工作遵循的先后工作次序。工程项目建设程序是工程建设过程客观规律的反映,是建设工程项目科学决策和顺利进行的重要保证。工程项目建设程序是人们长期在工程项目建设实践中得出来的经验总结,不能任意颠倒,但可以进行合理交叉。所有这些工作都必须纳入统一的轨道,遵照统一的步调和次序进行,才能有条不紊、按预定计划完成建设任务,并迅速形成生产能力,取得经济效益。

我国的工程项目建设程序依次分为策划决策、勘察设计、建设准备、施工、生产准备、竣工验收和考核评价七个阶段。

(一)策划决策阶段

策划决策阶段,又称为建设前期工作阶段,主要包括编报项目建议书和进行可行性研究两项工作内容。

1.编报项目建议书。项目建议书是对拟建设项目的轮廓设想,主要是从建设的必要性来衡量、初步分析和说明建设的可能性。凡列入长期计划或建设前期工作计划的项目,都应该编制项目建议书。

项目建设书一般由项目的主管单位根据国民经济发展长远规划、地区规划、行业规划,结合资源情况、建设布局,在调查研究、收集资源、勘探建设地点、初步分析投资效果的基础上提出。跨地区、跨行业的建设项目以及对国计民生有重大影响的重大项目,由有关部门和地区联合提出项目建议书。

项目建设书应包括以下主要内容:

(1)建设项目提出的必要性和依据。引进技术和进口设备的,还要说明国内外技术差距和概况以及进口的理由。

(2)产品方案,拟建规模和建设地点的初步设想。

(3)资源情况、建设条件、协作关系和引进国别、厂商的初步分析。

(4)投资估算和资金筹措设想。利用外资项目要说明利用外资的可能性,以及偿还贷款能力的大体测算。

(5)项目的进度安排。

(6)经济效果和社会效益的初步估计。

大中型项目的项目建议书由国家计委审批,投资在2亿元以上的要报国务院审批。小型项目按照隶属关系由主管部门、省、市、自治区审批。项目建设书经审批后,由各级计划部门汇总平衡,就可以列入建设前期工作计划。

项目建议书经批准后,可进行可行性研究工作,但并不表明项目非上不可,项目建议书不是项目的最终决策。

2.进行可行性研究。可行性研究是在项目建议书被批准后,对项目在技术上和经济上是否可行所进行的科学分析和论证,是确定建设项目进行初步设计的根本依据。它的任务是从技术、工程、经济和外部协作条件等所有方面,对拟建项目是否合理和可行,进行全面的分析论证,做多方案的比较和评价,推荐最佳方案,为投资的决策提供科学的、可靠的、准确的依据。

可行性研究分两个阶段进行。

(1)初步可行性研究。初步可行性研究的任务是对具体项目机会进行研究所形成的项目设想或投资建议进行初步的估计。

这一研究的目的是要判断:①投资机会是否有前途,是否可以在可行性初步研究阶段详细阐明的资料基础上即可作出投资决策;②项目概念是否正确,有无必要再进行详细的可行性研究;③项目中有哪些关键问题,需要通过如市场调查、实验室试验、实验工厂试验等辅助(功能)研究进行更深入的调查证明;④该项目设想是否有生命力,投资建议是否可行。

(2)详细可行性研究。可行性研究在最终阶段必须对工业项目是否可行提供技术和经济上的根据。在此阶段,可行性研究工作应从项目的坐落地点、生产计划、原料投入、生产方法和路线、设备选用、投资费用、生产成本和投资效益等所有方面进行各种方案的比较、选择和优化,以提供明确规定的可行性项目报告,并证明所做的假设和选择的科学合理性;如果证明所有可供选择的方案均不可行,则应在报告中说明并证明之。对项目的任何基本部分和其他费用的计算都不得遗漏,只有这样,才能对项目的投资费用和生产成本进行最后的估计并作出财务和经济上的各种评价。本阶段的最终成果为可行性研究报告。

可行性研究工作完成后,需要编写出反映其全部工作成果的"可行性研究报告"。一般工业项目的可行性研究报告应包括以下内容:①项目提出的背景、项目概况及投资的必要性;②产品需求、价格预测及市场风险分析;③资源条件评价(对资源开发项目而言);④建设规模及产品方案的技术经济分析;⑤建厂条件与厂址方案;⑥技术方案、设备方案和工程方案;⑦主要原材料、燃料供应;⑧总图,运输与公共辅助工程;⑨节能、节水措施;⑩环境影响评价;⑪劳动安全卫生与消防;⑫组织机构与人力资源配置;⑬项目实施进度;⑭投资估算与融资方案;⑮财务评价与国民经济评价;⑯社会评价与风险分析。

(二)勘察设计阶段

1.勘察阶段。勘察是指包括工程测量、水文地质勘察和工程地质勘察等内容的工程勘察,是为查明工程项目建设地点的地形地貌、地层土壤、岩性、地质构造、水文条件和各种自然地质现象等而进行的测量、测绘、测试、观察、地质调查、勘探、试验、鉴定、研究和综合评价工作。勘察工作为建设项目厂址的选择、工程的设计和施工提供科学可靠的根据。

勘察工作的主要内容是:

(1)工程测量,包括平面控制测量、高程控制测量、地形测量、摄影测量、线路测量及其图纸的绘制复制,技术报告的编写和设置测量标志。根据建设项目的需要所选择的测量工作内容、测绘成果和成图的精度,都应充分满足各个设计阶段的设计要求和施工的一般要求。

(2)水文地质勘察,包括水文地质测绘、地球物理勘探、钻探、抽水试验、地下水动态观察、水文地质参数计算、地下水资源评价和地下水资源保护等方面。水文地质勘察工作的深度和成果,应能满足各个设计阶段的设计要求。

(3)工程地质勘察,根据设计各个阶段要求分三个阶段:

①选择厂址勘察,即对拟选厂址的稳定性和适宜性作出工程地质评价,以符合确定厂址方案的要求。

②初步勘察阶段,即对厂内建筑地段的稳定性作出评价,并为确定建筑总平面布置、各主要建筑物地基基础工程方案及对不良地质现象的防治工程方案提供地质资料,满足初步设计的要求。

③详细勘察阶段,即对建筑地基作出工程地质评价,并为地基基础设计、地基处理与加固、不良地质现象的防治工程提供工程地质资料,以符合施工图设计的要求。

对工程地质条件复杂或有特殊要求的重大建筑地基,应根据不同的施工方法,进行施工勘察;对面积不大且工程地质条件简单的建筑场地,或有建筑经验的地区,可适当简化勘察阶段。

勘察工作一般由设计部门提出要求,委托勘察单位进行,按签订的合同支付勘察费用,取得勘察成果。通常将勘察设计作为一个阶段安排。

2.设计阶段。设计是建设项目实施过程的直接依据。一个建设项目的最终成果表现在资源利用上是否合理,设备选型是否得当,生产流程是否先进,厂区布置是否紧凑,生产组织是否科学,综合经济效果是否理想,工程设计质量在其中起着决定性的作用。

可行性研究报告和选点报告经批准后,项目的主管部门应指定和委托设计单位,按照可行性研究报告规定的内容,编制设计文件。一个建设项目可以由一个设计单位来承担设计,也可以由两个以上的设计单位来承担,但必须指定其中的一个设计单位做总体设计单位,负责组织设计的协调、汇总,使项目的设计文件保持其完整性。

一般建设项目按两个阶段进行设计,即初步设计和施工图设计。对于技术上复杂而又缺乏设计经验的项目,经主管部门指定,可按三个阶段进行设计,即在初步设计和施工图设计之间增加技术设计阶段。初步设计提出的总概算超过可行性研究报告投资估算的10%以上或其他主要指标需要变动时,必须重新报批。

对一些大型联合企业,为解决总体部署和开发问题,还需进行总体设计。总体设计的主要任务是对一个大型联合企业或一个开发区内应包含的各个单元(装置)、单项工程根据生产流程上的内在联系,在相互配合、衔接等方面作出统一的部署和规划,使整个工程区域在布置上紧凑,流程上顺畅,技术上可靠,生产上方便,经济上合理。

(1)初步设计的内容和深度。凡需进行总体设计的工程,初步设计应在总体设计的指导和要求下进行。

初步设计的内容应包括以下文字说明和图纸:设计依据;设计指导思想;建设规模;产品方案;原料、燃料、动力的用量和来源;工艺流程;设备选型及配置;主要建筑物、构筑物;公用、辅助设施;新技术采用情况;主要材料用量;外部协作条件;占地面积和土地利用情况;综合利用和环境保护措施;生活区建设;抗震和人防措施;生产组织和劳动定员;各项技术经济指标;建设顺序和期限;设计总概算书。

初步设计的深度应满足以下要求:①设计方案的比选和确定;②主要设备和材料的订货;③土地获取;④基建投资的控制;⑤施工图设计的绘制;⑥施工组织设计的编制;⑦施工准备和生产准备。

(2)技术设计的内容和深度。技术设计是为某些有特殊要求的项目进一步解决具体技术问题而进行的设计。它是在初步设计阶段中无法解决而又需要进一步研究才能解决所进行的一个设计阶段,也可以说是初步设计的一个辅助设计。技术设计的具体内容,需视工程项目的特点和具体需要情况而定,但其深度应满足下一步施工图设计的要求。

(3)施工图设计的内容和深度。施工图设计的内容主要是根据批准的初步设计,对建设项目各类专业工程的各个部分绘制正确、完整和详尽的建筑和安装工程施工图纸,包括非标准设备、各种零部件的加工制造图纸和有关施工技术要求的说明;对某些工程,还需要进行模型设计。

施工图设计的深度应满足以下要求:①设备、材料的安排;②非标准设备的制造;③土建和安装工程的施工。

建设单位应当将施工图送施工图审查机构审查。施工图审查机构按照有关法律、法规,对施工图涉及公共利益、公众安全和工程建设强制性标准的内容进行审查,审查的主要内容包括:①是否符合强制性标准;②地基基础和主体结构的安全性;③勘察设计企业和相关执业人员是否按照规定在施工图纸上签字盖章;④其他法律法规规定必须审查的内容。任何单位和个人不得擅自修改审查合格的施工图。确需修改的,凡涉及上述审查内容的,建设单位应当将修改后的施工图送原审查机构再次审查。

(4)标准设计。标准设计是工程建设标准化的一个组成部分,一般是经过反复实践、多次修改,最后经过鉴定并正式批准颁发的设计。标准设计的种类很多,有一个装置的标准设计,有公用辅助工程的标准设计,有某些构筑物的标准设计,这些标准设计称为装置复用设计。多数是属于工程某些部位的构件或零部件的标准设计,如土建工程中的梁、柱、板等。

采用标准设计有利于减少设计人员的重复劳动,缩短设计工作周期,提高设计质量;有利于施工单位的机械化和工厂化施工,缩短建设工期,保证工程质量;有利于推广新技术、新成果,节约工程材料,降低工程造价。因此,凡已有标准设计可被选用时,应尽可能采用标准设计。

(三)建设准备阶段

建设项目可行性研究报告经有关部门批准之后,应即进行建设的一切准备工作,为拟建项目向实施阶段过渡提供各种必要的条件。工程建设准备工作是否及时和充分,直接影响到工程项目能否如期展开和完成。

新建的大、中型工程项目,建设周期比较长,经主管部门批准,需要组成新的单独机构,即建设单位来进行筹建工作。建设单位代表投资主管部门,在整个建设时期起到工程建设的组织、协调和监督作用。参加筹建工作的人员必须在专业知识上和数量上满足工程要求,应吸收一部分曾参加该项目可行性研究报告编制的主要工程技术人员参加,或从同类型的老厂抽调一些对工程技术和经济管理有经验的人员作为建设期间的骨干力量。改、扩建工程,更新改造工程,一般不另设新机构,可由原企业基建部门或指定一部分专职人员组成一个职能机构,来负责筹建工作。

建设单位(或委托的监理公司)应为工程项目做的准备工作有:

1.建设场地准备。建设场地准备,包括征地和房屋拆迁和申请施工许可等。

(1)申请选址。在可行性研究或设计任务书中列出的只是规划性的选择厂址,一般没有得到确切的界址。建设单位应持设计任务书或有关证明文件,向拟征地所在的县、市土地管理机关申请同意选址。在城市规划区范围的选址,应取得城市规划管理部门同意。

(2)协商征地数量和补偿、安置方案。建设地址选定后,由所在地县、市土地管理机关组织用地单位、被征地单位及有关单位,商定预计征用的土地面积和补偿、安置方案,签订初步协议。

(3)核定用地面积。在初步设计批准后,建设单位持有关批准文件和总平面布置图或建设用地图,向所在地的县、市土地管理机关正式申报建设用地面积,按条例规定的权限经县、市以上人民政府审批核定后,在土地管理机关主持下,由用地单位与被征地单位签订协议。

(4)划拨土地、确定界址。在以上手续通过后,由所在地的县、市人民政府发给土地使用证书和四面界址图。

2.委托设计单位。一般地说,宜选择原负责可行性研究报告编制的设计单位来承担设计。设计单位同意承担设计任务后,应履行签订设计合同手续,明确双方的责任,如委托单位应提出基础资料的清单和时间表,办理各个设计阶段需要审批工作的时间表,按规定应支付的设计费用等;设计单位应明确各阶段设计文件的交付时间表等。此外,建设单位要为设计人员驻现场代表提供工作和生活条件。

3.工程建设的物资准备。项目建设所需物资,包括大型专用设备、一般通用设备和非标准设备,根据初步设计提出的设备清单,可以采取委托承包、按设备费包干或招投标等不同方式委托供应。对制造周期长的大型、专用关键设备,应根据可行性研究报告中已确定的设备项目提前进行安排,待设计文件批准后签订正式承包供应合同。建设项目所需的材料品种繁多,有各种供应渠道。按照目前的物资供应体制,由建设单位提供三大材料(钢材、木材、水泥)、特种材料、部管统配物资和非成套项目的通用机电产品等。为了不同程度地减轻建设单位的工作负担,通常将上述材料交施工单位提运,也可将分配指标直接移交施工单位订货和提运。

4.施工前期准备。

(1)现场障碍物如原有房屋、构筑物及其基础的拆除,不再使用的上下水道、高压线路的拆除或迁移,施工场地的平整等。

(2)为建设单位自身需要修建的行政办公生活用房,设备、材料仓库或堆置场,汽车库,医疗卫生、保卫、消防等用房和设施等。

(3)为施工单位提供水、电源,敷设供水干线,修建变电和配电所及设备安装,通信线路和设备安装,厂区内通行主干道和铁路专用线的修建,防洪沟、截流沟的修建工程等。

上述工程应尽量从设计要求项目内先期建设成永久性工程,以节约资金。

5.选择承包单位。一般通过公开招投标方式选择承包单位。依据建设单位发包的方式,可分为总包和分包两大类,总包单位对建设单位负施工全部责任,签订总包合同。总包单位与分包单位签订分包合同,合同中必须将施工项目、施工范围、责任分工划分清楚,特别是总分包双方配合协作要求,与建设单位之间的关系等,通过协商明确列入合同条款之内,以防止开工后责权不明,造成不协调现象。

一般工程承包合同的主要内容有承包工程范围,工程造价,开竣工日期,设备材料供应分工和管理,现场准备工作的分工,技术资料的供应,工程管理,工程质量和交工验收,工程拨款和结算方式,以及其他特殊条款等。

在上述准备工作基本就绪后,建设单位应向施工单位提交建筑物(构筑物)、道路、上下水管线的定位标桩、水准点和坐标控制点,施工单位填写单项工程开工通知,请求建设单位确认签证后开工。对于每一建设项目,建设单位应向其投资主管部门提交建设项目开工报告。

(四)施工阶段

建设工程具备了开工条件并取得施工许可证后方可开工。通常,项目新开工时间,按设计文件中规定的任何一项永久性工程第一次正式破土开槽的时间而定,无须开槽的以正式打桩时间作为开工时间,铁路、公路、水库等以开始进行土石方工程的时间作为正式开工的时间。

施工阶段是基本建设的重要阶段。在施工中必须按照工程设计和施工组织设计以及施工验收规范的要求,保证质量,如期完工。施工阶段的主要工作内容是组织土建工程施工及机电设备安装工作。具体内容包括:做好图纸会审工作,参加设计交底,了解设计意图,明确质量要求;选择合适的材料供应商;做好人员培训;合理组织施工;建立并落实技术管理、质量管理体系;严格把好中间质量验收和竣工验收环节。

（五）生产准备阶段

生产准备阶段是指由建设阶段转入项目的生产经营阶段的准备工作。对于生产性建设项目,在其竣工投产前,建设单位应适时地组织专门班子或机构,有计划地做好生产准备工作,包括招收、培训生产人员,组织有关人员参加设备安装、调试、工程验收,落实原材料供应,组建生产管理机构,健全生产规章制度等。生产准备是由建设阶段转入经营的一项重要工作。

（六）竣工验收阶段

工程竣工验收是全面考核建设成果、检验设计和施工质量的重要步骤,也是建设项目转入生产和使用的标志。竣工验收阶段按照项目规模大小和复杂程度,可分初步验收和竣工验收两个阶段进行。规模较大、较复杂的建筑工程项目应先进行初步验收,然后进行整个项目的竣工验收。验收合格后,建设单位编制竣工决算,项目正式投入使用。

（七）考核评价阶段

建设项目后评价是工程项目竣工投产、生产运营一段时间后,在对项目的立项决策、设计施工、竣工投产、生产运营等全过程进行系统评价的一种技术活动,是固定资产管理的一项重要内容,也是固定资产投资管理的最后一个环节。

建设工程项目的考核评价主要从影响评价、经济效益评价、过程评价三个方面进行,采用的基本方法是对比法。

通过建设工程项目的考核评价,可以达到肯定成绩、总结经验、研究问题、吸取教训、提出建议、改进工作、不断提高项目决策水平和投资效益的目的。

第二节　建设工程分类

一、建筑工程分类

（一）按使用功能划分

按照使用性质或者使用功能可分为生产性建筑和非生产性建筑。

生产性建筑又可以分为工业建筑和农业建筑。

工业建筑是指各类生产用房和为生产服务的附属用房,如单层、多层工业厂房、工业附属车间、发电站、锅炉房和仓库等。农业建筑是指各类供农业生产使用的房屋,如粮仓、种子库和拖拉机站等。

非生产性建筑又称民用建筑,可以分为居住建筑、公共建筑等。

居住建筑是指供人们日常居住生活使用的建筑物,包括住宅、别墅、宿舍、公寓和招待所等。公共建筑是指供人们进行各种公共活动的建筑。公共建筑包含办公建筑、商业建筑、旅游建筑、科教文卫建筑、通信建筑以及交通运输类建筑,如政府部门办公室、商场、金融建筑,文化、教育、科研、医疗、卫生、体育建筑,邮电、通信、广播用房,机场、车站建筑,桥梁等。

(二)按建筑物层数或高度划分

对住宅建筑而言,1~3层为低层,4~6层为多层,7~9层为中高层,10层以上为高层。公共建筑及综合性建筑高度超过24m为高层建筑,低于24m为多层建筑。建筑总高度超过100m时,不论其是居住建筑还是公共建筑,均为超高层建筑。

(三)按建筑承重结构所使用的材料划分

按照建筑承重结构所使用的材料划分为木结构、砌体结构、混凝土结构、钢混结构、钢结构等。其中,混凝土结构包括素混凝土结构、钢筋混凝土结构及预应力钢筋混凝土结构;钢结构是指以钢材为主制作的结构;砌体结构是指由块材(如普通黏土砖、硅酸盐砖、石材等)通过砂浆砌筑而成的结构。

(四)按结构类型划分

1.墙承重结构(砖混)。砖混结构是指建筑物中竖向承重结构的墙、柱等采用砖或者砌块砌筑,横向承重的梁、楼板、屋面板等采用钢筋混凝土结构。砖混结构是混合结构的一种,它是以小部分钢筋混凝土及大部分砖墙承重的结构。采用砖墙来承重,并由钢筋混凝土梁、柱、板等构件构成的混合结构体系,适合开间进深较小,房间面积小,多层或低层的建筑,具体见图1-1和图1-2。

图1-1 砖混结构施工技术示意图　　　　图1-2 砖混结构的独立住宅

2.排架结构。排架由屋架(或屋面梁)、柱和基础组成,下面为两排柱子,上面为屋架,在两排柱子上面的屋架之间放上一个板子形成一个空间连续的结构。柱与屋架铰接,与基础刚接,是单层厂房结构的基本结构形式。其特点是排架内承载力和刚度都大。用于单层工业厂房、仓库和火车站大厅等,具体见图1-3。

3.框架结构。框架结构的承重部分是由钢筋混凝土或钢梁制作的纵梁、横梁、板及立柱组成的骨架。在框架结构中,墙体是作为填充材料(板材或砌体)设置在立柱之间,因而墙体不是承重结构。框架结构平面布置灵活,可以按使用要求任意分割空间,且构造简单、施工方便。不论是钢筋混凝土结构的房屋还是钢结构的房屋,框架结构应用都比较广泛。框架结构比砌体结构强度高,整体性好。但随着高度增加,水平荷载(风力、地震力)起控制作用时,水平力将产生很大的弯矩和剪力,同时产生很大的水平侧向位移,所以一般只用在高度不是很大(如10层左右)的房屋。这种结构空间划分灵活,适用于要求大开间的办公楼、商场等多层和高层建筑中,具体见图1-4。

图1-3 重工业厂房钢排架结构

图1-4 框架结构

4.剪力墙结构。剪力墙结构由钢筋混凝土墙体组成。墙既承受垂直力,又承受水平力。抗侧移刚度大,具有良好的抗震性能,适用于高层住宅。缺点是剪力墙不能拆除或破坏,不利于形成大空间,住户无法对室内布局自行改造。这种结构的竖向承重构件和水平承重构件均采用钢筋混凝土制作,施工时可以在现场浇注,通常被称为大模建筑;也可在工厂预制,现场吊装,通常被称为大板建筑,具体见图1-5。

5.框剪结构。其主要结构是框架,由梁柱构成,小部分是剪力墙。墙体全部采用填充墙体,由密柱高梁空间框架或空间剪力墙所组成,构件为在水平荷载作用下起整体空间作用的抗侧力构件。框剪结构适用于平面或竖向布置繁杂、水平荷载大的高层建筑。框剪结构是框架结构和剪力墙结构两种体系的结合,吸取了各自的长处,既能为建筑平面布置提供较大的使用空间,又具有良好的抗侧力性能。框剪结构中的剪力墙可以单独设置,也可以利用电梯井、楼梯间、管道井等墙体。这种结构已被广泛地应用于各类房屋建筑,具体见图1-6。

图1-5 剪力墙结构

图1-6 框剪结构建筑

6.筒体结构。筒体结构由密柱高梁空间框架或空间剪力墙所组成,在水平荷载作用下起整体空间作用的抗侧力构件称为筒体(由密柱框架组成的筒体称为框筒,由剪力墙组成的筒体称为薄壁筒),适用于平面或竖向布置繁杂、水平荷载大的高层建筑。其特点是具有较高的抗侧移刚度,具体见图1-7。

7.空间结构。空间结构是指结构构件能够承受各个方向受力的大跨度结构,包括悬索结构、壳体结构、折板结构、拱结构等形式。这种结构多用于大跨度的公共建筑中,如体育馆、大剧院、航空港等。

8.膜结构,又称为索膜结构,它是一种建筑与结构完美结合的结构体系。它是用高强度柔性薄膜材料与支撑体系相结合形成具有一定刚度的稳定曲面,能承受一定外荷载的空间结构形式。其具有造型自由轻巧、阻燃、制作简易、安装快捷、节

(a)　　　　　(b)

图1-7　筒体结构

能,易于使用、安全等优点,因而在世界各地受到广泛应用。这种结构形式特别适用于大型体育场馆、人行廊道、小区、公众休闲娱乐广场、展览会场、购物中心等领域。

(五)按照施工方法划分

施工方法是指建筑施工所采用的方法,可以划分为以下三种形式:①现浇、现砌式,指主要构件均是在施工现场浇筑或砌筑而成。②预制装配式,指主要构件均在工厂预制,在施工现场进行装配。③现浇现砌,部分预制装配,指一部分构件在现场浇注或砌注,一部分构件为预制装配。

二、其他土木工程分类

其他土木工程包括桥梁、隧道、道路、铁道、水坝、港口、码头、机场等工程。

(一)桥梁

桥梁又可进行不同分类。

1.按照使用功能划分。按使用功能的不同,桥梁可分为铁路桥梁、公路桥梁和其他桥梁等。

2.按规模分类。按照总长和跨径的不同,桥梁可划分为特大、大、中和小桥。铁路桥梁与公路桥梁的划分标准略有区别。以铁路桥梁为例:

(1)特大桥:桥总长500米以上。

(2)大桥:桥总长100米以上500米以下。

(3)中桥:桥总长20米以上100米以下。

(4)小桥:桥总长20米以下。

3.按外形和结构类型划分。桥梁按照结构体系划分,有梁式桥、拱桥、刚架桥、悬索承重(悬索桥、斜拉桥)四种基本体系。

(1)梁式桥。一般建在跨度很大、水域较浅处,由桥柱和桥板组成,物体重量从桥板传向桥柱。根据梁的结构形式的不同,又分为简支梁、连续梁和悬臂梁。

(2)拱桥。一般建在跨度较小的水域之上,桥身成拱形,一般都有几个桥洞,起到泄洪的功能,桥中间的重量传向桥两端,而两端的则传向中间。其特点是在竖向荷载作用下,除了

产生竖向反力外,在拱两端还产生水平推力。

(3)刚架桥。刚架桥是介于梁与拱之间的一种结构体系,它是由受弯的上部梁(或板)结构与承压的下部柱(或墩)整体结合在一起的结构。由于梁和柱的刚性连接,梁因柱的抗弯刚度而得到卸荷作用,整个体系是压弯结构,也是有推力的结构。刚架桥又可分为门式刚架桥和斜腿刚架桥。

(4)悬桥。悬桥是如今最实用的一种桥,桥可以建在跨度大、水深的地方,由桥柱、铁索与桥面组成。

悬索桥,又名吊桥,是以通过索塔悬挂并锚固于两岸(或桥两端)的缆索(或钢链)作为上部结构主要承重构件的桥梁。其缆索几何形状由力的平衡条件决定,一般接近抛物线。从缆索垂下许多吊杆,把桥面吊住,在桥面和吊杆之间常设置加劲梁,同缆索形成组合体系,以减小活载所引起的挠度变形。

斜拉桥又称斜张桥,是将主梁用许多拉索直接拉在桥塔上的一种桥梁,是由承压的塔、受拉的索和承弯的梁体组合起来的一种结构体系。其可看作是拉索代替支墩的多跨弹性支承连续梁。其可使梁体内弯矩减小,降低建筑高度,减轻了结构重量,节省了材料。斜拉桥由索塔、主梁、斜拉索组成,而索塔是其承重的核心。

(二)隧道

隧道是埋置于地层内的工程建筑物,是人类利用地下空间的一种形式。隧道可分为交通隧道、水工隧道、市政隧道、矿山隧道。

隧道的主要分类是按照其规模划分的。按长度不同,可划分为特长隧道、长隧道、中隧道和短隧道。以铁路隧道为例:

特长隧道:隧道全长10 000m以上;

长隧道:隧道全长3 000m以上至10 000m,含10 000m;

中隧道:隧道全长500m以上至3 000m,含3 000m;

短隧道:隧道全长500m及以下。

(三)道路

道路包括公路、城市道路、机场道路等。以下主要介绍公路工程的分类。

1.按等级划分。根据《公路工程技术标准》,按使用任务、功能和适应的交通量的不同,公路可分为高速公路、一级公路、二级公路、三级公路、四级公路5个等级。

高速公路是指能适应年平均昼夜小客车交通量为25 000辆以上、专供汽车分道高速行驶并全部控制出入的公路。各国尽管对高速公路的命名不同,但都是专指有4车道以上、两向分隔行驶、完全控制出入口、全部采用立体交叉的公路。

其他公路为除高速公路以外的干线公路、集散公路和地方公路,共分为4个等级。

2.按使用材料划分。道路地面可分为碎石路面、沥青路面、水泥混凝土路面等。

(四)铁路

1.按结构划分。铁路线路按照工程结构分类,可分为轨道交通和磁悬浮工程。

(1)轨道工程是指列车的支撑、导向以及牵引、制动等功能都是靠轮轨之间的相互作用的铁路线路工程。

(2)磁悬浮工程是指利用电磁系统产生的排斥力将车辆托起,使整个列车悬浮在导轨上,利用电磁力进行导向,利用直线电机将电能直接转换成推动列车前进的铁路线路工程。它消除了轮轨之间的接触,无摩擦阻力,线路垂直负荷小,时速高,无污染,安全,可靠,舒适。

2.按在路网上的作用和运量划分。铁路线路按照路网上的作用和运量的不同,可分为高速线路和普速线路。

(1)高速线路,简称"高铁",主要用于客运,是指通过改造原有线路(直线化、轨距标准化),使最高营运速率达到不小于每小时200公里,或者专门修建新的"高速新线",使营运速率达到每小时至少250公里的铁路系统。高速铁路除了让列车在营运中达到一定速度标准外,车辆、路轨、操作都需要配合提升。

(2)普速线路,通常为客货混跑。根据客货运量,普速线路又可分为Ⅰ级、Ⅱ级和Ⅲ级3个等级。

①Ⅰ级铁路:在我国路网中起骨干作用,近期年客货运量大于或等于2 000万吨。

②Ⅱ级铁路:在我国铁路网中起联络或辅助作用,近期年客货运量小于2 000万吨且大于或等于1 000万吨。

③Ⅲ级铁路:为某一区域服务,近期年客货运量小于1 000万吨且大于或等于500万吨。

3.按线路所处地形位置划分。铁路线路按照所在地形位置可分为平原铁路、丘陵铁路和山区铁路。同类型的线路,随地形不同,线路的路基工程量不同,每公里线路的造价也不相同,越靠近山区,造价越高。

4.按照线路使用功能划分。铁路线路按照使用功能可划分为正线、站线、段管线、岔线及特别用途线。

(1)正线,是连结车站并贯穿或直接伸入车站的线路,正线上列车行驶次数频繁,列车行驶冲击力大,负荷大。所以,对正线要求标准较高。

(2)站线,是指到发线、调车线、牵出线、装卸线、货物线及站内指定用途的其他线路。

(3)段管线,是指机务、工务、电务、供电等段专用并由其管理的线路。

(4)岔线,是指在区间或站内接轨,通向路内外单位的专用线。

(5)特别用途线,是指安全线和避难线。

第三节　建设工程相关法律法规

一、工程建设法律法规体系

建设领域相关法律法规的规定对于工程造价、在建工程价值或者已有建筑物的价值都会产生影响,因此资产评估人员应当熟悉建设领域相关法律法规。

工程建设法律法规是指国家权力机关或其授权的行政机关制定的,旨在调整国家及其有关机构、企事业单位、社会团体、公民之间在建设活动中或建设行政管理活动中发生的各种社会关系的法律、法规的统称。

工程建设法律法规体系,是指把已经制定和需要制定的建设法律、建设行政法规、建设部门规章、地方性建设法规和规章衔接起来,形成一个相互联系、相互补充、相互协调的完整统一的法规框架。

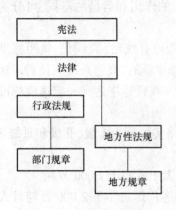

图1-8 法律位阶示意图

工程建设法律体系分五个层次:法律、行政法规、部门规章、地方性法规、地方规章。其法律位阶关系为:①法律高于行政法规;②行政法规高于部门规章、地方性法规和地方规章;③地方政府规章低于其同级和上级地方性法规,也低于上级地方规章;④部门规章与地方性法规和地方规章之间没有高下之分,在各自不同范围内分别适用。法律位阶关系如图1-8所示。

其中,法律,如《中华人民共和国建筑法》、《中华人民共和国招标投标法》和《中华人民共和国城市房地产管理法》等,是由全国人民代表大会及其常务委员会通过并以国家主席令的形式发布的有关工程建设方面的法律,是工程建设法规体系的核心;行政法规,如《建设工程质量管理条例》、《城市房地产开发经营管理条例》和《国有土地上房屋征收与补偿条例》等,是由国务院依法制定并以总理令的形式颁布的有关工程建设方面的法规;部门规章,是由国务院建设主管部门制定并以部长令的形式发布的各项规章,或由国务院建设主管部门与国务院其他有关部门联合制定并发布的规章;地方性法规,是指在不与宪法、法律、行政法规相抵触的前提下,由省、自治区、直辖市人民代表大会及其常务委员会制定并发布的在本辖区内适用的工程建设方面的法规;地方规章,是由省、自治区以及省会城市和经国务院批准的较大城市的人民政府,根据法律和国务院行政法规制定并发布的工程建设方面的规章,效力低于本级人大及其常务委员会制定并发布的地方性法规。

二、工程建设相关法律法规的主要内容

(一)建筑法

《建筑法》是我国建筑业领域的基本大法。凡在我国境内从事建设工程的建筑活动、实施对建筑活动的监督管理,都应当遵循《建筑法》。

1.建筑许可。

(1)人员从业许可。从事建筑活动的专业技术人员,依法取得建筑师、勘察设计工程师、造价工程师、监理工程师、建造师、景观设计师等资格证书,并经注册后,方可从事注册执业证书许可范围内的专业技术工作。专业技术人员已经取得执业资格证书,并在相关企业从业后,方可向建设行政主管部门申请注册。注册执业人员应当按照法律法规的规定在其工作成果上签字,未经注册执业人员签字的成果无效。

禁止注册执业人员的如下行为:

第一,以虚假文件或其他欺骗手段取得执业资格证书;

第二,出借、出租、出售、转让或允许他人使用注册执业资格证书;

第三,同时在两个或者两个以上法人单位注册;

第四,超越资格类别、等级限定的执业许可范围从业;

第五,法律法规禁止的其他行为。

(2)企业从业许可。从事建筑活动的勘察、设计、施工、监理、造价咨询、招标代理、检验检测等企业必须取得相应的资质证书后,方可在其资质类别和等级许可的范围内从事建筑活动。建设行政主管部门按照企业拥有的注册资本、专业技术人员、技术装备和已完成的工程业绩等条件,划分为不同的资质类别和资质等级。资质类别、等级和等级标准由国务院建设行政主管会同有关部门制定。

企业申请资质,应当按照国务院建设行政主管部门规定的时限、申请书格式文本要求向建设行政主管部门和有关部门提出申请。由国务院建设行政主管部门审批的资质类别或等级,企业的申请文件须经省、自治区、直辖市建设行政主管部门或者有关部门进行初审,初审意见应当自收到申请之日起的 20 日内作出并报国务院建设行政主管部门,国务院建设行政主管部门应当自收到初审意见的 40 日内作出行政许可决定。由省、自治区、直辖市建设行政主管部门审批的资质类别或等级,企业的申请文件须经县级以上建设行政主管部门和有关部门初审,初审部门和审批时限由省、自治区、直辖市建设行政主管部门规定。

从事建筑活动的各类企业和单位,不得以虚假文件骗取企业资质证书,不得涂改、伪造、出借、转让企业资质证书。

(3)建设工程施工许可。建设工程开工前,建设单位应当向工程所在地县级以上人民政府建设行政主管部门或有关部门申请领取施工许可证;但是,国务院有关行政主管部门依照职权确定的限额以下小型工程除外。跨行政区域的建设工程,其建设单位应当向工程所跨行政区域的共同上一级人民政府建设行政主管部门或有关部门申请领取施工许可证。未依法取得施工许可证的建设工程,建设单位不得开工建设,施工单位不得进行施工。

建设单位可以根据施工条件的准备情况,就整个建设工程项目申请施工许可,也可以就建设工程项目中的一个或多个单项工程分别申请施工许可。建设工程项目分期建设的,建设单位可以按期分别申请施工许可。

申请领取施工许可证,应当同时具备下列条件:①已经办理该建筑工程用地批准手续;②依法应当办理建设工程规划许可证的,已经取得建设工程规划许可证;③需要拆迁的,其拆迁进度符合施工要求;④已经确定建筑施工企业;⑤有满足施工需要的资金安排、施工图纸及技术资料;⑥有保证工程质量和安全的具体措施。

建设行政主管部门或有关部门应当自收到申请之日起 7 日内,向符合条件的申请人颁发施工许可证。

建设单位应当自领取施工许可证之日起 3 个月内开工。因故不能按时开工的,应当向发证机关申请延期;延期以两次为限,每次不超过 3 个月。建设单位既不按时开工,又不申请延期的,自期限届满之日起施工许可证自行废止。在建的建设工程因故中止施工的,建设单位应当自中止施工之日起一个月内,向发证机关报告,并按照规定做好建设工程的维护管理工作。建设工程恢复施工时,应当向发证机关报告;中止施工满一年的工程恢复施工前,建设单位应当报发证机关核验施工许可证。对于仍符合施工许可条件的,发证机关应当在原施工许可证上加盖准予继续施工的核验章;对于不符合施工许可条件的,建设单位应当重新申请领取施工许可证。

2.建设工程发包与承包。发包是企业(如建设单位)选择或确定工程或者项目承办单位的过程,而承包是企业承揽工程或大宗订货任务并负责完成的过程,发包和承包是相对应的。

建设工程发包与承包的招标投标活动,应当遵循公开、公正、平等竞争的原则,择优选择承包单位。

订立建设工程合同应当以发包单位发出的招标文件和中标通知书规定的承包范围、工期、质量和价款等实质性内容为依据;非招标工程应当以当事人双方协商达成的一致意见为依据订立合同。

发包单位及其工作人员在建设工程发包中不得收受贿赂、回扣或者索取其他好处。承包单位及其工作人员不得利用向发包单位及其工作人员行贿、提供回扣或者给予其他好处等不正当手段承揽工程。

(1)发包。建设工程发包应当具备以下条件:①发包单位为独立承担民事责任的法人实体或其他经济组织;②按照国家有关规定已经履行工程项目审批手续;③工程建设资金来源已经落实;④法律、法规规定的其他条件。

建设工程发包分为招标发包和直接发包。全部或者部分使用国有资金投资或者国家融资的建设工程,应当依法采用招标方式发包。采用特定专利技术、专有技术,或者建筑艺术造型有特殊要求的建设工程的勘察、设计、施工,经省、自治区、直辖市建设行政主管部门或有关部门批准,可以直接发包。

其他投资的建设工程的发包方式由发包单位自行确定。

采用公开招标的,发包单位应当依照法定程序和方式,将招标公告、中标结果等相关信息在省级或以上建设行政主管部门或者其他有关部门指定的媒体上刊登。建设工程勘察设计招标采取方案竞选方式。

建设工程开标应当在招标文件规定的时间、地点公开进行。房屋建筑和市政基础设施工程的招标投标活动必须在建设行政主管部门指定的公开交易场所进行。

国家推行建设工程总承包。发包单位可以根据工程性质将勘察、设计、施工、采购、试运行的多项或全部发包给一个工程总承包单位。工程总承包单位依法进行分包的,由工程总承包单位自行确定发包方式。

政府及其所属部门不得滥用行政权力,限定发包单位将招标发包的建设工程发包给指定的承包单位。按照合同约定,建筑材料、建筑构配件和设备由工程承包单位采购的,发包单位不得指定承包单位购入用于工程的建筑材料、建筑构配件和设备或者指定生产厂、供应商。

(2)承包。具有建设工程勘察资质、设计资质或者施工总承包资质的企业,可以承揽与其资质类别和等级相应的建设工程总承包业务;建设工程勘察、设计、施工企业也可以组成联合体对工程项目进行工程总承包。两个以上的承包单位可以联合承包建设工程。联合承包的各方对承包合同的履行承担连带责任。

两个以上资质类别相同但资质等级不同的承包单位实行联合共同承包的,应当按照资质等级低的单位的业务许可范围承揽工程;两个以上资质类别不同的承包单位实行联合承包的,应当按照联合体的内部分工,各自按资质类别及等级的许可范围承担工程。

实行工程总承包和施工总承包的,总承包单位可以依照合同约定或者经建设单位认可,将所承包工程中的部分工程分包给具有相应资质的分包单位。实行工程总承包的,总承包单位应将其不具备相应资质的勘察、设计、施工分包给具有相应资质的分包单位。实行施工总承包的,建设工程主体结构的施工应当由承包单位自行组织完成。

工程总承包单位应当按照工程总承包合同的约定对建设单位负责,分包单位按照分包合同的约定对总承包单位负责。总承包单位对于总承包的建设工程负直接责任,分包单位就分包工程按照合同约定对建设单位承担连带责任。总承包单位,应当对分包工程进行管理,否则,视同转包工程和允许他人以本企业名义承揽工程。禁止承包单位将其承包的建设工程转包给他人或者将其承包的全部建设工程肢解以后以分包的名义分别转包给他人。

全部或者部分使用国有资金投资或者国家融资的建设工程、房地产开发工程的发包单位应当向承包单位提供工程款支付担保,承包单位应当同时提供履约担保。总承包单位应当向分包单位提供工程款支付担保。

3.建设工程监理及中介服务。《建筑法》本身未列举建设工程监理的具体范围。有关建设工程监理的范围可依据《建设工程质量管理条例》(国务院令第 279 号)、《建设工程监理范围和规模标准规定》(建设部 86 号令)确定,本书在本节进行《建设工程质量管理条例》介绍时会进行具体描述,故此处不提。

工程监理单位、中介服务机构及其从业人员从事建筑活动,应当遵守国家法律法规、工程建设强制性标准,坚持独立、公正、科学、诚信的原则。中介服务是指建设工程的项目管理、招标代理、工程造价咨询、工程技术咨询、检验检测等专业服务活动。取得建设工程勘察、设计、施工、监理资质的单位,可以承揽与其资质类别和等级相应的工程项目管理业务。

工程监理单位和中介服务机构应当依照法律、法规以及有关技术标准、设计文件和建设工程承包合同、委托合同开展工作,对于本单位工作成果的合法性、准确性、真实性承担相应责任。监理及中介服务委托方应当依法委托具有相应资质或符合要求的监理单位或中介服务机构承担监理、中介服务业务,并签订书面委托合同。

全部或者部分使用国有资金投资或者国家融资的工程,应当委托工程监理单位对工程施工实施监理,其他监理内容由委托双方协商确定。国家鼓励建设单位在施工监理活动中对工程造价、进度、质量等全面委托监理单位进行管理和协调。

工程监理单位应当选派具备相应资格的总监理工程师和监理工程师进驻施工现场。工程监理人员发现工程设计不符合建设工程质量标准或者合同约定的质量要求的,应当报告建设单位要求设计单位改正,并有权要求暂停施工。工程监理人员发现工程施工不符合工程设计要求、技术标准和合同约定,存在质量安全事故隐患的,有权要求施工单位改正。未经监理工程师签字,建筑材料、建筑构配件和设备不得在工程上使用或者安装,施工单位不得进行下一道工序的施工。未经总监理工程师签字,建设单位不拨付工程款,不进行竣工验收。工程监理单位与被监理工程的承包单位以及建筑材料、建筑构配件和设备供应单位不得有隶属关系或者其他利害关系。工程监理单位、中介服务机构不按照委托合同的约定履行义务,给委托方造成损失的,应当承担相应的赔偿责任。工程监理单位、中介服务机构与业务相对人串通,为相对人谋取非法利益,给委托人造成损失的,应当与相对人承担连带赔偿责任。

禁止工程监理、中介服务机构及其执业人员的下列行为：

(1)出具虚假检验检测、鉴定验收报告,证明文件及其他文件;

(2)利用执业便利谋取不正当利益;

(3)采取欺诈、胁迫、贿赂、串通等非法手段,损害委托人或他人利益;

(4)以回扣等不正当竞争手段承揽业务;

(5)转让所承揽的业务;

(6)与行政机关存在隶属关系或利益关系;

(7)法律、法规及行业规范禁止的其他行为。

4.建设工程安全生产管理。建设工程安全生产管理必须坚持安全第一、预防为主的方针,建立健全安全生产的责任制度和群防群治制度。从事建筑活动的建设单位,勘察、设计、施工、监理企业,必须严格执行国家建设工程安全规程和技术规范,并依据规程和规范,制定本企业的安全规程和技术规则。企业在生产过程中,应当就承包的工程项目,进行专项安全施工组织设计,保证安全生产。建设单位应当向施工企业提供与施工现场相关的地下管线资料,施工企业应当采取措施加以保护。施工企业应当对城市市区的施工现场实行封闭管理。施工现场对毗邻建筑物、构筑物、管线和特殊作业环境可能造成损害的,施工企业应当采取安全防护措施。施工企业应当向作业人员和其他进入施工现场的人员提供齐全、合格的安全防护用具。

建筑施工企业应当遵守有关环境保护和安全生产的法律、法规,采取措施控制和处理施工现场各种粉尘、废气、废水、固体废物以及噪声、振动对环境的污染和人身健康的危害。

有下列情形之一的,建设单位应当按照国家有关规定办理申请批准手续:①需要临时占用规划批准范围以外场地的;②可能损坏道路、管线、电力、邮电通信等公共设施的;③需要临时停水、停电、中断道路交通的;④需要进行爆破作业的;⑤法律、法规规定需要办理报批手续的其他情形。

国家实行建设工程安全生产监督管理制度。

建设单位,勘察、设计、施工、监理企业依法承担建设工程的安全生产责任。总包企业对于承包工程承担主要安全责任,分包企业承担相应责任,联合承包企业之间安全责任划分由企业在合同中约定。企业的法定代表人对本企业的安全生产负责。项目负责人、专职安全生产管理人员对安全生产承担相应责任。

涉及结构变动的建设工程,建设单位应当在施工前委托具有相应资质的设计单位提出设计方案;没有设计方案的,不得施工。房屋拆除应当由具备相应资质的建筑施工企业承担。国家对严重危及施工安全的工艺、设备、材料实行淘汰制度。

施工企业应当制订本企业安全生产事故应急救援预案,建立应急救援组织或者配备应急救援人员,配备应急救援器材、设备,并定期组织演练。发生安全生产事故后,施工企业应当采取紧急措施减少人员伤亡和事故损失,并及时向当地建设行政主管部门或者其他有关部门报告。建设工程生产安全事故的调查、处理,由建设行政主管部门和其他有关部门会同安全生产监督管理部门负责。

5.建设工程质量管理。建设工程勘察、设计、施工必须符合国家建设工程质量强制性标准的要求,确保建设工程在合理使用年限内的质量。国家建设工程质量强制性标准,由国务院建设行政主管部门会同有关部门制定。省、自治区、直辖市建设行政主管部门可以会同有关部门依据国家建设工程质量强制性标准,制定适合本地区情况的地方标准。有关建设工程质量的国家标准不能适应确保建筑质量的要求时,应当及时修订。国家对从事建筑活动的单位推行质量体系认证制度。

建设单位,勘察、设计、施工、监理、建筑构配件生产和供应企业应当依法对建设工程质量承担相应责任。建设工程实行总承包的,工程质量由工程总承包单位负责;总承包单位将建设工程分包给其他单位的,应当对分包工程的质量与分包单位承担连带责任。分包单位应当接受总承包单位的质量管理。

建设单位应当将房屋建设工程和市政基础设施的勘察文件和施工图设计文件委托具有相应资质的审查机构审查,经审查合格后方可使用。

建设工程竣工验收由建设单位组织完成。建设工程必须经竣工验收合格后方可交付使用。交付竣工验收的建设工程应当具备国务院规定的竣工验收条件,并经规划、消防、环保部门检查认可。建设单位应当于竣工验收之日后的15日内将竣工验收报告报送建设行政主管部门和有关部门备案。建设行政主管部门或者有关部门发现建设单位在竣工验收过程中有违反国家有关质量管理规定行为的,责令停止使用,重新组织竣工验收。建设工程实行质量保修制度。工程竣工验收后三个月内,建设单位应当按照国家有关档案管理的规定,向所在地县级以上建设行政主管部门或有关部门指定机构移交具有规定内容的建设工程档案。

房屋建筑所有人或使用人不得自行将非生产性房屋的设计用途改变为生产用途,确需改变的,其设计文件应当经建设规划部门批准和施工图审查机构同意。

遭遇重大灾害后,建设工程所有人应当委托有资质的检测鉴定机构对工程进行安全性鉴定;房屋建筑合理使用年限届满,所有人应当委托有资质的检测鉴定机构对房屋建筑进行安全性鉴定;其他工程应当定期进行工程安全性鉴定。安全鉴定不合格的,应当立即停止使用。

国家实行工程质量监督管理制度。国务院建设行政主管部门或其他有关部门依法对建设工程实施质量监督。从事建筑活动的当事人应当接受依法实施的工程质量监督。

（二）招标投标法

招标投标活动应当遵循公开、公平、公正和诚实信用的原则。

在我国境内进行下列工程建设项目包括项目的勘察、设计、施工、监理以及与工程建设有关的重要设备、材料等的采购,必须进行招标:①大型基础设施、公用事业等关系社会公共利益、公众安全的项目;②全部或者部分使用国有资金投资或者国家融资的项目;③使用国际组织或者外国政府贷款、援助资金的项目。

依法必须进行招标的项目,其招标投标活动不受地区或者部门的限制。任何单位和个人不得违法限制或者排斥本地区、本系统以外的法人或者其他组织参加投标,不得以任何方式非法干涉招标投标活动。

1.招标。招标人是依照招标投标法的规定提出招标项目、进行招标的法人或者其他组织。

招标分为公开招标和邀请招标。公开招标,是指招标人以招标公告的方式邀请不特定的法人或者其他组织投标。邀请招标,是指招标人以投标邀请书的方式邀请特定的法人或者其他组织投标。

国务院发展计划部门确定的国家重点项目和省、自治区、直辖市人民政府确定的地方重点项目不适宜公开招标的,经国务院发展计划部门或者省、自治区、直辖市人民政府批准,可以进行邀请招标。

招标人采用公开招标方式的,应当发布招标公告。依法必须进行招标的项目的招标公告,应当通过国家指定的报刊、信息网络或者其他媒介发布。招标人采用邀请招标方式的,应当向3个以上具备承担招标项目的能力、资信良好的特定的法人或者其他组织发出投标邀请书。

招标人有权自行选择招标代理机构,委托其办理招标事宜。任何单位和个人不得以任何方式为招标人指定招标代理机构。招标人具有编制招标文件和组织评标能力的,可以自行办理招标事宜。任何单位和个人不得强制其委托招标代理机构办理招标事宜。

招标人不得以不合理的条件限制或者排斥潜在投标人,不得对潜在投标人实行歧视待遇。招标文件不得要求或者标明特定的生产供应者以及含有倾向或者排斥潜在投标人的其他内容。

招标人根据招标项目的具体情况,可以组织潜在投标人踏勘项目现场。招标人不得向他人透露已获取招标文件的潜在投标人的名称、数量以及可能影响公平竞争的有关招标投标的其他情况。招标人设有标底的,标底必须保密。招标人需对已发出的招标文件进行必要的澄清或者修改的,应当在招标文件要求提交投标文件截止时间至少15日前,以书面形式通知所有招标文件收受人。该澄清或者修改的内容为招标文件的组成部分。招标人应当确定投标人编制投标文件所需要的合理时间;但是,依法必须进行招标的项目,自招标文件开始发出之日起至投标人提交投标文件截止之日止,最短不得少于20日。

2.投标。投标人是响应招标、参加投标竞争的法人或者其他组织。投标人应当具备承担招标项目的能力。

招标项目属于建设施工的,投标文件的内容应当包括拟派出的项目负责人与主要技术人员的简历、业绩和拟用于完成招标项目的机械设备等。

投标人应当在招标文件要求提交投标文件的截止时间前,将投标文件送达投标地点。招标人收到投标文件后,应当签收保存,不得开启。投标人少于3个的,招标人应当依照本法重新招标。在招标文件要求提交投标文件的截止时间后送达的投标文件,招标人应当拒收。投标人在招标文件要求提交投标文件的截止时间前,可以补充、修改或者撤回已提交的投标文件,并书面通知招标人。补充、修改的内容为投标文件的组成部分。

两个以上法人或者其他组织可以组成一个联合体,以一个投标人的身份共同投标。联合体各方均应当具备承担招标项目的相应能力;国家有关规定或者招标文件对投标人资格条件有规定的,联合体各方均应当具备规定的相应资格条件。由同一专业的单位组成的联合体,按照资质等级较低的单位确定资质等级。

投标人不得相互串通投标报价,不得排挤其他投标人的公平竞争,不得损害招标人或者其他投标人的合法权益。禁止投标人以向招标人或者评标委员会成员行贿的手段谋取中标。投标人不得以低于成本的报价竞标,也不得以他人名义投标或者以其他方式弄虚作假,骗取中标。

3.开标、评标和中标。

（1）开标。开标应当在招标文件确定的提交投标文件截止时间的同一时间公开进行；开标地点应当为招标文件中预先确定的地点。

开标由招标人主持，邀请所有投标人参加。开标时，由投标人或者其推选的代表检查投标文件的密封情况，也可以由招标人委托的公证机构检查并公证。经确认无误后，由工作人员当众拆封，宣读投标人名称、投标价格和投标文件的其他主要内容。招标人在招标文件要求提交投标文件的截止时间前收到的所有投标文件，开标时都应当众予以拆封、宣读。

（2）评标。评标由招标人依法组建的评标委员会负责。

依法必须进行招标的项目，其评标委员会由招标人的代表和有关技术、经济等方面的专家组成，成员人数为5人以上单数，其中技术、经济等方面的专家不得少于成员总数的2/3。

评标委员会成员的名单在中标结果确定前应当保密。招标人应当采取必要的措施，保证评标在严格保密的情况下进行。任何单位和个人不得非法干预、影响评标的过程和结果。评标委员会可以要求投标人对投标文件中含义不明确的内容做必要的澄清或者说明，但是澄清或者说明不得超出投标文件的范围或者改变投标文件的实质性内容。评标委员会应当按照招标文件确定的评标标准和方法，对投标文件进行评审和比较；设有标底的，应当参考标底。评标委员会完成评标后，应当向招标人提出书面评标报告，并推荐合格的中标候选人。

招标人根据评标委员会提出的书面评标报告和推荐的中标候选人确定中标人。招标人也可以授权评标委员会直接确定中标人。在确定中标人之前，招标人不得与投标人就投标价格、投标方案等实质性内容进行谈判。评标委员会成员和参与评标的有关工作人员不得透露对投标文件的评审和比较、中标候选人的推荐情况以及与评标有关的其他情况。

（3）中标。中标人的投标应当符合下列条件之一：

①能够最大限度地满足招标文件中规定的各项综合评价标准；

②能够满足招标文件的实质性要求，并且经评审的投标价格最低，但是投标价格低于成本的除外。

中标人确定后，招标人应当向中标人发出中标通知书，并同时将中标结果通知所有未中标的投标人。中标通知书对招标人和中标人具有法律效力。中标通知书发出后，招标人改变中标结果的，或者中标人放弃中标项目的，应当依法承担法律责任。招标人和中标人应当自中标通知书发出之日起30日内，按照招标文件和中标人的投标文件订立书面合同。招标人和中标人不得再行订立背离合同实质性内容的其他协议。

招标文件要求中标人提交履约保证金的，中标人应当提交。

依法必须进行招标的项目，招标人应当自确定中标人之日起15日内，向有关行政监督部门提交招标投标情况的书面报告。中标人应当按照合同约定履行义务，完成中标项目。中标人不得向他人转让中标项目，也不得将中标项目肢解后分别向他人转让。中标人按照合同约定或者经招标人同意，可以将中标项目的部分非主体、非关键性工作分包给他人完成。接受分包的人应当具备相应的资格条件，并不得再次分包。中标人应当就分包项目向招标人负责，接受分包的人就分包项目承担连带责任。

(三)城市房地产开发经营管理条例

《城市房地产开发经营管理条例》是根据《中华人民共和国城市房地产管理法》的有关规定而制定,主要规范房地产开发企业在城市规划区内国有土地上进行基础设施建设、房屋建设,并转让房地产开发项目或者销售、出租商品房的行为。

1.房地产开发建设。确定房地产开发项目,应当符合土地利用总体规划、年度建设用地计划和城市规划、房地产开发年度计划的要求;按照国家有关规定需要经计划主管部门批准的,还应当报计划主管部门批准,并纳入年度固定资产投资计划。确定房地产开发项目,应当坚持旧区改建和新区建设相结合的原则,注重开发基础设施薄弱、交通拥挤、环境污染严重以及危旧房屋集中的区域,保护和改善城市生态环境,保护历史文化遗产。房地产开发用地应当以出让方式取得;但是,法律和国务院规定可以采用划拨方式的除外。

土地使用权出让或者划拨前,县级以上地方人民政府城市规划行政主管部门和房地产开发主管部门应当对下列事项提出书面意见,作为土地使用权出让或者划拨的依据之一:①房地产开发项目的性质、规模和开发期限;②城市规划设计条件;③基础设施和公共设施的建设要求;④基础设施建成后的产权界定;⑤项目拆迁补偿、安置要求。

房地产开发项目应当建立资本金制度,资本金占项目总投资的比例不得低于20%。

房地产开发项目的开发建设应当统筹安排配套基础设施,并根据先地下、后地上的原则实施。

房地产开发企业应当按照土地使用权出让合同约定的土地用途、动工开发期限进行项目开发建设。出让合同约定的动工开发期限满1年未动工开发的,可以征收相当于土地使用权出让金20%以下的土地闲置费;满2年未动工开发的,可以无偿收回土地使用权。但是,因不可抗力或者政府、政府有关部门的行为或者动工开发必需的前期工作造成动工迟延的除外。

房地产开发企业开发建设的房地产项目,应当符合有关法律、法规的规定,建筑工程质量、安全标准,建筑工程勘察、设计、施工的技术规范以及合同的约定。

房地产开发企业应当对其开发建设的房地产开发项目的质量承担责任。

房地产开发项目竣工后,房地产开发企业应当向项目所在地的县级以上地方人民政府房地产开发主管部门提出竣工验收申请。房地产开发主管部门应当自收到竣工验收申请之日起30日内,对涉及公共安全的内容,组织工程质量监督、规划、消防、人防等有关部门或者单位进行验收。

2.房地产经营。转让房地产开发项目,应当符合下列规定:

(1)下列房地产,不得转让:①司法机关和行政机关依法裁定、决定查封或者以其他形式限制房地产权利的;②依法收回土地使用权的;③共有房地产,未经其他共有人书面同意的;④权属有争议的;⑤未依法登记领取权属证书的;⑥法律、行政法规规定禁止转让的其他情形。

(2)以出让方式取得土地使用权的,转让房地产时,应当符合下列条件:①按照出让合同约定已经支付全部土地使用权出让金,并取得土地使用权证书;②按照出让合同约定进行投资开发,属于房屋建设工程的,完成开发投资总额的25%以上,属于成片开发土地的,形成工业用地或者其他建设用地条件。转让房地产时房屋已经建成的,还应当持有房屋所有权证书。

转让房地产开发项目,转让人和受让人应当自土地使用权变更登记手续办理完毕之日起 30 日内,持房地产开发项目转让合同到房地产开发主管部门备案。房地产开发企业转让房地产开发项目时,尚未完成拆迁补偿安置的,原拆迁补偿安置合同中有关的权利、义务随之转移给受让人。项目转让人应当书面通知被拆迁人。

房地产开发企业预售商品房,应当符合下列条件:①已交付全部土地使用权出让金,取得土地使用权证书;②持有建设工程规划许可证和施工许可证;③按提供的预售商品房计算,投入开发建设的资金达到工程建设总投资的 25% 以上,并已确定施工进度和竣工交付日期;④已办理预售登记,取得商品房预售许可证明。

房地产开发企业预售商品房时,应当向预购人出示商品房预售许可证明。

房地产开发企业应当自商品房预售合同签订之日起 30 日内,到商品房所在地的县级以上人民政府房地产开发主管部门和负责土地管理工作的部门备案。

商品房销售,当事人双方应当签订书面合同。合同应当载明商品房的建筑面积和使用面积、价格、交付日期、质量要求、物业管理方式以及双方的违约责任。

房地产开发项目转让和商品房销售价格,由当事人协商议定;但是,享受国家优惠政策的居民住宅价格,应当实行政府指导价或者政府定价。房地产开发企业应当在商品房交付使用时,向购买人提供住宅质量保证书和住宅使用说明书。住宅质量保证书应当列明工程质量监督单位核验的质量等级、保修范围、保修期和保修单位等内容。房地产开发企业应当按照住宅质量保证书的约定,承担商品房保修责任。保修期内,因房地产开发企业对商品房进行维修,致使房屋原使用功能受到影响,给购买人造成损失的,应当依法承担赔偿责任。

商品房交付使用后,购买人认为主体结构质量不合格的,可以向工程质量监督单位申请重新核验。经核验,确属主体结构质量不合格的,购买人有权退房;给购买人造成损失的,房地产开发企业应当依法承担赔偿责任。

预售商品房的购买人应当自商品房交付使用之日起 90 日内,办理土地使用权变更和房屋所有权登记手续;现售商品房的购买人应当自销售合同签订之日起 90 日内,办理土地使用权变更和房屋所有权登记手续。房地产开发企业应当协助商品房购买人办理土地使用权变更和房屋所有权登记手续,并提供必要的证明文件。

(四)国有土地上房屋征收与补偿条例

现行的《国有土地上房屋征收与补偿条例》在 2011 年 1 月 19 日国务院第 141 次常务会议上通过,并于当日实施。

1.征收的标的。新的《国有土地上房屋征收与补偿条例》是为了规范国有土地上房屋征收与补偿活动,维护公共利益,保障被征收房屋所有权人的合法权益而制定的。征收的标的仅仅是国有土地上房屋征收与补偿活动,针对的是房屋而非土地。如果国有土地已经被政府出让,政府征收的依然是国有土地上的房屋,不包括剩余年限的使用权。房屋被依法征收的,国有土地使用权同时收回。

2.征收的范围。为保障国家安全、促进国民经济和社会发展等公共利益的需要,有下列情形之一,确需征收房屋的,由市、县级人民政府作出房屋征收决定:①国防和外交的需要;②由政府组织实施的能源、交通、水利等基础设施建设的需要;③由政府组织实施的科技、教育、文化、卫生、体育、环境和资源保护、防灾减灾、文物保护、社会福利、市政公用等公共事业的需要;④由政府组织实施的保障性安居工程建设的需要;⑤由政府依照城乡规划法有关规定组织实施的对危房集中、基础设施落后等地段进行旧城区改建的需要;⑥法律、行政法规规定的其他公共利益的需要。

3.补偿规定。作出房屋征收决定的市、县级人民政府对被征收人给予的补偿包括:①被征收房屋价值的补偿;②因征收房屋造成的搬迁、临时安置的补偿;③因征收房屋造成的停产停业损失的补偿。

对被征收房屋价值的补偿,不得低于房屋征收决定公告之日被征收房屋类似房地产的市场价格。可见,补偿规定不涵盖被征收人因土地使用权被提前收回而蒙受的损失。

被征收人可以选择货币补偿,也可以选择房屋产权调换。被征收人选择房屋产权调换的,市、县级人民政府应当提供用于产权调换的房屋,并与被征收人计算、结清被征收房屋价值与用于产权调换房屋价值的差价。因旧城区改建征收个人住宅,被征收人选择在改建地段进行房屋产权调换的,作出房屋征收决定的市、县级人民政府应当提供改建地段或者就近地段的房屋。

房地产评估中,评估的目的、方法和价值类型等对房地产估值数额起着重要影响。各地出台的拆迁补偿细则往往都对此有专门规定。下面以北京市为例进行说明。

1991年北京市实施的《城市房屋拆迁管理条例》细则规定,补偿金额按所拆房屋建筑面积的重置价格结合成新结算。

1998年北京市实施的《北京市城市房屋拆迁管理办法》规定,拆除住宅房屋,拆迁人应当按照被拆除房屋原建筑面积的重置价格结合成新对被拆除房屋所有人给予补偿。

2001年修订的《北京市城市房屋拆迁管理办法》(北京市人民政府令〔2001〕第87号)规定,实行货币补偿的,补偿款根据被拆迁房屋的区位、用途、建筑面积等因素,以房地产市场评估价确定。被拆迁房屋的房地产市场评估价包括房屋的重置成新价和区位补偿价,具体评估规则由市国土房管局制定公布。

2011年1月21日,国务院总理温家宝签署国务院令公布《国有土地上房屋征收与补偿条例》,条例规定自公布之日起施行。2011年10月19日,根据国家有关开展征地拆迁的规章和规范性文件中进行专项清理工作的要求,北京市人民政府决定废止《北京市城市房屋拆迁管理办法》(2001年11月1日北京市人民政府第87号令发布),至2013年3月底,北京市尚无征收补偿细则出台,征收补偿处于无法可依状态。

需要说明的是,1991年、1998年和2001年三个版本的北京市地方拆迁补偿细则都规定房屋补偿按照重置成本或重置成新价格进行,即被拆迁标的按照重置成本思路和非市场价值进行估值。与市场法和收益法比较,采用成本法估值的房地产价值往往都是偏低的,这种直接强行规定采用某种具体评估方法的做法有碍评估专业性和科学性的精神。

4.评估机构。被征收房屋的价值,由具有相应资质的房地产价格评估机构按照房屋征收评估办法评估确定。房屋征收评估办法由国务院住房城乡建设主管部门制定,制定过程中,应当向社会公开征求意见。房地产价格评估机构由被征收人协商选定;协商不成的,通过多数决定、随机选定等方式确定,具体办法由省、自治区、直辖市制定。

对评估确定的被征收房屋价值有异议的,可以向房地产价格评估机构申请复核评估。对复核结果有异议的,可以向房地产价格评估专家委员会申请鉴定。

房地产价格评估机构应当独立、客观、公正地开展房屋征收评估工作,任何单位和个人不得干预。

5.强制执行。被征收人在法定期限内不申请行政复议或者不提起行政诉讼,在补偿决定规定的期限内又不搬迁的,由作出房屋征收决定的市、县级人民政府依法申请人民法院强制执行。

6.相关法律责任。房地产价格评估机构或者房地产估价师出具虚假或者有重大差错的评估报告的,由发证机关责令限期改正,给予警告,对房地产价格评估机构并处 5 万元以上 20 万元以下罚款,对房地产估价师并处 1 万元以上 3 万元以下罚款,并记入信用档案;情节严重的,吊销资质证书、注册证书;造成损失的,依法承担赔偿责任;构成犯罪的,依法追究刑事责任。

(五)建设工程质量管理条例

凡在我国境内从事建设工程的新建、扩建、改建等有关活动及实施对建设工程质量监督管理的,都应当遵守本条例。此处所称的建设工程,是指土木工程、建筑工程、线路管道和设备安装工程及装修工程。建设单位、勘察单位、设计单位、施工单位、工程监理单位依法对建设工程质量负责。从事建设工程活动,必须严格执行基本建设程序,坚持先勘察、后设计、再施工的原则。

1.建设单位的质量责任和义务。建设单位应当将工程发包给具有相应资质等级的单位。建设单位不得将建设工程肢解发包。建设单位应当依法对工程建设项目的勘察、设计、施工、监理以及与工程建设有关的重要设备、材料等的采购进行招标。建设单位必须向有关的勘察、设计、施工、工程监理等单位提供与建设工程有关的原始资料。原始资料必须真实、准确、齐全。建设工程发包单位不得迫使承包方以低于成本的价格竞标,不得任意压缩合理工期。建设单位不得明示或者暗示设计单位或者施工单位违反工程建设强制性标准,降低建设工程质量。建设单位应当将施工图设计文件报县级以上人民政府建设行政主管部门或者其他有关部门审查。

实行监理的建设工程,建设单位应当委托具有相应资质等级的工程监理单位进行监理,也可以委托具有工程监理相应资质等级并与被监理工程的施工承包单位没有隶属关系或者其他利害关系的该工程的设计单位进行监理。

下列建设工程必须实行监理:①国家重点建设工程;②大中型公用事业工程;③成片开发建设的住宅小区工程;④利用外国政府或者国际组织贷款、援助资金的工程;⑤国家规定必须实行监理的其他工程。

建设单位在领取施工许可证或者开工报告前,应当按照国家有关规定办理工程质量监督手续。按照合同约定,由建设单位采购建筑材料、建筑构配件和设备的,建设单位应当保证建筑材料、建筑构配件和设备符合设计文件和合同要求。建设单位不得明示或者暗示施工单位使用不合格的建筑材料、建筑构配件和设备。涉及建筑主体和承重结构变动的装修工程,建设单位应当在施工前委托原设计单位或者具有相应资质等级的设计单位提出设计方案;没有设计方案的,不得施工。

建设单位收到建设工程竣工报告后,应当组织设计、施工、工程监理等有关单位进行竣工验收。建设工程竣工验收应当具备下列条件:①完成建设工程设计和合同约定的各项内容;②有完整的技术档案和施工管理资料;③有工程使用的主要建筑材料、建筑构配件和设备的进场试验报告;④有勘察、设计、施工、工程监理等单位分别签署的质量合格文件;⑤有施工单位签署的工程保修书。建设工程经验收合格的,方可交付使用。

建设单位应当严格按照国家有关档案管理的规定,及时收集、整理建设项目各环节的文件资料,建立、健全建设项目档案,并在建设工程竣工验收后,及时向建设行政主管部门或者其他有关部门移交建设项目档案。

2.勘察、设计单位的质量责任和义务。从事建设工程勘察、设计的单位应当依法取得相应等级的资质证书,并在其资质等级许可的范围内承揽工程。禁止勘察、设计单位超越其资质等级许可的范围或者以其他勘察、设计单位的名义承揽工程。禁止勘察、设计单位允许其他单位或者个人以本单位的名义承揽工程。勘察、设计单位不得转包或者违法分包所承揽的工程。

勘察、设计单位必须按照工程建设强制性标准进行勘察、设计,并对其勘察、设计的质量负责。注册建筑师、注册结构工程师等注册执业人员应当在设计文件上签字,对设计文件负责。勘察单位提供的地质、测量、水文等勘察成果必须真实、准确。设计单位应当根据勘察成果文件进行建设工程设计。设计文件应当符合国家规定的设计深度要求,注明工程合理使用年限。设计单位在设计文件中选用的建筑材料、建筑构配件和设备,应当注明规格、型号、性能等技术指标,其质量要求必须符合国家规定的标准。除有特殊要求的建筑材料、专用设备、工艺生产线等外,设计单位不得指定生产厂、供应商。设计单位应当就审查合格的施工图设计文件向施工单位作出详细说明。设计单位应当参与建设工程质量事故分析,并对因设计造成的质量事故,提出相应的技术处理方案。

3.施工单位的质量责任和义务。施工单位应当依法取得相应等级的资质证书,并在其资质等级许可的范围内承揽工程。禁止施工单位超越本单位资质等级许可的业务范围或者以其他施工单位的名义承揽工程。禁止施工单位允许其他单位或者个人以本单位的名义承揽工程。施工单位不得转包或者违法分包工程。

施工单位对建设工程的施工质量负责。施工单位应当建立质量责任制,确定工程项目的项目经理、技术负责人和施工管理负责人。建设工程实行总承包的,总承包单位应当对全部建设工程质量负责;对建设工程勘察、设计、施工、设备采购的一项或者多项实行总承包的,总承包单位应当对其承包的建设工程或者采购的设备的质量负责。总承包单位依法将建设工程分包给其他单位的,分包单位应当按照分包合同的约定对其分包工程的质量向总承包单位负责,总承包单位与分包单位对分包工程的质量承担连带责任。

施工单位必须按照工程设计图纸和施工技术标准施工,不得擅自修改工程设计,不得偷工减料。施工单位在施工过程中发现设计文件和图纸有差错的,应当及时提出意见和建议。施工单位必须按照工程设计要求、施工技术标准和合同约定,对建筑材料、建筑构配件、设备和商品混凝土进行检验,检验应当有书面记录和专人签字;未经检验或者检验不合格的,不得使用。施工单位必须建立、健全施工质量的检验制度,严格工序管理,做好隐蔽工程的质量检查和记录。隐蔽工程在隐蔽前,施工单位应当通知建设单位和建设工程质量监督机构。施工人员对涉及结构安全的试块、试件以及有关材料,应当在建设单位或者工程监理单位监督下现场取样,并送具有相应资质等级的质量检测单位进行检测。施工单位对施工中出现质量问题的建设工程或者竣工验收不合格的建设工程,应当负责返修。施工单位应当建立、健全教育培训制度,加强对职工的教育培训;未经教育培训或者考核不合格的人员,不得上岗作业。

4.工程监理单位的质量责任和义务。工程监理单位应当依法取得相应等级的资质证书,并在其资质等级许可的范围内承担工程监理业务。禁止工程监理单位超越本单位资质等级许可的范围或者以其他工程监理单位的名义承担工程监理业务。禁止工程监理单位允许其他单位或者个人以本单位的名义承担工程监理业务。工程监理单位不得转让工程监理业务。

工程监理单位与被监理工程的施工承包单位以及建筑材料、建筑构配件和设备供应单位有隶属关系或者其他利害关系的,不得承担该项建设工程的监理业务。工程监理单位应当依照法律、法规以及有关技术标准、设计文件和建设工程承包合同,代表建设单位对施工质量实施监理,并对施工质量承担监理责任。

工程监理单位应当选派具备相应资格的总监理工程师和监理工程师进驻施工现场。未经监理工程师签字,建筑材料、建筑构配件和设备不得在工程上使用或者安装,施工单位不得进行下一道工序的施工。未经总监理工程师签字,建设单位不拨付工程款,不进行竣工验收。监理工程师应当按照工程监理规范的要求,采取旁站、巡视和平行检验等形式,对建设工程实施监理。

5.建设工程质量保修。建设工程实行质量保修制度。建设工程承包单位在向建设单位提交工程竣工验收报告时,应当向建设单位出具质量保修书。质量保修书中应当明确建设工程的保修范围、保修期限和保修责任等。

在正常使用条件下,建设工程的最低保修期限为:①基础设施工程、房屋建筑的地基基础工程和主体结构工程,为设计文件规定的该工程的合理使用年限;②屋面防水工程、有防水要求的卫生间、房间和外墙面的防渗漏,为5年;③供热与供冷系统,为2个采暖期、供冷期;④电气管线、给排水管道、设备安装和装修工程,为2年;⑤其他项目的保修期限由发包方与承包方约定。

建设工程的保修期,自竣工验收合格之日起计算。建设工程在保修范围和保修期限内发生质量问题的,施工单位应当履行保修义务,并对造成的损失承担赔偿责任。建设工程在超过合理使用年限后需要继续使用的,产权所有人应当委托具有相应资质等级的勘察、设计单位鉴定,并根据鉴定结果采取加固、维修等措施,重新界定使用期。

6.监督管理。国家实行建设工程质量监督管理制度。国务院建设行政主管部门对全国的建设工程质量实施统一监督管理。国务院交通、水利等有关部门按照国务院规定的职责分工,负责对全国的有关专业建设工程质量的监督管理。县级以上地方人民政府建设行政主管部门对本行政区域内的建设工程质量实施监督管理。县级以上地方人民政府交通、水利等有关部门在各自的职责范围内,负责对本行政区域内的专业建设工程质量的监督管理。

国务院建设行政主管部门和国务院交通、水利等有关部门应当加强对有关建设工程质量的法律、法规和强制性标准执行情况的监督检查。国务院发展计划部门按照国务院规定的职责,组织稽查特派员,对国家出资的重大建设项目实施监督检查。国务院经济贸易主管部门按照国务院规定的职责,对国家重大技术改造项目实施监督检查。

建设工程质量监督管理,可以由建设行政主管部门或者其他有关部门委托的建设工程质量监督机构具体实施。从事房屋建筑工程和市政基础设施工程质量监督的机构,必须按照国家有关规定经国务院建设行政主管部门或者省、自治区、直辖市人民政府建设行政主管部门考核;从事专业建设工程质量监督的机构,必须按照国家有关规定经国务院有关部门或者省、自治区、直辖市人民政府有关部门考核。经考核合格后,方可实施质量监督。县级以上地方人民政府建设行政主管部门和其他有关部门应当加强对有关建设工程质量的法律、法规和强制性标准执行情况的监督检查。县级以上人民政府建设行政主管部门和其他有关部门履行监督检查职责时,有权采取下列措施:①要求被检查的单位提供有关工程质量的文件和资料;②进入被检查单位的施工现场进行检查;③发现有影响工程质量的问题时,责令改正。

建设单位应当自建设工程竣工验收合格之日起15日内,将建设工程竣工验收报告和规划、公安消防、环保等部门出具的认可文件或者准许使用文件报建设行政主管部门或者其他有关部门备案。建设行政主管部门或者其他有关部门发现建设单位在竣工验收过程中有违反国家有关建设工程质量管理规定行为的,责令停止使用,重新组织竣工验收。有关单位和个人对县级以上人民政府建设行政主管部门和其他有关部门进行的监督检查应当支持与配合,不得拒绝或者阻碍建设工程质量监督检查人员依法执行职务。供水、供电、供气、公安消防等部门或者单位不得明示或者暗示建设单位、施工单位购买其指定的生产供应单位的建筑材料、建筑构配件和设备。建设工程发生质量事故,有关单位应当在24小时内向当地建设行政主管部门和其他有关部门报告。对重大质量事故,事故发生地的建设行政主管部门和其他有关部门应当按照事故类别和等级向当地人民政府和上级建设行政主管部门和其他有关部门报告。特别重大质量事故的调查程序按照国务院有关规定办理。

(六)民用建筑节能条例

民用建筑节能,是指在保证民用建筑使用功能和室内热环境质量的前提下,降低其使用过程中能源消耗的活动。此处所谓的民用建筑,是指居住建筑,国家机关办公建筑,商业、服务业、教育、卫生等其他公共建筑。

国家鼓励和扶持在新建建筑和既有建筑节能改造中采用太阳能、地热能等可再生能源。在具备太阳能利用条件的地区,有关地方人民政府及其部门应当采取有效措施,鼓励和扶持单位、个人安装使用太阳能热水系统、照明系统、供热系统、采暖制冷系统等太阳能利用系统。国务院建设行政主管部门负责全国民用建筑节能的监督管理工作。县级以上地方人民政府建设主管部门负责本行政区域民用建筑节能的监督管理工作。县级以上人民政府有关部门应当依照本条例的规定以及本级人民政府规定的职责分工,负责民用建筑节能的有关工作。国务院建设主管部门应当在国家节能中长期专项规划指导下,编制全国民用建筑节能规划,并与相关规划相衔接。县级以上地方人民政府建设主管部门应当组织编制本行政区域的民用建筑节能规划,报本级人民政府批准后实施。

国家正在建立健全民用建筑节能标准体系。国家民用建筑节能标准由国务院建设主管部门负责组织制定,并依照法定程序发布。国家鼓励制定、采用优于国家民用建筑节能标准的地方民用建筑节能标准。县级以上人民政府应当安排民用建筑节能资金,用于支持民用建筑节能的科学技术研究和标准制定、既有建筑围护结构和供热系统的节能改造、可再生能源的应用,以及民用建筑节能示范工程、节能项目的推广。政府引导金融机构对既有建筑的节能改造、可再生能源的应用,以及民用建筑节能示范工程等项目提供支持。

1.新建建筑节能。国家推广使用民用建筑节能的新技术、新工艺、新材料和新设备,限制使用或者禁止使用能源消耗高的技术、工艺、材料和设备。国务院节能工作主管部门、建设主管部门应当制定、公布并及时更新推广使用、限制使用、禁止使用目录。国家限制进口或者禁止进口能源消耗高的技术、材料和设备。建设单位、设计单位、施工单位不得在建筑活动中使用列入禁止使用目录的技术、工艺、材料和设备。编制城市详细规划、镇详细规划,应当按照民用建筑节能要求,确定建筑的布局、形状和朝向。城乡规划主管部门依法对民用建筑进行规划审查,应当就设计方案是否符合民用建筑节能强制性标准征求同级建设主管部门的意见;建设主管部门应当自收到征求意见材料之日起10日内提出意见。征求意见时间不计算在规划许可的期限内。对不符合民用建筑节能强制性标准的,不得颁发建设工程规划许可证。施工图设计文件审查机构应当按照民用建筑节能强制性标准对施工图设计文件进行审查;经审查不符合民用建筑节能强制性标准的,县级以上地方人民政府建设主管部门不得颁发施工许可证。建设单位不得明示或者暗示设计单位、施工单位违反民用建筑节能强制性标准进行设计、施工,不得明示或者暗示施工单位使用不符合施工图设计文件要求的墙体材料、保温材料、门窗、采暖制冷系统和照明设备。按照合同约定由建设单位采购墙体材料、保温材料、门窗、采暖制冷系统和照明设备的,建设单位应当保证其符合施工图设计文件要求。设计单位、施工单位、工程监理单位及其注册执业人员,应当按照民用建筑节能强制性标准进行设计、施工、监理。施工单位应当对进入施工现场的墙体材料、保温材料、门窗、采暖制冷系统和照明设备进行查验;不符合施工图设计文件要求的,不得使用。工程监理单位发现施工单位不按照民用建筑节能强制性标准施工的,应当要求施工单位改正;施工单位拒不改正的,工程监理单位应当及时报告建设单位,并向有关主管部门报告。墙体、屋面的保温工程施工时,监理工程师应当按照工程监理规范的要求,采取旁站、巡视和平行检验等形式实施监理。未经监理工程师签字,墙体材料、保温材料、门窗、采暖制冷系统和照明设备不得在建筑上使用或者安装,施工单位不得进行下一道工序的施工。

建设单位组织竣工验收,应当对民用建筑是否符合民用建筑节能强制性标准进行查验;对不符合民用建筑节能强制性标准的,不得出具竣工验收合格报告。实行集中供热的建筑应当安装供热系统调控装置、用热计量装置和室内温度调控装置,公共建筑还应当安装用电分项计量装置。居住建筑安装的用热计量装置应当满足分户计量的要求。计量装置应当经依法检定合格。建筑的公共走廊、楼梯等部位,应当安装、使用节能灯具和电气控制装置。对具备可再生能源利用条件的建筑,建设单位应当选择合适的可再生能源,用于采暖、制冷、照明和热水供应等;设计单位应当按照有关可再生能源利用的标准进行设计。建设可再生能源利用设施,应当与建筑主体工程同步设计、同步施工、同步验收。国家机关办公建筑和大型公共建筑的所有权人应当对建筑的能源利用效率进行测评和标志,并按照国家有关规定将测评结果予以公示,接受社会监督。国家机关办公建筑应当安装、使用节能设备。

房地产开发企业销售商品房,应当向购买人明示所售商品房的能源消耗指标、节能措施和保护要求、保温工程保修期等信息,并在商品房买卖合同和住宅质量保证书、住宅使用说明书中载明。在正常使用条件下,保温工程的最低保修期限为5年。保温工程的保修期,自竣工验收合格之日起计算。保温工程在保修范围和保修期内发生质量问题的,施工单位应当履行保修义务,并对造成的损失依法承担赔偿责任。

2.既有建筑节能。既有建筑节能改造应当根据当地经济、社会发展水平和地理气候条件等实际情况,有计划、分步骤地实施分类改造。本条例所称既有建筑节能改造,是指对不符合民用建筑节能强制性标准的既有建筑的围护结构、供热系统、采暖制冷系统、照明设备和热水供应设施等实施节能改造的活动。县级以上地方人民政府建设主管部门应当对本行政区域内既有建筑的建设年代、结构形式、用能系统、能源消耗指标、寿命周期等组织调查统计和分析,制订既有建筑节能改造计划,明确节能改造的目标、范围和要求,报本级人民政府批准后组织实施。中央国家机关既有建筑的节能改造,由有关管理机关事务工作的机构制订节能改造计划,并组织实施。国家机关办公建筑、政府投资和以政府投资为主的公共建筑的节能改造,应当制订节能改造方案,经充分论证,并按照国家有关规定办理相关审批手续方可进行。各级人民政府及其有关部门、单位不得违反国家有关规定和标准,以节能改造的名义对前款规定的既有建筑进行扩建、改建。居住建筑和本条例第二十六条规定以外的其他公共建筑不符合民用建筑节能强制性标准的,在尊重建筑所有权人意愿的基础上,可以结合扩建、改建,逐步实施节能改造。实施既有建筑节能改造,应当符合民用建筑节能强制性标准,优先采用遮阳、改善通风等低成本改造措施。既有建筑围护结构的改造和供热系统的改造,应当同步进行。对实行集中供热的建筑进行节能改造,应当安装供热系统调控装置和用热计量装置;对公共建筑进行节能改造,还应当安装室内温度调控装置和用电分项计量装置。国家机关办公建筑的节能改造费用,由县级以上人民政府纳入本级财政预算。居住建筑和教育、科学、文化、卫生、体育等公益事业使用的公共建筑节能改造费用,由政府、建筑所有权人共同负担。国家鼓励社会资金投资既有建筑节能改造。

3.建筑用能系统运行节能。建筑所有权人或者使用权人应当保证建筑用能系统的正常运行,不得人为损坏建筑围护结构和用能系统。国家机关办公建筑和大型公共建筑的所有权人或者使用权人应当建立健全民用建筑节能管理制度和操作规程,对建筑用能系统进行监测、维护,并定期将分项用电量报县级以上地方人民政府建设主管部门。县级以上地方人民政府节能工作主管部门应当会同同级建设主管部门确定本行政区域内公共建筑重点用电单位及其年度用电限额。县级以上地方人民政府建设主管部门应当对本行政区域内国家机关办公建筑和公共建筑用电情况进行调查统计和评价分析。国家机关办公建筑和大型公共建筑采暖、制冷、照明的能源消耗情况应当依照法律、行政法规和国家其他有关规定向社会公布。国家机关办公建筑和公共建筑的所有权人或者使用权人应当对县级以上地方人民政府建设主管部门的调查统计工作予以配合。供热单位应当建立健全相关制度,加强对专业技术人员的教育和培训。供热单位应当改进技术装备,实施计量管理,并对供热系统进行监测、维护,提高供热系统的效率,保证供热系统的运行符合民用建筑节能强制性标准。县级以上地方人民政府建设主管部门应当对本行政区域内供热单位的能源消耗情况进行调查统计和分析,并制定供热单位能源消耗指标;对超过能源消耗指标的,应当要求供热单位制定相应的改进措施,并监督实施。

4.法律责任。县级以上人民政府有关部门有下列行为之一的,对负有责任的主管人员和其他直接责任人员依法给予处分；构成犯罪的，依法追究刑事责任：①对设计方案不符合民用建筑节能强制性标准的民用建筑项目颁发建设工程规划许可证的；②对不符合民用建筑节能强制性标准的设计方案出具合格意见的；③对施工图设计文件不符合民用建筑节能强制性标准的民用建筑项目颁发施工许可证的；④不依法履行监督管理职责的其他行为。

各级人民政府及其有关部门、单位违反国家有关规定和标准，以节能改造的名义对既有建筑进行扩建、改建的，对负有责任的主管人员和其他直接责任人员，依法给予处分。

建设单位有下列行为之一的，由县级以上地方人民政府建设主管部门责令改正，处20万元以上50万元以下的罚款：①明示或者暗示设计单位、施工单位违反民用建筑节能强制性标准进行设计、施工的；②明示或者暗示施工单位使用不符合施工图设计文件要求的墙体材料、保温材料、门窗、采暖制冷系统和照明设备的；③采购不符合施工图设计文件要求的墙体材料、保温材料、门窗、采暖制冷系统和照明设备的；④使用列入禁止使用目录的技术、工艺、材料和设备的。

建设单位对不符合民用建筑节能强制性标准的民用建筑项目出具竣工验收合格报告的，由县级以上地方人民政府建设主管部门责令改正，处民用建筑项目合同价款2%以上4%以下的罚款；造成损失的，依法承担赔偿责任。

设计单位未按民用建筑节能强制性标准进行设计，或使用列入禁止使用目录的技术、工艺、材料和设备的，由县级以上地方人民政府建设主管部门责令改正，处10万元以上30万元以下罚款；情节严重的，由颁发资质证书的部门责令停业整顿，降低资质等级或吊销资质证书；造成损失的，依法承担赔偿责任。

施工单位未按照民用建筑节能强制性标准进行施工的，由县级以上地方人民政府建设主管部门责令改正，处民用建筑项目合同价款2%以上4%以下的罚款；情节严重的，由颁发资质证书的部门责令停业整顿，降低资质等级或者吊销资质证书；造成损失的，依法承担赔偿责任。

施工单位有下列行为之一的，由县级以上地方人民政府建设主管部门责令改正，处10万元以上20万元以下的罚款；情节严重的，由颁发资质证书的部门责令停业整顿，降低资质等级或者吊销资质证书；造成损失的，依法承担赔偿责任：①未对进入施工现场的墙体材料、保温材料、门窗、采暖制冷系统和照明设备进行查验的；②使用不符合施工图设计文件要求的墙体材料、保温材料、门窗、采暖制冷系统和照明设备的；③使用列入禁止使用目录的技术、工艺、材料和设备的。

工程监理单位有下列行为之一的，由县级以上地方政府建设主管部门责令限期改正；逾期未改正的，处10万元以上30万元以下的罚款；情节严重的，由颁发资质证书的部门责令停业整顿，降低资质等级或吊销资质证书；造成损失的，依法承担赔偿责任：①未按照民用建筑节能强制性标准实施监理的；②墙体、屋面的保温工程施工时，未采取旁站、巡视和平行检验等形式实施监理的。

房地产开发企业销售商品房，未向购买人明示所售商品房的能源消耗指标、节能措施和保护要求、保温工程保修期等信息，或者向购买人明示的所售商品房能源消耗指标与实际能源消耗不符的，依法承担民事责任。由县级以上地方人民政府建设主管部门责令限期改正；

逾期未改正的,处交付使用的房屋销售总额2%以下的罚款;情节严重的,由颁发资质证书的部门降低资质等级或者吊销资质证书。

注册执业人员未执行民用建筑节能强制性标准的,由县级以上人民政府建设主管部门责令停止执业3个月以上1年以下;情节严重的,由颁发资格证书的部门吊销执业资格证书,5年内不予注册。

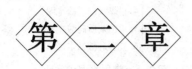

第二章

建筑材料

第一节　常用建筑材料

一、水泥

土木工程中,能将散粒状材料(如砂、石子等)或块状材料(如砖、石块等)黏结成为整体的材料,统称为胶凝材料。按化学成分将胶凝材料分为有机胶凝材料(如各种沥青及树脂)和无机胶凝材料。无机胶凝材料按其硬化条件的不同又分为气硬性胶凝材料和水硬性胶凝材料。气硬性胶凝材料是指只能在空气中硬化,也只能在空气中保持或继续发展其强度的胶凝材料,如石膏、石灰、水玻璃等。水硬性胶凝材料是指不仅能在空气中硬化,而且能更好地在水中硬化,并保持和继续发展其强度的胶凝材料,如各种水泥。

水泥是一种粉末状的水硬性胶凝材料。它与水拌合成塑性浆体后,能胶结砂石等适当材料,并能在空气中或水中硬化成具有强度的石状固体。水泥具有诸多优良的性能,广泛应用于工业、农业、国防、交通、城市建设、水利及海洋开发等。

(一)水泥的种类

水泥是以石灰质原料(石灰石)与黏土为主,加少量铁矿粉按照一定比例配合、磨细成生料粉,经均化后煅烧至部分熔融,生成以硅酸钙为主要成分的粒块状熟料。冷却后加入0~5%的石灰石或粒化高炉矿渣、适量石膏磨细制成的水硬性胶凝材料称为硅酸盐水泥(波特兰水泥)。

硅酸盐水泥可分为两种类型:Ⅰ型硅酸盐水泥是不掺混合材料的水泥,其代号为P.Ⅰ;Ⅱ型硅酸盐水泥是在硅酸盐水泥熟料中拌合时掺加不超过水泥质量5%的石灰石或粒化高炉矿渣混合材料的水泥,其代号为P.Ⅱ。

按水泥的用途及性能分为常用水泥和特种水泥。常用水泥又分为六类,如图2-1所示。

1.硅酸盐水泥,由硅酸盐水泥熟料、0~5%石灰石或粒化高炉矿渣、适量石膏磨细制成。国外通称为波特兰水泥。

2.普通硅酸盐水泥,由硅酸盐水泥熟料、6%~15%混合材料、适量石膏磨细制成的水硬性胶凝材料。

3.矿渣硅酸盐水泥,由硅酸盐水泥熟料、粒化高炉矿渣和适量石膏磨细制成,水泥中的粒化高炉矿渣掺加量按照质量百分比计为20%~70%。

常用水泥 {
1.硅酸盐水泥
2.普通硅酸盐水泥
3.矿渣硅酸盐水泥
4.粉煤灰硅酸盐水泥
5.火山灰质硅酸盐水泥
6.复合硅酸盐水泥
}

图2-1 常用水泥种类

4.粉煤灰硅酸盐水泥,由硅酸盐水泥熟料、粉煤灰和适量的石膏磨细制成。水泥中粉煤灰掺入量按质量百分比计为20%~40%。

5.火山灰质硅酸盐水泥,由硅酸盐水泥熟料、火山灰质混合材料和适量的石膏磨细制成。水泥中火山灰质混合材料掺入量按质量百分比计为20%~50%。

6.复合硅酸盐水泥,由硅酸盐水泥熟料,15%~50%的两种或两种以上混合材料和适量的石膏组成。

(二)硅酸盐水泥的凝结与硬化

1.硅酸盐水泥的凝结与硬化的概念。

(1)凝结。水泥加入适量的水调成水泥浆后经过一段时间由于本身的物理化学变化逐渐变稠失去塑性称为凝结。

(2)硬化。凝结后,强度逐渐提升并变成坚固的石状物质即水泥石这一过程称为硬化。凝结、硬化总称为硬化过程,这一过程实际是一个连续复杂的物理化学变化过程。

2.硅酸盐水泥凝结、硬化的原理。水泥加水后,由于自身的物理化学变化,其矿物成分很快与水发生水化和水解作用,并在水泥颗粒表面形成一系列的水化产物氢氧化钙、含水硅酸钙、含水铝酸钙、含水铁酸钙及含水硫铝酸钙五种主要水化产物。在水泥硬化过程中由于新生成物的生成溶解,形成凝胶,凝胶转为结晶,以及表面碳化等过程相互交错进行,使水泥变成了坚硬的水泥石。

3.影响水泥凝结、硬化的因素。

(1)矿物组成。如果硅酸三钙、铝酸三钙含量过多,凝结硬化就快,产生的水化热也高,硅酸二钙含量多,水化热低,适用于大体积工程。

(2)细度的影响。粗的影响:总表面积小,与水接触就相对少些,水化就慢,水化热低,凝结慢。细的影响与上相反,另外凝结后易产生收缩裂缝。

(3)温度和湿度的影响。温度低,水化凝结慢。自然养护条件下,如4℃~40℃自然养护条件,连续10天以上,温度在5℃。若在冬季施工,要加外加剂。前7天要达到设计强度的70%,所以一天要洗几次水进行养护。

(4)石膏的影响。含量多则影响稳定性。

(三)硅酸盐水泥的主要技术牲质

1.实际密度与堆积密度。硅酸盐水泥的实际密度主要取决于其熟料矿物的组成,一般为3.10~3.20g/cm³,也与储存时间和条件等有关。受潮水泥的密度有所降低,在进行砼配合比计算时,通常用3.10g/cm³。

堆积密度,除与矿物组成及细度外,主要取决于水泥堆积时的紧密程度,疏松堆积约为

$1\,000\sim 1\,100kg/m^3$，紧密堆积时达到$1\,600kg/m^3$。在砼配合比计算中通常用$1\,300kg/m^3$。

2.不溶物。水泥溶于水后有一部分不溶的物质，如铁粉、矿物质等。Ⅰ型硅酸盐水泥中不溶物不得超过0.75%，Ⅱ型硅酸盐水泥中不溶物不得超过1.50%。

3.有害矿物质的含量。

(1)氧化镁含量不得超过5.0%，如经蒸压安定性实验合格，则水泥中氧化镁含量允许放宽到6.0%。

(2)三氧化硫不超过3.5%。

4.烧失量。烧失量是指水泥在一定的温度和灼烧时间内失去的质量所占的百分数。Ⅰ型硅酸盐水泥不得大于3.0%，Ⅱ型硅酸盐水泥不得大于3.5%。

5.细度。细度指水泥颗粒粗细的程度。细度是以每千克水泥所具有的总比表面积表示的，按国家标准规定比表面积不应小于$300m^2/kg$。硅酸盐水泥的细度通过比表面积仪测定。细度对水泥的凝结硬化程度、强度、需水性及硬化收缩均有影响。成分相同的水泥，颗粒越细，与水接触的表面积越大，所以水化速度快、早期强度高。但颗粒过细，粉磨过程中能耗大，使成本提高，而且在硬化时易产生裂缝，所以细度应适宜。

6.需水性(标准稠度用水量)。需水性指使水泥净浆达到一定的可塑性时需要的水量，测定需水性的目的是为确定水泥的凝结时间、安全性、强度提供一个标准的用水量。

7.凝结时间。水泥从加水开始到失去流动性，即从可塑状态发展到固体状态所需的时间，称为凝结时间。

实际中，初凝时间应大于45分钟，如时间太快，搅拌、运输、浇注等都来不及;终凝时间应小于390分钟，时间过长影响施工进度。凝结时间达不到国家标准要求按不合格水泥处理。

水泥凝结过程中有时存在快凝现象，主要分为以下两种:

(1)假凝:假装凝固，水泥加水调制过程中无放热现象产生，拌合物很干燥，此时不加水继续搅拌可使用，对强度无影响，有黏结能力。

(2)瞬凝:加水后快凝，水化热很大，无黏结现象。此种水泥不能使用。

假凝的产生原因主要是，水泥过细、太热，水化产物氢氧化钙易产生碳酸钙沉淀，另外石膏与熟料工磨时脱水，水化速度比铝酸三钙要快，很快形成过饱和溶液，使冰石膏结晶析出形成假凝。

瞬凝的产生原因主要是，掺石膏量少，施工温度过高。

8.安定性。凝结硬化后，固体(水泥石)体积变化是否均匀，这一性质称为水泥的体积安定性。水泥凝结硬化后不裂缝、不疏松、不崩溃、不掉渣、不变形，则属安全性合格。安定性不合格的原因，主要是有害成分超标，CaO、MgO、石膏掺量超标。

9.水化热。这是指水泥加水拌合后放出的热量。大部分水化热在水化初期7天内放出。水化热的大小与水泥的种类、矿物组成、细度、水灰比、养护条件等有关。水泥水化热对大体积环境不利，积聚在内部不能散发，内外湿差过大引起内应力，会使砼产生裂缝。

(四)水泥石的腐蚀与防止

硅酸盐水泥腐蚀的主要原因是水泥石中存在引起腐蚀的组成成分，即氢氧化钙和铝酸钙。另外，水泥石本身不密实，有许多毛细通道，侵蚀性物质容易进入其内部，使水泥石的结构遭到破坏，强度渐渐降低，甚至全部溃裂。

1.水泥石的腐蚀的种类。

(1)淡水侵蚀(软水或溶液侵蚀)。水泥石中含有的氢氧化钙溶于淡水、雨水、水蒸气、蒸馏水等,产生体积膨胀,使水泥石孔隙增大增多,从而降低水泥石的强度,在有流动水或有水压的作用下氢氧化钙溶解速度加快,导致腐蚀更为加速。

(2)一般酸性的腐蚀。酸性物质与水泥石中的氢氧化钙反应,生成易溶于水的盐,或在水泥石中孔隙内部形成结晶或体积膨胀,使水泥石破坏。

(3)碳酸性腐蚀。工业废水及地下水中含有较多的二氧化碳,对水泥有侵蚀作用。

(4)硫酸盐腐蚀。海水、地下水及某些工业污水中含有大量的硫酸盐物质,与水泥石中的氢氧化钙反应生成体积膨胀的硫铝酸钙针状结晶和二水石膏,使水泥石遭到破坏。

(5)强碱侵蚀。碱类溶液若浓度不大一般是无害的,但铝酸盐含量较高的水泥遇强碱作用后也会被破坏。

2.水泥石腐蚀的防止方法。

(1)根据侵蚀环境特点合理选用水泥品种。

(2)根据水泥密实度,仔细选择骨料级配,减小水灰比,施工中尽量使用机械化搅拌振捣,加外加剂减小用水量,减少孔隙,抽真空,用吸水模板等,以制得密实的砼。

(3)设保护层,在砼外部加覆盖层和贴面材料,防止侵蚀介质与水泥石直接接触。

(五)水泥强度与应用范围

1.水泥的强度。水泥的强度是表征水泥力学性质的重要指标,它与水泥的矿物组成、细度、水灰比大小、水化龄期和环境湿度密切相关。水泥强度必须按《水泥胶砂强度实验方法》GB/T17671-99的规定制作试块,养护并测定其抗压和抗折强度值,该值是评定水泥等级的依据。

试体是由按质量计的,一份水泥、三份中国ISO标准砂,用0.5的水灰比拌制的一组塑性胶砂制成。水泥胶砂为40mm×40mm×160mm棱柱实体。试体连模一起在湿气中养护24h,然后脱模在水中养护至强度试验。试体带模养护的养护箱或雾室温度保持在20℃±1℃,相对湿度应不低于90%。试体养护池水温度应在20℃±1℃范围内。到试验龄期时将试体从水中取出,先进行抗折试验,折断后每截再进行抗压强度试验。

水泥强度等级按规定龄期的抗压强度和抗折强度划分。各类水泥的强度龄期统一为3d,28d。强度的检验方法按《水泥胶砂强度检验方法(ISO法)》(GB/T17671-1999)执行。常用各类水泥的强度共设32.5,32.5R,42.5,42.5R,52.5,52.5R,62.5和62.5R八个等级。其中,硅酸盐水泥分3个强度等级6个类型,即42.5,42.5R,52.5,52.5R,62.5,62.5R。其他五大水泥也分3个等级6个类型即32.5,32.5R,42.5,42.5R,52.5,52.5R。

2.特点和适用范围。硅酸盐水泥的性质和应用主要有以下几点:①凝结硬化快,早期及后期强度高,用于需要早强型的、紧急抢修的工程;②抗冻性好,适宜冬季施工;③水化热大;④耐腐蚀性好;⑤耐热性差,不适用于高温环境,如锅炉房等环境;⑥抗碳化好,干缩小,耐磨性好。

矿渣、粉煤灰、火山灰硅酸盐水泥主要有以下特点:凝结硬化速度慢、早期强度低、后期强度发展较快;水化热比较小;抗腐蚀性能好;抗碳化能力差;抗冻性能差;对温度敏感,适合高温养护。但矿渣水泥耐热性好,抗渗性差;火山灰水泥抗渗性、耐水性好,干缩变形大;粉煤灰水泥干缩小,抗裂性好,抗渗性差。

有关各种水泥的特点与适用范围见表2-1。

表2-1　常见水泥的特点与适用范围

水泥品种	特　点		适用范围	
	优点	缺点	适用	不适用
硅酸盐水泥	1.凝结硬化快 2.抗冻性好 3.早期强度高 4.水化热大	耐海水浸蚀和耐化学腐蚀性差	1.重要结构的高强度混凝土和预应力混凝土 2.冬季施工及严寒地区遭受反复冰冻工程	1.经常受水压力作用的工程 2.受海水、矿物水作用的工程 3.大体积混凝土
普通水泥	1.早期强度高 2.水化热大 3.抗冻性好	1.耐热性差 2.耐腐蚀与抗渗性较差	1.一般土建工程及受冰冻作用的工程 2.早期强度要求高的工程	1.大体积混凝土工程 2.受化学及海水浸蚀的工程 3.受水压作用的工程
矿渣水泥	1.抗浸蚀、耐水性好 2.耐热性好 3.水化热低 4.蒸汽养护强度发展较快 5.后期强度较大	1.早期强度低、凝结慢 2.抗冻性较差 3.干缩性大,有泌水现象	1.地下、水下(含海水)工程及受高压水作用的工程 2.大体积混凝土 3.蒸汽养护工程 4.有抗浸蚀、耐高温要求的工程	1.早期强度要求高的工程 2.严寒地区处在水位升降范围内的工程
火山灰质水泥	1.抗浸蚀能力强 2.抗渗性好 3.水化热低 4.后期强度较大	1.耐热性较差 2.抗冻性差 3.吸水性强 4.干缩性较大	1.地上、地下及水中的大体积混凝土工程 2.蒸汽养护的混凝土构件 3.有抗浸蚀要求的一般工程	1.早期强度要求高的工程 2.受冻工程 3.干燥环境中的工程 4.有耐磨性要求的工程
粉煤灰水泥	1.抗渗性较好 2.干缩性小 3.水化热低 4.抗浸蚀能力较好	抗碳化能力差	1.地上、地下及水中的大体积混凝土工程 2.蒸汽养护的混凝土构件 3.有抗浸蚀要求的一般工程	有碳化要求的工程
复合水泥	1.后期强度增长较快 2.水化热较低 3.耐蚀性较好	1.凝结硬化慢 2.早期强度低 3.抗冻性差	1.高湿环境或长期处于水中的混凝土工程 2.厚大体积的混凝土工程 3.受浸介质作用的混凝土工程	1.要求快硬早强的混凝土工程 2.严寒地区处在水位升降范围内的混凝土工程

二、建筑钢材

（一）钢材的分类

钢由生铁冶炼而成。生铁的冶炼过程是将铁矿石、熔剂（石灰石）、燃料（焦炭）置于高炉中，约在 1 750℃高温下，石灰石与矿石中的硅、锰、硫、磷等经过化学反应生成铁渣，浮于铁水表面。铁渣和铁水分别从出渣口和出铁口排出，排出生铁中含有碳、硫、磷、锰等杂质。生铁又分为炼钢生铁（白口铁）和铸造生铁（灰口铁）。生铁硬而脆、无塑性和韧性，不能焊接、锻造、轧制。炼钢就是将生铁进行精炼。炼钢过程中，在提供足够氧气的条件下，通过炉内的高温氧化作用，部分碳被氧化成一氧化碳气体而逸出，其他杂质则形成氧化物进入炉渣中被除去，从而使碳的含量降低到一定的限度，同时把其他杂质的含量也降低到允许范围内。根据炼钢设备的不同，常用的炼钢方法有空气转炉法、氧气转炉法、平炉法、电炉法。

钢与生铁的区分在于含碳量的大小。含碳量小于 2.06% 的铁碳合金称为钢。含碳量大于 2.06% 的铁碳合金称为生铁。

钢材的品种繁多，分类方法也较多，通常有按化学成分、质量、用途等几种分类方法。钢的分类见表 2-2。在建筑工程中常用的钢种是普通碳素钢和普通低合金结构钢。

表 2-2　钢的分类

分类方法	类别		特　性
按化学成分分类	碳素钢	低碳钢	含碳量<0.25%
		中碳钢	含碳量 0.25%~0.60%
		高碳钢	含碳量>0.60%
	合金钢	低合金钢	合金元素总含量<5%
		中合金钢	合金元素总含量 5%~10%
		高合金钢	合金元素总含量>10%
按脱氧程度分类	沸腾钢		脱氧不完全，硫、磷等杂质偏析较严重，代号为"F"
	镇静钢		脱氧完全，同时去硫，代号为"Z"
	半镇静钢		脱氧程度介于沸腾钢和镇静钢之间，代号为"B"
	特殊镇静钢		比镇静钢脱氧程度还要充分彻底，代号为"TZ"
按质量分类	普通钢		含硫量≤0.055%~0.065%，含磷量≤0.045%~0.085%
	优质钢		含硫量≤0.03%~0.045%，含磷量≤0.035%~0.045%
	高级优质钢		含硫量≤0.02%~0.03%，含磷量≤0.027%~0.035%
	特级优质钢		含硫量≤0.015%，特级优质钢后加"E"；含磷量≤0.025%
按用途分类	结构铁钢		工程结构构件用钢、机械制造用钢
	工具钢		各种刀具、量具及模具用钢
	特殊钢		具有特殊物理、化学或机械性能的钢，如不锈钢、耐热钢、耐酸钢、耐磨钢、磁性钢等

1.按照化学成分划分。

（1）碳素钢。按含碳量的高低可分为低碳钢（含碳量<0.25%）、中碳钢（含碳量为0.25%~0.60%）和高碳钢（含碳量>0.60%）。

（2）合金钢。按照合金元素含量高低可分为低合金钢（合金元素总含量<5%）、中合金钢（合金元素总含量为5%~10%）和高合金钢（合金元素总含量>10%）

2.按品质（杂质含量）划分。

（1）普通钢，含硫量≤0.045%~0.050%；含磷量≤0.045%。

（2）优质钢，含硫量≤0.035%；含磷量≤0.035%。

（3）高级优质钢，含硫量≤0.025%，高级优质钢的钢号后加"高"字或"A"；含磷量≤0.025%。

（4）特级优质钢，含硫量≤0.015%，特级优质钢后加"E"；含磷量≤0.025%。

3.按冶炼时脱氧程度划分。钢材按冶炼时脱氧程度可分为镇静钢、特殊镇静钢、沸腾钢和半镇静钢。图2-2为沸腾钢与镇静钢两钢锭的纵剖面图。从图中观察可知，沸腾钢的气泡明显多于镇静钢，沸腾钢是脱氧不完全的钢，浇铸后在钢液冷却时有大量一氧化碳气体外逸，引起钢液剧烈沸腾。沸腾钢内部杂质和夹杂物多，化学成分和力学性能不够均匀、强度低、冲击韧性和可焊性差，但生产成本低，可用于一般建筑结构。而镇静钢是指在浇铸时，钢液平静地冷却凝固，基本无一氧化碳气泡产生，是脱氧较完全的钢，钢质均匀密实，品质好，但成本高。镇静钢可用于承受冲击荷载的重要结构。

 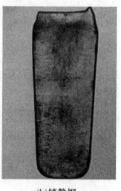

(a)沸腾钢　　　　　　(b)镇静钢

图2-2　沸腾钢与镇静钢两钢锭的纵剖面图

此外，还有比镇静钢脱氧程度还要充分彻底的钢，其质量最好，称特殊镇静钢，其使用于特别重要的结构工程。脱氧程度与质量介于镇静钢和沸腾钢之间的钢，称为半镇静钢，其质量较好。

对于碳素钢而言，含碳越高，硬度、强度越高，塑性、韧性越差。S（热脆性）和P（冷脆性）是有害物质，会增加钢材脆性。在钢中加入合金元素形成的合金钢，有助于提高钢材强度，使钢材具有弹性、韧性和良好的可焊性。

（二）技术性能

钢材的主要技术性能包括力学性能和工艺性能两大类。其中，力学性能包括抗拉性能、冲击韧性、塑性、疲劳强度和硬度等。工艺性能包括冷弯性能、焊接性能和时效反应等。

1.力学性能。

（1）抗拉性能。在外力作用下，材料抵抗变形和断裂的能力称为强度。测定钢材强度的主要方法是拉伸试验，钢材受拉时，在产生应力的同时，相应地产生应变。应力和应变的关系反映出钢材的主要力学特征。从图2-3低碳钢的应力—应变关系中可看出，低碳钢从受

拉到拉断,经历了四个阶段:弹性阶段、屈服阶段、强化阶段和颈缩阶段。四阶段分析如下:

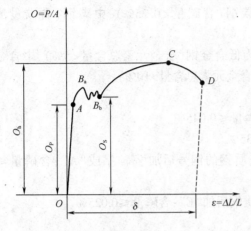

图 2-3 低碳钢的应力—应变关系

第 I 阶段:弹性阶段(OA 段)。在 OA 段,如果卸去荷载,试件将恢复原状,表现为弹性变形。与 A 相对应的应力为弹性极限,用 σ_p 表示。此阶段应力与应变成正比,其比值为常数,称之为弹性模量。

第 II 阶段:屈服阶段(AB 段)。当荷载增大到试件应力超过 σ_p 时,应力与应变不再成比例,开始产生塑性变形。B_a 为屈服上限,B_b 为不计初始瞬时效应的屈服阶段最小应力。B_b 比较稳定易测,故而一般以 B_b 点对应的应力作为屈服强度取值依据,屈服点应力用 σ_s 表示。

工程实际中钢筋所受荷载不允许超过屈服强度。

第 III 阶段:强化阶段(BC 段)。当荷载继续加大到超过屈服点后,试件内部组织结构发生变化,抵抗变形能力进一步提高,该阶段称为强化阶段。对应最高点 C 的应力,称为抗拉强度,用 σ_b 表示。此时强度达到最大值,变形很大。抗拉强度设计中不能采用 σ_b 作为钢筋强度设计取值依据。

屈服强度与抗拉强度的比值称为屈强比,即:

$$屈强比=\frac{屈服强度}{抗拉强度}=\frac{\sigma_s}{\sigma_b}$$

工程实际总屈强比越小,结构越安全。

第 IV 阶段:颈缩阶段(CD 段)。当钢材强度达到最高点后,试件薄弱处的截面将显著缩小,产生"颈缩现象"。塑性变形迅速增加,拉力下降,直至断裂于 D 点。

(2)冲击韧性。这是指冲击荷载作用下,钢材抵抗破坏的能力。钢材的冲击韧性是处在简支梁状态的金属试样在冲击负荷作用下折断时冲击吸收功。钢材的冲击韧性试验是将标准弯曲试样置于冲击机的支架上,并使切槽位于受拉的一侧。

(3)塑性。塑性是钢材的一个重要性能指标。塑性通常用拉伸试验时的伸长率或断面收缩率来表示。把试件断裂的两段拼起来,便可测得标距范围内的长度 l_1,l_1 减去标距长 l_0 就是塑性变形值(如图 2-4 所示),此值与原长 l_0 的比率称为伸长率 δ。伸长率 δ 是衡量钢材塑性的指标,它的数值越大,表示钢材塑性越好,其计算公式为:

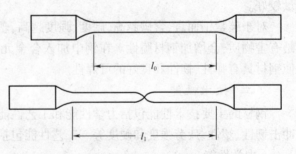

图 2-4 试件拉伸前和断裂后标距的长度

$$\delta=\frac{l_1-l_0}{l_0}\times100\%$$

(4)疲劳强度。这是指钢材在交变荷载作用下抵抗破坏的能力。受交变荷载反复作用,钢材在应力低于其屈服强度的情况下突然发生脆性断裂破坏的现象,称为疲劳破坏。钢材的疲劳破坏一般是由拉应力引起的,首先在局部开始形成细小断裂,随后由于微裂纹尖端的应力集中而使其逐渐扩大,直至突然发生瞬时疲劳断裂。疲劳破坏是在低应力状态下突然发生的,所以危害极大,往往造成灾难性的事故。

在一定条件下,钢材疲劳破坏的应力值随应力循环次数的增加而降低(如图2-5所示)。钢材在无穷次交变荷载作用下而不致引起断裂的最大循环应力值,称为疲劳强度极限,实际测量时常以2×10^6次应力循环为基准。钢材的疲劳强度与很多因素有关,如组织结构、表面状态、合金成分、夹杂物和应力集中几种情况。一般来说,钢材的抗拉强度高,其疲劳极限也较高。

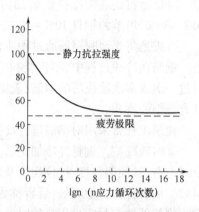

图2-5 钢材疲劳曲线示意图

(5)硬度。这是指材料局部抵抗硬物压入其表面的能力,亦即钢材表面抵抗变形的能力。硬度和强度有一定的关系,一般来说,硬度高的材料强度就大,强度小的材料一般硬度也小。

2.工艺性能。良好的工艺性能,可以保证钢材顺利通过各种加工,钢材制品质量不受影响。冷弯、冷拉、冷拔及焊接性能均是建筑钢材的重要工艺性能。

(1)冷弯性能。冷弯性能是指钢材在常温下承受弯曲变形的能力。钢材的冷弯性能指标以试件弯曲的角度 α 和弯心直径对试件厚度(或直径)的比值(d/a)表示。

钢材的冷弯试验是通过直径(或厚度)为 a 的试件,采用标准规定的弯心直径 d,弯曲到规定的弯曲角(180°或90°)时,试件的弯曲处不发生裂缝、裂断或起层,即认为冷弯性能合格。钢材弯曲时的弯曲角越大,弯心直径越小,则表示其冷弯性能越好。

通过冷弯试验更有助于暴露钢材的某些内在缺陷。相对于伸长率而言,冷弯是对钢材塑性更严格的检验,它能揭示钢材是否存在内部组织不均匀、内应力和夹杂物等缺陷,冷弯试验对焊接质量也是一种严格的检验,能揭示焊件在受弯表面存在未熔合、微裂纹及夹杂物等缺陷。

(2)焊接性能。在建筑工程中,各种型钢、钢板、钢筋及预埋件等需用焊接加工。钢结构有90%以上是焊接结构。焊接是把两块金属局部加热并使其接缝处迅速呈熔融或半熔融状态,从而使之更牢固地连接起来。焊接性能是指钢材在通常的焊接方法与工艺条件下获得良好焊接接头的性能。焊接的质量取决于焊接工艺、焊接材料及钢铁焊接性能。钢材的可焊性是指钢材是否适应通常的焊接方法与工艺的性能。可焊性好的钢材用于一般焊接方法和工艺施焊,焊口处不易形成裂纹、气孔、夹渣等缺陷;焊接后钢材的力学性能,特别是强度不低于原有钢材,硬脆倾向小。钢材可焊性能的好坏,主要取决于钢的化学成分。含碳量高将增加焊接接头的硬脆性,含碳量小于0.25%的碳素钢具有良好的可焊性。

钢筋焊接应注意的问题是:冷拉钢筋的焊接应在冷拉之前进行;钢筋焊接之前,焊接部位应清除铁锈、熔渣、油污等;应尽量避免不同国家的进口钢筋之间或进口钢与国产钢筋之间的焊接。

（3）冷加工性能及时效处理。其主要有冷加工强化处理和时效反应。

①冷加工强化处理。将钢材在常温下进行冷加工（如冷拉、冷拔或冷扎），使之产生塑性变形，从而提高屈服强度，但钢材的塑性、韧性及弹模量则会降低，这个过程称为冷加工强化处理。建筑工地或预制构件厂常用的方法是冷拉和冷拔。

冷拉是将钢筋用冷拉设备加力进行张拉，使之伸长。钢材经冷拉后屈服强度可提高20%～30%，可节约钢材10%～20%，钢材经冷拉后屈服阶段短，伸长率降低，材质变硬。

冷拔是将光面圆钢筋通过硬质合金拔丝模孔强行拉拢，每次拉拢断面缩小应在10%以下。钢筋在冷拔过程中，不仅受拉，同时还受到挤压作用，因而冷拔比纯冷拉作用更强烈。经过一次或多次冷拔后的钢筋，表面光洁度高，屈服强度提高40%～60%，但塑性大大降低，具有硬钢的性质。

建筑工程常采用对钢筋进行冷拉和对盘条进行冷拔的方法，以达到节约钢材的目的。

②时效反应。钢材经冷加工后，在常温下存放15～20天或加热至100℃～200℃，保持2小时左右，其屈服强度、抗拉强度及硬度进一步提高，而塑性及韧性继续降低，这种现象称为时效。前者称为自然时效，后者称为人工时效。钢材经过冷加工后，一般进行时效处理，通常强度较低的钢材宜采用自然时效，强度较高的钢材则采用人工时效。

（三）建筑钢材

常用的建筑钢材可分为钢筋混凝土结构用钢和钢结构用钢两大类。

1. 钢筋混凝土、预应力钢筋混凝土用钢。钢筋混凝土结构用钢，主要由碳素结构钢和低合金结构钢轧制而成，主要有热轧钢筋、冷加工钢筋、热处理钢筋、预应力混凝土用钢丝和钢绞线等。从外形可分为光圆筋和变形钢筋（见图2-6和图2-7），按照直径可分为不同规格，按照强度可分为四级，即HPB235，HRB335，HRB400，HRB500，也就是所谓的Ⅰ级、Ⅱ级、Ⅲ级、Ⅳ级钢筋。HPB235只能用于光圆筋，螺纹钢则根据其强度分为HRB335，HRB400，HRB500三类。随着强度逐渐加大，钢材的塑性逐渐降低。

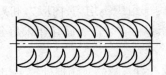

图2-6 月牙肋钢筋

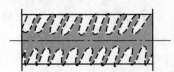

图2-7 等高肋钢筋

预应力混凝土用热处理钢筋是由热轧带肋钢筋(即普通热轧中碳低合金钢筋)经淬火和回火等调质处理制成。按其螺纹外形分为有纵肋和无纵肋(都有横肋)两种。预应力混凝土用热处理钢筋具有高强度、高韧性和高握裹力等优点,主要用于预应力混凝土桥梁轨枕,还用于预应力梁、板结构及吊车梁等。

预应力混凝土用钢丝是应用优质碳素结构钢制作,经冷拉或冷拉后消除应力处理制成。预应力混凝土用钢绞线是由若干根直径为 2.5~5.0mm 的高强度钢丝,以一根钢丝为中心,其余钢丝围绕其中心钢丝绞捻,再经消除应力热处理而制成。

预应力混凝土用钢丝与钢绞线具有强度高、柔性好、松弛率低、抗腐蚀性强、无接头、质量稳定、安全可靠等特点,主要用于大跨度屋架及薄腹梁、大跨度吊车梁、桥梁等的预应力结构。

2.钢结构用钢,包括型钢、钢板、钢管等。在钢结构用钢中一般可直接选用各种规格与型号的型钢,构件之间可直接连接或附以板进行连接。连接方式为铆接、螺栓连接或焊接。钢结构所用钢主要是型钢和钢板。型钢和钢板的成型有热轧和冷轧。

热轧型钢主要采用碳素结构钢、低合金高强度结构钢热轧成型。常用的热轧型钢有角钢、工字钢、槽钢、T 型钢、H 型钢、Z 型钢等。冷弯薄壁型钢是用2mm~6mm 的薄钢板经冷弯或模压而制成,有角钢、槽钢等开口薄壁型钢及方形、矩形等空心薄壁型钢,用于轻型钢结构。

钢结构中常用热压无缝钢管和焊接钢管。钢管在相同截面积下,刚度较大,因而是中心受压构件的理想截面;流线型的表面使其承受风压小,用于高耸结构非常有利。在建筑结构上钢管常用作桁架、制作钢管混凝土。钢管混凝土构件承载力大大提高,且具有良好的塑性和韧性,经济效果显著,施工简单、工期短,可用于厂房柱、构架柱、地铁站台柱、塔高和高层建筑等。

钢板是用碳素结构钢和低合金高强度结构钢经热轧或冷轧生产的扁平钢材,按轧制方式可分为热轧钢板和冷轧钢板。

三、木材

木材是使用历史最长的建筑材料之一。以温暖的质感,丰富的纹理,隔热、抗冲击、轻质高强、易加工等众多特点,而一直为建筑工程行业所青睐。但由于其成材周期较长,加上各种天灾(森林火灾、虫灾等)人祸(滥砍、滥伐等)的影响,使得木材资源供应越来越紧张,价格越来越高,因此,合理应用木材是现代建筑工程行业应该重视的问题。

（一）木材基本知识

1.木材的分类与构造。木材按树种可分为针叶树类木材和阔叶树类木材两种,针叶树干直、高大,易得大材,但材质较软,易加工,松、杉、柏等树种属于此类,其也称软木材;阔叶树干矮、粗壮,一般材质硬,干湿变形大,但多具有美丽的纹理,水曲柳、柞木、榆木属于此类,其也称硬木材。木材还可按加工程度分原条、原木、板、枋等种类。

木材按观测手段不同,可分为宏观构造和显微构造两种。宏观构造包括树皮、木质部、髓心等内容,木质部是木材主要被应用的部分,其包括心材、边材、年轮、髓线、疵病等内容,但树皮也可用于强调特色的建筑装饰工程中;显微构造包括管状细胞中的细胞腔、细胞壁及内部纵向纤维等内容,其对木材干湿变形、隔热、保温及强度等影响较大。

2.木材的基本性质。

(1)物理性质。

①密度与体积密度。木材的密度基本相等,约为 1.55g/cm³。但其体积密度随树种变化较大,如中国台湾地区的二色轻木的体积密度只有 186kg/m³,而广西的砚木的体积密度可达 1 128kg/m³。

②含水率与吸湿性。木材中的水分依存在的状态分为自由水、吸附水和化合水三种。自由水存在于细胞腔与细胞间隙中,其变化一般不显著影响木材的体积与强度的改变,但对木材体积密度、隔热、保温等性质影响较大;吸附水存在于细胞壁内的纤维中,其变化会显著影响木材的体积与强度的改变;化合水是木材化学成分中的结合水,其含量一般不超过 1%~2%。木材中在所处环境的湿度平衡时的含水率称为木材的平衡含水率,达到平衡含水率的木材,在所处环境中性能保持相对稳定。木材细胞壁中充满吸附水,而细胞腔及细胞间隙中无自由水时的含水率,称为木材的纤维饱和点,一般在 25%~35% 之间,其是木材物理、力学性能变化的转折点。

③湿胀与干缩。木材具有较大的湿胀干缩性,其变化规律是:湿木材脱水至纤维饱和点之前时,由于脱去的是自由水,其几何尺寸不发生明显变化,达到纤维饱和点以后脱水,脱去的是吸附水,会引起细胞壁纤维的紧密靠拢,木材将随之产生收缩;反之,干木材吸水,细胞壁纤维肿胀,木材随之膨胀,达到纤维饱和点之后再吸水,木材几何尺寸基本不变。由于木材构造上的各向异性,其产生的胀缩在不同方向上也不相同,一般规律是弦向胀缩最大,其次是径向,而纵向(沿纤维方向)最小。

④导热性。木材的导热系数随其体积密度、含水率增大而降低,另外,导热系数在纤维方向(纵向)上大于垂直于纤维方向(横向)。

(2)力学性质。木材构造上的各向异性,影响其力学性质。一般木材顺纹方向(沿纤维方向)上的抗拉和抗压强度要高于横纹方向的。当顺纹抗压强度为 1 时,理论上木材的各种强度如表 2-3 所示。木材的含水率、构造、疵病及环境温度是影响其强度的主要因素。

表 2-3 木材各向强度关系

抗拉强度		抗压强度		抗剪强度		抗弯强度
顺纹	横纹	顺纹	横纹	顺纹	横纹	
2~3	1/3~/20	1	1/3~1/10	1/7~1/3	1/2~1	3/2~2

(3)装饰性。不同树种的木材会有不同的颜色、纹理及气味,对木材的装饰性会有不同的影响。如白桦木、白杨木和橡木等树种呈白色或浅淡色,而檀木、榉木、胡桃木、红木等树种呈红、棕等深色。栓木、樱桃木等会有直细条纹,胡桃木会同时具有直细条纹及山形花纹。檀木有芬芳的香味,而樟木的气味却很难闻。

(二)木材的装饰应用

1.地板。木地板具有温暖、弹性、柔韧等舒适的脚感,丰富的色彩与纹理等特点,使其成为木材应用最普遍的一种形式。木地板可单层或双层构造。其按面层构造特点不同,又主要分条板与拼花板两种;按断面接口构造不同,又可分为平口、错口与企口三种;按铺设构造不同可分实铺(地板材料直接铺于地面结构层之上)与空铺(地板材料与地面结构层之间由木地垫,也称垫木或木隔栅分开)两种。

一般条板的宽度不大于 120mm,板厚 20~30mm,面层板可用松山等软木材,也可用柞木、榆木等硬木材,铺设速度快、线条流畅、接缝少、易清洁,适用于体育馆、练功房、舞台及住宅的地面;拼花地板是用水曲柳、核桃木、柚木等阔叶树加工的小条板拼装而成的,其可依据空间环境的大小及功能特点,通过不同的板条组合,拼装出多种美观的图案,而且耐磨、耐腐蚀、有光泽,适用于高级办公室、宾馆、会议室、展览馆、体育馆等公共建筑及别墅、住宅等民用建筑的地面装饰。

2.胶合板(层压板)。胶合板是将原木沿年轮方向旋切成的一组单板,按相邻两板木纹方向互相垂直铺放,经胶合而成的复合板材。单板层数一般为奇数,主要有 3,5,7,9,11,13 层,分别称为三合板、五合板、七合板等。

胶合板可分室内用和室外用的两种,也可分普通、装饰、特种胶合板等特性种类,及防水、防潮、阻燃等功能种类。其中,装饰胶合板有预饰面、贴面、印刷、浮雕等种类。胶合板最大的特点是改变了木材的各向异性,使材质均匀、变形小,且板幅宽大,仍有天然木质的纹理,适用于建筑墙面、顶棚、家具及造型装饰。

3.人造板。人造板是从节省木材资源、提高利用率、改善性能等目的出发,利用木材边角废料加工制得的人造板材,既保持了木质材料的隔热保温、轻质高强、柔韧、易加工等特点,更明显地改变了木材各向异性的缺点,而且成本低廉,是木材综合利用的主要产品,主要用作墙体、地面、吊顶、家具及装饰造型的基础材料。根据原材料来源不同,人造板有纤维板(密度板)、刨花板、木丝板、木屑板、镁铝曲面装饰板等多种。其中,纤维板应用更为广泛,根据压实后板的体积密度不同,分为硬质纤维板(高密度板)、中密度板和软质纤维板(低密度板)三种。

四、气硬性胶凝材料

气硬性胶凝材料是指只能在空气中硬化,也只能在空气中保持或继续发展其强度的胶凝材料,如石膏、石灰、水玻璃等。此处介绍建筑石膏和石灰。

(一)建筑石膏

石膏是以硫酸钙为主要成分的一种气硬性无机胶凝材料,只能在空气中凝结硬化,并保持增长强度。

生产石膏的原料主要是含硫酸钙的天然石膏或含硫酸钙的化工副产品和废渣,其化学式为 $CaSO_4 \cdot 2H_2O$,也称二水石膏,将二水石膏在不同温度和压力下煅烧可以得到不同的石膏品种。

1.建筑石膏的生产。将二水石膏在 107℃~170℃ 的干燥条件下加热,使其脱去部分结晶水形成半水石膏(也称熟石膏),其分子应为 $CaSO_4 \cdot 1/2H_2O$,其反应式如下:

$$CaSO_4 \cdot 2H_2O \xrightarrow{107℃~170℃} \beta\text{-}CaSO_4 \cdot 1/2H_2O + 3/2H_2O$$

该半水石膏晶粒较细小,称为 β 型半水石膏($\beta\text{-}CaSO_4 \cdot 1/2H_2O$),将其磨细得到的白色粉末称为建筑石膏。

2.建筑石膏的主要技术特性。

(1)凝结硬化快。建筑石膏加水拌合后,浆体在10分钟内便开始失去可塑性,30分钟内完全失去可塑性而产生强度。因初凝时间较短,对施工不利,一般使用时须加缓凝剂,如动物胶、亚硫酸酒精废液、硼砂、柠檬酸等,以延长凝结时间。建筑石膏的凝结硬化的过程即是半水石膏加水拌和成为二水石膏的过程。

$$CaSO_4 \cdot 1/2H_2O + 3/2H_2O \rightarrow CaSO_4 \cdot 2H_2O$$

(2)凝结硬化时体积微膨胀。石膏浆体在凝结硬化初期会产生微小的体积膨胀,膨胀率为0.5%~1.0%。这一特性使得制成的石膏制品表面光滑、细腻、尺寸精确,形体饱满,装饰性好。

(3)孔隙率大,体积密度小。为使浆体满足施工要求的可塑性,建筑石膏拌合时须加入其用量60%~80%的用水量,而建筑石膏的理论水化需水量只有18.6%,因此大量自由水分蒸发后会在建筑石膏制品内形成大量的毛细孔隙(孔隙率可达50%~60%),体积密度可达800~1 000kg/m³,属于轻质材料。

(4)保温性与吸声性好。建筑石膏制品的多孔隙结构特点,使其具有很好的隔热保温性与吸声性。

(5)具有一定的调温性与调湿性。建筑石膏制品具有较高的热容量,因此,它具有较好的调温能力;又由于其内部大量毛细孔隙对空气中的水蒸气具有较强的吸附作用,因而,它也具有一定的调湿能力。

(6)防火性好,耐火性差。建筑石膏制品导热系数小,传热慢,且二水石膏受热脱水能降低制品的表面温度,并阻止火势蔓延,因而,具有一定的防火性。但二水石膏长时间受火作用脱水后,会导致结构分解,强度下降,因而不耐火。

(7)强度低,抗渗性、抗冻性及耐水性差。由于建筑石膏制品孔隙率大,因而强度较低,7d时的抗压强度为8~12MPa,抗渗性与抗冻性差。另外,二水石膏微溶于水,遇水后强度大大降低,耐水性差。

(8)装饰性好。建筑石膏洁白细腻,质感自然,可塑性强,易加工,这是其装饰性强的基础。

2.建筑石膏的装饰应用。建筑装饰工程中主要使用的石膏品种是建筑石膏。建筑石膏的特点决定了其主要适用于建筑室内墙面、顶棚等装饰。

(1)室内粉刷与抹灰。建筑石膏加水及缓凝剂等拌合成石膏灰,用于室内抹灰层,可获得光滑、细腻、洁白的表面装饰效果。建筑石膏加水及缓凝剂拌合成石膏浆体,可用作室内粉刷涂料。

(2)石膏板。石膏板由于具有质轻、隔热、保温、吸声、防火、尺寸稳定及施工方便等特点,成为建筑石膏的主要装饰制品形式。

①纸面石膏板。纸面石膏板是以建筑石膏为主要原料,掺入适量的纤维材料、缓凝剂等作为芯材,并以纸板作为增强护面材料,经加水搅拌、浇注、辊压、凝结、切断、烘干等工序制得的石膏板。其中,护面纸主要起到提高石膏板抗弯、抗冲击作用。

纸面石膏板长度规格有1 800mm、2 100mm、2 400mm、2 700mm、3 000mm、3 300mm和3 600mm,宽度规格有900mm和1 200mm,厚度依据功能不同分别有9mm、12mm、15mm、18mm、21mm和25mm。另外,板材有矩形(J)、450倒角形(D)、楔形(C)、半圆形(B)和圆形

（Y）五种不同的棱边形式。

纸面石膏板按功能可分为普通型、耐水型、耐火型三种,其分别依据不同的外观质量、物理性能、力学性能分为优等品、一等品、合格品。

普通型纸面石膏板具有质轻、抗弯、抗冲击、隔热保温、隔声及良好的可加工性的特点,但耐水性与耐火性差,仅适用于干燥环境的公共及民用住宅等室内的墙面、吊顶等装饰,不适用于厨房、卫生间及相对湿度大于70%的潮湿环境中。普通型纸面石膏板与轻钢龙骨构成的轻钢龙骨石膏板体系可用于隔墙,两层板的可用于分室墙,四层板的可用于分户墙,具有隔音好、自重轻、占地面积小、抗震性强等优点。

耐火型纸面石膏板由于板芯加入了耐火增强物质,因此,除具有普通型纸面石膏板的基本特点之外,耐火性明显增强,属于难燃性材料。主要用于防火等级要求高的重要的大型公共建筑及特殊功能的建筑。

②装饰石膏板。装饰石膏板是由建筑石膏、适量的纤维材料等经加水搅拌、成型、干燥而成的不带护纸的,具有装饰图案的石膏板。

装饰石膏板的主要规格有500mm×500mm×9mm和600mm×600mm×11mm两种,按功能分普通型和防潮型两种,按板面装饰图案可分平板、孔板和浮雕板三种,其分类与代号见表2-4。

表2-4 装饰石膏板的分类与代号

分类	普通板			防潮板		
	平板	孔板	浮雕板	平板	孔板	浮雕板
代号	P	K	D	FP	FK	FD

装饰石膏板具有一般建筑石膏板的基本特点,其独特之处是具有丰富的装饰图案,不需要在其表面采取涂、裱、贴等进一步装饰,可以应用于有装饰要求的各类公共与民用建筑的墙面与吊顶等装饰。

装饰石膏板还可以制成具有嵌装企口的嵌装式装饰石膏板,最大的特点是安装时只需嵌固在龙骨上,不需另行固定,且板材间可利用企口相互咬合,拆装灵活、方便,主要适用于对吸声要求高的建筑物装饰,如影剧院、音乐厅、会议室等。除上述石膏板之外,还有一些具有特殊功能的石膏板,如吸声用穿孔石膏板,特种耐火石膏板等。

（3）石膏艺术装饰部件。石膏还常和纤维、外加剂、水等混合制成线板、线角、花角、花台、灯圈、柱、画框、壁炉等艺术装饰部件,配合石膏及其他装饰制品应用。

（二）石灰

石灰是使用较早的矿物胶凝材料之一。其原料分布广,生产工艺简单,成本低廉,在土木工程中应用广泛。

1.石灰的生产。石灰是用石灰石、白云石、白垩、贝壳等碳酸钙含量高的原料,经900℃ ~ 1 000℃煅烧,碳酸钙分解,释放出二氧化碳后,得到以氧化钙（CaO）为主要成分的产品,又称生石灰。煅烧反应式如下:

$$CaCO_3 \xrightarrow{900℃ \sim 1\,000℃} CaO+CO_2$$

由于石灰原料中含有一些碳酸镁,所以石灰中也会含有一定量的 MgO。按照 JC/T497—1992《建筑生石灰》规定,按氧化镁含量的多少,建筑石灰分为钙质和镁质两类。当生石灰中的 MgO≤5% 时,称为钙质石灰,否则为镁质石灰。

在实际生产中,为加快石灰石分解,煅烧温度常提高到 1 000℃~1 100℃。由于石灰石原料的尺寸大或煅烧时窑中温度分布不匀等原因,石灰中常含有欠火石灰和过火石灰。欠火石灰中的碳酸钙未完全分解,使用时缺乏黏结力。过火石灰结构密实,表面常包覆一层玻璃釉状物,熟化很慢,若在石灰浆体硬化后再发生熟化,会因熟化产生的膨胀而引起隆起和开裂。为了消除过火石灰的这种危害,石灰在熟化后,还应"陈伏"2 周左右。生石灰熟化成石灰膏时,"陈伏"期间,储灰坑内的石灰膏表面应保有一层水分,与空气隔绝,以免碳化。

将煅烧成的块状生石灰经过不同的加工,还可得到石灰的另外三种产品:

一是生石灰粉:由块状石灰磨细制成。

二是消石灰粉:将生石灰用适量水经消化和干燥而成的粉末,主要成分为 $Ca(OH)_2$,亦称熟石灰。

三是石灰膏:将块状生石灰用过量水消化,或将消石灰粉和水拌和,所得到的具有一定稠度的膏状物,主要成分为 $Ca(OH)_2$ 和水。

2.石灰的水化和硬化。

(1)生石灰的水化。生石灰的水化是指生石灰与水反应生成氢氧化钙的过程,又称为生石灰的熟化或消化,其反应式如下:

$$CaO+H_2O \rightarrow Ca(OH)_2+64.9kJ$$

根据加水量的不同,石灰可熟化成熟石灰粉或石灰膏。石灰熟化的理论需水量为石灰重量的 32%。在生石灰中,均匀加入 60%~80% 的水,可得到颗粒细小、分散均匀的消石灰粉,其主要成分是 $Ca(OH)_2$。若用过量的水(约为生石灰体积的 3~4 倍)熟化块状生石灰,将得到具有一定稠度的石灰膏,其主要成分也是 $Ca(OH)_2$。石灰熟化时放出大量的热,体积增大 1~2.5 倍。

(2)石灰浆体的硬化。石灰浆体在空气中的硬化,由下面两个同时进行的过程来完成:

①结晶作用。由于干燥失水,引起浆体中氢氧化钙溶液过饱和,结晶出氢氧化钙晶体,产生强度。

②碳化作用。在大气环境中,氢氧化钙在潮湿状态下会与空气中的二氧化碳反应生成碳酸钙,并释放出水分,即发生碳化。其反应式为:

$$Ca(OH)_2+CO_2+nH_2O \rightarrow CaCO_3+(n+1)H_2O$$

由于碳化作用主要发生在与空气接触的表层,且生成的碳酸钙膜层较致密,阻碍了空气中二氧化碳的渗入,也阻碍了内部水分向外蒸发,因此硬化较慢。

3.石灰的性质。石灰的特性主要包括以下几个:

(1)可塑性和保水性好。生石灰熟化后形成的石灰浆中,石灰粒子形成氢氧化钙胶体结构,颗粒极细(粒径约为 1μm),比表面积很大(达 10~30m²/g),其表面吸附一层较厚的水膜,降低了颗粒之间的摩擦力,具有良好的塑性。同时可吸附大量的水,因而有较强保持水分的能力,即保水性好。将它掺入水泥砂浆中,配成混合砂浆,可显著提高砂浆的可塑性及和易性。

(2)生石灰水化时水化热大,体积增大。

(3)硬化缓慢。石灰浆的硬化只能在空气中进行,由于空气中 CO_2 含量少,使碳化作用进程缓慢,加之已硬化的表层对内部的硬化起阻碍作用,所以石灰浆的硬化过程较长。

(4)硬化时体积收缩大。由于石灰浆中存在大量游离水,硬化时大量水分蒸发,导致内部毛细管失水紧缩,引起显著的体积收缩变形,使硬化石灰体产生裂纹。故石灰浆体不易单独使用,通常施工时掺入一定的骨料(砂子)或纤维材料(麻刀、纸筋等)。

(5)硬化后强度低。生石灰消化时的理论需水量为32.13%,但为了使石灰浆具有一定的可塑性便于应用,同时考虑到一部分水因消化时水化热大而被蒸发掉,故实际消化用水量很大,多余水分在硬化后蒸发,留下大量孔隙,使硬化石灰体密实度小,强度低。

(6)耐水性差。由于石灰浆硬化慢、强度低,当受潮后,其中尚未碳化的 $Ca(OH)_2$ 易产生溶解,硬化石灰体与水会产生溃散,故石灰不易用于潮湿环境。

4.石灰的应用。石灰在土木工程中应用范围很广。

(1)建筑室内粉刷。消石灰乳由消石灰粉或消石灰浆与水调制而成。消石灰乳大量用于建筑室内和顶棚粉刷。石灰乳是一种廉价的涂料,施工方便,在建筑中应用广泛。由于石灰硬化后可溶于水,不能清洗,目前,用于室内装修抹灰比较少。

(2)石灰砂浆。由石灰膏、砂和水按一定配比制成,一般用于强度要求不高、不受潮湿的砌体和抹灰层。

(3)混合砂浆。用石灰膏或消石灰粉与水泥、砂和水按一定比例可配制水泥石灰混合砂浆,用于砌筑或抹灰工程。

(4)硅酸盐制品。以石灰(消石灰粉或生石灰粉)与硅质材料(砂、粉煤灰、火山灰、矿渣等)为主要原料,经过配料、拌合、成型和养护后可制得砖、砌块等各种制品。因内部的胶凝物质主要是水化硅酸钙,所以称为硅酸盐制品,常用的有灰砂砖、粉煤灰砖等。

(5)制备生石灰粉。目前,土木工程中大量采用块状生石灰磨细制成的磨细生石灰粉,可不经熟化和“陈伏”直接应用于工程或硅酸盐制品中,提高功效,节约场地,改善环境。其主要优点如下:

①磨细生石灰细度高,表面积大,水化需水量增大,水化速度提高,水化时体积膨胀均匀。

②生石灰粉的熟化与硬化过程彼此渗透,熟化过程中所放热量加速了硬化过程。

③过火石灰和欠烧石灰均被磨细,提高了石灰利用率和工程质量。

(6)石灰稳定土。将消石灰粉或生石灰粉掺入各种粉碎或原来松散的土中,经拌合、压实及养护后得到的混合料,称为石灰稳定土。它包括石灰土、石灰稳定砂砾土、石灰碎石土等,广泛用作建筑物的基础、地面的垫层及道路的路面基层。

(7)石灰工业废渣稳定土。石灰工业废渣稳定土可分为石灰粉煤灰类和石灰其他废渣类。石灰粉煤灰稳定土是用石灰和粉煤灰按一定比例与土混合后的一种无机材料。它的具体名称视所用土的不同而定,二灰与砂砾称二灰砂砾土,二灰与碎石称二灰碎石土,二灰土与细粒土称二灰土。石灰、粉煤灰用作添加于天然细粒土或黏土中的稳定性材料越来越常见,特别在道路工程中的路基施工中,主要是路基填料用量大,石灰和粉煤灰的材料来源比较广泛,而且价格低廉,施工简单,力学性能和水稳性好,成为土质改良的重要方法。我国公路部门在许多公路建设中(特别是高等级公路)应用了二灰稳定土,铁路部门在路基病害的治理中也大量应用了改良土。特别需注意的是,由于二灰土强度、密度的影响因素比较多,也比较复杂,轻则影响质量,重则导致失败。

五、砌墙砖

(一)烧结砖

烧结砖是以黏土、页岩、煤矸石、粉煤灰等为主要原料,经成型、干燥及焙烧而成。烧结砖包括烧结普通砖、烧结多孔砖及烧结空心砖。

1.烧结普通砖。烧结普通砖按主要原料,分为黏土砖(N)、粉煤灰砖(F)、煤矸石砖(M)、页岩砖(Y)四种,砖体为实心或孔洞率不大于15%。

(1)烧结普通砖的技术要求。

①尺寸。根据《烧结普通砖》(GB/T 5101—2003)的规定,烧结普通砖的外形为直角六面体,公称尺寸为长240mm、宽115mm、高53mm。按技术指标分为优等品(A)、一等品(B)和合格品(C)三个质量等级。按抗压强度分为 MU30,MU25,MU20,MUl5,MU10 五个强度等级。

通常我们将240mm×115mm 面称大面,将240mm×53mm 面称条面,将115mm×53mm 面称顶面。砌筑时灰缝厚度10mm,故4匹砖长,8匹砖宽,16匹砖厚分别为lm,每立方米砖砌体需用烧结普通砖512块。

②泛霜。泛霜是砖使用过程中的一种盐析现象。砖内过量的可溶盐受潮吸水而溶解,随水分蒸发迁移至砖表面,在过饱和状态下结晶析出,形成白色粉状附着物,影响建筑物美观。如果溶盐为硫酸盐,当水分蒸发呈晶体析出时,产生膨胀,使砖面及砂浆剥落。相关标准规定,优等品无泛霜,一等品不允许出现中等泛霜,合格品不允许出现严重泛霜。

③石灰爆裂。石灰爆裂是指砖坯中夹杂有石灰块,砖吸水后,由于石灰逐渐熟化而膨胀产生的爆裂现象。这种现象影响砖的质量,降低砌体强度。现相关标准规定,优等品不允许出现最大破坏尺寸大于2mm 的爆裂区域;一等品不允许出现最大破坏尺寸大于10mm 的爆裂区域,在2~10mm 间的爆裂区域,每组砖样不得多于15 处;合格品不允许出现最大破坏尺寸大于15mm 的爆裂区域,在2~15mm 间的爆裂区域,每组砖样不得多于15 处,其中大于10mm 的不得多于7 处。

④抗风化性能。抗风化性能是指砖在长期受风、雨、冻融等作用下,抵抗破坏的能力。通常以其抗冻性、吸水率及饱和系数(饱和系数指砖在常温下浸水 24h 后的吸水率与 5h 沸煮吸水率之比)等指标来判别。自然条件不同,对烧结普通砖的风化作用的程度也不同。国内的黑龙江省、吉林省、辽宁省、内蒙古自治区、新疆维吾尔自治区、宁夏回族自治区、甘肃省、青海省、陕西省、山西省、河北省、北京市、天津市属于严重风化区,其他省区属于非严重风化区。严重风化区中的前五个省区用砖必须进行冻融试验(经15 次冻融试验后每块砖样不允许出现裂纹、分层、掉皮、缺棱、掉角等冻坏现象,质量损失不得大于 2%)。严重风化区的其他省区及非严重风化区用烧结普通砖的抗风化性能符合相关规定时,可不做抗冻性试

验,否则必须进行抗冻性试验。

(2)烧结普通砖的应用。烧结普通砖是传统墙体材料,具有强度较高,耐久性和绝热性较好的特点,主要用于砌筑建筑物的内墙、外墙、柱、拱、烟囱、沟道及其他构筑物。优等品用于清水墙和墙体装饰,一等品、合格品用于混水墙,中等泛霜的砖不能用于潮湿部位。

特别需要指出的是,烧结普通砖中的黏土砖,因其取土严重,毁坏耕地,严重破坏植被,能耗大、块体小、施工效率低、砌体自重大、抗震性差等缺点,国家已在主要大、中城市及地区禁止生产和使用,如北京市 1998 年即禁止生产黏土砖。提倡因地制宜地发展新型墙体材料,利用工农业废料生产的砖(粉煤灰砖、煤矸石砖、页岩砖等)以及砌块、板材取代普通黏土砖。

2.烧结多孔砖和烧结空心砖。烧结多孔砖与烧结空心砖是以黏土、页岩、煤矸石等为主要原料,经成型、焙烧而成。孔的尺寸小而数量多,孔洞率不小于25%的称多孔砖;孔洞率等于或大于35%的称空心砖。与烧结普通砖相比,烧结多孔砖与烧结空心砖具有如下优点:节省黏土、燃料,提高工效,节约砂浆;减轻墙体自重;改善墙体的绝热和吸声性能等。

(1)烧结多孔砖。烧结多孔砖简称多孔砖,是指以黏土、页岩、煤矸石或粉煤灰为主要原料,经焙烧而成的具有竖向孔洞的砖。根据其尺寸规格分为 190mm×190mm×90mm(M 型)和240mm×115mm×90mm(P 型)。

烧结多孔砖的孔洞小而孔数多,孔洞方向与受压方向一致。其强度等级按抗压强度分为 MU30,MU25,MU20,MU15,MU10,MU7.5 六个强度等级;强度和抗风化性能合格的砖,根据尺寸偏差、外观质量、孔型及空洞排列、泛霜、石灰爆裂等分为优等品(A)、一等品(B)和合格品(C)三个质量等级。

(2)烧结空心砖。根据《烧结空心砖和空心砌块》(GB135452003)的规定,砖和砌块的外形为直角六面体,孔洞尺寸大而数量少,孔洞方向平行于大面和条面,其长度、宽度、高度尺寸应符合下列要求:单位为毫米(mm):390,290,240,190,180(175),140,115,90。抗压强度分为 MU10.0,MU7.5,MU5.0,MU3.5,MU2.5;强度、密度、抗风化性能和放射性物质合格的砖和砌块,根据尺寸偏差、外观质量、孔洞排列及其泛霜、石灰爆裂、吸水率分为优等品(A)、一等品(B)和合格品(C)三个质量等级。

烧结多孔砖因其强度较高,绝热性能优于普通砖,一般用于砌筑六层以下建筑物的承重墙;烧结空心砖主要用于非承重的填充墙和隔墙。烧结多孔砖和烧结空心砖在运输、装卸过程中,应避免碰撞,严禁倾卸和抛掷。堆放时应按品种、规格、强度等级分别堆放整齐,不得混杂;砖的堆置高度不宜超过 2m。

(二)蒸压(养)砖

蒸压(养)砖属于硅酸盐制品,是以砂子、粉煤灰、煤矸石、炉渣、页岩和石灰加水拌合成型,经蒸压(养)而制得的砖。根据所用原材料不同有灰砂砖、粉煤灰砖、煤渣砖等。

1.蒸压灰砂砖。蒸压灰砂砖(简称灰砂砖)是以石灰和砂为主要原料,经配料制备、压制成型、蒸压养护而成的实心砖或空心砖。

(1)灰砂砖的技术性质。灰砂砖的尺寸为 240mm×115mm×53mm,按抗压强度和抗折强度分为 MU25,MU20,MU15,MU10 四个强度等级。根据尺寸偏差和外观质量划分为优等品(A)、一等品(B)和合格品(C)三个质量等级。

（2）灰砂砖的应用。灰砂砖与其他墙体材料相比,强度较高,蓄热能力显著,隔声性能十分优越,属于不可燃建筑材料,可用于多层混合结构的承重墙体,其中 MU15,MU20,MU25 灰砂砖可用于基础及其他部位,MU10 可用于防潮层以上的建筑部位。长期在高于 200℃ 温度下,受急冷、急热或有酸性介质的环境禁用蒸压灰砂砖。

2.蒸压（养）粉煤灰砖。蒸压（养）粉煤灰砖是以粉煤灰、石灰、石膏以及骨料为原料,经配料制备、压制成型、高压（常压）蒸汽养护等工艺过程而制成的实心粉煤灰砖。蒸压砖、蒸养砖只是养护工艺不同,但蒸压粉煤灰砖强度高,性能趋于稳定,而蒸养粉煤灰砖砌筑的墙体易出现裂缝。

（1）蒸压粉煤灰砖的技术性质。蒸压粉煤灰砖的尺寸为 240mm×115mm×53mm,按抗压强度和抗折强度分为 MU20,MU15,MU10,MU7.5 四个强度等级。根据外观质量、尺寸偏差、强度等级、抗冻性和干缩值分为优等品（A）、一等品（B）和合格品（C）三个质量等级。

（2）应用。其可用于工业与民用建筑的墙体和基础,但用于基础或易受冻融和干湿交替作用的建筑部位必须使用 MU15 及 MU15 以上的砖。不得用于长期受热 200℃ 以上,受急冷急热和有侵蚀性介质侵蚀的建筑部位。

六、建筑砂浆

建筑砂浆是由无机胶凝材料、细骨料和水按比例配制而成的。砂浆可分为砌筑砂浆和抹面砂浆,根据胶凝材料的不同,砂浆又可分为水泥砂浆、石灰砂浆、石膏砂浆和混合砂浆,混合砂浆有水泥石灰砂浆、水泥黏土砂浆和石灰黏土砂浆等。

（一）砌筑砂浆的材料组成

1.胶凝材料。砌筑砂浆主要的胶凝材料是水泥。水泥强度等级过高,会使砂浆中水泥用量过少,导致保水性不良。配制水泥砂浆时,所选择的水泥强度等级不宜大于 32.5 级;水泥混合砂浆采用的水泥,其强度等级不宜大于 42.5 级。石灰、石膏和黏土也可作为砂浆的胶凝材料,也可与水泥混合使用配制混合砂浆,以节约水泥并能够改善砂浆的和易性。

2.水。砂浆用水要使用洁净水。pH 值小于 4 的水不得使用。

3.砂。用于毛石砌体的砂浆,宜选用粗砂,沙子最大粒径应小于砂浆层厚度的 1/4～1/5;用于砖砌体使用的砂浆,宜选用中砂,最大粒径不大于 2.5mm;用于抹面及勾缝的砂浆应使用细砂。砂的含泥量不应超过 5%,其中强度等级为 M2.5 的水泥混合砂浆砂的含泥量不应超过 10%。

4.掺加料及外加剂。为了改善砂浆的和易性和节约水泥,可在砂浆中加入一些无机掺加料,如石灰膏、黏土膏、粉煤灰等。

（二）砌筑砂浆的主要技术性质

1.新拌砂浆的和易性。和易性包括流动性和保水性。

（1）流动性。砂浆的流动性又称稠度,是指砂浆在自重或外力作用下流动的性能。流动性的大小用"沉入度"表示。该值越大,表示砂浆的流动性越好。

（2）保水性。新拌砂浆能够保持水分的能力称为保水性,砂浆的保水性用分层度表示。分层度大于 30mm 的砂浆,保水性差,易于离析,不宜采用;分层度小于 30mm 的砂浆,保水性好。

2. 硬化后砂浆的强度和强度等级。

（1）砂浆强度的测定方法。以立方体试块，其尺寸为 70.7mm×70.7mm×70.7mm，按养护条件（第一天养护于空气中，相对湿度≥90%，温度 20±2℃；第二天之后养护于水中）养护 28d，测定其强度，按照抗压强度的平均值并考虑具有 95%强度保证率而确定。

（2）砂浆强度等级划分。划分为 M20，M15，M10，M7.5，M5，M2.5 六个等级。M20 表示，养护 28d 后的立方体试件抗压强度平均值不低于 20MPa。

（3）影响砂浆强度的因素。矿浆强度受到砂的质量、掺合材料的品种、用量、养护条件等影响。

（4）砂浆的黏结力。砂浆的强度越高，其黏结力越强。影响砂浆黏结力的因素主要有：砂浆强度；砖石表面状态、清洁程度及养护条件等。

（三）砌筑砂浆的应用

一般砌筑基础采用水泥砂浆；砌筑主体及砖柱常用水泥混合砂浆；石灰砂浆可用于砌筑简易工程。砌筑施工中常用的水泥有普通硅酸盐水泥、矿渣硅酸盐水泥、火山灰硅酸盐水泥等。水泥砂浆和混合砂浆在拌合后 3~4h 内使用完毕。

抹面砂浆的底层抹灰，要求使砂浆与底面牢固地黏结，中层抹灰进行找平，面层抹灰进行装饰。对于勒脚、女儿墙或栏杆等暴露部分及湿度大的内墙面多用配合比为 1:2.5 的水泥砂浆进行施工。

七、建筑砌块

（一）混凝土空心砌块

由水泥与集料按一定比例配合和水经搅拌、经成型机械加工成型，并在一定温度和湿度条件下养护硬化，成为建筑墙体和其他工程所用的砌块材料。

混凝土空心砌块的品种，按材料分为普通砼砌块、工业废渣骨料砼砌块、天然轻骨料砼砌块、人造轻骨料砼砌块，其强度各不相同，如图 2-8 所示；按块形分为小型砼砌块和中型砼砌块。混凝土小型砌块规格：主规格 390mm×390mm×390mm；按承重性分承重砌块和非承重砌块。

$$
混凝土空心砌块\begin{cases} 普通混凝土空心砌块 & 强度：MU3.5，MU5，MU7.5，MU10，MU15 \\ 工业废渣骨料混凝土砌块 & 强度：MU3，MU5，MU7，MU10 \\ 天然轻骨料混凝土砌块 & 强度：MU2.5，MU3.5，MU4.5 \\ 人造轻骨料混凝土砌块 & 强度：MU2.5，MU3.5，MU4.5 \end{cases}
$$

图 2-8 混凝土空心砌块强度

砼空心砌块结构的优越性：生产不用土，不毁耕地，能耗低于实心黏土砖；自重轻，有利地基处理和抗震性；施工速度快；节约水泥砂浆。

（二）加气混凝土砌块

加气混凝土砌块具有容重轻、保温性能高、耐火、吸音效果好，有一定的强度和可加工等优点，且生产原料丰富，特别是使用粉煤灰为原料，既能综合利用工业废渣、治理环境污染、不破坏耕地，又能创造良好的社会效益和经济效益，是一种替代传统实心黏土砖理想的墙体材料。多年来受到国家墙改政策、税收政策和环保政策的大力支持，加气混凝土砌块已成为新型建筑材料的一个重要组成部分,具有广阔的市场发展前景。

加气混凝土砌块砖是以水泥、石灰、矿渣、砂、粉煤灰、发气剂、气泡稳定剂和调节剂等物质为主要原料,经磨细、计量配料、搅拌浇注、发气膨胀、静停、切割、蒸压养护、成品加工等工序制造而成的多孔混凝土制品。其主要适用于框架结构、现浇混凝土结构建筑的外墙填充、内墙隔断,也可应用于抗震圈梁构造多层建筑的外墙或保温隔热复合墙体,还可用于建筑屋面的保温和隔热。

以上介绍了黏土砖、多孔砖、空心砖、蒸压粉煤灰砖和混凝土空心砌块等建筑材料,下面对这些材料做一个简单比较。通过表2-5可见,黏土砖和多孔砖强度最高和最低都是一致的,均可作为承重墙砌筑材料,蒸压粉煤灰砖强度也不低,也可用于承重墙砌筑;而砼空心砌块强度明显较低,只能用于非承重墙砌筑。

表2-5 各类砖、砌块强度等级的比较

	普通黏土砖	烧结多孔砖	蒸压粉煤灰砖	混凝土空心砌块
强度最高	MU30	MU30	MU25	MU15
强度最低	MU10	MU10	MU10	MU2.5
	相 同			
特点	最大为MU30,没有超过MU30的强度等级			

第二节 混凝土和钢筋混凝土

一、混凝土

混凝土是由水泥、砂、石子、水和外加剂按一定比例配合,经搅拌、捣实、养护而形成的一种人造石,简写为"砼"。

混凝土之所以被广泛应用于建筑业,是因为它具有很多优点:

(1)材料来源广且造价低。混凝土中,砂、石骨料占混凝土总体积的70%~80%,砂、石可就地取材,价格便宜。

(2)具有良好的可塑性。可浇注不同形状、尺寸的构件,或在其表面制成各种花饰图案使其具有装饰效果。

(3)可调配性好。改变组成材料的品种及比例关系,可配制不同物理力学性能及其他要求的混凝土。

(4)抗压强度高。混凝土的抗压强度一般为20~40MPa。有的可高达80~120MPa,适合做结构材料。

(5)与钢筋的共同工作性好。混凝土热膨胀系数与钢筋相近。

(6)耐久性好。混凝土一般不需要维护、维修和保养。

(7)耐火性好。混凝土的耐火性远比木材、钢材、塑料等好,可经数小时高温作用而仍保持其力学性质。

(8)生产工艺简单、能耗低。

(9)可浇注成整体建筑物以提高抗震性,也可预制成各种构件再进行装配。

但普通混凝土也有不足之处,如自重大,比强度小;抗拉强度低,脆性大;受拉时抗变形能力小、容易开裂;导热系数大,保温隔热性差;硬化较慢,生产周期长等。

但是,随着现代混凝土科学技术的发展,混凝土的不足之处已经得到或正在被改进。例如,采用轻质骨料,可使其自重或导热系数降低;掺入纤维或聚合物,可使其韧性提高;采用快硬水泥或掺入早强剂、减水剂、速凝剂等,可缩短硬化周期。

(一)混凝土的种类

1.按其表观密度可分为:

(1)重混凝土:表观密度大于 2 800kg/m³,用密实的重晶石、铁矿石等重骨料制成,主要用于原子能工程的屏蔽结构,具有防 X 射线和伽马射线的作用。

(2)普通混凝土:表观密度在 2 000~2 800kg/m³ 之间,用天然砂、石作骨料制成,主要用于各种承重结构,是最为常用的混凝土。

(3)轻混凝土:表观密度小于 2 000kg/m³,用轻骨料如浮石、陶粒、膨胀珍珠岩等制成,或者不采用骨料而直接掺入加气剂或泡沫剂,形成多孔结构混凝土,主要用于轻质承重结构和隔热保温层。

2.按其用途分为:结构混凝土、水工混凝土、保温混凝土、耐火混凝土、耐酸混凝土、耐碱混凝土、防水混凝土、大坝混凝土、防辐射混凝土等。

3.按其强度可分为:一般强度混凝土,其强度在 60MPa 以下;高强混凝土,其强度为 60MPa~100MPa;超强混凝土,其强度大于 100MPa。

4.按拌和料的流动性可分为:干硬性混凝土、低流动性混凝土、塑性混凝土、流态混凝土等,这是以其坍落度的大小划分的。

5.按施工方法可分为:普通浇筑混凝土、泵送混凝土、喷射混凝土、大体积混凝土、预填骨料混凝土、水下混凝土、预应力混凝土等。

6.按配筋情况分为:素砼、钢筋混凝土、劲性钢筋混凝土、钢管混凝土、纤维混凝土、预应力混凝土等。

(二)混凝土组成材料及其要求

混凝土由水泥、骨料(砂子和水泥)、水以及外加剂拌合,经养护、凝结硬化而成。在这些组成材料中,碎石起骨架作用,砂填充石子的空隙。水泥与水形成水泥浆包裹骨料表面并填充骨料的空隙。水泥浆硬化前,润滑骨料。使混凝土拌和物具有一定的和易性;水泥浆硬化后,将骨料黏结成一个整体,使其具有一定的强度和耐久性。

1.水泥。水泥在混凝土中起胶结作用,为最重要的材料;水泥品种选择,主要根据工程性质和所处的环境;水泥强度等级应与混凝土强度等级匹配。

2.砂和石子。砂子和石子为混凝土的骨料。其中,砂直径在 0.15~5mm 之间。对建筑用砂的要求:①杂质含量少,否则会大大降低砼的强度。②良好的级配(级配是指砂子不同粒径的组合情况)。砂的级配对混凝土的影响很大,如果都用大粒径,会造成颗粒间孔隙加大,而孔隙要有水泥去填充,加大了水泥用量。相反,如都用小颗粒细砂,单位体积砂子颗粒数增多,而每个颗粒都需水泥去包裹,同样会加大水泥用量。只有当大颗粒砂子的架空孔隙由中颗粒砂去填充,中颗粒砂的架空孔隙由小颗粒砂去填充,才能达到砂子孔隙率最小,需要由水泥包裹的砂子总面积小的效果,如图 2-9 所示。良好的级配既节省水泥,又可提高混凝土的强度。

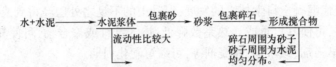

图 2-9　混凝土形成拌合物过程示意图

混凝土常用的石子有碎石和卵石,碎石坚硬易黏结牢靠;卵石易拌和,但强度偏低。对石子的要求和砂子一样,要有良好的级配和含杂质少。另外,要求石子的强度应为混凝土的 1.5 倍以上,并且针、片状石子含量不得超过 1.5%(针、片状石子过多,会降低混凝土强度)。

3.水。混凝土的拌和及养护用水应符合规范,要求不含影响水泥正常凝结与硬化的有害杂质、油脂和糖类。对于受工业废水或生活污水所污染的河水或含有矿物质较多的泉水,应事先进行化验。凡是 pH 值小于 4,硫酸盐含量超过 1%的水,都不宜使用。

4.外加剂。混凝土外加剂是在拌制混凝土过程中掺入,用以改善混凝土性能的物质。掺量不大于水泥质量的 5%(特殊情况除外)。外加剂的掺量虽小,但其技术经济效果却很显著。目前,在混凝土中掺入外加剂是改善混凝土各种性能,如改善和易性、提高强度、耐久性、节约水泥等最有效、最简便的方法,外加剂已成为混凝土中除水泥、水、砂、石子以外的第五组分。

混凝土外加剂按其主要功能分为四类:

(1)改善混凝土拌和物流变性能的外加剂,包括减水剂、引气剂和泵送剂等。

(2)调解混凝土凝结时间、硬化性能的外加剂,包括缓凝剂、早强剂和速凝剂等。

(3)改善混凝土耐久性的外加剂,包括引气剂、防水剂、抗冻剂和阻锈剂等。

(4)改善混凝土其他性能的外加剂,包括加气剂、膨胀剂、防冻剂、防水剂、脱模剂等。

(三)混凝土配合比

1.混凝土配合比。混凝土的配合比通常是指混凝土中水泥、砂、石、水四种主要组成材料用量之间的比例关系。有两种表示方法:

(1)以 1m³ 混凝土中的各种材料的用量(kg)表示。例如,水泥 300kg,砂 690kg,石子1 200kg,水 190kg。

(2)以各种材料间的质量比来表示,即水泥:砂:石:水,此时水泥质量为 1。如上述数据可写成:水泥:砂:石:水=1:2.3:4:0.63。当掺入外加剂或掺和料时,其用量以水泥用量的质量百分比来表示。

2.混凝土配合比设计的三个比例关系,用三个参数表示:

①水灰比:水与水泥用量之比;

②砂率:砂的质量与砂石总质量之比;

③单位用水量:1m³混凝土中的用水量。

合理的配合比使混凝土既满足结构强度要求,又有较好的和易性;既在施工时好拌制、好浇注,还可节省水泥,降低成本。

(四)混凝土的技术性质

普通混凝土的技术性质包括:混凝土硬化前的性质,即混凝土拌和物的和易性;混凝土硬化后的性质,即强度、耐久性及变形性能。

1.混凝土拌合物的和易性。混凝土拌和物的和易性是指混凝土拌和物易于施工操作(拌和、运输、浇注、振捣),并获得均匀密实结构的性质。良好的和易性要求混凝土有良好的流动性、黏聚性和保水性。混凝土拌和物的和易性不好,对混凝土的施工质量将产生影响,如产生蜂窝、麻面、孔洞、露筋及疏松等质量缺陷。

和易性的三个综合指标:流动性、粘聚性、保水性。其中,只有流动性可以量化,具体以坍落度表示。

2.混凝土的强度。

(1)混凝土强度等级。混凝土强度等级是按立方体抗压强度来划分的。所谓立方体抗压强度,是指制作边长为150mm标准立方体试件,在温度为20±2℃,相对湿度为95%以上的潮湿环境或水中养护条件下,经28天养护,采用标准试验方法测得的混凝土极限抗压强度,并以此来确定混凝土的强度等级,用 f 表示。混凝土根据强度的不同一般划分为C15,C20,C25,C30,C35,C40,C45,C50,C55,C60,C65,C70,C75 及 C80 14 个等级。例如,C30 表示立方体抗压强度标准值为30N/mm²。

(2)影响混凝土强度的因素。在混凝土中,骨料最先被破坏的可能性很小,因为骨料强度一般都大大超过水泥石和黏结面的强度,因此,混凝土的强度主要取决于水泥石的强度及与骨料表面的黏结强度,而这些强度又与水泥强度等级、水灰比及骨料性质密切相关。此外,混凝土的强度还受施工质量、养护条件及龄期的影响。

①水灰比和水泥强度等级。在配合比相同的条件下,水泥强度等级越高,混凝土强度就越高。当用同一品种及相同强度等级水泥时,混凝土强度主要取决于水灰比。因为水泥水化时所需的结合水一般只占水泥重量的25%左右,但为了获得必要的流动性,常常需要较多的水,也就是较大的水灰比。当水泥水化后,多余的水分就残留在混凝土中,形成水泡或蒸发后形成气孔,减少了混凝土抵抗荷载的有效断面。一般情况下可以认为,在水泥强度等级相同的情况下,水灰比越小,水泥石的强度越高,与骨料黏结力越大,混凝土强度也就越高。

②骨料的品种、规格与质量。水泥石与骨料的界面黏结强度除取决于水泥石强度外,还与骨料的品种、规格与质量有关。碎石表面粗糙,与水泥石黏结强度较高;卵石表面光滑,与水泥石黏结强度较低,故在水泥强度等级和水灰比不变的条件下,碎石混凝土的强度高于卵石混凝土的强度。因此,当配制高强度混凝土时,往往选择碎石。骨料的级配良好,杂质少,针、片状骨料少,砂率合理,可使骨料组成密实的骨架,充分发挥骨架作用,并可降低用水量及水灰比,有利于强度的提高。

③养护条件(温度和湿度)。混凝土的硬化,关键在于水泥的水化作用,温度升高,水泥

的水化速度加快,因而混凝土强度发展也快;反之,则强度发展迟缓。同时,周围环境的湿度对水泥的水化作用能否正常进行有显著的影响,湿度适当,水泥水化便能顺利进行,使混凝土强度得到充分发展。

④龄期。混凝土在正常养护条件下,其强度随着龄期增加而提高。最初 7 ~ 14 天内,强度增长较快,28 天以后增长缓慢。

3.混凝土的耐久性。采用混凝土建造的工程大多为永久性的,故要求其在使用环境条件下性能要稳定耐久,耐久性是指混凝土抵抗周围环境各种因素作用,保持原有性能的能力。混凝土的耐久性是一项综合性质,一般用以下几个指标来表示:

(1)抗渗性。抗渗性是指混凝土抵抗水、油等液体在压力作用下渗透的性能。它是一项非常重要的耐久性指标,它影响混凝土的抗冻性、抗侵蚀性等,因为环境中的水或各种侵蚀介质均要通过渗透进入混凝土内部。

(2)抗冻性。抗冻性是指混凝土抵抗冻融循环破坏的能力。混凝土的冻融破坏,是指混凝土中的水结冰后体积膨胀,使混凝土产生微细裂纹,反复冻融又会导致裂缝扩展、表面剥落等现象。

(3)抗侵蚀性。环境介质对混凝土的侵蚀主要是对水泥石的侵蚀,其侵蚀类型及机理与水泥石的腐蚀相同。在特殊情况下,混凝土的抗侵蚀性也与骨料的性质有关,如环境中含有酸性物质时,应选用耐酸性高的骨料(石英岩、花岗岩、安山岩、铸石等);环境中含有强碱性物质时,应选用耐碱性高的骨料(石灰岩、白云岩、花岗岩等)。

(4)碳化。混凝土的碳化是指空气中的二氧化碳与水泥石中的氢氧化钙发生作用,生成碳酸钙和水的过程。

碳化对混凝土的影响有如下几点:①混凝土的碱度降低,使其对钢筋的保护能力降低,钢筋易锈蚀,这是碳化的最大危害;②碳化产生收缩,在其表面产生微裂纹,使其抗拉、抗折强度降低;③碳化产生的碳酸钙可减少水泥石的孔隙,对防止有害介质的侵入有一定缓冲作用,同时可使抗压强度有所提高。碳化对混凝土的影响,从总体来说是弊大于利。

(5)碱集料反应。碱集料反应是指水泥、外加剂等混凝土构成物,及环境中的碱与集料(又称骨料)中碱活性矿物在潮湿环境下缓慢发生并导致混凝土开裂破坏的膨胀反应。碱集料反应包括碱—硅酸集料反应和碱—碳酸盐反应等。

集料中若含有无定型二氧化硅等活性物质,当混凝土中有水分存在时,它能与水泥中的碱(K_2O 及 Na_2O)起反应,产生碱集料反应,使混凝土发生破坏。对于重要工程混凝土使用集料,或者在怀疑集料中含有无定型二氧化硅可能引起碱集料反应时,应进行专门试验,以确定集料是否可用。

4.混凝土的变形。混凝土在凝结硬化或使用过程中,受各种因素作用会产生各种变形,这些变形是导致混凝土开裂的主要原因之一,从而进一步影响混凝土的强度和耐久性。混凝土的变形主要包括化学收缩、干缩湿胀、温度变形、碳化收缩、弹塑性变形及徐变。

二、钢筋混凝土

(一)普通钢筋混凝土

当采用素混凝土梁时,虽然混凝土抗压强度很高,但抗拉强度很低(约为抗压强度的1/8

或 1/9）。在荷载不大时，混凝土梁的受拉区就已经开裂，并且裂缝迅速向上扩展，使梁很快断裂，发生脆性破坏，如图 2-10 所示。

由于素混凝土梁的截面尺寸取决于很低的混凝土抗拉强度，则梁的截面尺寸势必很大，造成结构上的不合理。

为了克服上述缺点，为提高混凝土构件的抗拉性能，在混凝土梁的受拉区配置抗拉强度很高的钢筋，以承受拉力，从而改变素混凝土受弯构件不能承受较大荷载的缺陷。此外，在受压构件中配置钢筋还可以帮助混凝土承受压力；在受扭构件中则可承受扭矩等。这些由钢筋和混凝土组成的结构构件，称为钢筋混凝土构件，如图 2-11 所示。

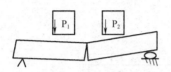
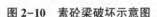
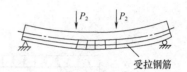

受拉钢筋

图 2-10　素砼梁破坏示意图　　　图 2-11　钢筋混凝土梁受力示意图

钢筋和混凝土这两种不同性质的材料之所以能有效地结合在一起共同工作，主要原因是混凝土硬化后钢筋与混凝土之间产生了良好的黏结力，使两者可靠地结合在一起；另外，钢筋与混凝土两种材料的温度膨胀系数接近，在温度变化时，不致破坏两者之间的黏结，从而保证在外部荷载作用下，钢筋与相邻混凝土共同变形，受拉区先达到屈服，而后受压区混凝土达到弯曲抗压强度，构件最终破坏。

（二）预应力钢筋混凝土

1.预应力钢筋混凝土的概念及原理。钢筋混凝土构件中的钢筋的应变大大超过混凝土的极限拉应变，钢筋的抗拉强度得不到充分发挥。

为了避免钢筋混凝土结构的裂缝过早出现，充分利用高强度钢筋及高强度混凝土，可以设法在结构构件承受使用荷载前，预先对受拉区的混凝土施加压力，使它产生预压应力来减小或抵消荷载所引起的混凝土拉应力，从而将结构构件的拉应力控制在较小范围，甚至处于受压状态，以推迟混凝土裂缝的出现和开展，从而提高构件的抗裂度和刚度，如图 2-12 所示。

在外荷载作用之前，预先在梁的受拉区施加一对大小相等、方向相反的偏心预压力 N，使得梁截面下边缘混凝土产生预压应力。当外荷载（包括梁自重）作用时，截面下边缘将产生拉应力。最后的应力分布为上述两种情况的叠加，梁的下边缘应力可能是数值很小的拉应力，也可能是压应力。也就是说，由于预压应力的作用，可部分抵消或全部抵消外荷载所引起的拉应力，因而延缓了混凝土构件的开裂和限制了裂缝的开展，提高了构件的抗裂度和刚度。

2.预应力钢筋混凝土的分类，主要根据生产方法分类。

（1）先张法。在浇灌混凝土以前张拉预应力钢筋，这种方法称为先张法。先张法工艺的特点是预应力钢筋的张拉要在台座上进行，因此要求有预制场地，具体如图 2-13 所示。

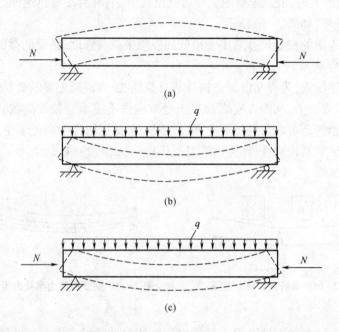

（a）预应力作用下　（b）外荷载作用下　（c）预应力与外荷载共同作用下

图 2-12　预应力混凝土简支梁

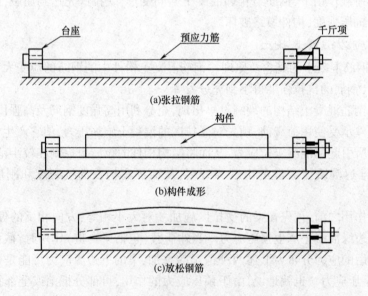

图 2-13　预应力张拉——先张法

（2）后张法。构件先浇灌混凝土，待混凝土硬化后，在构件上张拉预应力钢筋，这种方法称为后张法。后张法工艺的特点是不需要张拉台座，适用于在构件厂和现场进行生产，具体如图 2-14 所示。

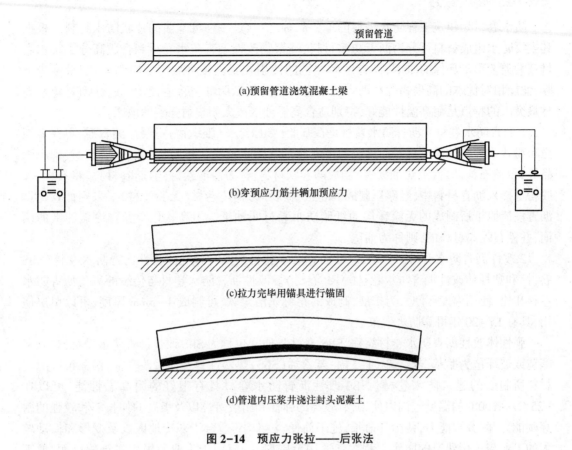

(a)预留管道浇筑混凝土梁

(b)穿预应力筋井辆加预应力

(c)拉力完毕用锚具进行锚固

(d)管道内压浆井浇注封头泥凝土

图2-14　预应力张拉——后张法

第三节　建筑功能材料

一、建筑防水材料

防水材料,指能防止雨水、空气中湿气、地下室及地表水等对建筑物与构筑物的渗漏与侵蚀的材料。

(一)防水材料的分类

1.按防水材料使用状态,可分为防水卷材、防水涂料、密封材料和刚性防水材料四大类。

2.按防水材料组成成分,可分为沥青类防水材料、改性沥青类防水材料、合成高分子或有机类防水材料和无机防水材料。

这里我们按照第一种分法进行介绍,即将常用的防水材料分成四大种类,分别是防水卷材、建筑防水涂料、刚性防水材料和建筑密封材料。

（二）防水卷材

防水卷材是建筑工程防水材料的重要品种之一，是一种可卷曲的片状防水材料。根据其主要防水组成材料可分为沥青防水材料、高聚物改性沥青防水卷材和合成高分子防水卷材三大类。由于环保的原因，沥青纸胎油毡的使用在我国很多城市受限制，生产量逐步下降，性能相对优越的高聚物改性沥青防水卷材已替代纸胎油毡普遍使用。改性沥青防水卷材最突出的特点是耐高温性能好，特别适合高温地区或太阳辐射强烈的地区。

1.沥青防水卷材。沥青防水卷材是在基胎（如原纸、纤维织物）上浸涂沥青后，再在表面撒布粉状或片状的隔离材料而制成的可卷曲片状防水材料。将胎料（原纸、玻璃布、棉麻织品等）浸渍石油沥青（或焦油沥青）制成的卷状材料，称为浸渍卷材（有胎卷材）。将石棉、橡胶粉等掺入沥青材料中，经碾压制成的卷状材料称为辊压卷材（无胎卷材）。采用低软化点沥青浸渍原纸所制成的无涂盖层的纸胎防水卷材叫油纸。用高软化点沥青涂盖油纸的两面，并撒布隔离材料的，则称为油毡。

2.改性沥青防水卷材。目前，改性沥青防水卷材主要有弹性体改性沥青防水卷材（SBS卷材）和塑性体改性沥青防水卷材（APP卷材）。改性沥青防水卷材与传统的氧化沥青防水卷材相比，使用温度区间大为扩展，制成的卷材光洁柔软，可制成4~5mm厚度，可以单层使用，具有15~20年可靠防水效果。

弹性体改性沥青防水卷材简称"SBS卷材"，通常也称为SBS改性沥青防水卷材，是以聚酯毡或玻纤毡为胎基，苯乙烯－丁二烯－苯乙烯（SBS）热塑性弹性体做改性剂，两面覆以隔离材料所制成的建筑防水卷材。SBS改性沥青防水卷材具有很好的耐高温性能，可以在-25℃~+100℃的温度范围内使用，有较高的弹性和耐疲劳性以及极高的伸长率和较强的耐穿刺能力、耐撕裂能力，使用寿命长，施工简便，污染小，适合于寒冷地区以及变形和振动较大的工业与民用建筑的防水工程。其适用范围广，可应用于工业和民用建筑的屋面、地下室、卫生间等防水工程以及屋顶花园、道路、桥梁、隧道、停车场、游泳池等工程的防水防潮，尤其适用于低温寒冷地区和结构变形频繁的建筑防水工程。

塑性体改性沥青防水卷材简称"APP卷材"，通常也称之为APP改性沥青防水卷材，是以聚酯毡或玻纤毡为胎基，无规聚丙烯APP或聚烯烃类聚合物APAO、APO作改性剂，两面覆以隔离材料所制成的建筑防水卷材。

APP分子结构为饱和态，所以，稳定性非常好，受高温、阳光照射后，分子结构不会重新排列，抗老化性能强。一般情况下，APP改性沥青的老化期在20年以上，温度适应范围为-15℃~130℃，特别是耐紫外线的能力比其他改性沥青卷材都强，非常适宜在有强烈阳光照射的炎热地区使用。APP改性沥青复合在具有良好物理性能的聚酯毡或玻纤毡上，使制成的卷材具有良好的拉伸强度和延伸率。APP防水卷材具有良好的憎水性和黏结性，既可冷黏施工，又可热熔施工，无污染，可在混凝土板、塑料板、木板、金属板等材料上施工。

APP改性沥青系列防水卷材因其耐高温、耐老化、耐紫外线、施工速度快等优点，多用于桥梁等市政工程。下面对SBS改性沥青防水卷材（聚酯胎）与APP改性沥青防水卷材（聚酯胎）进行简单的比较。

SBS改性沥青防水卷材（聚酯胎）采用聚酯毡（长丝聚酯无纺布），机械性能好，耐水性、耐腐蚀性能也很好；弹性和低温性能有明显改善，有效适用范围为-25℃~+100℃；耐疲劳性能优异。适用于高级和高层建筑物的屋面的单层铺设及复合使用,还可以用于地下室等防水防潮,更适合北方寒冷地区和结构易变性的建筑物的防水。

APP改性沥青防水卷材(聚酯胎)有良好的弹塑性、耐热性和耐紫外线老化性能;其软化点在150℃以上;温度使用范围在−15℃~+130℃;耐腐蚀性好,自燃点较高(265℃);耐低温性能稍低于SBS防水卷材;热熔性很好,非常适合热熔施工。与SBS防水卷材相比,除一般工程中使用外,APP改性沥青防水卷材由于耐热度更好而且有着优良的耐紫外线老化性能,更适用于高温炎热或有紫外线辐照地区的建筑物的防水。

3.合成高分子防水卷材。合成高分子防水卷材是指以合成橡胶、合成树脂或两个共混体为基料,加入适量化学助剂和填充料,经一定工序加工而成的可卷曲片状防水卷材。这种卷材性能好,拉伸强度高、抗撕裂强度高、断裂伸长率大、耐热性好、低温柔性好、耐腐蚀、耐老化及可冷施工等优越的性能,且单层施工防水,已成为新型防水材料发展的主导方向。目前,合成高分子防水卷材可分为橡胶基防水卷材、树脂基防水卷材和橡胶塑料共混基防水卷材。

橡胶基防水卷材,是以橡胶为主体原料,再加入各种助剂,经一系列工序制成,系单层防水。其主要品种有三元乙丙橡胶卷材、氯丁橡胶卷材、丁基橡胶卷材。树脂基防水卷材,是一种以树脂为基料的高分子化合物。其主要品种有聚氯乙烯防水卷材、氯化聚乙烯防水卷材、聚氨酯防水涂料和丙烯酸酯防水涂料等。橡塑共混基防水卷材,兼有塑料和橡胶的优点,弹塑性好,耐低温性能优异。

(三)防水涂料

根据涂料的液态类型,可把防水涂料分为溶剂型、水乳型、反应型三种。

1.溶剂型防水涂料。作为这类涂料主要成膜物质的高分子材料以分子状态溶解于有机溶剂中,成为溶液。该类涂料具有以下优点:通过溶剂挥发,经过高分子物质分子链接触、搭接等过程而结膜;涂料干燥快,结膜较薄而致密;生产工艺比较简单,涂料贮存稳定性较好。但是该类涂料易燃、易爆、有毒,生产、贮存及使用均须注意安全;由于溶剂挥发快,施工时对环境会产生污染。

2.水乳型防水涂料。作为水乳型防水涂料主要成膜物质的高分子材料以极微小的颗粒(而非呈分子状态)稳定悬浮(而非溶解)在水中,成为乳液状涂料。该类涂料具有以下特性:通过水分蒸发,经过固体微粒接近、接触、变形等过程而结膜;涂料干燥较慢,一次成膜的致密性较溶剂型涂料低,一般不宜低于5℃以下施工;贮存期一般不超过半年;可在稍为潮湿的基层上施工;无毒,不燃,生产、贮运、使用相对比较安全;操作简便,不污染环境;价格相对较低。

3.反应型防水涂料。作为反应型防水涂料主要成膜物质的高分子材料系以预聚物液态形状存在,多以单组分或双组分构成涂料,几乎不含溶剂。作为反应型防水涂料具有以下特性:通过液态的高分子预聚物与相应物质发生化学反应,变成固态物(结膜);可一次性结成较厚的涂膜,无收缩,涂膜致密;价格相对较贵。

4.两种常用防水涂料介绍。下面介绍两种具体的防水涂料,即聚氨酯防水涂料和聚合物水泥基复合防水涂料(简称JS防水涂料)。

(1)聚氨酯防水涂料。聚氨酯防水涂料属于合成高分子防水材料。合成高分子防水涂料是以合成橡胶或合同树脂为主要成膜物质,加入其他辅助材料而配制成的防水涂膜材料。合成高分子防水涂料种类多,除聚氨酯外,还有丙烯酸及其混合物等。

聚氨酯防水涂料(含单组分、水固化、双组分等)属于反应型防水涂料。单组分聚氨酯防水涂料,即 S 型;双组分聚氨酯防水涂料,即 M 型。这里仅介绍 M 型。

双组分聚氨酯防水涂料(M 型)是由二异氰酸酯、聚醚等经加成聚合反应而成的含异氰酸酯基的预聚体(甲组分),和由固化剂、无水助剂、无水填充剂、溶剂等经混合、研磨等工序加工而成的防水涂料。双组分聚氨酯防水涂料按拉伸性能分为 Ⅰ[拉伸强度(MPa)≥1.9]、Ⅱ[拉伸强度(MPa)≥2.45]两类,其颜色有黑色或彩色。

该涂料为反应固化型涂料。固化后形成弹性防水涂膜,具有一定的强度,延伸率大,可适应基层变形要求。

可根据工程的需要分别设计不同物理性能、不同固化速度的系列产品。若用于外露防水工程,应选用具有耐紫外线功能的聚氨酯防水涂料,或选用铝箔等材料做覆面保护层。其主要原料含有害物质,在原材料的储存、运输、生产以及施工过程中应妥善保管,防止材料泄漏。聚氨酯防水涂料施工时应考虑有害物质的排放,并符合相关标准的要求。该产品适用于各类防水工程。

(2)聚合物水泥基复合防水涂料。聚合物水泥基复合防水涂料简称 JS 防水涂料,是一种以丙烯酸酯等聚合物乳液和水泥为主要原料,加入其他外加剂制得的双组分水性建筑防水涂料。JS 防水涂料防水性能好,还具有装饰功能、有害物排放低,施工方便。该涂料为水乳型涂料,不得在 5℃ 以下施工。应用于地下防水工程等长期泡水部位时,应选耐水性>80%的型号。

(四)刚性防水材料

所谓刚性防水材料,是指以水泥、砂石为原材料,或其内掺入少量外加剂、高分子聚合物等材料,通过调整配合比,抑制或减少孔隙率,改变孔隙特征,增加各原材料界面间的密实性等方法,配制成具有一定抗渗透能力的水泥砂浆混凝土类防水材料。刚性防水是相对防水卷材、防水涂料等柔性防水材料而言的防水形式。刚性防水材料主要包括砂浆、混凝土防水剂和水泥基渗透结晶型防水材料。砂浆和混凝土防水剂主要有 UBA 型混凝土膨胀剂、有机硅防水剂、BR 系列防水剂、水泥水性密封防水剂等。水泥基渗透结晶型防水材料是一种新型刚性防水材料,它是以硅酸盐水泥或普通硅酸盐水泥、石英砂等为基材,掺入活性化学物质制成的粉状材料。在与水作用后,材料中含有的活性化学物质通过载体向混凝土内部渗透,在混凝土中形成不溶于水的结晶体,填塞毛细孔道,从而使混凝土致密防水。

与柔性防水相比,刚性防水温差应变性能不足,易开裂渗水,刚性防水面开裂产生裂缝则意味着刚性防水失效。

(五)建筑密封材料

建筑密封材料是一些能使建筑上的各种接缝或裂缝、变形缝(沉降缝、伸缩缝、抗震缝)保持水密、气密性能,并且具有一定强度,能连接结构件的填充材料。建筑密封材料不仅能解决建筑物的渗漏,延长建筑物的使用寿命,又能提高建筑物的绝热、保温性能。随着建筑技术的发展,超高层建筑、大型框架轻板结构、玻璃幕墙、中空玻璃等新建筑设计被广泛应用,这些新型建筑需要不同要求的嵌缝,促进了各种类型密封材料的迅速发展。

密封材料种类繁多,从成分看,常用的建筑密封材料有聚氨酯、丙烯酸酯、氯丁橡胶和聚硫等;从形态看,有密封膏、密封带、密封垫、止水带等。其中,密封膏占主要地位。本书主要介绍几类密封膏。

1.聚氨酯密封膏。在聚氨酯防水涂料中加入适量的填料,起增量剂作用,对制品的性能影响不大。这种材料是双组分反应固化型弹性密封膏。聚氨酯密封膏的性能比较优越。其耐老化性能良好,黏结力强,弹性较大,伸长率达280%,卸荷后试件完全恢复原状。在-21℃的温度下,材料仍然有一定的弹性,说明嵌缝膏的性能完全能够满足板缝防水要求。经过100℃、24小时高温烘烤后的胶片,仍然不会发生分解、变形以及析油等现象,可见嵌缝膏的性能比较稳定。

2.丙烯酸密封膏。丙烯酸建筑密封膏是由丙烯酸酯乳液配制而成的,因而是一种水性密封膏,用水作稀释剂,具有无毒、无污染,干燥前可用水清洗,不会引起爆炸、燃烧等一系列优点。丙烯酸建筑密封膏在配制时,一般采用丙烯酸酯乳液先与各种助剂混合均匀,然后边搅拌边加入各类填料,再将混合料经胶体磨或三辊机研磨,罐装制得成品。丙烯酸密封膏具有耐老化性好、延伸性大、内聚力小、耐碱性好、黏结力强、使用温度范围宽(-40℃~80℃)等性能。

3.氯丁橡胶密封膏。氯丁橡胶密封膏是以氯丁胶、丙烯类材料为主,掺入各种助剂和填充料组成,是一种黏稠的膏状体。氯丁橡胶密封膏是在带冷却装置的开放式炼胶机中混炼而成的。为增大合成胶的可塑度,可在炼胶机上对合成胶进行塑炼。塑炼时,加入润滑剂,然后分别加入增塑剂、增黏剂、硫化剂、防老剂、颜料、填料、丙烯类材料和溶剂等进行混炼,待混合均匀即可下料,此即为一次混炼。一次混炼料需密封停放三天,使混炼后的膏状物充分溶胀。然后加入部分增塑剂与溶剂进行二次混炼,混合均匀成为具有一定流动性的黏稠体。这种密封膏黏结力强,具有优良的延伸及良好的回弹性。由于其分子链上含有氯原子,故具有较好的耐候性。

二、建筑绝热材料

导热性是指材料传递热量的能力。材料的导热能力用导热系数表示。导热系数指在稳定传热条件下,当材料层单位厚度内的温差为1℃时,在1h内通过1m²表面积的热量。材料导热系数越大,导热性能越好。工程上将导热系数λ小于0.23W/m·K的材料称为绝热材料。绝热材料是指能起绝热作用的天然或人工制造的材料,又称为保温材料。应用绝热材料的根本目的在于降低高温热工设备和砖砌体等的热损失,提高热效率,降低能源消耗。轻质绝热材料既可使以导热的方式散失的热量减少,又可使因蓄热损失的热量减少,从而可获得较好的节能效果。

(一)影响材料导热系数的因素

影响材料导热系数的因素如下:

1.材料组成,材料的导热系数由大到小为:金属材料>无机非金属材料>有机材料。

2.微观结构,相同组成的材料,结晶结构的导热系数最大,微晶结构次之,玻璃体结构最小,如水淬矿渣就是一种较好的绝热材料。

3.孔隙率,孔隙率越大,材料导热系数越小。

4.孔隙特征,孔隙率相同时,孔径越大,孔隙间连通越多,导热系数越大。

5.含水率,由于水的导热系数 λ 等于 0.58W/m·K,远大于空气,故材料含水率增加后其导热系数将明显增加,若受冻(λ=2.33W/m·K)则导热能力更大。

绝热材料除应具有较小的导热系数外,还应具有适宜的或一定的强度、抗冻性、耐水性、防火性、耐热性和耐低温性、耐腐蚀性,有时还需具有较小的吸湿性或吸水性等。室内外之间的热交换除了通过材料的传导传热方式外,辐射传热也是一种重要的传热方式,铝箔等金属薄膜,由于具有很强的反射能力,具有隔绝辐射传热的作用,因而也是理想的绝热材料。

(二)常用无机绝热材料

绝热材料按照它们的化学组成可以分为无机绝热材料、有机绝热材料和金属绝热材料。常用无机绝热材料有多孔轻质类无机绝热材料、纤维状无机绝热材料和泡沫状无机绝热材料;常用有机绝热材料有泡沫塑料和硬质泡沫橡胶;常用金属绝热材料主要有铝箔、玻璃棉制品铝箔复合材料、反射型保温隔热材料。

1.多孔轻质类无机绝热材料。此类材料主要通过众多细小孔隙阻绝空气的对流和热传递,起到绝热的效果,如蛭石和膨胀珍珠岩。蛭石是一种有代表性的多孔轻质类无机绝热材料,主要含复杂的镁、铁,含水铝硅酸盐矿物,由云母类矿物经风化而成,具有层状结构。将天然蛭石经破碎、预热后快速通过煅烧带可使蛭石膨胀 20~30 倍。膨胀蛭石的导热系数约为 0.046~0.070W/m·K,可在 1 000℃的高温下使用,主要用于建筑夹层,但特别需注意它的防潮。膨胀蛭石也可用水泥、水玻璃等胶结材胶结成板,用作板壁绝热,但导热系数值比松散状要大,一般为 0.08~0.10W/m·K。

2.纤维状无机绝热材料。纤维状无机绝热材料主要有矿物棉、石棉和玻璃棉等。

(1)矿物棉。岩棉和矿渣棉统称矿物棉,由熔融的岩石经喷吹制成的纤维材料称为岩棉,由熔融矿渣经喷吹制成的纤维材料称为矿渣棉。将矿物棉与有机胶结剂结合可以制成矿棉板、毡、管壳等制品,其堆积密度约为 45~150kg/m³,导热系数约为 0.049~0.044W/m·K。由于低堆积密度的矿棉内空气可发生对流而导热,因而,堆积密度低的矿物棉导热系数反而略高。最高使用温度约为 600℃。

(2)玻璃棉。玻璃棉是用玻璃原料或碎玻璃熔融后制成的一种纤维状材料。玻璃棉即玻璃纤维,玻璃纤维一般分为长纤维和短纤维。短纤维相互纵横交错在一起,构成了纤维状结构的玻璃棉,常用于作绝热材料。

玻璃棉堆积密度约 45~150kg/m³,导热系数约为 0.041~0.035W/m·K。玻璃纤维制品的纤维直径对其导热系数有较大影响,导热系数随纤维直径增大而增加。玻璃棉在高温和低温的情况下都能保持良好的保温性能;具有良好的弹性恢复力;具有良好的吸音性能,对各种声波噪音均有良好的吸音效果;化学稳定性好,无老化现象,长期使用性能不变,产品厚度、密度和形状可按用户要求加工。以玻璃纤维为主要原料的保温隔热制品主要有:沥青玻璃棉毡和酚醛玻璃棉板,以及各种玻璃毡、玻璃毯等,通常用于房屋建筑的墙体保温层。

(3)石棉及其制品。石棉,是具有高抗张强度、高挠性、耐化学和热侵蚀、电绝缘和具有可纺性的硅酸盐类矿物产品。它是天然的纤维状的硅酸盐类矿物质的总称。

石棉具有高度耐火性、电绝缘性和绝热性,是重要的防火、绝缘和保温材料。石棉主要用于机械传动、制动以及保温、防火、隔热、防腐、隔音、绝缘等方面。

3.泡沫状无机绝热材料。其代表性产品有泡沫玻璃和多孔混凝土等。泡沫玻璃是用玻璃细粉和发泡剂(石灰石、碳化钙和焦炭)经粉磨、混合、装模、煅烧(800℃左右)而得到的泡沫状材料。泡沫玻璃导热系数小、抗压强度高、抗冻性好、耐久性好,并且对水分、水蒸气和其他气体具有不渗透性,还容易进行机械加工的特性。其表观密度为 150~200kg/m³,导热系数约为 0.042~0.048W/m·K,抗压强度达 0.55~0.16MPa。泡沫玻璃作为绝热材料主要用于保温墙体、地板、天花板及屋顶保温,适合用于寒冷地区建筑低层的建筑物。多孔混凝土是指具有大量均匀分布、直径小于 2mm 的封闭气孔的轻质混凝土,主要有泡沫混凝土和加气混凝土。随着表观密度减小,多孔混凝土的绝热效果增加,但强度有所降低。

（三）常用有机绝热材料

1.泡沫塑料。泡沫塑料是以各种树脂为基料,加入各种辅助料经加热发泡制得的轻质保温材料。泡沫塑料目前广泛用作建筑保温隔音材料,其表观密度很小,隔热性能好,加工使用方便。常用的泡沫塑料有聚苯乙烯泡沫塑料、脲醛泡沫塑料、聚氨酯泡沫塑料、聚氯乙烯泡沫塑料、泡沫酚醛塑料等。

2.硬质泡沫橡胶。硬质泡沫橡胶用化学发泡法制成。其导热系数小,强度大。硬质泡沫橡胶的表观密度在 0.064~0.12g/cm³ 之间。表观密度越小,保温性能越好,但强度越低。硬质泡沫橡胶抗碱和盐侵蚀的能力较强,但无机酸及有机酸对其有侵蚀作用。硬质泡沫橡胶不溶于醇等弱溶剂,但易被某些强有机溶剂软化溶解。硬质泡沫橡胶为热塑性材料,耐热性不好,在 65℃ 左右开始软化。硬质泡沫橡胶有良好的低温性能,低温下强度较高且具有较好的体积稳定性,可用于冷冻库的保温绝热。

三、建筑防火材料

建筑材料的燃烧性能是指其燃烧或遇火时所发生的一切物理和化学变化,这项性能由材料表面的着火性和火焰传播性、发热、发烟、炭化、失重,以及毒性生成物的产生等特性来衡量。我国国家标准 GB8624-97 将建筑材料的燃烧性能进行分级,分为 A 级(不燃性建筑材料),B_1 级(难燃性建筑材料),B_2 级(可燃性建筑材料),B_3 级(易燃性建筑材料),据此,将建筑构件的燃烧性能分为:

（1）不燃烧体(非燃烧体)。金属、砖、石、混凝土等不燃性材料制成的构件,称为不燃烧体(以前也称非燃烧体)。这种构件在空气中遇明火或高温作用下不起火、不微燃、不碳化。如砖墙、钢屋架、钢筋混凝土梁等构件都属于非燃烧体,常被用作承重构件。

（2）难燃烧体。这是用难燃性材料制成的构件或用可燃材料制成而用不燃性材料作保护层制成的构件。其在空气中遇明火或在高温作用下难起火、难微燃、难碳化,且当火源移开后燃烧和微燃立即停止。

（3）燃烧体。这是用可燃性材料制成的构件。这种构件在空气中遇明火或在高温作用下会立即起火或发生微燃,而且当火源移开后,仍继续保持燃烧或微燃。如木柱、木屋架、木梁、木楼梯、木搁栅、纤维板吊顶等构件都属燃烧体构件。

在国标 GB8624-2006 中,建筑材料和制品的燃烧性能等级被分为 A_1,A_2,B,C,D,E,F 七个大级,并且对铺地材料和管道隔热材料的燃烧性能分级作了单独的规定。

根据 GB8624-2006,普通建筑材料和制品的分级与燃烧性能的关系如下:

(1)F 级:未做燃烧性能试验的制品和不符合 A_1,A_2,B,C,D,E 级的制品。

(2)E 级:短时间内能阻挡小火焰轰击而无明显火焰传播的制品。

(3)D 级:符合 E 级判据,并在较长时间内能阻挡小火焰轰击而无明显火焰传播的制品。此外,制品还能承受单体燃烧试验火源的热轰击,伴随产生足够滞后且有限的热释放量。

(4)C 级:同 D 级,但需符合更严格的要求。此外,在单体燃烧试验火源的热轰击下试样产生有限的横向火焰传播。

(5)B 级:同 C 级,但需符合更严格的要求。

(6)A_2 级:符合本标准规定的 B 级判据,此外,在充分发展火灾条件下这些制品对火灾荷载和火势增长不会产生明显增加。

(7)A_1 级:A_1 级制品对包括充分发展火灾在内的所有火灾阶段都不会作出贡献。

可见,所谓的防火材料,是指添加了某种具有防火特性基质的合成材料或本身就具有耐高温、耐热、阻燃特性的材料。

防火板是目前市场上最为常用的防火材料。一种是高压装饰耐火板,其优点是防火、防潮、耐磨、耐油、易清洗,而且花色品种较多;一种是玻镁防火板,外层是装饰材料,内层是矿物玻镁放火材料,可抗 1 500℃高温,但装饰性不强。在建筑物出口通道、楼梯井和走廊等处装设防火吊顶天花板,能确保火灾时人们安全疏散,并保护人们免受蔓延火势的侵袭。

防火门分为木质防火门、钢质防火门和不锈钢防火门。通常防火门用于防火墙的开口、楼梯间出入口、疏散走道、管道井开口等部位,对防火分隔、减少火灾损失起着重要作用。

防火木制窗框周围嵌有木制密封材料,遇热膨胀,能防止火焰从缝隙钻入。

在建筑物内不便设置防火墙的位置可设置防火卷帘,防火卷帘一般具有良好的防火、隔热、隔烟、抗压、抗老化、耐磨蚀等各项功能。

第四节　建筑装饰装修材料

一、饰面石材

(一)天然石材

天然岩石由造岩矿物形成。由一种造岩矿物构成的岩石称为单矿岩,由两种或两种以上造岩矿物构成的岩石称为复矿岩。构成岩石的矿物称为造岩矿物,如石英、长石、白云石、云母等,其性质与含量决定了岩石的性质。岩石的结构也影响其性质。大多数岩石属于晶体结构,少数岩石属于非晶体结构。具有晶体结构,且晶粒细小的岩石,其强度、韧性、化学稳定性及耐久性等均较好。

1.天然岩石分类。岩石按地质形成条件不同可分为火成岩、沉积岩、变质岩三类。

(1)火成岩。火成岩是由地壳内熔融岩浆上升冷却形成的,又称岩浆岩。侵入岩是火成岩的一种,是熔融的岩浆在地壳内上升冷却形成的岩石,其按最终形成的岩石距地表深浅不同而分为深成岩和浅成岩。侵入岩具有体积密度大,抗压强度高、吸水率低、抗冻性好等特点。深成岩的岩浆在地表内深处受上部岩层压力作用,缓慢冷却结晶而成,如花岗岩、正长岩、辉长岩、闪长岩等,其结构致密,具有粗大晶粒和块状构造。

(2)沉积岩。沉积岩是在外力地质作用下,经风化、搬运、沉积成岩作用,在地表或地表不太深处形成的岩石。与火成岩相比,其具有体积密度小、孔隙率与吸水率较大、强度与耐久性较差等特点。沉积岩按成因和物质成分又可分为机械沉积岩(如砂岩、砾岩、黏土岩等)、化学沉积岩(如石膏、菱镁矿、某些石灰岩等)和生物沉积岩(石灰岩、白垩、硅藻土等)。

(3)变质岩。变质岩是岩石经地质作用(高温、高湿、压力等)发生再结晶,使矿物成分结构构造以至化学成分都发生改变而形成的岩石。可分为正变质岩与副变质岩。变质岩是岩石经地质作用(高温、高湿、压力等)发生再结晶,使其矿物成分结构构造以至化学成分都发生改变而形成的岩石。其可分为正变质岩与副变质岩。正变质岩是由火成岩变质形成的岩石。其构造、性能一般比原火成岩差,如由花岗岩变质形成的片麻岩等。副变质岩是由沉积岩变质形成的岩石。其构造性能一般比原沉积岩好,如石灰岩或白云岩变质形成的大理岩,砂岩变质形成的石英岩等。

2.常用天然石材。

(1)大理石(云石)。大理石因初产于中国云南大理而得名,其属于副变质岩。大理岩主要是由方解石或白云石组成的单矿岩,主要化学成分为 CaO、MgO、CO_2 及少量 SiO_2 等。大理岩多呈细晶粒结构,属块状构造。大理石体积密度为 2 500～2 700kg/m³,抗压强度为 50～190MPa,较易于雕琢、磨光,其吸水率低,杂质少,坚固耐久,还具有纹理细密、丰富,色彩、图案多样,可开光性强等装饰特性。但一般品种的大理石抗风化性差,即易被空气中遇水后的二氧化硫腐蚀,生成石膏,使石材表面变得粗糙、多孔、丧失光泽,因而不宜用于室外。而少数特殊品种的大理石,如汉白玉、艾叶青等,抗风化能力强,可用于室外。

中国的大理石资源广博、品种丰富,20 多个省市盛产近 400 个品种的大理石,其中最值得一提的是云南大理石。

云南是大理石之乡,其石材以品种繁多、石质细腻、光泽柔润、图案独特而闻名,目前主要有云灰、白色和彩花三类大理石。除中国之外,世界上还有一些国家也盛产许多名贵的大理石品种,如意大利的"石灰华""维罗娜红""卡拉腊白"等。大多数大理石主要用于建筑室内的墙面、地面、台面、柱面;少数的大理石可用于室外,如图 2-15 所示的汉白玉栏杆。

(2)花岗石(麻石)。花岗石属于深成岩。花岗岩主要是由长石、石英及少量云母等组成的复矿岩,主要化学成分为 SiO_2。花岗岩体积密度为 2 500～2 800kg/m³,抗压强度为 120～300MPa,较坚硬、耐磨,但开采、加工较难,其吸水率只有 0.1%～0.7%,耐酸性好,抗风化及耐久性好,使用寿命少则数十至数百年,高质量的可达上千年。花岗岩不耐火,高温会使石英的晶形转变而产生胀裂,影响使用寿命。花岗岩具有丰富的色彩、纹理及质感等装饰特点。我国的花岗岩蕴藏丰富,品种繁多。四川、山东、广东、江西等十多个省市盛产 100 多个优秀的花岗岩品种。世界上也有许多国家盛产好的花岗岩品种。与大理石一样,花岗岩也属于高级建筑装饰材料,但由于开采、加工较难,使其造价较高。花岗岩主要用于大型、重要或装饰要求高的建筑装饰。花岗岩还可被加工成条石、蘑菇石、柱及饰物等用于建筑室外。用于室外台阶的花岗岩条石如图 2-16 所示。

图2-15 汉白玉栏杆   图2-16 花岗岩条石

3.天然石材选用原则。

（1）装饰性。用于建筑装饰的石材,选用时不仅要控制其外观质量,更要考虑其色彩、纹理、质感等与建筑功能、环境及人心理的协调关系。

（2）强度与耐久性。一般选用石材做装饰的建筑,多是重要的或大型的建筑,因此,强度与耐久性是其使用寿命的保证。

（3）经济性。石材应尽量就地取材,合理选用,提高其利用率,而不要浪费石材资源,特别是名贵品种的石材。另外,对于天然石材制品还应该掌握观、量、听、试的质量检验方法。

（二）人造饰面石材

人造石材20世纪中期开始出现,是以模仿天然石材的外观,改善天然石材的缺陷为目标而设计、生产的人造材料。随着生产技术水平不断提高,人造石材制品的品质也越来越得到建筑装饰行业的认可。人造石材按原料及生产工艺划分主要有四类:

1.水泥基人造石材。其以水泥为胶结料将天然石渣、粉胶结而成,其主要优势是价廉,且挥发物少。

2.树脂基人造石材。其以有机树脂为胶结料将天然石渣、粉胶结而成,主要优势是质轻、色彩鲜艳、光泽效果好等,是目前国内外主要生产、应用的人造石材品种。

3.复合型人造石材。其既用有机胶结料,也用无机胶结料生产的人造石材,其特点是有机与无机材料的优势可以互补、发挥。

4.烧结型人造石材。其采用烧结的生产技术,用优质黏土等原料生产的人造石材,其优势是可像陶瓷一样坚固、耐久,装饰效果丰富。人造石材可根据模仿的天然石材品种分为人造大理石、人造花岗石、人造玛瑙和人造玉石等,广泛应用于建筑室内外的墙面、地面、台面、卫生洁具及其他装饰部位。

二、建筑陶瓷

建筑陶瓷,以黏土为主要原料,经配料、制坯、干燥、焙烧而成,用于建筑工程的烧结制品。建筑陶瓷是目前主要的建筑装饰材料之一,具有色彩鲜艳、图案丰富、坚固耐久、防火、防水、耐磨、耐腐蚀、易清洗等优点。

（一）陶瓷基本知识

1.陶瓷分类。陶瓷制品系陶器与瓷器两大类产品的总称,其坯体按烧结程度不同,可分为瓷质、陶质和火石质三种。

（1）瓷质坯体烧结充分,结构致密。制品断面细腻、有光泽,具有半透明性,孔隙率低,吸水率小于1%,强度高,坚硬、耐磨,表面一般施釉。瓷质制品按原料化学成分及生产工艺不同分为粗瓷制品和细瓷制品,大多数陶瓷锦砖及少数地面砖属于粗瓷制品,细瓷多用于美术制品、精制的日用品及陈列品等。

（2）陶质坯体烧结程度低,属于多孔坯体。制品断面粗糙、无光、不透明,孔隙率大,敲击声音发哑,坯体吸水率为10%~20%,抗冻性差,强度较低,但制品烧成收缩小,尺寸准确。一般由含杂质较多的黏土烧成的为粗陶制品,粗陶不施釉,如砖、瓦、罐、盆、管等;由质量较好的高岭土等烧制的、多在表面施釉的为精陶制品,如釉面砖、美术陶瓷等。

（3）炻质坯体属于烧结较充分的坯体,结构较致密,坯体孔隙率较低,吸水率为1%~10%,且多带有颜色,无半透明性。炻质制品按坯体致密程度不同分为粗炻制品和细炻制品,大多数墙地砖属于粗炻制品,少数陶瓷锦砖属于细炻制品。

2.陶瓷表面装饰。

（1）施釉。釉是施涂在陶瓷坯体表面的均匀连续玻璃质层,使制品表面光亮,色彩、图案丰富,保护其不受水、有害介质等侵蚀或污染,提高其机械强度、热稳定性、化学稳定性及易清洁性,掩饰坯体缺陷,防止有毒物质溶出。

（2）釉的分类。釉的分类方法很多,常见的分类方法见表2-6。

表2-6　釉的分类

分类方法	名　　称
按坯体种类分	瓷器釉、炻器釉、陶器釉
按化学组成分	长石釉、石灰釉、滑石釉、铅釉、食盐釉、土釉、混合釉等
按烧成温度分	低温釉、中温釉、高温釉
按制备方法分	生料釉、熔块釉
按外表特征分	透明釉、乳浊釉、结晶釉、有光釉、无光釉、花釉、碎纹釉、流动釉等

（3）彩绘。彩绘是在陶瓷表面绘制的花色图案,依据绘制的位置及方法的不同,可分为釉上彩绘和釉下彩绘两种。

釉上彩绘是在釉烧后的釉面上,采用低温彩料彩绘,再经低温彩烧而成的彩绘。色彩丰富、鲜艳,可采用手工绘制,也可半机械化绘制,但画面光滑性差,易磨损,且彩料中的有度成分(如铅等)易溶出。

釉下彩绘是在陶瓷生坯或经素烧的坯体上进行彩绘后,施涂透明釉料,再经釉烧而成的彩绘。画面能受到釉的保护,且在透明釉下显得清秀、光亮,有毒的彩料成分不易溶出,但画面不如釉上彩绘清晰、鲜艳,且多为手工绘画,难以实现机械化生产,故价格较高。釉下彩绘有釉下青花(青花瓷)、釉里红、釉下五彩。除彩绘之外,陶瓷表面还可采用金属装饰釉、结晶釉、光泽彩、裂纹釉、无光釉、流动釉等进行表面装饰。

（二）常用建筑装饰陶瓷

1.釉面砖。这是指用于建筑室内墙、柱等表面的薄片状精陶制品，也称釉面内墙砖，由精陶坯体与表面釉层两部分构成的。

（1）种类与特点。按表面装饰效果分为单色釉面砖、花色釉面砖、装饰釉面砖、图案砖与字画砖。单色釉面砖包括白色釉面砖和彩色釉面砖。花色釉面砖主要是指同一砖面上有多种色釉的釉面砖，如有光彩釉砖、无光彩釉砖、花釉砖等。装饰釉面砖是指表面具有不同色彩、纹理、质感的釉面砖，如结晶釉砖、斑纹釉砖等。图案砖是指单块砖面上具有具体、明显、完整图案的釉面砖，包括白底图案砖、色底图案砖。字画砖是指每块砖面上只具有装饰图、字的一部分，须将多块砖组合后才可以体现完整图、字画面的釉面砖，如瓷砖画、色釉陶瓷字砖。釉面砖还可按表面光泽效果分有光釉面砖和无光釉面砖两种。

（2）主要技术要求。

①形状与规格。釉面砖按表面形状分为正方形、长方形和异形制品。其主要长、宽规格为75～350mm，厚度为4～5mm，如常用产品长、宽尺寸有300mm×200mm，200mm×150mm，150mm×75mm等，还可根据具体需要加工定制。

②外观质量。釉面砖表面都施釉，背面设置浅槽，其根据色差、白度、表面缺陷等外观质量分为优等品、一等品、合格品三个等级。

③物理力学性质。釉面砖底坯吸水率应小于21%，热震性、抗龟裂性合格，外观应满足标准规定。

④特性与应用。釉面砖表面平整、光亮，色彩、图案丰富，防潮、防腐，耐热性好，易清洗，不易污染，但抗干湿交替能力及抗冻性差。釉面砖主要适用于厨房、卫生间、实验室等建筑室内的墙面、柱面、台面等部位的表面装饰，还可镶拼成大型陶瓷壁画，用于大型公共建筑室内的墙面装饰。由于其属多孔陶质坯体，在潮湿与干燥交替作用的环境中会产生明显的坯体胀缩，而表面致密的釉层却不与之同幅度胀缩，如用于室外，会产生开裂、破损甚至脱落，故釉面砖不适用于建筑室外装饰。工程实践中，为使釉面砖黏结牢固，应在铺贴前先浸水2小时以上。

2.墙地砖。墙地砖主要是指用于建筑室外墙面、柱面及室内外地面的陶瓷面砖，其坯体多为炻质。

（1）种类与特点。墙地砖根据表面是否施釉分彩色釉面墙地砖（简称彩釉砖）和无釉墙地砖；根据生产工艺不同分为干压、半干压、劈离砖等墙地砖；根据表面花纹、质感不同分为彩胎砖、麻面砖、渗花砖、玻化砖等。

（2）主要技术要求。

①形状与规格。墙地砖按表面形状分为正方形、长方形和异型制品。其主要长、宽规格为60～600mm，厚度为8～12mm，如常用产品长、宽尺寸有300mm×150mm，150mm×75mm，600mm×600mm，100mm×100mm等，还可根据具体需要加工定制。

②外观质量。墙地砖表面可施釉，可不施釉，背面设置肋纹，以增强铺贴时的黏结力。墙地砖按外观和质量要求分为优等品、一等品、合格品三个等级。

③物理力学性质。墙地砖底坯吸水率应不大于10%（寒冷地区用于室外的面砖，其吸水率应小于3%），能经受3次热震性检验，抗冻融循环次数不低于20次，彩釉砖抗弯强度不小

于24.5MPa,无釉墙地砖抗弯强度不小于25MPa。

④特性与应用。墙地砖具有色彩丰富,图案、花纹、质感多样,抗冻,耐腐蚀,防火,防水,耐磨,易清洗等特点,故主要用于装饰等级要求较高的建筑室外墙面、柱面,及室内外地面等处。

3.陶瓷锦砖。陶瓷锦砖,即陶瓷马赛克,是用优质瓷土烧制的形状各异的小片陶瓷材料,多属于细炻或瓷质坯体,因其具有尺寸小、色彩多、图案与质感丰富等特点而被称为锦砖,如图2-17所示。锦砖由于尺寸小,不便施工,更不便直接在建筑物上构成符合设计要求的装饰图案,因此,其常是按一定规格尺寸和图案要求反贴在一定规格的方形牛皮纸上供装饰使用的,故又常称为纸皮砖。

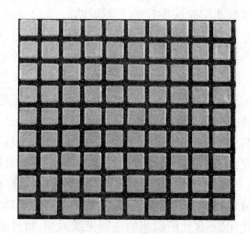

图2-17 陶瓷锦砖

(1)种类。陶瓷锦砖按砖块表面质感分光滑和稍毛两种;按是否施釉分有釉和无釉两种;按其拼成的图案分为单色和拼花两种。

(2)主要技术要求。

①形状与规格。陶瓷锦砖按单块砖形状分为正方形、长方形、六角形等多种,其单块砖边长为15~40mm,厚度有4mm、4.5mm和大于4.5mm三种,正方形纸皮边长规格有284mm、295mm、305mm和325mm四种。

②外观质量。陶瓷锦砖按外观质量要求分为优等品、合格品两个等级。

③物理力学性质。陶瓷锦砖体积密度为2 300~2 400kg/m³,抗压强度为150~200MPa,无釉锦砖坯体吸水率不大于0.2%,有釉锦砖坯体吸水率不大于1.0%,热震性合格,应能用于-40℃~+100℃的温度环境。

④特性与应用。陶瓷锦砖具有色彩多样,组合图案丰富,质地坚硬,抗冻、抗渗、耐腐蚀、防火、防水、防滑、耐磨、易清洗等特点,故既可用于建筑室内,又可用于建筑室外的建筑墙面、柱面及地面等处。与墙地砖相比,陶瓷锦砖更具有耐久、砖块薄、自重轻、造价低等优势。但当用于高大建筑外墙或公共建筑地面时,由于其砖块小、缝隙多而易受污染,难清洗。

三、建筑玻璃

建筑工程中利用玻璃进行透光、透视性控制和空间隔断。玻璃是建筑中必不可少的建筑材料。因此,玻璃的功能与特点的变化对建筑业来说非常重要。随着科技水平与人们生活水平的不断提高,建筑玻璃已由透光、透视的基本功能向着装饰、调光、调热、隔音、节能、耐久等更丰富的功能方向发展。

常用建筑玻璃及制品有以下几种。

（一）普通平板玻璃

普通平板玻璃,主要采用引拉法或浮法生产,是平板玻璃中产量最大、应用最广的品种。由于主要用于建筑门窗,也称普通窗用玻璃。

普通平板玻璃的厚度有 2mm、3mm、4mm、5mm 四类,浮法玻璃有 3mm、4mm、5mm、6mm、8mm、10mm、12mm 七类,根据外观质量分为优等品、一等品、合格品。普通平板玻璃的太阳光与可见光透射比高(>84%),导热系数低[0.73~0.82W/(m·k)],遮蔽系数大,紫外光透射比低,具有一定机械强度,但脆性大,抗冲击性差;浮法玻璃的表面平整,光滑度好于引拉法生产的平板玻璃。

普通平板玻璃大部分直接用于建筑门、窗、幕墙、屋顶等处,少部分用作深加工(如钢化、夹丝、中空等)玻璃的原片材料。

(二)装饰玻璃

1.磨光玻璃(镜面玻璃)。磨光玻璃是指表面经过机械研磨和抛光的平板玻璃,分单面磨光与双面磨光两种,厚度一般为 5~6mm。由于磨光消除了玻璃表面波筋、波纹等缺陷,使其表面平整、光滑,光学性质及装饰性优良。其主要用于高级建筑门、窗、橱窗及制镜工业。浮法玻璃由于具有自抛光功能,所以不需机械磨光。浮法玻璃正逐渐取代磨光玻璃。

2.磨砂玻璃(喷砂玻璃、毛玻璃)。磨砂玻璃是指经过喷砂、研磨或氢氟酸溶蚀将其单面或双面加工成毛面、粗糙的玻璃。磨砂玻璃能使透入的光线产生漫射,具有透光、不透视的作用,不仅使所封闭的空间光线柔和,而且起到了保护私密性的作用。磨砂玻璃常用于办公室、厨房、卫生间等处的门、窗及隔断。

3.彩色玻璃。彩色玻璃分透明、不透明和半透明三种。透明彩色玻璃是在原料中加入金属氧化物而制成的,能使透入的光线产生丰富多彩的光影效果;不透明彩色玻璃是在平板玻璃表面喷涂色釉而形成的;半透明彩色玻璃是在原料中加入乳浊剂,经热处理而形成的,具有透光、不透视的效果,又称乳浊玻璃。

透明和半透明玻璃常用于建筑门、窗、隔墙及对光线有特殊要求的部位,不透明彩色玻璃常用于建筑内、外墙面装饰,可拼成各种图案。彩色玻璃片也常用作夹层、中空等玻璃制品的原片材料。

4.彩绘玻璃。彩绘玻璃是将手工绘制与影像移植技术结合而制成的具有各种图案的玻璃。由于画面与构图缤纷多彩,特别适用于如美术馆、餐厅、宾馆、歌舞厅、商场等公共娱乐场所及有情调要求的民用住宅的墙面、门、窗、吊顶及特殊部位的装饰。

5.镭射玻璃(光栅玻璃、激光玻璃)。镭射玻璃是采用激光处理技术,在玻璃表面(背面)构成全息光栅或其他几何光栅,在光照条件下能衍射出五光十色光影效果的玻璃。

镭射玻璃不仅可在光源配合下产生梦幻般的迷人色彩,而且具有高耐腐蚀、抗老化、耐磨、耐划等特性,因此,适用于酒店、宾馆、歌舞厅等娱乐场所及商业建筑的墙面、柱面、地面、台面、吊顶、隔断及特殊部位装饰。

6.压花玻璃(滚花玻璃、花纹玻璃)。压花玻璃是用压延法生产的单面或双面具有凸凹立体花纹图案的玻璃。可制成普通压花、彩色压花、镀膜压花等多个品种。

压花玻璃特有的凸凹花纹,不仅具有极强的立体装饰效果,而且具有漫射透光、柔和光线、阻断视线的作用,因此,可用于办公室、会议室、客厅、餐厅、厨房、卫生间等建筑空间的隔墙、门、窗。

(三)安全玻璃

对普通玻璃进行增强处理,或与其他材料复合及采用特殊成分与技术制成的玻璃称为安全玻璃。

1.钢化玻璃(强化玻璃)。钢化玻璃是将平板玻璃加热到接近软化温度后,迅速冷却使其固化或通过离子交换法制成的玻璃,前者为物理钢化玻璃,后者为化学钢化玻璃。物理钢化玻璃由于棱角圆滑,特别是其破碎后不形成锋利的棱角,因而,常称为安全玻璃。

钢化玻璃比普通玻璃的抗折强度及抗冲击性提高4~5倍,且弹性变形能力增强,热稳定性增强,但不能进行成品裁切、钻孔等加工。其主要用于大型公共建筑的门、窗、幕墙及工业厂房的天窗等处。

2.夹层玻璃。夹层玻璃是将两片或两片以上的平板玻璃,用透明塑料薄膜间隔,经热压黏合而成的复合玻璃制品。玻璃原片可采用磨光玻璃、浮法玻璃、彩色玻璃、吸热玻璃、热反射玻璃、钢化玻璃等。由于玻璃片间是靠塑料膜黏合的,因而夹层玻璃破碎时,碎片不会飞溅伤人。由于塑料膜的加入,也使夹层玻璃抗冲击性、抗穿透性增强,还具有隔热、保温、耐光、耐热、耐湿、耐寒等特点。夹层玻璃适用于有抗震、抗冲击、防弹、防盗等特殊安全要求的建筑门、窗、隔墙、屋顶等部位。

3.夹丝玻璃。夹丝玻璃是将平板玻璃加热到红热软化时,将预热处理的金属丝或金属网压入玻璃中而制成的玻璃。玻璃原片可采用磨光玻璃、彩色玻璃、压花玻璃等。由于加入了金属网丝,夹丝玻璃破碎后形成蛛网,碎片会被挂住而不会飞溅伤人。由于金属网丝的固定作用,使得夹丝玻璃遇火时,仍可保持一定时间的整体完整性,因而,防火性好,但其抗折强度及抗冲击性并未比普通玻璃有所增强,而且热震性差、易锈裂。夹丝玻璃适用于震动较大的工业厂房及有防火要求的仓库、图书馆等建筑的门、窗、屋面、采光天窗等部位。

(四)特性玻璃

特性玻璃是兼具调光、调热、控音、节能、增强装饰效果等功能特点的玻璃。

1.热反射玻璃。热反射玻璃是在玻璃表面利用热、蒸发及化学等方法喷涂金、银、铝、铜、镍、铬等金属或金属氧化物膜而制成的玻璃。热反射玻璃对太阳光具有较高的反射能力,同时具有较高的化学稳定性、单向透视性、耐洗刷性及镜面效应等特点。热反射玻璃特别适用于炎热地区作玻璃幕墙、门、窗及室内装饰,不适用于寒冷地区,而且容易引起光污染危害,在应用中要加以注意。

2.吸热玻璃。吸热玻璃是在玻璃液中引入有吸热性能的着色剂或在玻璃表面喷镀具有吸热性的着色膜而成的平板玻璃。

吸热玻璃有多种颜色,既可吸收红外辐射热、可见光及紫外光,达到控光、调热的效果,又可保持良好的透光性。但吸热后变成二次发热体,易产生热应力引起炸裂。吸热玻璃主要用于建筑外墙、门、窗,但应注意采取使用百叶窗等方法,以达到降低热应力、避免热炸裂的目的。

3.变色玻璃。变色玻璃是在玻璃原料中加入卤化银,或在玻璃与有机夹层中加入钼和钨的感光化合物而制成的玻璃。

变色玻璃的颜色可以随光的强弱发生可逆性改变,起到自动调节光线的作用。因此,变色玻璃适用于微机室、实验室、图书馆等要求避免眩光和自动调节光线的建筑的门、窗。

特性玻璃还有防火玻璃、防紫外线玻璃、低辐射玻璃等许多品种。

（五）玻璃制品

1.中空玻璃。中空玻璃,由两层或两层以上平板玻璃,周边加边框隔开,并用高强度、高气密性黏结剂将玻璃与边框黏结,中间充以干燥空气制成的玻璃制品。其可用浮法玻璃、压花玻璃、彩色玻璃、钢化玻璃、夹丝玻璃、热反射玻璃等做原片。中空玻璃按玻璃层数可分为双层中空玻璃和多层中空玻璃两大类。

中空玻璃中间充斥了大量干燥空气,因而具有良好的隔热、保温、隔声、降噪、防结霜露等特点。中空玻璃适用于需通过采暖或空调来保证室内舒适环境条件的公共建筑及民用住宅的门、窗及幕墙,以达到隔热、隔声、节能的使用效果。

2.玻璃砖。玻璃砖是将多片模压成凹形的玻璃,中间充以干燥空气的空心玻璃制品。其分为单腔和双腔两种。

玻璃砖具有透光不透视、保温、隔热、密封性强、防火、抗压、耐磨、耐久等优点,主要用于公共娱乐建筑的透光墙体、屋面及非承重的隔墙等部位。

3.玻璃锦砖(玻璃马赛克)。玻璃锦砖是以玻璃原料或废玻璃、玻璃边角料等为主要原料,经高温成型熔制的玻璃制品,有透明、半透明和不透明的几种。玻璃锦砖具有单块尺寸小、多色彩、多形状的装饰特性,不变色、不积尘,雨天可自洁,化学稳定性与热稳定性高,抗冻、耐久,且成本较陶瓷锦砖低等多方面特点,是较好的墙面装饰材料。

四、建筑涂料

建筑涂料是指能涂于建筑表面,形成连续性涂膜,对建筑物起到保护、装饰等作用,使建筑物具有某些特殊功能的材料。

（一）涂料的基本组成

建筑涂料的基本组成有基料、颜料和填料、分散介质(辅助成膜物质)和助剂。

1.基料(主要成膜物质)。基料是决定涂料性质的物质,在涂料中主要起到成膜或黏结填料与颜料,使涂料在干燥或固化后能形成连续涂层的作用。建筑涂料中常用的基料有无机基料(如水玻璃、硅溶胶)和有机基料(如聚乙烯醇、聚乙烯醇缩甲醛、丙烯酸树脂、环氧树脂、醋酸乙烯-丙烯酸酯共聚物、聚苯乙烯-丙烯酸酯共聚物、聚氨酯树脂)两类。

2.填料与颜料(次要成膜物质)。

(1)填料。填料主要起到改善涂膜机械性能,增加涂膜厚度,减少涂膜收缩,降低涂料成本等作用。填料分粉料和粒料两类,常用的填料有重晶石粉、轻质碳酸钙、重质碳酸钙、高岭土及各种彩色砂粒等。

(2)颜料。颜料是使涂料具有所需颜色,并使涂膜具有一定遮盖能力的物质。颜料还应具有良好的耐碱性、耐候性。建筑涂料中使用的颜料有无机矿物颜料、有机颜料和金属颜料。由于有机颜料的耐久性较差,故较少使用。建筑涂料中常用的颜料有氧化铁红、氧化铁黄、氧化铁绿、氧化铁棕、氧化铬绿、钛白、锌钡白、群青蓝、铝粉、铜粉等。

3.分散介质(辅助成膜物质)。分散介质主要起溶解或分散基料,改善涂料施工性能,增加涂料渗透能力等作用。由于分散介质对保证涂膜质量有较大的影响,因此,应具有较强的溶解能力和适宜的挥发率,同时,应注意克服无机溶剂易燃及毒性在应用中的不利影响。

按分散介质及其对成膜物质作用的不同分为溶剂型涂料、水溶性涂料及乳液型涂料(乳胶漆)三种,其中水溶性涂料和乳液性涂料又称水性涂料,其属于绿色涂料。

4.助剂。助剂是为了进一步显著改善或增加涂料的某些性能而加入的少量物质。主要有增白剂、分散剂、稳定剂、消泡剂、防霉剂、紫外线吸收剂、阻燃剂等。

（二）建筑涂料的分类

建筑涂料按基料成分可分为有机涂料、无机涂料、有机—无机复合涂料;按用途分为墙面涂料、地面涂料、顶棚屋面涂料等;按功能分为防水涂料、保温涂料、吸音涂料、防霉涂料等;按涂膜厚度分为薄质涂料(涂膜厚度为 $50\mu m \sim 100\mu m$)与厚质涂料(涂膜厚度为 1mm～6mm);按涂料形状与质感分为平壁状涂层涂料、砂壁状涂层涂料、凹凸立体花纹涂料。

下面按照基料成分分类进行介绍。

1.有机涂料。

(1)溶剂型涂料,又称溶液型涂料,以合成树脂为基料,有机溶剂为稀释剂,加入适量颜料、填料、助剂等经研磨、分散而成。

溶剂型涂料形成的涂膜细腻、光洁、坚韧,有较高的硬度、光泽、耐水性、耐洗刷性、耐候性、耐酸碱性和气密性,对建筑物有较高的装饰性和保护性,且施工方便。但涂膜的透气性差,易燃,挥发出的溶剂对人体有害,施工时要求基层干燥,且价格较高。溶剂型涂料适用于建筑物的内、外墙面及地面。

(2)乳液型涂料,又称乳胶涂料或乳胶漆,以合成树脂乳液为基料,加颜料、填料、助剂等,经研磨分散而成。合成树脂乳液是粒径为 $0.12\mu m \sim 0.5\mu m$ 的合成树脂分散在含有乳化剂的水中所形成的乳状液。乳液型涂料无毒、不燃,对人体无害,价格较低,具有一定的透气性,其他性能接近于或略低于溶剂型涂料,特别是光泽度较低。乳液型涂料施工时不需要基层材料很干燥,但施工时温度易在 100℃ 以上,用于潮湿部位的乳液型涂料需加防霉剂。乳液型涂料发展空间广阔。

(3)水溶性涂料,以水溶性合成树脂为基料,加水、颜料、填料、助剂等,经研磨、分散而成。水溶性涂料价格低,无毒无味,施工方便,但涂膜耐水性、耐候性、耐洗刷性差,一般适用于建筑内墙。乳液型涂料与水溶性涂料统称为水性涂料,其属于安全涂料。

2.无机涂料。无机涂料以水玻璃、硅溶胶、水泥等为基料,加入颜料、填料、助剂等,经研磨、分散而成。无机涂料价格低,无毒、不燃,具有良好的遮盖力,对基层材料的处理要求不高,可在较低的温度下施工,涂膜具有良好的耐热性、保色性、耐久性,且不易燃。无机涂料可用于建筑内、外墙面等。

3.有机—无机复合涂料。有机—无机复合涂料是既使用无机基料,又使用有机基料的涂料。因此,其既具有无机涂料的优点,也具有有机涂料的优点,且成本较低。有机—无机复合涂料适用于建筑内、外墙面等。

（三）常用建筑涂料

1.内墙涂料。

(1)聚乙烯醇水玻璃内墙涂料(106 涂料)。聚乙烯醇水玻璃内墙涂料是以聚乙烯醇和水玻璃为基料制成的水溶性内墙涂料。其具有原料丰富、价格低廉、工艺简单、无毒、无味、色彩丰富、与基层材料间有一定黏结力等优点,但涂层耐洗刷性差,不能用湿布擦洗。该涂料是国内用量最大的一种内墙涂料,主要用于住宅及一般公共建筑的内墙与顶棚。

经采用提高耐水性和耐洗刷性的一些成分及工艺变化等措施,还可制得改性聚乙烯醇系内墙涂料,除了具有与聚乙烯醇水玻璃内墙涂料基本相同的主要性质之外,突出的特点是提高了其耐洗刷性(可达300~1 000次)。因此,其不仅适用于一般住宅及公共建筑的室内,也适用于卫生间、厨房等相对潮湿的室内。

(2)聚醋酸乙烯乳液内墙涂料(聚醋酸乙烯乳胶漆)。聚醋酸乙烯乳液内墙涂料是以聚醋酸乙烯乳液为基料的乳液型内墙涂料,具有无毒,不易燃烧,涂膜细腻、平滑、色彩鲜艳,价格适中,施工方便等优点,而且,耐水、耐碱及耐洗性也优于聚乙烯醇系内墙涂料,适用于住宅及一般公共建筑的内墙与顶棚。

(3)醋酸乙烯-丙烯酸酯有光乳液涂料(乙-丙有光乳液涂料)。醋酸乙烯-丙烯酸酯有光乳液涂料是以乙-丙乳液为基料的乳液型内墙涂料。其耐水性、耐候性、耐碱性优于聚醋酸乙烯乳液内墙涂料,并具有光泽,是一种中高档内墙涂料,主要用于住宅、办公室、会议室等建筑的内墙及顶棚。

(4)多彩内墙涂料。多彩内墙涂料是以合成树脂及颜料等为分散相,以含乳化剂和稳定剂的水为分散介质制成的,经一次喷涂即可获得具有多种色彩立体图膜的乳液型内墙涂料,是目前国内、外较流行的高档内墙涂料之一。多彩内墙涂料色彩丰富,图案多样,并具有良好的耐水性、耐碱性、耐油性、耐化学腐蚀性及透气性,主要用于住宅、办公室、会议室、商店等建筑的内墙及顶棚。

2.外墙涂料。

(1)苯乙烯-丙烯酸酯乳液涂料(苯-丙乳液涂料)。苯乙烯-丙烯酸酯乳液涂料是以苯-丙乳液为基料制成的乳液型涂料,是目前质量较好的外墙乳液涂料之一。苯乙烯-丙烯酸酯乳液涂料分为有光、半光、无光三类,具有优良的耐水性、耐碱性、耐光性、抗污染性、耐擦洗性(耐洗刷次数可达2 000次以上),还具有丰富的色彩与质感,适用于公共建筑的外墙等。

(2)丙烯酸酯系外墙涂料。丙烯酸酯系外墙涂料是以热塑性丙烯酸酯树脂为基料制成的外墙涂料,分溶剂型和乳液型两种。丙烯酸酯系外墙涂料具有优良的耐水性、耐碱性、耐高低温性、耐候性,并具有良好的黏结性、抗污染性、耐洗刷性(耐洗刷次数可达2 000次以上),装饰性好,使用寿命可达10年以上,属高档涂料,是目前国内外主要使用的外墙涂料之一。丙烯酸酯系外墙涂料主要用于商店、办公楼等公共建筑的外墙。

(3)聚氨酯系外墙涂料。聚氨酯系外墙涂料是以聚氨酯树脂或聚氨酯树脂与其他树脂的混合物为基料制成的溶剂型外墙涂料。聚氨酯系外墙涂料具有一定的弹性和抗伸缩疲劳性,能适应基层材料在一定范围内的变形而不开裂,表面光泽度高、呈瓷质感,还具有优良的黏聚性、耐水性、耐酸碱腐蚀性、耐高低温性、耐洗刷性(耐洗刷次数可达2 000次以上)、耐候性,使用寿命可达15年以上,属高档外墙涂料。聚氨酯系外墙涂料主要用于商店、办公楼等公共建筑的外墙。

(4)合成树脂乳液砂壁状建筑涂料(彩砂涂料)。合成树脂乳液砂壁状建筑涂料是以合成实树脂乳液为基料,加入彩色小颗粒骨料或石粉等配制成的粗面厚质涂料。一般采用喷涂法施工,涂层具有丰富的色彩与质感,且保色性、耐水性、耐候性良好,涂膜坚实,骨料不易脱落,使用寿命可达10年以上。合成树脂乳液砂壁状建筑涂料主要用于办公楼、商店等公共建筑的外墙。

3.地面涂料。

(1)聚氨酯厚质弹性地面涂料。聚氨酯厚质弹性地面涂料是以聚氨酯为基料的双组分溶剂型涂料。其具有整体性好、色彩多样的优良装饰性,且耐水性、耐油性、耐酸碱性、耐磨性好。还具有一定的弹性,脚感舒适,但价格较高,原材料有毒。聚氨酯厚质弹性地面涂料主要用于高级住宅、会议室、手术室、影剧院等建筑的地面,也可用于地下室、卫生间等防水或工业厂房的耐磨、耐油、耐腐蚀地面。

(2)环氧树脂厚质地面涂料。环氧树脂厚质地面涂料是以环氧树脂为基料制成的双组分溶剂型涂料。其具有良好的耐化学腐蚀性、耐水性、耐油性、耐久性,且涂膜与基层材料的黏结力强、坚硬、耐磨,有一定的韧性,色彩多样,装饰性好,但同样存在价格高、原材料有毒等缺点,主要用于高级住宅、手术室、实验室及工厂车间等建筑的地面。

五、木装饰材料

木质装饰材料是指包括木材、竹材以及以其为主要原料加工而成的一类适合于家具和室内装饰装修的材料。木、竹材是人类最早应用于建筑及其装饰装修的材料之一。虽然其他种类的新材料不断出现,但木材、竹材具有许多不可由其他材料所替代的优良特性,至今在建筑装饰装修中仍占有极其重要的地位。其特点为:①不可替代的天然性。木材、竹材具有天然性,有独特的质地与构造,其纹理、年轮和色泽等给人一种回归自然、返璞归真的感觉,深受大家喜爱。②典型的绿色材料。木材、竹材本身不存在污染源,其散发的自然清香气味和纯真美丽的视觉感受有益于身心健康。③优良的物理力学性能。木材、竹材质轻而比强度高,具有良好的绝热、吸声、吸湿和绝缘性能。同时,与钢铁、水泥和石材相比具有一定的弹性,可以缓和冲击力,提高人们居住和行走的安全性和舒适性。④良好的加工性。木材、竹材可以方便地进行锯、刨、铣、钉、剪等机械加工和贴、粘、涂、画、烙、雕等装饰加工。基于上述特点,木质材料至今仍是建筑装饰领域中应用最多的建材之一。但木材在构造上各向异性,同时因其为多孔性材料,所以在使用环境中易干缩湿涨从而引起尺寸变化,另外,木材还具有易燃、易腐、天然缺陷多的问题,在使用中应予以注意。

用于装饰装修的常见木质材料包括以下几类。

(一)人造板材

1.胶合板。原木旋切成薄片,经过干燥处理后,再用胶粘剂按奇数层,以各层纤维互相垂直,黏合热压而成的人造板材即为胶合板。其层数一般为3层、5层、9层、11层、13层。在工程中常用3层和5层。常用木材主要有椴木、榆木、白杨木、桦木、柳木、云杉等。

胶合板板材幅面大,可加工性强,它改变了木材的纤维走向,使其纵横交错,大大增强了板材的强度并提高了其稳定性。材质均匀、收缩性小,具有美丽的木纹,既可以直接做装饰面板,又可以做装饰面板的基材。

胶合板主要应用于各类家具、门窗套、踢脚板、隔断造型、地板等基材,其表面可用薄木片、防火板、PVC贴面板、涂料等贴面涂装,使用非常广泛。

2.细木工板。细木工板也叫大芯板,是一种实木板芯的胶合板,由原木条为芯板,两个表面胶贴木制单板,再经过热压黏合。细木工板按结构不同分空心与实心两种;按表面加工状况分为一面砂光、两面砂光和不砂光三种;按面板的材质和加工工艺质量不同分为优等、一等和合格。

细木工板密度小、变形小、幅面大、表面平整,它的各项性能稳定且具有加工方便、强度高,吸声、握钉力好的特点,主要用于家具、门窗套、墙面造型、地板等基材或框架。

3.纤维板。纤维板也叫密度板,是以植物纤维为原料,经破碎、浸泡、研磨成木浆,再加入胶料,经热压成型、干燥而成的人造板材。原料可以是采伐或加工的剩余物(如刨花、树枝),也可以是稻草、麦秸等。按照纤维体积密度分为软质纤维板(小于 500kg/m³)、中密度纤维板(500~800kg/m³)和硬质纤维板(密度大于 800kg/m³)。

软质纤维板结构松散,故强度低,但吸音性和保温性好,主要用于吊顶等;硬质纤维板强度高,耐磨、不易变形,可用于墙壁、门板、地面、家具等;中密度纤维板表面光滑、质地均匀细密、边缘牢固、强度高且耐水性好,可加工性较强,可刨、可锯,在装饰中可用作基材。

4.薄木贴面装饰板。薄木贴面装饰板是采用珍贵木材,通过精密刨切或旋切而制成的厚度为 0.2mm 左右的装饰面板。可作为顶棚、门窗套、家具饰面和酒吧台、酒柜、展台等的饰面材料。其作为一种表面装饰材料,必须粘贴在具有一定厚度和一定强度的基层上,不宜单独使用。其各项性能均应符合《装饰单板贴面人造板》(GB/T15104-2006)的国家规定标准,即规定装饰单板面胶合板的含水率指标为 6%~14%,规定装饰单板层与胶合板基材间胶合强度不应低于 50MPa,且达标件数不能低于 80%。甲醛释放量也应符合国家规定标准。

(二)常用木装饰制品

地面装饰板材按材质,分木装饰线条、实木地板、实木复合地板、竹木地板、强化地板、软木地板、木花格等。

1.木装饰线条。木装饰线条简称木线,是选用质硬、结构细密、耐磨、耐腐蚀、不劈裂、切面光滑、加工性良好、钉着力强的木材,经过干燥处理后,再机械加工或手工加工而成。木线在室内装饰中主要起着固定、连接、加强装饰面的作用。

2.实木地板。实木地板是天然木材经烘干、加工后形成的地面装饰材料。它呈现出的天然原木纹理和色彩图案,给人以自然、柔和、富有亲和力的质感,同时由于它冬暖夏凉、触感好的特性,使其成为卧室、客厅、书房等地面装修的理想材料。

实木地板选材对树种要求较高,需要有美观的纹理、适度的软硬程度以及良好的可加工性,常用的硬木树种有水曲柳、榆木、柞木、木青冈、红青冈、枫木等,常选用的软木树种有红松、红杉、铁杉、云杉、水杉等。木地板宜短不宜长,宜窄不宜宽,尺寸越小,抗变形能力越强。如果用于地面采暖地板,宜薄不宜厚。木地板含水率对其质量至关重要。所购地板的含水率务必与当地平衡含水率一致。

3.实木复合地板。实木复合地板是指以实木拼板或单板为面层、实木条为芯层、单板为底层制成的企口地板,以单板为面层、胶合板为基材制成的企口地板。

实木复合地板可分为三层实木复合地板、多层实木复合地板和细木工贴面地板。实木复合地板规格尺寸大,不易变形、翘曲,耐腐蚀性较强,便于清洁、护理,铺设方便,花色品种较多,装饰效果好。但实木复合地板的胶粘剂中含有一定的甲醛,必须严格控制,严禁超标。

实木复合地板脚感比实木地板逊色。

实木复合地板表层的厚度决定其使用寿命,表层板材越厚,耐磨损的时间就长。实木复合地板分为表、芯、底三层。表层为耐磨层,应选择质地坚硬、纹理美观的品种。芯层和底层为平衡缓冲层,应选用质地软、弹性好的品种。但最关键的一点是,芯层、底层的品种应一致,否则很难保证地板的结构相对稳定。

实木复合地板的最大优点是加工精度高,选择实木复合地板时,一定要仔细观察地板的拼接是否严密,而且两相邻板应无明显高低差。

4.竹木地板。竹木复合地板是竹材与木材复合再生产物。其面板和底板采用的是上好的竹材,而其芯层多为杉木、樟木等木材。其生产制作要依靠精良的机器设备和先进的科学技术以及规范的生产工艺流程,经过一系列的防腐、防蚀、防潮、高压、高温以及胶合、旋磨等近40道繁复工序,才能制作成为一种新型的复合地板。

竹木地板外观自然清新,文理细腻流畅,防潮、防湿、防蚀以及韧性强,有弹性等;同时,其表面坚硬程度可以与木制地板中的常见材种如樱桃木、榉木等媲美。另一方面,由于该地板芯材采用了木材做原料,故其稳定性极佳,结实耐用,脚感好,格调协调,隔音性能好,而且冬暖夏凉,尤其适用于居家环境以及体育娱乐场所等室内装修。从健康角度而言,竹木复合地板尤其适合城市中的老龄化人群以及婴幼儿,而且对喜好运动的人群也有保护缓冲的作用。竹木地板色差小,因为竹子的生长半径比树木要小得多,受日照影响不严重。表面硬度高也是竹地板的一个优点。竹地板因为是植物粗纤维结构,它的自然硬度比木材高出一倍多,而且不易变形。其理论上的使用寿命达20年。稳定性上,竹地板收缩和膨胀要比实木地板小。但在实际的耐用性上竹地板也有缺点,受日晒和湿度的影响其会出现分层现象。

5.软木地板。软木主要生长在地中海沿岸及同一纬度的我国秦岭地区,而软木制品的原料就是栓皮栎橡树的树皮(该树皮可再生,地中海沿岸工业化种植的栓皮栎橡树一般7~9年可采摘一次树皮),与实木地板相比更具环保性(从原料的采集开始直到生产出成品的全过程)、隔音性,防潮效果也会更好些,带给人极佳的脚感。软木地板柔软、安静、舒适、耐磨,当老人和小孩意外摔倒时,可提供极大的缓冲作用,其独有的隔音效果和保温性能也非常适合应用于卧室、会议室、图书馆、录音棚等场所。软木地板属于高档装修材料。

6.浸渍纸层压木质地板,又称为强化木地板。浸渍纸层压木质地板是以一层或多层专用纸浸渍热固性氨基树脂,铺装在刨花板、高密度纤维板等人造板基材表层,背面加平衡层,正面加耐磨层,经热压、成型的地板。强化地板表层为耐磨层,由分布均匀的三氧化二铝构成。反映强化地板耐磨性的"耐磨转数"主要由三氧化二铝的密度决定,一般来说,三氧化二铝分布越密,地板耐磨转数越高。但是,耐磨不等于耐用。选择耐用的强化地板,需要特别关注地板凹凸槽咬合是否紧密,基材是否坚固,甲醛含量是否过高,花色是否真实自然等。强化地板容易护理,由于强化地板表层耐磨层具有良好的耐磨、抗压、抗冲击以及防火阻燃、抗化学品污染等性能,在日常使用中,只需用拧干的抹布、拖布或吸尘器进行清洁,如果地板出现油腻、污迹,用布沾清洁剂擦拭即可。强化地板安装也简便,由于强化地板四边设有榫槽,其安装时只需将榫槽相互契合,形成精确咬接即可,铺设后的地面整体效果好,色泽均匀,视觉效果好。同时,强化地板可直接安装在地面或其他地板表面,无须打地龙。另外,强化地板可以从房间的任意处开始铺装,简单快捷。与实木地板相比,强化地板最表面的耐磨层经过特殊处理,能达到很高的硬度。另外,强化地板具有更高的阻燃性能,耐污染腐蚀能力强,抗压、抗冲击性能好。与其他地板相比,强化地板性价比较高。

六、建筑装饰塑料

塑料是以树脂为基本材料或基体材料制得的材料。塑料中的树脂一般为合成树脂。塑料的发展虽然只有几十年的历史,但以质轻、隔热、保温、易成型、易清洁、耐腐蚀、抗污染、耐磨、色彩和光泽性好等优点,很快在建筑行业获得广泛应用。

(一)塑料的基本知识

1.塑料的基本组成。

(1)合成树脂。合成树脂是塑料的基本组成材料,在塑料中起着黏结作用。合成树脂在塑料中的含量一般为30%~60%,仅有少量塑料完全由合成树脂组成。塑料的性质主要决定于合成树脂的种类、性质和数量,常用的合成树脂有聚氯乙烯、聚乙烯、聚甲基丙烯酸甲酯等热塑性树脂,酚醛树脂、脲醛树脂、不饱和聚酯树脂、环氧树脂等热固性树脂。

(2)填充料(填料)。填充料是在树脂中加入的粉状或纤维状物质,目的是降低塑料成本,提高塑料强度、硬度、韧性、耐热性、耐老化性,减少收缩。粉状填充料主要有滑石粉、石灰石粉等,纤维状填充料主要为玻璃纤维。

(3)增塑剂。增塑剂是可使树脂具有较大可塑性,以利于塑料成型、加工的物质。增塑剂能降低大分子链间的作用力,使塑料强度、硬度降低,塑性、韧性和柔顺性增强。常用的增塑剂有邻苯二甲酸二丁酯等。

(4)固化剂。固化剂是使线性高聚物交联成体型高聚物,使树脂具有热固性的物质。常用的固化剂有六甲基四胺、乙二胺等。

(5)着色剂。着色剂是使塑料具有鲜艳颜色的物质。常用的着色剂是一些有机和无机颜料。

(6)稳定剂。稳定剂是为了防止塑料在光、热等条件下过早老化而加入的少量物质。常用的稳定剂有抗氧化剂、紫外线吸收剂等。

为了使塑料具有某些特殊性质还常加入一些其他添加剂,如阻燃剂、发泡剂等。

2.塑料的基本性质。

(1)物理性质。

①密度。塑料的密度一般为 $1.0~2.0g/cm^3$,约为混凝土的 $1/2~2/3$,仅为钢材的 $1/4~1/8$ 。

②吸水率。塑料属憎水性材料,不论是密实塑料还是泡沫塑料,其吸水率一般不大于1%。

③耐热性。大多数塑料的耐热性都不高,使用温度一般为 $100℃~200℃$,仅少数塑料使用温度可达 $300℃~500℃$,且热塑性塑料的耐热性低于热固性塑料。

④导热性与热膨胀性。塑料的导热系数较低,一般为 $0.23~0.70W/(m·k)$,泡沫塑料的导热系数接近于空气的导热系数。塑料的热膨胀系数较高。

(2)力学性质。

①强度与比强度。塑料的强度较高,如玻璃纤维增强塑料的抗拉强度可达 200～300MPa。塑料的比强度高,一般超过传统材料(钢、石、混凝土等)的 5～15 倍,属于轻质高强材料。

②弹性模量。塑料的弹性模量较低,约为钢的 1/10,同时具有徐变特性,因而受力时有较大的变形。

（3）化学性质。

①耐腐蚀性。大多数塑料具有较高的耐酸、碱、盐等物质腐蚀的能力,但热塑性塑料可被某些有机溶剂所溶解。

②老化。塑料在使用条件下,受光、热、电等作用,内部组成、结构发生变化,使其性能恶化的现象称为老化。聚合物老化是个复杂的化学过程,其中分子由线型转变为体型结构的过程,称为分子交联,这种老化的塑料会失去弹性,变得硬、脆;分子链发生断裂,分子量降低的过程,称为分子裂解,这种老化的塑料会失去刚性变得黏、软。老化也可由物理过程引起。

③可燃性与毒性。塑料属于可燃性材料,其在燃烧时会产生烟气、毒气、浓烟、熔体与火焰等,具有危害性。建筑工程用塑料进行一定的阻燃处理。纯聚合物对生物是无毒的,但当合成聚合物工艺受到破坏时,可能会有危害。另外,增塑剂、固化剂等低分子量物质大多数都有危害。液体树脂基本上都有毒,但完全固化后则基本无毒。

（二）常用建筑装饰塑料

1.墙面装饰塑料。

（1）塑料贴面装饰板。其也称塑料贴面板,是以浸渍三聚氰胺甲醛树脂的花纹为面层,与浸渍酚醛树脂的牛皮纸叠合后,经热压制成的装饰板。具有花纹、图案、色彩丰富,耐热、耐磨、阻燃、易清洗,表面硬度大等特点。

（2）有机玻璃板。有机玻璃板采用聚甲基丙烯酸甲酯制成,透光率极高。有机玻璃板不仅具有可达 98% 的高透光率,而且,具有强度较高,耐热、耐候、耐腐蚀等优点,但其表面硬度一般不高,易擦毛。

（3）玻璃钢(GRP)装饰板。玻璃钢是玻璃纤维增强塑料的俗称,以玻璃纤维为增强材料,经树脂黏合固化而成,可制成平面、浮雕、波纹、格子等多种表面。玻璃钢材料轻质高强,刚度大,硬度高,耐老化,耐磨,耐腐蚀,浮雕立体感强。

（4）PVC 装饰板。PVC 装饰板是以聚氯乙烯为主要原料制成的装饰板,有硬质与软质之分,且可制成波形板(波纹板)、异型板和格子板等。聚氯乙烯是建筑工程塑料中用量最大的合成树脂之一,其具有优良的机械性能及耐化学腐蚀性,但也存在性脆、耐热性较差等不足。

（5）塑料壁纸与壁布。塑料壁纸与壁布是以纸或布为基材,以聚氯乙烯为面材制成的柔性塑料装饰制品。其具有丰富的色彩、图案与质感,同时具有可擦洗、耐污染、保温、吸音、柔性好、施工简便等优势。

2.顶棚、屋面装饰塑料。

（1）透明塑料卡布隆。透明塑料卡布隆是指用透明塑料代替无机玻璃制成的采光屋面。其中,聚氯乙烯卡布隆具有光透射比较高、阻燃、耐候性较好等特点;玻璃钢卡布隆具有光透射比较低、不透视,但耐候性较好、强度高等特点;有机玻璃卡布隆具有突出的透明性,且抗冲击力、强度、耐候性较高,但耐磨性差,具有可燃性;聚碳酸酯卡布隆具有轻质,光透射比高、隔热、隔声、抗冲击、强度高、阻燃等特点。

与传统玻璃屋顶比较,塑料卡布隆具有安全性好,自重较小、防水、气密、抗风化、抗冲击、保温、隔热防射线等综合性能好的特点。

(2)塑料彩绘天花板。塑料彩绘天花板有透明或半透明两种。不仅本身具有丰富多彩的花纹、图案,更特殊的是顶棚采光时,可将透过的灯光变成变幻多彩、柔和均匀的光影,增加环境的装饰气氛;另外,它还具有自重轻、韧性好、不易破碎等特点。

(3)钙塑泡沫天花板。钙塑泡沫天花板是在聚乙烯等树脂中,大量加入碳酸钙、亚硫酸钙等钙盐做填充料而制成的泡沫塑料板。体积密度小,吸音、隔热,便于安装,但易老化,阻燃性差。

(4)塑料隔栅式吊顶装饰板。塑料隔栅式吊顶装饰板多为塑料板、条等组合后形成的敞开式室内吊顶装饰板,可组合成多样的空间造型,与灯体、灯光交相辉映,可丰富空间装饰气氛。

3.塑料门窗。塑料门窗主要采用改性硬质聚氯乙烯加适量添加剂制成,分全塑门窗与复塑门窗两种。复塑门窗与全塑门窗的构造区别是在塑料门窗框内嵌入金属型材,以增强门窗刚性,提高其抗风压能力。

与传统的钢、木门窗比较,塑料门窗体现了较强的时代感,较强的气密性、水密性及良好的隔热、保温性,具有很好的使用节能效果,此外,塑料门窗还具有隔声、降噪、开、关时无明显摩擦声响等舒适的声学性能,以及耐腐蚀、防火、抗老化等特点。塑料门窗已成为现代节能建筑中主要使用的门窗品种。

4.塑料地面装饰材料。塑料地面装饰材料主要是由聚氯乙烯为主要材料制得的地面材料。其中由软质聚氯乙烯为主要材料制得的为塑料卷状地面材料(地板革),具有图案完整、丰富,质地柔软,脚感舒适,幅宽,铺设方便、快捷,接缝少,易清洁,较耐磨,但耐热及耐燃性较差等特点;由硬质或半硬质聚氯乙烯为主要材料制得的为塑料块状地面材料(塑料地板块),具有表面硬度大,耐磨性好,耐污染及耐洗刷性强,步行时噪声小,耐热及阻燃性强,组合更换灵活,但脚感较硬,抗折强度较低等特点。

塑料地面装饰材料属于中低档装饰材料,适用于一般层次的餐厅、商店、办公室、住宅等建筑或临时性建筑的室内地面装饰。

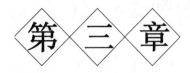

建设工程的组成与构造

　　建筑物由多个部分组成,通常将这些部分称为构件、配件或物件。组成建筑物的各个构件因其所处位置不同,分别起支撑、传递荷载的作用或围护作用。

　　基础:位于建筑物最底部的构件,承受建筑物的全部荷载,并传给地基。基础要有足够的强度、刚度和稳定性,能抵御地下多种有害介质的影响。

　　墙与柱:是基础的竖向构件,作为承重构件,支承屋顶、楼层、楼梯等构件,传来的荷载传给基础。墙体作为围护构件,起着抵御自然界各种影响因素对室内的侵袭和分隔作用。墙体一般要求具有足够的强度,并具有稳定、保温、隔热、隔声、防水等性能。柱子可以代替墙体支承建筑物上部构件传来的荷载,利用柱子可以扩大建筑空间,提高建筑空间的灵活性。柱子要求具有足够的强度、稳定性。

　　楼板层:是建筑物当中的水平承重构件,用来分隔楼层之间的空间,承受人体、家具、设备的重量,并将这些荷载传给墙与柱,同时对墙体有水平支撑作用。对楼板层,一般要求其具有良好的刚度、强度,能隔声、防水、防潮。

　　地层:是建筑物底层房间与土壤的分隔构件,地层承受底层房间的荷载。对地层,一般要求其具有足够的承载力,并具有防水、防潮、保温性能。

　　楼梯:是垂直交通设施,供人们平时上下楼层及紧急疏散时使用,楼梯应具有足够的强度、刚度,有合理的尺度,并能防水、防滑。

　　屋顶:是建筑物最上部的承重构件,承受建筑物顶部的各种荷载,并将其传给墙与柱。屋顶还能抵御自然界的雨、雪以及太阳辐射,屋顶应有足够的强度、刚度,具有防水、保温、隔热等性能。

　　门窗:为非承重构件,门有交通联系,分隔房间的作用;窗有通风、采光、分隔、围护的作用。门窗一般要求开关灵活,关闭紧闭,坚固耐久,特殊房间要求门窗保温、隔热、防辐射。

　　除了以上构造组成以外,还有其他特有的构件、配件,如阳台、散水、女儿墙、烟囱、坡道、管道井、花池等。

第一节　建筑地基与基础

一、地基与基础的概念

（一）基本概念

建筑工程中，与建筑物直接接触的土层部分称为基础，支撑建筑物重量的土层则称为地基。基础是建筑物的组成部分，基础承受着建筑物的全部荷载，并将其传给地基。而地基一般认为不是建筑物的组成部分，它只是承受建筑物荷载的土壤层。其中，具有一定的地耐力，直接支撑基础，持有一定承载能力的土层称为持力层；持力层以下的土层称为下卧层。地基土层在荷载作用下产生变形，随着土层深度的增加而减少，如图3-1所示。

建筑工程地质条件的好坏，对建筑基础和建筑主体结构都有较大的影响。单位面积允许承受的基础传递下来的荷载的能力称为地基允许承载力，地基允许承载力是决定基础底面积大小的因素。

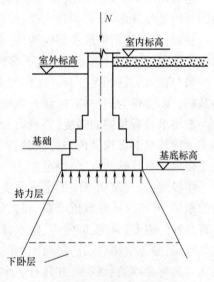

图3-1　基础与地基

（二）基础的作用和地基的分类

基础是建筑物的主要承重构件，处在建筑物地面以下，属于隐蔽工程。基础质量的好坏，关系着建筑物的安全问题。建筑设计中合理地选择基础极为重要。

地基按土层性质不同，分为天然地基和人工地基两大类。凡天然土层具有足够的承载能力，不需经人工改良或加固，可直接在上面建造房屋的称天然地基。建筑物上部的荷载较大或地基土层的承载能力较弱，缺乏足够的稳定性，须对土壤进行人工加固后才能在上面建造房屋的称人工地基。人工加固地基通常采用压实法、换土法、化学加固法和打桩法。

建筑对地基的要求主要有：首先，地基需要有足够的强度，也就是地基必须有足够的承载力；其次，地基必须满足变形的要求，即在建筑物荷载作用下，地基发生沉降，其总的沉降量和不均匀的沉降要在规定范围内。也就是说，建筑对地基的要求体现在地基承载力和地基变形两个方面。而对于基础，主要有：基础必须有足够的强度，能够承受全部荷载，把荷载均匀传递到地基上；基础还应当具有较强的防潮、防冻和耐腐蚀等性能。

二、基础的埋置深度

基础设计的主要目的是在地基状况一定条件下，选择合理的基础底面积、埋置深度等，满足建筑对地基承载力与变形的要求。

一般情况下,建筑高度等主要由建筑所有者或使用者根据需要和当地相关法律法规提出。在房屋荷载一定的情况下,基础底面积的大小主要取决于地基承载力。地基土层坚硬,承载力大,则基础底面积可以适当设计得小些;若地基土层松软,则基础底面积就需要适当设计大些。基础底面积大小可通过不同的基础类型来实现,具体见本节"基础的类型"。下面介绍有关基础埋置深度的内容。

（一）基础的埋置深度

室外设计地面至基础底面的垂直距离称为基础的埋置深度,简称"基础埋深",如图 3-2所示。埋深大于或等于 4m 的称为深基础;埋深小于 4m 的称为浅基础;基础直接做在地表面上的,称不埋基础。在保证安全使用的前提下,应优先选用浅基础,可降低工程造价。但若基础埋深过小,有可能在地基受到压力后,会把基础四周的土挤出,使基础产生滑移而失去稳定,同时易受到自然因素的侵蚀和影响,使基础破坏,故基础的埋深在一般情况下,不要小于0.5m。

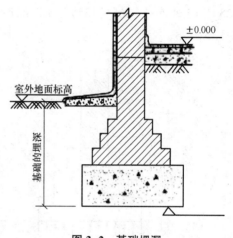

图 3-2 基础埋深

（二）影响基础埋深的因素

埋置深度要满足地基承载力、变形和稳定性要求。

1.建筑物上部荷载的大小和性质。多层建筑一般根据地下水位及冻土深度等来确定埋深尺寸。一般高层建筑的基础埋置深度为地面以上建筑物总高度的 1/10。

在抗震设防区,除岩石地基外,天然地基上的筏形和箱形基础埋深不小于建筑物高度的1/15;桩箱和桩筏(不计桩长)的基础埋深不小于建筑物高度的 1/18~1/20。

2.工程地质条件。基础底面应尽量选在常年未经扰动而且坚实平坦的土层或岩石上,俗称"老土层"。

3.水文地质条件。确定地下水的常年水位和最高水位,以便选择基础的埋深。一般宜将基础落在地下常年水位和最高水位之上,这样可不需进行特殊防水处理,节省造价,还可防止或减轻地基土层的冻胀。

4.地基土壤冻胀深度。应根据当地的气候条件了解土层的冻结深度,一般将基础的垫层部分做在土层冻结深度以下。否则,冬天土层的冻胀力会把房屋拱起,产生变形;天气转暖,冻土解冻时又会产生陷落。

5.相邻建筑物基础的影响。新建建筑物的基础埋深不宜深于相邻的原有建筑物的基础;但当新建基础深于原有基础时,则要采取一定的措施加以处理,以保证原有建筑的安全和正常使用。

三、基础的类型

(一)按材料及受力特点分类

1.刚性基础。由刚性材料制作的基础称为刚性基础。一般抗压强度高,而抗拉、抗剪强度较低的材料就称为刚性材料。常用的有砖、灰土、混凝土、三合土、毛石等。为满足地基允许承载力要求,基底宽 B 一般大于上部墙宽;为了保证基础不被拉力、剪力而破坏,基础必须具有相应的高度。通常按刚性材料的受力状况,基础在传力时只能在材料的允许范围内控制,这个控制范围的夹角称为刚性角,用 α 表示。砖、石基础的刚性角控制在(1/1.25)~(1/1.50)(26°~33°)以内,混凝土基础刚性角控制在 1/1(45°)以内,具体如图 3-3 所示。

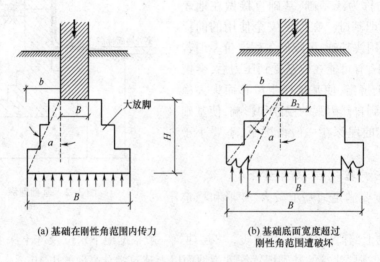

(a) 基础在刚性角范围内传力　　(b) 基础底面宽度超过刚性角范围遭破坏

图 3-3　刚性基础的受力、传力与破坏

2.非刚性基础。当建筑物的荷载较大而地基承载能力较小时,基础底面 B 必须加宽,如果仍采用混凝土材料做基础,势必加大基础的深度,这样很不经济。如果在混凝土基础的底部配以钢筋,利用钢筋来承受拉应力,使基础底部能够承受较大的弯矩,这时,基础宽度不受刚性角的限制,故称钢筋混凝土基础为非刚性基础或柔性基础,如图 3-4 所示。

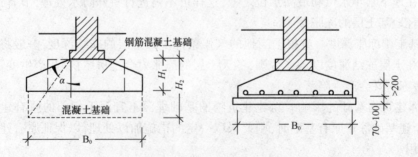

图 3-4　素砼基础与钢筋混凝土基础埋深的比较

（二）按构造形式分类

1.条形基础。当建筑物上部结构采用墙承重时,基础沿墙身设置,多做成长条形,这类基础称为条形基础或带形基础,是墙承式建筑基础的基本形式,如图 3-5 所示。

条形基础可用于砖混结构,也可用于剪力墙结构。刚性的条形基础的材料一般为黏土砖、毛石、灰土和素砼等;柔性的条形基础一般用钢筋混凝土。

2.独立式基础。当建筑物上部结构采用框架结构或单层排架结构承重时,基础常采用方形或矩形的,这类基础称为独立式基础或柱式基础。独立式基础是柱下基础的基本形式。当柱采用预制构件时,则基础做成杯口形,然后将柱子插入并嵌固在杯口内,故称杯形基础。该类型基础可以现浇,也可以预制,如图 3-6 所示。

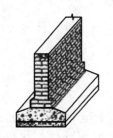

图 3-5　墙下条形基础

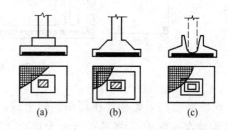

（a）阶形基础　（b）锥形基础　（c）杯形基础

图 3-6　柱下钢筋混凝土单独基础

3.井格式基础。当地基条件较差时,为了提高建筑物的整体性,防止柱子之间产生不均匀沉降,常将柱下基础沿纵横两个方向扩展连接起来,做成十字交叉的井格基础,如图 3-7 所示。

4.片筏式基础。若建筑物上部荷载大,而地基又较弱,这时采用简单的条形基础或井格式基础已不能适应地基变形的需要,通常将墙或柱下基础连成一片,使建筑物的荷载承受在一块整板上成为片筏基础,见图 3-8。片筏基础有平板式和梁板式两种。

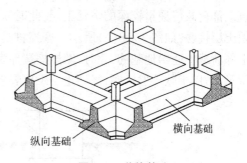

横向基础

纵向基础

图 3-7　井格基础

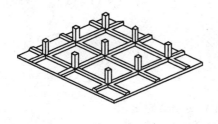

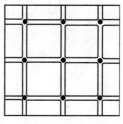

图 3-8　片筏式基础

5.箱形基础。当板式基础做得很深时,常将基础改做成箱形基础。箱形基础是由钢筋混凝土底板、顶板和若干纵、横隔墙组成的整体结构,基础的中空部分可用作地下室(单层或多层的)或地下停车库,如图3-9所示。箱形基础整体空间刚度大,整体性强,能抵抗地基的不均匀沉降,较适用于高层建筑或在软弱地基上建造的重型建筑物。

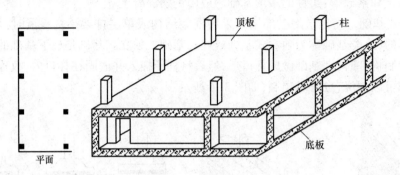

图 3-9 箱型基础

6.桩基础。当地基处在较厚的软土或杂土上时,基础坐落在这些土层中不稳定,如果将基础深埋在这些土层之下又会大大提高工程造价。因此,工程实际中,对建筑上部荷载很大,地基软土层很厚,对沉降要求很严格,且不容许围护结构出现裂缝的建筑,往往可采取桩基础的形式,既可以节省基础材料,减少土方工程量,改善劳动条件,还可以缩短工期。桩基础由承台和桩群组成。根据传力方式不同,分为端承桩和摩擦桩。端承桩是通过桩端将建筑上部荷载传递给较深的坚硬土层,此时软土层相对不太厚,桩端为平底桩,桩端直接与坚硬土层接触,如图3-10(a)所示。摩擦桩是通过桩表面与周围土壤的摩擦和桩尖的阻力将上部荷载传递给地基的,此时,摩擦桩端部为带尖状,桩尖不能触及坚硬土层,如图3-10(b)所示,适用于软土层极厚,坚硬土层距地表极深的地基情况。

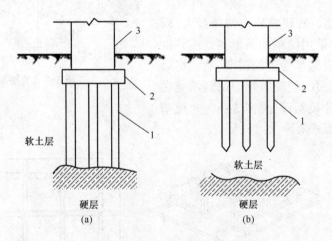

1—桩柱 2—承台板 3—柱
(a)端承桩 (b)摩擦桩
图 3-10 桩基础

桩基础按照桩的制作材料为木桩、砂桩、混凝土桩、钢筋混凝土桩和钢桩等,目前大多为混凝土和钢筋混凝土制作。

四、地下室的构造

随着经济不断发展,城市用地越来越紧张,城市地下空间发展已成为城市发展的重要领域,包括地铁、地下停车场、地下商场等。一般,建筑物下部的地下使用空间称为地下室。地下室一般由墙身、底板、顶板、门窗、楼梯等部分组成。

(一)地下室的分类

1.按埋入地下深度的不同,可分为全地下室和半地下室。全地下室是指地下室地面低于室外地坪的高度超过该房间净高的 1/2;半地下室是指地下室地面低于室外地坪的高度为该房间净高的 1/3~1/2。

2.按使用功能不同,可分为普通地下室和人防地下室。普通地下室一般用作高层建筑的地下停车库、设备用房;根据用途及结构需要可做成一层、二、三层或多层地下室,如图3-11所示。人防地下室则是结合人防要求设置的地下空间,用以应付战时情况下人员的隐蔽和疏散,并具备保障人身安全的各项技术措施。

(二)地下室防潮构造

当地下水的常年水位和最高水位均在地下室地坪标高以下时,须在地下室外墙外面设垂直防潮层,即要采取防潮措施。防潮层的目的是防止土中水分沿土层及砖基础毛细管进入墙体。

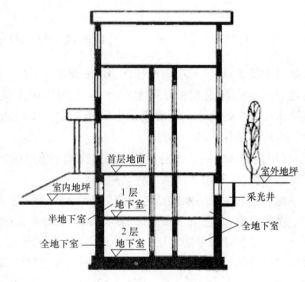

图3-11 地下室

防潮层的位置选择在首层室内混凝土地面厚度范围内,与地面共同形成整体隔水层,具体如图3-12所示。其做法是在墙体外表面先抹一层20mm厚的1:2.5水泥砂浆找平,再涂一道冷底子油和两道热沥青;然后在外侧回填低渗透性土壤,如黏土、灰土等,并逐层夯实,土层宽度为500mm左右,以防地面雨水或其他地表水的影响。另外,地下室的所有墙体都应设两道水平防潮层,一道设在地下室地坪附近,另一道设在室外地坪以上150~200mm处,使整个地下室防潮层连成整体,以防地潮沿地下墙身或勒脚处进入室内。

(三)地下室防水构造

当设计最高水位高于地下室地坪时,地下室的外墙和底板都浸泡在水中,应考虑进行防水处理。常采用的防水措施有以下三种。

1.沥青卷材防水。

(1)外防水。外防水是将防水层贴在地下室外墙的外表面,这对防水有利,但维修困难。

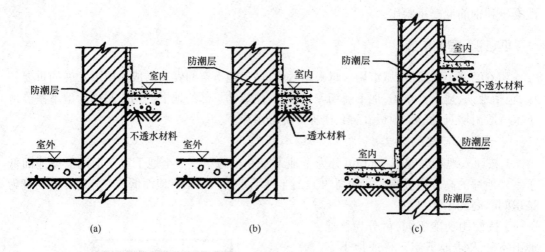

图 3-12 防潮层位置

外防水构造要点是:先在墙外侧抹 20mm 厚的 1∶3 水泥砂浆找平层,并刷冷底子油一道,然后选定油毡层数,分层粘贴防水卷材,防水层以高出最高地下水位 500～1 000mm 为宜。油毡防水层以上的地下室侧墙应抹水泥砂浆涂两道热沥青,直至室外散水处。垂直防水层外侧砌半砖厚的保护墙一道。

(2)内防水。内防水是将防水层贴在地下室外墙的内表面,这样施工方便,容易维修,但对防水不利,故常用于修缮工程。

地下室地坪的防水构造是先浇混凝土垫层,厚约 100mm;再以选定的油毡层数在地坪垫层上做防水层,并在防水层上抹 20～30mm 厚的水泥砂浆做保护层,以便于上面浇筑钢筋混凝土。为了保证水平防水层包向垂直墙面,地坪防水层必须留出足够的长度以便与垂直防水层搭接,同时要做好转折处油毡的保护工作,以免因转折交接处的油毡断裂而影响地下室的防水。

从防水效果而言,室外防水较之室内防水要好些。

2.防水混凝土防水。当地下室地坪和墙体均为钢筋混凝土结构时,应采用抗渗性能好的防水混凝土材料,常采用的防水混凝土有普通混凝土和外加剂混凝土。普通混凝土主要是采用不同粒径的骨料进行级配,并提高混凝土中水泥砂浆的含量,使砂浆充满于骨料之间,从而堵塞因骨料间不密实而出现的渗水通路,以达到防水目的。外加剂混凝土是在混凝土中掺入加气剂或密实剂,以提高混凝土的抗渗性能。

3.弹性材料防水。随着新型高分子合成防水材料的不断涌现,地下室的防水构造也在更新,如我国目前使用的三元乙丙橡胶卷材,能充分适应防水基层的伸缩及开裂变形,拉伸强度高,拉断延伸率大,能承受一定的冲击荷载,是耐久性极好的弹性卷材;又如聚氨酯涂膜防水材料,有利于形成完整的防水涂层,对在建筑内有管道、转折和高差等特殊部位的防水处理极为有利。

第二节 墙体

一、墙体的作用、分类及设计要求

(一)墙体的作用与分类

1.墙体的作用。

(1)承重作用。作为砌体结构的承重构件,承受屋顶、楼层、人员设备的荷载,墙自重,风载,地震力等,并传给基础。

(2)围护作用。抵御自然界风、霜、雨、雪的侵袭,防止太阳辐射、噪声干扰、室内热量散失,有保温、隔热、防水等作用。

(3)分隔作用。将建筑物室内外空间分隔开,并将建筑物内部划分成若干个房间和各个使用空间。

(4)装饰作用。墙体是建筑物装饰的重要部分,利用墙面装修达到建筑物的装饰效果。

2.墙体的分类。

(1)按墙体所在位置分类。按墙体在平面上所处位置不同,可分为外墙和内墙、纵墙和横墙。对于一片墙来说,窗与窗之间和窗与门之间的称为窗间墙,窗台下面的墙称为窗下墙。如图 3-13 和图 3-14 所示。

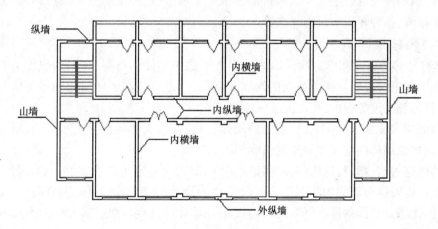

图 3-13 墙体各部分名称

(2)按墙体受力状况分类。在混合结构建筑中,按墙体受力方式分为两种:承重墙和非承重墙。非承重墙又可分为两种:一是自承重墙,不承受外来荷载,仅承受自身重量并将其传至基础;二是隔墙,起分隔房间的作用,不承受外来荷载,并把自身重量传给梁或楼板。框架结构中的墙称框架填充墙。

(3)按墙体构造和施工方式分类。按构造方式,墙体可以分为实体墙、空体墙和组合墙

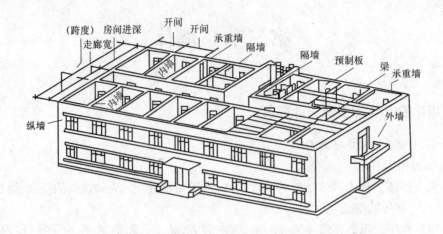

图 3-14 墙体名称

三种。实体墙由单一材料组成,如砖墙、砌块墙等。空体墙也是由单一材料组成的,可由单一材料砌成内部空腔,也可用具有孔洞的材料建造墙,如空斗砖墙、空心砌块墙等。组合墙由两种以上材料组合而成,例如混凝土、加气混凝土复合板材墙。其中,混凝土起承重作用,加气混凝土起保温隔热作用。

按施工方法墙体可以分为块材墙、板筑墙及板材墙三种。块材墙是用砂浆等胶结材料将砖石块材等组砌而成,例如砖墙、石墙及各种砌块墙等。板筑墙是在现场立模板,现浇而成的墙体,例如现浇混凝土墙等。板材墙是预先制成墙板,施工时安装而成的墙,例如预制混凝土大板墙、各种轻质条板内隔墙等。

(二)墙体设计要求

1.具有足够的强度和稳定性。墙体的强度取决于墙体的材料、材料的强度等级以及墙的截面积。如钢筋砼墙比同截面的砖墙强度高,强度等级高的砖墙比强度等级低的砖墙强度高,材料和强度等级的,截面大的强度高。

提高墙体强度的方法:①选用适当的墙体材料;②加大墙体截面面积;③在截面面积相同时,提高构成墙体的材料和砂浆的强度等级。

对墙体这种高、薄、长的构件,除满足强度要求以外,还需考虑稳定性。稳定性与墙的高度、长度、厚度及纵横墙间的距离有关。稳定性的计算,主要验算墙体的高厚比。提高稳定性的方法:①增加墙体的厚度,但不经济;②提高墙体的强度等级;③增加墙垛、壁柱、圈梁、构造柱等。

2.应保温、隔热。通过增加墙体厚度,或者选择导热率低的材料来保温、隔热。通过在保温层高温一侧设隔气层等方法来提高保温性能。

3.满足隔声要求。一般为满足墙体隔声要求,采用的方法主要有:①增加墙体的密缝处理;②增加墙体密实性及厚度;③采用复合墙;④在总平面图中考虑隔声问题。

此外,墙体还有防火、防水、防潮的要求和降低成本的产业化要求。

二、砖墙构造

（一）砖墙材料

砖墙是用砂浆将块砖按一定技术要求砌筑而成的砌体，其材料主要是砖和砂浆。

1.砖。砖按材料不同，有黏土砖、页岩砖、粉煤灰砖、灰砂砖、炉渣砖等；按形状分有实心砖、多孔砖和空心砖等。其中，常用的是普通黏土砖。普通黏土砖以黏土为主要原料，经成型、干燥焙烧而成。有红砖和青砖之分。青砖比红砖强度高，耐久性好。我国标准砖的规格为240mm×115mm×53mm。

2.砂浆。砂浆是砌块的胶结材料。常用的砂浆有水泥砂浆、混合砂浆、石灰砂浆和黏土砂浆。

（1）水泥砂浆由水泥、砂加水拌和而成，属水硬性材料，强度高，但可塑性和保水性较差，适应砌筑湿环境下的砌体，如地下室、砖基础等。

（2）石灰砂浆由石灰膏、砂加水拌和而成。由于石灰膏为塑性掺合料，所以石灰砂浆的可塑性很好，但它的强度较低，且属于气硬性材料，遇水强度即降低，所以适宜砌筑次要的民用建筑的地上砌体。

（3）混合砂浆由水泥、石灰膏、砂加水拌和而成。其既有较高的强度，也有良好的可塑性和保水性，故在民用建筑地上砌体中被广泛采用。

（4）黏土砂浆是由黏土加砂加水拌和而成，强度很低，仅适于土坯墙的砌筑，多用于乡村民居。

（二）砖墙的组砌方式

为保证墙体强度，砖砌体的砖缝必须横平竖直，错缝搭接，严禁通缝。同时砖缝砂浆必须饱满，厚薄均匀。常用的错缝方法是将顶砖和顺砖上下皮交错砌筑。每排列一层砖称为一皮。常见的砖墙砌式有全顺式（120墙），一顺一丁式、三顺一丁式或多顺一丁式、每皮顶顺相间式也叫十字式（240墙），两平一侧式（180墙）等，如图3-15所示。

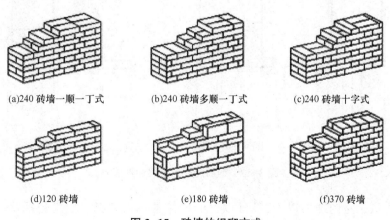

(a)240砖墙一顺一丁式　　(b)240砖墙多顺一丁式　　(c)240砖墙十字式

(d)120砖墙　　(e)180砖墙　　(f)370砖墙

图3-15　砖墙的组砌方式

（三）墙体细部构造

墙体的细部构造包括门窗过梁、窗台、勒脚、散水、明沟、变形缝、圈梁、构造柱和防火墙等。

1.门窗过梁。过梁的形式有砖拱过梁、钢筋砖过梁和钢筋混凝土过梁三种。

(1)砖拱过梁。砖拱过梁分为平拱和弧拱。由竖砌的砖做拱圈,一般将砂浆灰缝做成上宽下窄,上宽不大于20mm,下宽不小于5mm。砖砌平拱过梁净跨宜小于1.2m,不应超过1.8m,中部起拱高约为1/50L。

(2)钢筋砖过梁。一般在洞口上方先支木模,砖平砌,下设3~4根φ6钢筋,要求伸入两端墙内不少于240mm,梁高砌5~7皮砖或≥L/4,钢筋砖过梁净跨宜为1.5~2m,如图3-16所示。

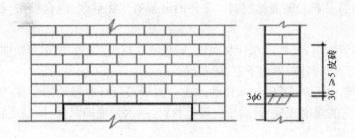

图3-16 钢筋砖过梁构造示意

(3)钢筋混凝土过梁。钢筋混凝土过梁有现浇和预制两种,梁高及配筋由计算确定。为施工方便,梁高应与砖的皮数相适应,以方便墙体连续砌筑。梁宽一般同墙厚,梁两端支承在墙上的长度不少于240mm,以保证足够的承压面积。

过梁断面形式有矩形和L形。为简化构造,节约材料,可将过梁与圈梁、悬挑雨篷、窗楣板或遮阳板等结合起来设计。如在南方炎热多雨地区,常从过梁上挑出300~500mm宽的窗楣板,既保护窗户不淋雨,又可遮挡部分直射太阳光,如图3-17所示。

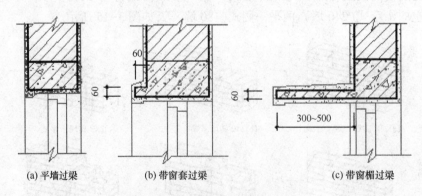

(a)平墙过梁　　　(b)带窗套过梁　　　(c)带窗楣过梁

图3-17 钢筋混凝土过梁的形式

2.墙脚。底层室内地面以下,基础以上的墙体常称为墙脚。墙脚包括墙身防潮层、勒脚、散水和明沟等。

(1)勒脚。勒脚是外墙墙身接近室外地面的部分,为防止雨水上溅墙身和机械力等的影响,所以要求墙脚坚固耐久和防潮。

(2)散水与明沟。房屋四周可采取散水或明沟排除雨水。当屋面为有组织排水时,一般设明沟或暗沟,也可设散水。当屋面为无组织排水时,一般设散水,但应加滴水砖(石)带。散水的做法通常是在素土夯实上铺三合土、混凝土等材料,厚度为 60～70mm。散水应设不小于3%的排水坡。散水宽度一般为 0.6～1.0m。散水与外墙交接处应设分格缝,分格缝用弹性材料嵌缝,防止外墙下沉时将散水拉裂。散水整体面层纵向距离每隔 6～12m 做一道伸缩缝。

明沟的构造做法可用砖砌、石砌、混凝土现浇,沟底应做纵坡,坡度为 0.5%～1%,宽度为220～350mm。

（四）变形缝

为了防止因气温变化、不均匀沉降以及地震等因素造成对建筑物的使用和安全影响,设计时预先在变形敏感部位将建筑物断开,分成若干个相对独立的单元,且预留的缝隙能保证建筑物有足够的变形空间,设置的这种构造缝称为变形缝,如图 3-18 所示。

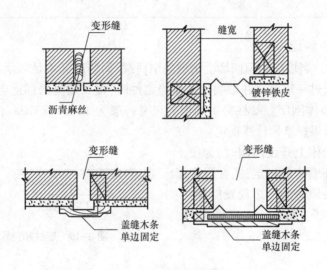

图 3-18　变形缝示意图

砌体结构里的变形缝有伸缩缝、沉降缝和防震缝三种。

1.伸缩缝。伸缩缝是在长度或宽度较大的建筑物中,为避免由于温度变化引起材料的热胀冷缩导致构件开裂,而沿建筑物的竖向将基础以上部分全部断开的垂直缝隙。有关规范规定砌体结构和钢筋混凝土结构伸缩缝的最大间距一般为 50～75mm。伸缩缝的宽度一般为 20～40mm。

2.沉降缝。为减少地基不均匀沉降对建筑物造成的危害,在建筑物某些部位设置从基础到屋面全部断开的垂直缝,称为沉降缝。

设置沉降缝时应注意以下问题:①沉降缝一般在下列情况或下列部位设置:当同一建筑物建造在地基承载力相差很大时;建筑物高度或荷载相差很大,或结构形式不同处;新建、扩建的建筑物与原有建筑物紧相毗连时。②沉降缝的缝宽。沉降缝的缝宽与地基情况和建筑物高度有关,一般为 30～70mm,在软弱地基上其缝宽应适当增加。

3.防震缝。防震缝是为了防止建筑物的各部分在地震时相互撞击造成变形和破坏而设置的垂直缝。防震缝应将建筑物分成若干体型简单、结构刚度均匀的独立单元。

防震缝设置时应注意以下问题:①防震缝的位置。建筑平面体型复杂,有较长的突出部分,应用防震缝将其分成简单规整的独立单元;建筑物(砌体结构)立面高差超过6m,在高差变化处须设防震缝;建筑物毗连部分结构的刚度、重量相差悬殊处;建筑物有错层且楼板高差较大时,须在高度变化处设防震缝;防震缝应与伸缩缝、沉降缝协调布置。②防震缝宽。防震缝宽与结构形式、设防烈度、建筑物高度有关。在砖混结构中,缝宽一般取 50~100mm。多(高)层钢筋混凝土结构防震缝最小宽度如表 3-1 所示。

表 3-1 多(高)层钢筋混凝土结构防震缝最小宽度

结构体系	建筑高度 H≤15m	建筑高度 H>15m,每增高 5m 加宽		
		7 度	8 度	9 度
框架结构、框—剪结构	70	20	33	50
剪力墙结构	50	14	23	35

(五)墙身的加固

1.壁柱和门垛。当墙体的窗间墙上出现集中荷载,而墙厚又不足以承担其荷载,或当墙体的长度和高度超过一定限度并影响到墙体稳定性时,常在墙身局部适当位置增设凸出墙面的壁柱以提高墙体刚度。壁柱突出墙面的尺寸一般为 120mm×370mm、240mm×370mm、240mm×490mm,或根据结构计算确定。

当在较薄的墙体上开设门洞时,为便于门框的安置和保证墙体的稳定,须在门靠墙转角处或丁字接头墙体的一边设置门垛,门垛凸出墙面不少于 120mm,宽度同墙厚,如图 3-19 所示。

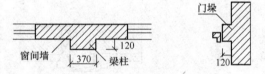

图 3-19 壁柱和门垛示意图

2.圈梁。

(1)圈梁的设置要求。圈梁是沿外墙四周及部分内墙设置在楼板处的连续闭合的梁,可提高建筑物的空间刚度及整体性,增加墙体的稳定性,减少由于地基不均匀沉降而引起的墙身开裂。对于抗震设防地区,利用圈梁加固墙身更加必要。

(2)圈梁的构造。圈梁有钢筋砖圈梁和钢筋混凝土圈梁两种。钢筋砖圈梁就是将前述的钢筋砖过梁沿外墙和部分内墙一周连通砌筑而成。钢筋混凝土圈梁的高度不小于 120mm,宽度与墙厚相同,圈梁的构造如图 3-20 所示。

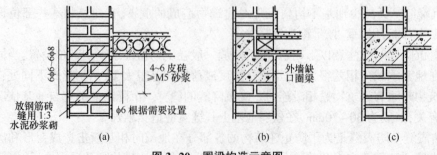

图 3-20 圈梁构造示意图

当圈梁被门窗洞口截断时,应在洞口上部增设相同截面的附加圈梁,其配筋和混凝土强度等级均不变,如图3-21所示。

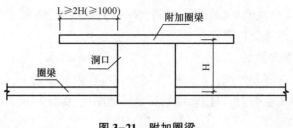

图3-21 附加圈梁

3.构造柱。钢筋混凝土构造柱是从构造角度考虑设置的,是防止房屋倒塌的一种有效措施。构造柱必须与圈梁及墙体紧密相连,从而加强建筑物的整体刚度,提高墙体抗变形的能力,如图3-22所示。

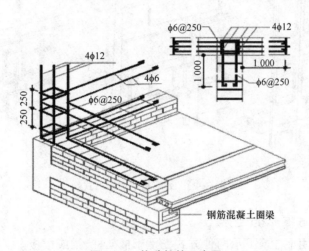

图3-22 构造柱的示意图

由于建筑物的层数和地震烈度不同,构造柱的设置要求也不相同。构造柱的构造必须满足:①构造柱最小截面为180mm×240mm,纵向钢筋宜用4φ12,箍筋间距不大于250mm,且在柱上下端宜适当加密;在7度时超过六层、8度时超过五层和9度时,纵向钢筋宜用4φ14,箍筋间距不大于200mm;房屋角的构造柱可适当加大截面及配筋。②构造柱与墙连接处宜砌成马牙槎,并应沿墙高每500mm设2φ6拉接筋,每边伸入墙内不少于1m。③构造柱可不单独设基础,但应伸入室外地坪下500mm,或锚入浅于500mm的基础梁内。

三、骨架墙构造

骨架墙系指填充或悬挂于框架或排架柱间,并由框架或排架承受其荷载的墙体,多用于多层、高层民用建筑和工业建筑中。

(一)框架外墙板的类型

按所使用的材料,外墙板可分为三类,即单一材料墙板、复合材料墙板、玻璃幕墙。单一材料墙板用轻质保温材料制作,如加气混凝土、陶粒混凝土等。复合板通常由三层组成,即内外壁和夹层。外壁选用耐久性和防水性均较好的材料,如石棉水泥板、钢丝网水泥、轻骨料混凝土等。内壁应选用防火性能好,又便于装修的材料,如石膏板、塑料板等。夹层宜选用容积密度小、保温隔热性能好、价廉的材料,如矿棉、玻璃棉、膨胀珍珠岩、膨胀蛭石、加气混凝土、泡沫混凝土、泡沫塑料等。

(二)外墙板的布置方式

外墙板可以布置在框架外侧,或框架之间,或安装在附加墙架上,如图 3-23 所示。轻型墙板通常需安装在附加墙架上,以使外墙具有足够的刚度,保证在风力和地震力的作用下不会变形。

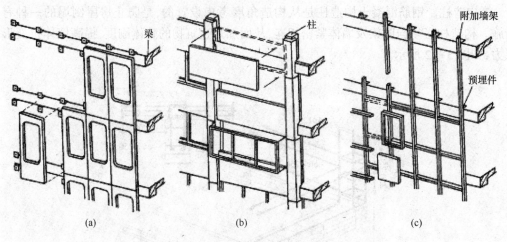

图 3-23　外墙板的布置方式

(三)外墙板与框架的连接

外墙板可以采用上挂或下承两种方式支承于框架柱、梁或楼板上。根据不同的板材类型和板材的布置方式,可采取焊接法、螺栓联结法、插筋锚固法等将外墙板固定在框架上。

无论采用何种方法,均应注意以下构造要点:①外墙板与框架连接应安全可靠;②不要出现"冷桥"现象,防止产生结露;③构造简单,施工方便。

四、隔墙构造

隔墙是分隔建筑物内部空间的非承重构件,本身重量由楼板或梁来承担。设计要求隔墙自重轻,厚度薄,有隔声和防火性能,便于拆卸,浴室、厕所的隔墙能防潮、防水。常用隔墙有块材隔墙、轻骨架隔墙和板材隔墙三大类。

(一)块材隔墙

块材隔墙是用普通黏土砖、空心砖、加气混凝土等块材砌筑而成,常采用普通砖隔墙和砌块隔墙两种。

1.普通砖隔墙。普通砖隔墙一般采用 1/2 砖(120mm)隔墙。1/2 砖墙用普通黏土砖采用全顺式砌筑而成,砌筑砂浆强度等级不低于 M5,砌筑较大面积墙体时,长度超过 6m 应设砖壁柱,高度超过 5m 时应在门过梁处设通长钢筋混凝土带。

2.砌块隔墙。为减轻隔墙自重,可采用轻质砌块,墙厚一般为 90～120mm。加固措施同 1/2 砖隔墙之做法。砌块不够整块时宜用普通黏土砖填补。因砌块孔隙率大、吸水量大,故在砌筑时先在墙下部实砌 3～5 皮实心黏土砖再砌砌块,如图 3-24 所示。

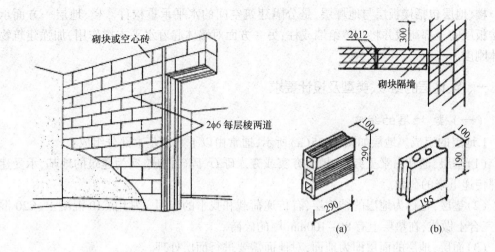

图 3-24　砌块隔墙示意图

（二）轻骨架隔墙

轻骨架隔墙由骨架和面板层两部分组成,骨架有木骨架和金属骨架之分,面板有板条抹灰、钢丝网板条抹灰、胶合板、纤维板、石膏板等。由于先立墙筋(骨架),再做面层,故又称为立筋式隔墙。

1.板条抹灰隔墙。板条抹灰隔墙是由上槛、下槛、墙筋斜撑或横档组成木骨架,其上钉以板条再抹灰而成。

2.立筋面板隔墙。立筋面板隔墙系指面板用人造胶合板、纤维板或其他轻质薄板,骨架用木质或金属材料组合而成的隔墙。

（1）骨架。墙筋间距视面板规格而定。金属骨架一般采用薄型钢板、铝合金薄板或拉眼钢板网加工而成,并保证板与板的接缝在墙筋和横档上。

（2）饰面层。常用类型有胶合板、硬质纤维板、石膏板等。

采用金属骨架时,可先钻孔,用螺栓固定,或采用膨胀铆钉将板材固定在墙筋上。立筋面板隔墙为干作业,自重轻,可直接支撑在楼板上,施工方便,灵活多变,故得到广泛应用,但隔声效果较差。

（三）板材隔墙

板材隔墙是指各种轻质板材的高度相当于房间净高,不依赖骨架,可直接装配而成,目前多采用条板,如碳化石灰板、加气混凝土条板、多孔石膏条板、纸蜂窝板、水泥刨花板、复合板等。

第三节 楼、地层

楼、地层包括楼板层与地坪层,是分隔建筑空间的水平承重构件。楼、地层一方面承受着楼板层的全部荷载并将其传给墙或柱;另一方面对墙体起着水平支撑作用,加强建筑物的整体刚度。

一、楼、地层的组成、类型及设计要求

(一)楼、地层的组成

1.地层的组成。地层如图 3-25(a)所示,通常由以下几个基本部分组成:

(1)基层,通常由素土夯实、填土夯实或夯入砾石、碎砖而成,实为建筑的地基,承受建筑上部传递下来的荷载。

(2)垫层,也称为地层的结构层,有传递荷载和找平的作用。常用 C10 混凝土、C20 混凝土、三合土做成,在垫层上有 80~100mm 厚的碎砖。

(3)面层,地层的面层即为地面,对地面需要进行面层处理。

(4)附加层。有保温、防潮、防水、埋管线等作用。

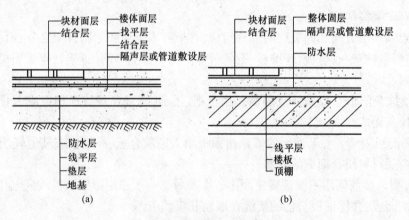

图 3-25 楼、地层的基本组成

2.楼层的组成。楼层如图 3-25(b)所示,通常由以下几个基本部分组成:

(1)面层,位于最上表面,保护楼板,对室内的结构层有保护作用,有承受传递荷载及装饰的作用。

(2)结构层,为楼板的承重部分,由梁、板等构件组成,结构层应具有足够的强度、刚度、耐久性。

(3)附加层,又称功能层,主要满足热工、防水、防潮、绝缘要求等,若需要,可设置在结构层的上部或下部。

(4)顶棚层,位于最下部,有保护楼板、安装灯具、装饰室内和敷设管线等作用,有直接式

和悬吊式。

（二）楼板的类型

根据建筑物楼板所用的材料不同，可将楼板分为木楼板、钢筋混凝土楼板和钢衬板组合楼板等多种类型。

木楼板为我国建筑物的传统做法，现较少采用。钢筋混凝土楼板可分为现浇和预制两大类。钢筋混凝土楼板在我国运用最为广泛。压型钢板组合楼板，是我们目前大力推广的一种新型楼板。

（三）楼板层的设计要求

1.楼板层应具有足够的强度、刚度。强度要求是指楼板层应保证在自重和荷载作用下安全可靠，不发生任何破坏，主要是通过结构设计来满足要求。刚度要求是指楼板层在一定荷载作用下不发生过大变形，以保证正常使用状况。结构规范规定楼板的允许挠度不大于跨度的 1/250，可用板的最小厚度（1/40～1/35L）来保证其刚度。但结构配筋亦不能过量，超过规定值可能导致楼层破坏时为脆性变形。

2.满足隔声要求。不同使用性质的房间对隔声的要求不同，如我国对住宅楼板的隔声标准中规定：一级隔声标准为 65dB，二级隔声标准为 75dB 等。对一些特殊性质的房间如广播室、录音室、演播室等的隔声要求则更高。楼板主要是隔绝固体传声，如人的脚步声、拖动家具声、敲击楼板声等都属于固体传声。建筑物的楼板层应进行隔声处理，具体措施有：①在楼板表面铺设柔性材料或在面层镶软木砖，从而减弱撞击楼板层的声能；②在楼板与面层之间加弹性垫层以降低楼板的振动；③楼板下设吊顶，用隔绝空气声的办法来降低固体传声。

3.保温、隔热的要求。可通过在楼板的附加层敷设保温、隔热材料来实现保温、隔热，但不是所有的楼板都要保温、隔热。

4.满足防潮、防水要求。卫生间、厕所、厨房等易积水、潮湿的房间，应具有防潮、防水能力。

5.满足经济要求。一般楼板层建造费用占总造价的 20%～30%，因此在进行结构选型、结构布置和确定构造方案时，应满足建筑经济的要求，选用合理构造降低建筑成本。

此外，楼板层还应具有一定的防火能力，除满足四级耐火等级外，楼板本身还应为非燃体。

二、钢筋混凝土楼板

钢筋混凝土楼板按其施工方法不同，可分为现浇式、装配式和装配整体式三种。

（一）现浇钢筋混凝土楼板

现浇钢筋混凝土楼板整体性好，布置灵活，模板耗用量大，施工周期长。

1.平板式楼板。平板式楼板包括单向板和双向板。

（1）单向板。荷载沿着短边方向传递的称为单向板。单向板的长边与短边之比大于 2。如为屋面板，其板厚为 60～80mm；民用建筑楼板厚 70～100mm；工业建筑楼板厚 80～180mm。

（2）双向板。荷载沿着四向传递，即同时沿着长边和短边传递的称为双向板。双向板的长边与短边之比小于等于 2。其板厚一般为 80～160mm。

板的支承长度规定,当板支承在砖石墙体上,其支承长度不小于 120mm 或板厚;当板支承在钢筋混凝土梁上时,其支承长度不小于 60mm;当板支承在钢梁或钢屋架上时,其支承长度不小于 50mm。

2.肋梁楼板。其分为单向肋梁楼板和双向板肋梁楼板两种。

(1)单向肋梁楼板。单向肋梁楼板由板、次梁和主梁组成,如图 3-26 所示。其荷载传递路线为板→次梁→主梁→柱(或墙)。主梁的经济跨度为 5~8m,主梁高为主梁跨度的 1/14~1/8;主梁宽为高的 1/3~1/2。次梁的经济跨度为 4~6m,次梁高为次梁跨度的 1/18~1/12,宽度为梁高的 1/3~1/2,次梁跨度即为主梁间距。其板的厚度确定同板式楼板,由于板的混凝土用量约占整个肋梁楼板混凝土用量的 50%~70%,因此板宜取薄些,通常板跨不大于 3m;其经济跨度为 1.7~2.5m。

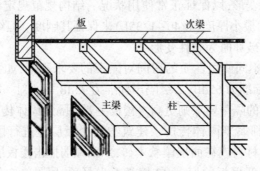

图 3-26　单向肋梁楼板

(2)双向板肋梁楼板,又称为井式楼板,如图 3-27 所示。双向板肋梁楼板常无主次梁之分,由板和梁组成,荷载传递路线为板→梁→柱(或墙)。

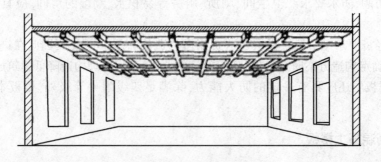

图 3-27　井式楼板

当双向板肋梁楼板的板跨相同,且两个方向的梁截面也相同时,就形成了井式楼板。井式楼板适用于长宽比不大于 1.5 的矩形平面,井式楼板中板的跨度在 3.5~6m 之间,梁的跨度可达 20~30m,梁截面高度不小于梁跨的 1/15,宽度为梁高的 1/4~1/2,且不少于 120mm。井式楼板可与墙体正交放置或斜交放置。井式楼板可以用于形成较大的无柱空间,而且楼板底部的井格整齐划一。

3.无梁楼板。无梁楼板为等厚的平板直接支承在柱上,如图 3-28 所示。无梁楼板分为有柱帽和无柱帽两种。当楼面荷载比较小时,可采用无柱帽楼板;当楼面荷载较大时,必须在柱顶加设柱帽。无梁楼板的柱可设计成方形、矩形、多边形和圆形;柱帽可根据室内空间要求和柱截面形式进行设计;板的最小厚度不小于 150mm 且不小于板跨的 1/35～1/32。无梁楼板的柱网一般布置为正方形或矩形,间跨一般不超过 6m。

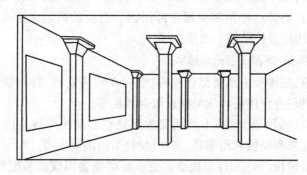

图 3-28　无梁楼板(带柱帽)

(二)装配式钢筋混凝土楼板

装配式钢筋混凝土楼板系指在构件预制加工厂或施工现场外预先制作,然后运到工地现场进行安装的钢筋混凝土楼板。

1.板的类型。板分为实心平板、槽形板和空心板三种。

(1)实心平板。实心平板规格较小,跨度一般在 1.5m 左右,板厚一般为 60mm。预制实心平板由于其跨度小,常用于过道和小房间、卫生间、厨房的楼板。

(2)槽形板。槽形板是一种肋板结合的预制构件,即在实心板的两侧设有边肋,作用在板上的荷载都由边肋来承担,板宽为 500～1 200mm,非预应力槽形板跨长通常为 3～6m。板肋高为 120～240mm,板厚仅 30mm。槽形板减轻了板的自重,具有省材料、便于在板上开洞等优点,但隔声效果差。

(3)空心板。空心板也是一种梁板结合的预制构件,其结构计算理论与槽形板相似,两者的材料消耗也相近,但空心板上下板面平整,且隔声效果优于槽形板,因此是目前广泛采用的一种形式。目前我国预应力空心板的跨度可达到 6m、6.6m、7.2m 等,板的厚度为120～300mm。空心板安装前,应在板端的圆孔内填塞 C15 混凝土短圆柱(即堵头)以避免板端被压坏。

2.板的搁置要求。板的结构布置方式分两种:当预制板直接搁置在墙上时,称为板式结构布置;当预制板搁置在梁上时,称为梁板式结构布置。

(1)搁置长度。支承于梁上时,其搁置长度应不小于 80mm;支承于内墙上时,其搁置长度应不小于 100mm;支承于外墙上时,其搁置长度应不小于 120mm。

(2)坐浆。铺板前,先在墙或梁上用 10～20mm 厚 M5 水泥砂浆找平,使板与墙或梁有较好的联结,同时也使墙体受力均匀。

(3)搁置方式。当采用梁板式结构时,板在梁上的搁置方式一般有两种,一种是板直接搁置在梁顶上;另一种是板搁置在花篮梁或十字梁上。

3.板缝处理。工程实际中,需做好板缝处理。具体有:①当缝隙≤30mm,灌 C20 细石混凝土;②当缝隙小于 60mm 时,灌细石混凝土,加配 2φ6 通长钢筋;③当缝隙在 60～120mm 之间时,可在灌缝的混凝土中加配 2φ6 通长钢筋或挑砖;④当缝隙在 120～200mm 之间时,设现浇板带,且将板带设在墙边或有穿管的部位;⑤当缝隙大于 200mm 时,调整板的规格。

此外,还应做好装配式钢筋混凝土楼板的抗震构造。圈梁应紧贴预制楼板板底设置,外墙则应设缺口圈梁(L 型梁),将预制板箍在圈梁内。当板的跨度大于 4.8m,并与外墙平行时,靠外墙的预制板边应设拉结筋与圈梁拉接。

(三)装配整体式钢筋混凝土楼板

装配整体式楼板,是楼板中预制部分构件,然后在现场安装,再以整体浇筑的办法连接而成的楼,有密肋楼板、叠合楼板和压型钢板组合楼板等。

密肋楼板是现浇(或预制)密肋小梁间安放预制空心砌块并现浇面板而制成的楼板结构。其特点是整体性强和模板利用率高、多种材料、节约混凝土等。

叠合楼板是预制薄板(预应力)与现浇混凝土面层叠合而成的装配整体式楼板,又称预制薄板叠合楼板。这种楼板以预制混凝土薄板为永久模板而承受施工荷载,板面现浇混凝土叠合层。其优点是节约模板,不用吊顶,整体性好,但是结构高度小。

压型钢板组合楼板是指利用截面为凹凸相间的压型钢板做衬板,与现浇混凝土面层浇筑在一起,由钢梁支承的楼板。其优点是节约模板,施工速度快,但是整体性稍差,结构高度小,防火性差。

三、阳台与雨篷

(一)阳台

1.阳台的类型。阳台是楼房建筑中不可缺少的室内外过渡空间,给居住在建筑里的人们提供一个舒适的室外活动空间,人们可利用阳台晒衣、休息、眺望或从事家务活动。阳台是多层住宅、高层住宅和旅馆等建筑中不可缺少的一部分。阳台按与外墙的位置关系可分为凸阳台、凹阳台与半凸半凹阳台。

2.阳台的结构布置。

(1)搁板式。在凹阳台中,将阳台板搁置于阳台两侧凸出来的墙上,即形成搁板式阳台。这种阳台的板型和尺寸与楼板一致,施工方便。

(2)挑板式。挑板式阳台的一种做法是利用楼板从室内向外延伸,即形成挑板式阳台。这种阳台构造简单,施工方便。预制板型增多时,对寒冷地区保温不利。当楼板为现浇楼板时,悬挑长度一般为 1.2m 左右。即从楼板外延挑出平板,板底平整美观,而且阳台平面形式可做成半圆形、弧形、梯形、斜三角等各种形状。挑板厚度不小于挑出长度的1/12。

(3)挑梁式。当楼板为预制楼板,结构布置为横墙承重时,可选择挑梁式,即从横墙内向外伸挑梁,其上搁置预制楼板。阳台荷载通过挑梁传给纵横墙,由压在挑梁上的墙体和楼板来抵抗阳台的倾覆力矩。挑梁压在墙中的长度应不小于 1.5 倍的挑出长度。

3.阳台的构造。此处介绍阳台的栏杆、扶手,以及阳台的排水。

(1)阳台的栏杆和扶手。栏杆形式有三种,即空花栏杆、实心栏板以及由空花栏杆和实心栏板组合而成的组合式栏杆。按材料不同,有金属栏杆、砖砌栏板、钢筋混凝土栏杆(板)等。

扶手有金属扶手和钢筋混凝土扶手两种。金属扶手一般为 φ50 钢管与金属栏杆焊接。钢筋混凝土扶手应用广泛,形式多样,一般直接用作栏杆压顶,宽度有 80mm、120mm、160mm。当扶手上需放置花盆时,需在外侧设保护栏杆,一般高 180~200mm,花台净宽为 240mm。栏杆净高不低于 1.05m,阳台栏杆形式应防坠落(垂直栏杆间净距不应大于 110mm),防攀爬(不设水平栏杆)。

(2)阳台的排水。阳台排水有外排水和内排水两种。外排水是在阳台外侧设置泄水管将水排出。泄水管为 φ40~φ50 镀锌铁管或塑料管,外挑长度不少于 80mm,以防雨水溅到下层阳台,如图 3-29(a)所示。内排水适用于高层和高标准建筑,即在阳台内侧设置排水立管和地漏,将雨水直接排入地下管网,保证建筑物立面美观,如图 3-29(b)所示。

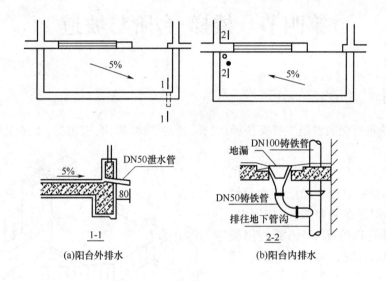

(a)阳台外排水　　　　　　　(b)阳台内排水

图 3-29　阳台排水构造

(二)雨篷

雨篷主要位于建筑物出入口的上方或顶层阳台上方,用于遮挡雨雪,保护外门免受侵蚀,给人们提供一个从室外到室内的过渡空间,并起到保护门和丰富建筑立面的作用。

雨篷的外挑长度一般为 0.9~1.5m,板根部厚度不小于挑出长度的 1/12,雨篷宽度比门洞每边宽 250mm。雨篷排水方式可采用无组织排水和有组织排水两种,如图 3-30 所示。雨篷顶面距过梁顶面 250mm 高,板底抹灰用 1:2 的水泥砂浆,内掺 3% 防水剂,抹 15mm 厚,多用于次要出入口。

雨篷在构造上需解决好两个问题:一是防倾覆,保证雨篷梁上有足够的压重;二是板面上要做好排水和防水。有时沿板四周用砖砌或现浇混凝土做凸檐挡水,板面用防水砂浆抹面,向排水口做出 1% 的坡度。防水砂浆应顺墙上卷至少 300mm。

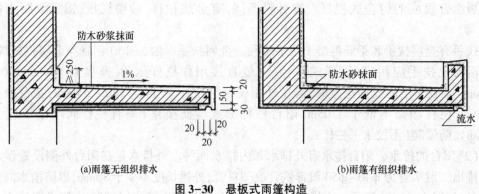

(a)雨篷无组织排水　　　　　　　　　　(b)雨篷有组织排水

图 3-30　悬板式雨篷构造

第四节　楼梯、台阶与坡道

一、楼梯

建筑中的垂直交通设施主要有楼梯、电梯、自动扶梯、爬梯、坡道等,本节主要学习楼梯、台阶与坡道。

楼梯是楼层间的垂直交通设施。虽然现代化的电梯、自动扶梯已经大量使用于建筑中,但是在紧要关头,如停电、火灾、地震等特殊情况下,仍需使用楼梯。以电梯或自动扶梯为主的建筑,同时需设楼梯。

楼梯的作用主要有:正常情况下的人流通行、搬运家具的需要和紧急状态下的安全疏散等。设计时,首先要求保证楼梯结构合理,然后还要求做到施工方便、楼梯造价经济以及使用安全、方便等。

(一)组成与类型

1.楼梯的组成。楼梯主要由楼梯段、平台和栏杆、扶手组成,如图 3-31 所示。楼梯段又称楼梯跑,是楼梯的主要使用和承重部分,由若干个踏步组成。一个楼梯段的踏步数要求最多不超过 18 级,最少不少于 3 级。

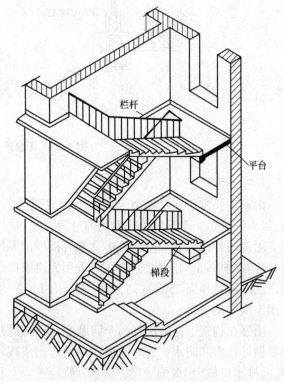

图 3-31　楼梯的组成

　　两楼梯段之间的空隙称为楼梯井,其主要作用是方便施工。楼梯井宽度为30~200mm左右。

　　平台是指两楼梯段之间的水平板,有楼层平台、中间平台之分。其主要作用在于缓解疲劳,以便人们在连续上楼时可在平台上稍事休息,故又称休息平台。平台还是梯段之间转换方向的连接处。

　　栏杆、扶手是楼梯段的安全设施,一般设置在梯段的边缘和平台临空的一边,要求它必须坚固可靠,并保证有足够的安全高度。

　　2.类型。楼梯的分类有多种方法。

　　按位置不同分,楼梯有室内与室外两种。按使用性质分,室内有主要楼梯、辅助楼梯;室外有安全楼梯、防火楼梯。按材料分,有木质、钢筋混凝土、钢质和金属楼梯等。

　　按楼梯的平面形式不同,楼梯可分为单跑、双跑、三跑、螺旋、弧形和双分等,如图3-32所示。

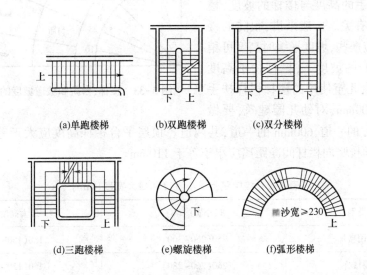

(a)单跑楼梯　　(b)双跑楼梯　　(c)双分楼梯

(d)三跑楼梯　　(e)螺旋楼梯　　(f)弧形楼梯

图3-32　楼梯的分类

　　（二）楼梯的设计要求

　　楼梯设计时至少应满足以下要求:①作为主要楼梯,应与主要出入口邻近,且位置明显;同时还应避免垂直交通与水平交通在交接处拥挤、堵塞。②必须满足防火要求,楼梯间除允许直接对外开窗采光外,不得向室内任何房间开窗;楼梯间四周墙壁必须为防火墙;对防火要求高的建筑物特别是高层建筑,应设计成封闭式楼梯或防烟楼梯。③楼梯间必须有良好的自然采光。

　　（三）楼梯的尺度

　　1.楼梯段的宽度。楼梯的宽度必须满足上下人流及搬运物品的需要。从确保安全角度出发,楼梯段宽度由通过该梯段的人流数确定,楼梯段宽度与人流量、搬运家具、防火要求有关。通常情况下,要求单人通行的楼梯段宽度大于等于900mm。当两股以上人流通行时,每股人流按[550+（0~150）]mm计算,两股人流净宽在1 100~1 400mm之间。多层住宅楼梯最小净宽应大于等于 1 100mm。

2.楼梯段的坡度和踏步尺寸。楼梯段的坡度是踏步高与踏步宽的比值。坡度的大小对楼梯的正常使用有很大影响。常用楼梯坡度在 23°~45° 之间,以 30° 左右为宜,小于等于 23°宜设为坡道或台阶,大于等于 45° 则宜设为爬梯,具体如图 3-33 所示。

民用建筑中,楼梯踏步的最小宽度与最大高度的限制值如表 3-2 所示。

3.楼梯栏杆扶手的高度。楼梯栏杆扶手的高度,指踏面前缘至扶手顶面的垂直距离。楼梯扶手的高度与楼梯的坡度、楼梯的使用要求有关。一般来讲,很陡的楼梯,扶手高度应矮些,坡度平缓时高度可稍大。在 30° 左右的坡度下,栏杆扶手高度常采用 900mm;儿童使用的楼梯栏杆扶手高度一般为 600mm,对幼儿园建筑,要做

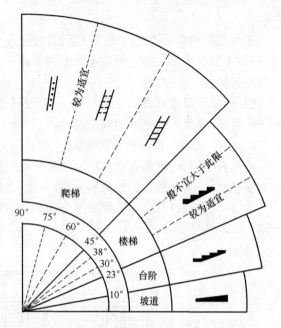

图 3-33 楼梯、台阶和坡道坡度的适宜范围

双扶手,900mm 的一道,600mm 的一道,共两道。顶层平台栏杆高度应大于等于 1 000mm。幼儿园、中小学校竖向栏杆间净距应小于等于 110mm。

表 3-2 楼梯踏步最小宽度和最大宽度(mm)

楼梯类别	最小宽度(b)	最大高度(h)
住宅公用楼梯	250(260~300)	180(150~175)
幼儿园楼梯	260(260~280)	150(120~150)
医院、疗养院等楼梯	280(300~350)	160(120~150)
学校、办公楼等楼梯	260(280~340)	170(140~160)
剧院、会堂等楼梯	220(300~350)	200(120~150)

4.楼梯净空高度。梯段的净空高度是指楼梯段某一处底面到下部相邻梯段踏步前沿的垂直距离,或平台面上部到相邻平台梁底面的距离。

为保证在这些部位通行或搬运物件不受影响,其净高在平台处应大于 2m;在梯段处应大于 2.2m。当楼梯底层中间平台下做通道时,为使下面空间净高大于等于 2 000mm,常采用以下几种处理方法(具体如图 3-34 所示):①将楼梯底层设计成"长短跑",让第一跑的踏步数量多些,第二跑踏步数量少些,利用踏步的多少来调节下部净空的高度;②增加室内外高差;③将上述两种方法结合,即降低底层中间平台下的地面标高,同时增加楼梯底层第一个梯段的踏步数量;④将底层采用单跑楼梯,该方式多用于少雨地区的住宅建筑。

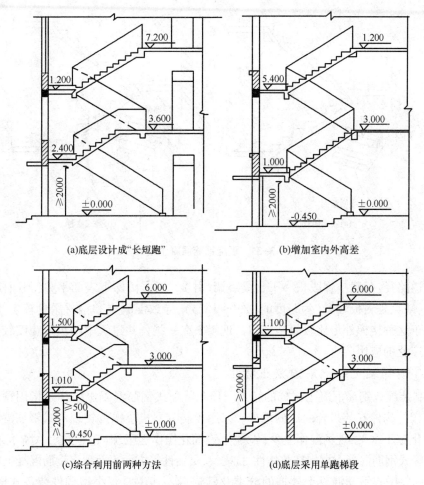

(a)底层设计成"长短跑"　　　　　　　(b)增加室内外高差

(c)综合利用前两种方法　　　　　　　(d)底层采用单跑梯段

图3-34　平台下工作出入口处楼梯净高设计的几种方式

（四）现浇钢筋混凝土楼梯

钢筋混凝土楼梯按施工方法的不同可分为现浇式和装配式,其中现浇楼梯具有整体性好、刚度大、尺寸灵活、形式多样、有利于抗震等优点。但相对而言,现浇楼梯施工工序多、工期较长。现浇楼梯适用于形式复杂、有抗震要求的建筑,在建筑工程中应用非常广泛。现浇楼梯按结构受力状态可分为梁式楼梯和板式楼梯,如图3-35所示。

1.梁式楼梯。梁式楼梯由踏步板、斜梁、平台板和平台梁组成。踏步板支承在斜梁上,而斜梁支承在平台梁上。因此,作用于楼梯上的荷载先由踏步板传给斜梁,再由斜梁传至平台梁,即其荷载的传递路径为:荷载→梯板→斜梁→平台梁→墙(柱)。梁式楼梯的跨度为斜梁到墙的距离或斜梁到斜边梁的距离,即梯段宽度。梁式楼梯的配筋沿梯段宽配置。梁式楼梯具有节约材料、减轻自重等优点,但受力复杂、支模施工难度大。当梁在踏步板下,称为明步梯;当梁倒置上来位于踏步板的两侧时,遮挡踏步,则称之为暗步梯。

2.板式楼梯。板式楼梯由踏步板、平台板和平台梁组成。作用于踏步板上的荷载直接传至平台梁,踏步板支承在休息板和楼层的平台梁上,休息板支承在休息板平台梁上,即其

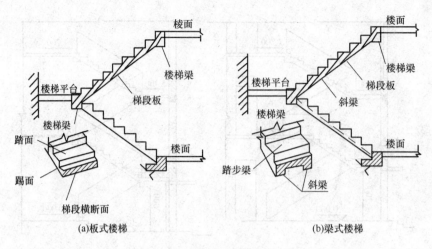

图 3-35 现浇钢筋混凝土楼梯

荷载的传递路径:荷载→梯段板→平台梁→墙(柱)。板式楼梯下表面平整,因而模板简单,施工方便,缺点是斜板较厚(为跨度的 1/30～1/25),导致混凝土和钢材用量较多,结构自重较大。由于这种楼梯外形比较轻巧、美观,近年来在一些公共建筑中踏步板跨度较大的楼梯也获得了广泛的应用。

(五)预制装配式钢筋混凝土楼梯

1.预制装配式钢筋混凝土楼梯的特点。预制装配式钢筋混凝土楼梯是指用预制厂生产或现场制作的构件安装拼合而成的楼梯。采用预制装配式楼梯可较现浇式钢筋混凝土楼梯提高工业化施工水平,现场湿作业少、节约模板,简化操作程序、施工速度快,大幅度缩短工期。但预制装配式钢筋混凝土楼梯在整体性、抗震性、灵活性等方面不及现浇钢筋混凝土楼梯。

2.预制装配式钢筋混凝土楼梯的分类及其构造。其主要有小型构件装备式楼梯、中型构件装配式楼梯和大型构件装配式楼梯几种。

(1)小型构件装配式楼梯。具体又可分为:

①预制踏步。钢筋混凝土预制踏步从其断面形式看,主要有一字形、正反 L 形和三角形三种。一字形踏步制作方便,简支和悬挑均可。L 形踏步有正反两种,即 L 形和倒 L 形。L 形踏步的肋向上,每两个踏步接缝在踢面上踏面下,踏面板端部可突出于下面踏步的肋边,形成踏口,同时下面的肋可做上面板的支承。倒 L 形踏步的肋向下,每两个踏步接缝在踢面下踏面上,踏面和踢面上部交接处看上去较完整。踏步稍有高差,可在拼缝处调整。无论正 L 形还是倒 L 形踏步,均可简支或悬挑。悬挑时须将压入墙的一端做成矩形截面。三角形踏步的最大特点是安装后底面齐整。为减轻踏步自重,踏步内可抽孔。预制踏步多采用简支的方式。

②预制踏步的支承结构。预制踏步的支承有两种形式,即梁支承和墙支承。梁支承楼梯的构件是斜向的梯梁。预制梯梁的外形随支承的踏步形式而变化。当梯梁支承三角形踏步时,梯梁常做成上表面平齐的等截面矩形梁。当梯梁支承一字形或 L 形踏步时,梯梁上表面须做成锯齿形。墙支承楼梯依其支承方式不同可分为悬挑踏步式楼梯和双墙支承式

楼梯。

(2)中型构件装配式楼梯。中型构件装配式楼梯,一般由楼梯段和带平台梁的平台板两个构件组成。带梁平台板把平台板和平台梁合并成一个构件。这种构造做法的平台板,可以和小型构件装配式楼梯的平台板一样,采用预制钢筋混凝土槽形板或空心板两端直接支承在楼梯间的横墙上,或采用小型预制钢筋混凝土平板直接支承在平台梁和楼梯间的纵墙上。

(3)大型构件装配式楼梯。大型构件装配式楼梯是把整个梯段和平台预制成一个构件。按结构形式不同,有板式楼梯和梁板式楼梯两种。为减轻构件的重量,可以采用空心楼梯段。楼梯段和平台这一整体构件支承在钢支托或钢筋混凝土支托上。大型构件装配式楼梯,构件数量少,装配化程度高,施工速度快,但施工时需要大型的起重运输设备,主要用于大型装配式建筑中。

二、台阶

此处主要介绍台阶的形式与尺寸。

台阶常有单面踏步、两面踏步、三面踏步三种形式。台阶顶部平台长度大于门洞宽,每边至少宽出 500mm,顶部平台深大于等于 1 000mm,台阶坡度较小,踏面宽为 300~400mm,踏面高为 100~150mm,为防雨水倒流,台阶表面应做 1%~8% 的排水坡。

台阶一般由砼、砖或石建造。台阶宜在主体基本建成,有一定沉降后再施工,防止建筑物与台阶沉降不同出现开裂。

三、坡道

坡度主要供车辆行驶使用。坡度宜在 1∶6~1∶12,常用坡道 1∶10,当坡度大于 1∶8 时,表面须做防滑处理。

第五节　屋　顶

屋顶由屋面和支承结构等组成,如平屋顶,一般由屋面面层(防水层),找平层,找坡层,保温、隔热层,承重结构层,顶棚层等组成。屋顶的功能主要体现在:①防御自然界的风、霜、雨、雪以及太阳辐射和冬季低温;②承受屋顶的风霜、雪载及自重等荷载;③影响整个建筑造型和美观。

一、屋顶的类型与设计要求

(一)屋顶的类型

1.平屋顶。平屋顶通常是指排水坡度小于 5% 的屋顶。排水坡度是指屋架高度与 1/2 的屋架跨度之比。平屋顶可分为如图 3-36 所示的几种情况。考虑上人的要求,常用坡度为 2%~3%。

(a)挑檐　　(b)女儿墙　　(c)挑檐女儿墙

图 3-36　平屋顶的形式

2.坡屋顶。坡屋顶通常是指屋面坡度大于 10%的屋顶,其形式如图 3-37 所示。

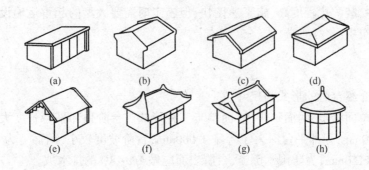

(a)　　　(b)　　　(c)　　　(d)

(e)　　　(f)　　　(g)　　　(h)

图 3-37　坡屋顶的方式

(a)单坡顶　(b)硬山两坡顶　(c)悬山两坡顶　(d)四坡顶　(e)卷棚顶　(f)庑殿顶　(g)歇山顶　(h)圆攒尖顶

3.其他形式的屋顶。随着建筑科学技术的发展,涌现了许多新型的屋顶结构形式,如拱结构、薄壳结构、悬索结构、网架结构屋顶等,如图 3-38 所示。这类屋顶多用于大跨度公共建筑。

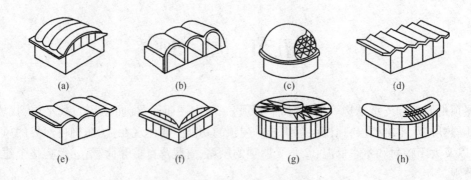

(a)　　　(b)　　　(c)　　　(d)

(e)　　　(f)　　　(g)　　　(h)

图 3-38　其他形式的屋顶

(a)双曲子拱屋顶　(b)砖石拱屋顶　(c)球形网壳屋顶　(d)V 型网壳屋顶

(e)筒壳屋顶　(f)扁壳屋顶　(g)车轮形悬索屋顶　(h)鞍形悬索屋顶

(二)屋顶的设计要求

屋顶的设计要求主要体现在:首先,屋顶应起到良好的围护作用,具有防水、保温和隔热等性能;其次,屋顶必须具有足够的强度、刚度和稳定性等,能够承受风、霜、雨、雪等的荷载,以及满足上人的要求;最后,屋顶必须满足人们对建筑艺术即美观等方面的需求。

二、屋顶坡度选择与排水

（一）屋顶坡度选择

1.屋顶坡度的影响因素。坡屋顶多采用斜率法,平屋顶多采用百分比法来表示屋顶坡度。影响屋顶坡度的主要有以下因素:①屋面防水材料与排水坡度的关系。小防水材料,如瓦,接缝多,坡度就要求大些,以便迅速排水,减少漏水机会;而大防水材料,如卷材等,接缝少,坡度可小些。②降雨量大小与坡度的关系。降雨量大的地区,屋顶坡度可大些,以达到迅速排水的目的;降雨量小的地方,则坡度可适当小些。③屋面是否上人。如果屋面上人,则坡度要小些。④排水路线的长短。对于排水线路长的屋面,坡度宜大些。

2.屋顶坡度的形成方法。主要有材料找坡和结构找坡两种。

（1）材料找坡。这是指屋顶坡度由垫坡材料形成,如图3-39(a)所示。这种情况下,屋面板为水平搁置,利用轻质材料找坡。常用轻质材料有炉渣、膨胀珍珠岩等。材料找坡情况下的结构层(天棚面)底部平整,易于装修。材料找坡形成的排水坡度小,坡度宜为2%。屋面常设保温层。材料找坡增加屋面荷载,材料和人工消耗较多。

（2）结构找坡。这是指屋面板倾斜搁置在下部的墙体或屋面梁或屋架上,即通过屋顶结构自身带有排水坡度,如图3-39(b)所示。这种情况下,不需要在屋面上另加找坡层,构造简单,施工方便,节省人工材料,减轻屋顶自重。此时屋面坡度一般大于3%。结构找坡的缺点是室内顶棚倾斜,空间窄,不完整,设有吊顶,适用于室内美观要求不高的建筑。

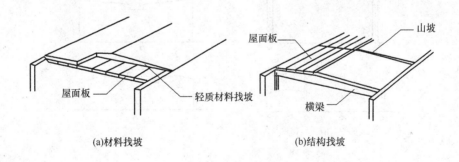

(a)材料找坡　　　　　(b)结构找坡

图3-39　屋顶找坡

（二）屋顶排水

排水方式一般分为无组织排水和有组织排水两种。

1.无组织排水。无组织排水是指屋面雨水直接从檐口滴落至地面的一种排水方式,因不用天沟、雨水管等导流雨水,故又称自由落水。其主要适用于少雨地区、一般低层建筑,相邻屋面高差小于4m;不宜用于临街建筑和较高的建筑。

2.有组织排水。有组织排水是指雨水经由天沟、雨水管等排水装置被引导至地面或地下管沟的一种排水方式。有组织排水不妨碍行人交通,不溅湿墙面,但这种排水方式构造复杂、造价较高。有组织排水在建筑工程中应用广泛。

有组织排水分外排和内排两种,内排指落水管穿过室内进行排水,外排包括女儿墙外排、檐沟外排和女儿墙檐沟外排三种排水方式。在工程实践中,由于具体条件千变万化,可能出现各式各样的有组织排水方案。按外排水、内排水、内外排水三种情况可归纳成 9 种不同的排水方案,具体如图 3-40 所示。

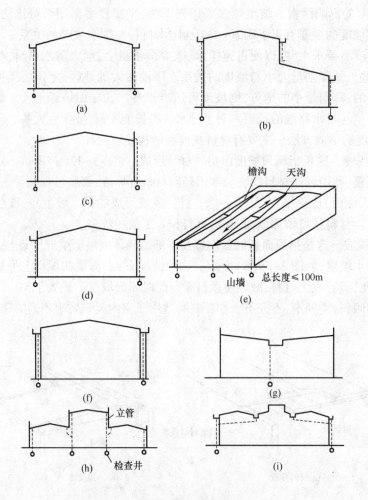

图 3-40 有组织排水方案

(1)外排水方案。外排水是指雨水管装设在室外的一种排水方案。其优点是雨水管不妨碍室内空间使用和美观,构造简单,因而被广泛采用。其类型包括挑檐沟外排水、女儿墙外排水、女儿墙挑檐沟外排水等。

(2)内排水方案。该排水方式适用于高层建筑,因维修室外雨水管既不方便,更不安全,故可采用内排水方式。在严寒地区也不适宜用外排水,因室外的雨水管有可能使雨水结冻,处于室内的雨水管则不会发生这种情况。内排水类型主要有中间天沟内排水和高低跨内排水。中间天沟内排水是指当房屋宽度较大时,可在房屋中间设一纵向天沟形成内排水,这种方案特别适用于内廊式多层或高层建筑。雨水管可布置在走廊内,不影响走廊两旁的房间。

高低跨内排水是指高低跨双坡屋顶在两跨交界处设置内天沟来汇集低跨屋面的雨水,高低跨可共用一根雨水管。

确定屋顶排水方式应根据气候条件、建筑物的高度、质量等级、使用性质、屋顶面积大小等因素加以综合考虑。

一般情况下,临街建筑平屋顶屋面宽度小于 12m 时,可采用单坡排水;其宽度大于 12m 时,宜采用双坡排水。坡屋顶应结合建筑造型要求选择单坡、双坡或四坡排水。

三、屋顶防水

平屋顶按屋面防水层的不同有刚性防水、卷材防水、涂料防水及粉剂防水屋面等多种做法。

(一)卷材防水屋面

卷材防水屋面,是指以防水卷材和黏结剂分层粘贴而构成防水层的屋面。所选择的卷材主要有沥青类卷材、高分子类卷材、高聚物改性沥青类卷材等。卷材防水能较好地适应温度、振动等变化,整体性好,不易渗漏。

1.卷材防水屋面构造层次和做法。卷材防水屋面由顶棚层、结构层、找平层、结合层、防水层和保护层等组成,具体如图 3-41 所示。

(1)结构层。通常为预制或现浇钢筋混凝土屋面板,结构层必须具有足够的强度和刚度。

(2)找坡层(结构找坡和材料找坡)。材料找坡应选用轻质材料形成所需要的排水坡度,通常是在结构层上铺 1∶(6~8)的水泥焦渣或水泥膨胀蛭石等。

(3)找平层。柔性防水层要求铺贴在坚固而平整的基层上,因此必须在结构层或找坡层上设置找平层。

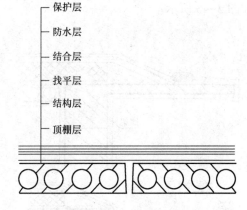

图 3-41　卷材防水屋面的构造组成

(4)结合层。结合层的作用是使卷材防水层与基层黏结牢固。结合层一般可刷冷底子油。

(5)防水层。防水层是由胶结材料与卷材黏合而成,卷材连续搭接,形成屋面防水的主要部分。当屋面坡度较小时,卷材一般平行于屋脊铺设,从檐口到屋脊层层向上粘贴,上下搭接不小于 70mm,左右搭接不小于 100mm。

(6)保护层。保护层分不上人屋面保护层和上人屋面保护层两种情况。

不上人屋面保护层有两种做法:①绿豆砂保护层,当采用油毡防水层时为粒径 3~6mm 的小石子,绿豆砂要求耐风化、颗粒均匀、色浅;②氯丁银粉胶保护层:三元乙丙橡胶卷材采用银色着色剂,直接涂刷在防水层上表面。

上人屋面保护层构造的做法:通常可采用水泥砂浆或沥青砂浆铺贴缸砖、大阶砖、混凝土板等,也可现浇 40mm 厚 C20 细石混凝土。

2.柔性防水屋面细部构造。屋顶细部是指屋面上的泛水、天沟、雨水口、檐口、变形缝等部位。

(1)泛水构造。泛水是指屋顶上沿所有垂直面所设的防水构造,突出于屋面之上的女儿墙、烟囱、楼梯间、变形缝、检修孔、立管等的壁面与屋顶的交接处是最容易漏水的地方,必须将屋面防水层延伸到这些垂直面上,形成立铺的防水层,如图3-42所示。

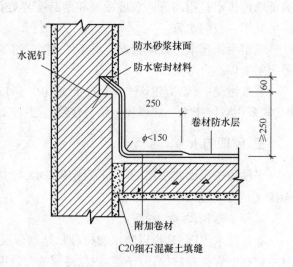

图3-42 卷材防水屋面泛水构造

(2)檐口构造。柔性防水屋面的檐口构造有无组织排水挑檐和有组织排水挑檐沟及女儿墙檐口等,挑檐和挑檐沟构造都应注意处理好卷材的收头固定、檐口饰面并做好滴水。女儿墙檐口构造的关键是泛水的构造处理,其顶部通常做混凝土压顶,并设有坡度坡向屋面,如图3-43所示。

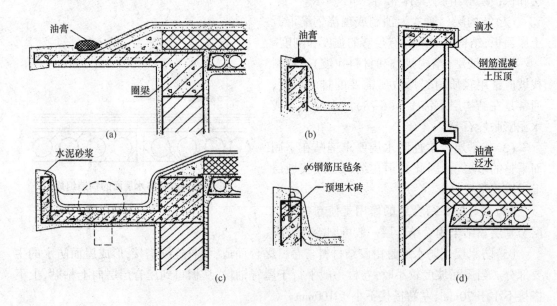

图3-43 檐口构造

(3)雨水口构造。雨水口分直管式雨水口、弯管式雨水口两种。雨水口构造要求做到排水通畅、防止渗漏水堵塞。直管式雨水口为防止其周边漏水,应加铺一层卷材并贴入连接管内100mm,雨水口上用定型铸铁罩或铅丝球盖住,用油膏嵌缝。弯管式雨水口穿过女儿墙预留孔洞内,屋面防水层应铺入雨水口内壁四周不小于100mm,并安装铸铁箅子以防杂物流入造成堵塞,如图3-44所示。

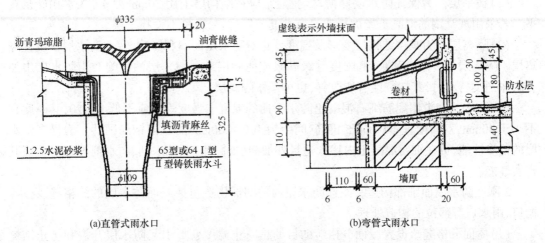

(a)直管式雨水口　　　　　　　(b)弯管式雨水口

图 3-44　雨水口构造

（4）屋面变形缝构造。屋面变形缝构造处理原则是既不能影响屋面的变形,又要防止雨水从变形缝渗入室内。屋面变形缝构造的位置可设于同层等高屋面上,也可设在高低屋面的交接处,具体做法如图 3-45 所示。

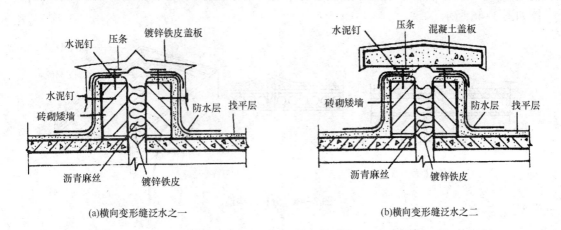

(a)横向变形缝泛水之一　　　　　　　　　(b)横向变形缝泛水之二

图 3-45　等高屋面变形缝

（二）刚性防水屋面

刚性防水屋面是指以刚性材料作为防水层的屋面。这种屋面具有构造简单、施工方便、造价低廉的优点,但对温度变化和结构变形较敏感,容易产生裂缝而渗水,故多用于我国南方地区的建筑。刚性防水屋面构造简单,造价低,易开裂,对温度、基层变化很敏感。其类型有防水砂浆、细石混凝土、配筋细石混凝土防水屋面等。

1.刚性防水屋面的构造层次及做法。刚性防水屋面的构造层次一般包括结构层、找平层、隔离层和防水层。

（1）结构层。刚性防水屋面的结构层要求具有足够的强度和刚度,一般应采用现浇或预制装配的钢筋混凝土屋面板,并在结构层现浇或铺板时形成屋面的排水坡度。

（2）找平层。为保证防水层厚薄均匀，通常应在结构层上用 20mm 厚 1∶3 水泥砂浆找平。若采用现浇钢筋混凝土屋面板或设有纸筋灰等材料，也可不设找平层。

（3）隔离层。为减少结构层变形及温度变化对防水层的不利影响，宜在防水层下设置隔离层。隔离层可采用纸筋灰、低强度等级砂浆或薄砂层上干铺一层油毡等。当防水层中加有膨胀剂类材料时，其抗裂性有所改善，也可不做隔离层。

（4）防水层。常用配筋细石混凝土防水屋面的混凝土强度等级应不低于 C20，其厚度宜不小于 40mm，双向配置 φ4～φ6.5 钢筋，间距为 100～200mm 的双向钢筋网片。为提高防水层的抗渗性能，可在细石混凝土内掺入适量外加剂（如膨胀剂、减水剂、防水剂等），以提高其密实性能。

2.刚性防水屋面细部构造。刚性防水屋面的细部构造包括屋面防水层的分格缝、泛水、檐口、雨水口等部位的构造处理。

（1）屋面分格缝。设置屋面分格缝的目的是防止温度变形引起防水层开裂和防止结构变形将防水层拉坏。屋面分格缝应设置在温度变形允许的范围以内和结构变形敏感的部位。一般情况下分格缝间距不宜大于 6m。结构变形敏感的部位主要是指装配式屋面板的支承端、屋面转折处、现浇屋面板与预制屋面板的交接处、泛水与立墙交接处等部位。设置屋面分格缝时，防水层内的钢筋在分格缝处应断开；屋面板缝用浸过沥青的木丝板等密封材料嵌填，缝口用油膏等嵌填；缝口表面用防水卷材铺贴盖缝，卷材的宽度为 200～300mm，具体如图 3-46 所示。

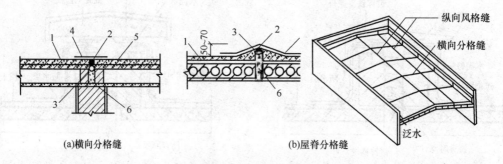

(a)横向分格缝　　　　　(b)屋脊分格缝

图 3-46　分格缝构造

（2）泛水构造。刚性防水屋面的泛水构造要点与卷材屋面基本相同。不同的地方是，刚性防水层与屋面突出物（女儿墙、烟囱等）之间须留分格缝，另铺贴附加卷材盖缝形成泛水。

（3）檐口构造。檐口构造可分自由落水挑檐口、挑檐沟外排水檐口和坡檐口三种情况处理。

①自由落水挑檐口构造。这是指根据挑檐挑出的长度，直接利用混凝土防水层悬挑和在增设的现浇或预制钢筋混凝土挑檐板上做防水层等做法。制作这类檐口做法须注意做好滴水。

②挑檐沟外排水檐口构造，檐沟构件一般采用现浇或预制的钢筋混凝土槽形天沟板，在沟底用低强度等级的混凝土或水泥炉渣等材料垫置成纵向排水坡度，铺好隔离层后再浇筑防水层，防水层须挑出屋面并做好滴水。

③坡檐口构造。建筑设计中出于造型方面的考虑，常采用一种平顶坡檐即"平改坡"处

理形式,使呆板的平顶建筑具有外观上的某种传统韵味,如图 3-47 所示。

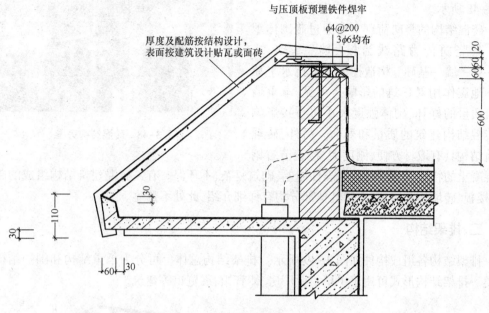

图 3-47　平屋顶坡檐口构造

(4)雨水口构造。雨水管构造分直管式雨水口和弯管式雨水口两种情况。

直管式雨水口为防止雨水从雨水口套管与沟底接缝处渗漏,应在雨水口周边加铺柔性防水层并铺至套管内壁,檐口处浇筑的混凝土防水层应覆盖于附加的柔性防水层之上,并于防水层与雨水口之间用油膏嵌实。

弯管式雨水口一般用铸铁做成弯头。雨水口安装时,在雨水口处的屋面应加铺附加卷材与弯头搭接,其搭接长度不小于 100mm,然后浇筑混凝土防水层,防水层与弯头交接处需用油膏嵌缝。

第六节　常见建筑结构形式

常见建筑结构形式有砖混结构、排架结构、框架结构、剪力墙结构、框—剪结构和筒体结构等。

一、砖混结构

砖混结构是采用砖砌体承受竖向荷载,钢筋混凝土梁柱板及圈梁和构造柱等构件构成的混合结构体系。

砖混结构的组成主要有屋顶、砖砌墙体、钢筋混凝土楼盖板、条形基础以及门窗等。砖混结构是混合结构的一种,适合开间进深较小,房间面积小,多层或低层的建筑,如图3-48所示。

图3-48 砖混结构房屋

砖混结构的竖向荷载主要通过砖砌体承受。其竖向传力路线为板—墙—基础,或板—梁—墙—基础。构造柱主要抵抗水平荷载和地震作用对建筑的影响。可见,承重墙砌筑质量的好坏、砌体强度大小将直接影响到砖混结构建筑的质量和寿命。另外,砖混建筑结构具有取材方便、刚度大、楼盖节省钢筋混凝土的特点,但强度低、抗震性能差、砌筑复杂、不环保。有关砖混建筑结构组成的砖基础、楼板、砖墙体和屋顶,本章其他部分均有详细介绍,此处不赘述。

二、排架结构

排架结构各组成构件如图3-49所示。排架结构总体上可分为承重结构和围护结构两大类。排架结构形式可用于单层工业厂房、体育馆、展览馆等建筑。

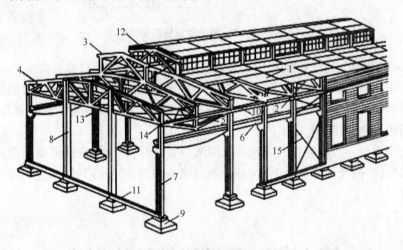

图3-49 单层排架的结构组成

1—屋面板 2—天沟板 3—天窗架 4—悬架 5—托架 6—吊车梁
7—排架柱 8—抗风柱 9—基础 10—连系梁 11—基础梁 12—天窗架垂直支撑
13—屋架下弦横向水平支撑 14—屋架端部垂直支撑 15—柱间支撑

(一)排架结构的组成

1.承重结构。承重结构构件包括屋面板、天窗架、屋架、柱、吊车梁和基础等,这些构件又分别组成屋盖结构、横向平面排架、纵向平面排架结构。

(1)屋盖结构。屋盖结构分为有檩体系和无檩体系。有檩体系由小型屋面板、檩条和屋架(包括屋盖支撑)组成;无檩体系由大型屋面板、屋架或屋面梁(包括屋盖支撑)组成。单层工业厂房的排架结构中多采用无檩屋盖形式。

屋盖结构的主要作用是承受屋面活荷载、雪载、自重以及其他荷载,并将这些荷载传给排架柱。屋盖结构的组成有:屋面板、天沟板、天窗架、屋架或屋面梁、托架及屋盖支撑。

(2)横向平面排架。横向平面排架由横梁(屋架或屋面梁)、横向柱列和基础组成,承担着排架结构的主要荷载,包括屋盖荷载(屋盖自重、雪荷载及屋面活荷载等)、吊车荷载(竖向荷载及横向水平荷载)、横向风荷载及纵横墙(或墙板)的自重等,并将其传至基础和地基。其中,排架柱是主要的受力构件。

(3)纵向平面排架。纵向平面排架由纵向柱列、连系梁、吊车梁、柱间支撑和基础等组成,其作用是保证排架结构的纵向刚度和稳定性,并承受屋盖结构(通过山墙和天窗端壁)传来的纵向风荷载、吊车纵向制动力、纵向地震作用等,再将其传至地基。纵向平面排架中的吊车梁,具有承受吊车荷载和联系纵向柱列的双重作用,也是排架结构中的重要组成构件。

2.围护结构。围护结构由纵墙、横墙(山墙)、连系梁、抗风柱(有时设抗风梁或桁架)和基础梁等构件组成,兼有围护和承重作用,主要是承受自重及作用在墙面上的风荷载。

(二)结构布置

1.柱网布置。柱网布置就是确定柱子纵向定位轴线之间的尺寸(跨度)和横向定位轴线之间的尺寸(柱距)。柱网布置要符合生产工艺和正常使用的要求;建筑和结构方案经济合理;在施工方法上具有先进性和合理性;符合排架结构建筑统一化标准化的基本原则;适应生产发展和技术进步的要求。排架结构跨度在18m及以下时,应采用3m的倍数;在18m以上时,应采用6m的倍数。排架结构柱距一般采用6m或6m的倍数。

2.支撑布置。支撑体系的作用主要有:加强排架结构的空间刚度,保证结构构件在安装和使用时的稳定性和安全性;有效传递纵向水平荷载(风荷载、吊车纵向水平荷载及地震作用等);把风荷载、吊车水平荷载和水平地震作用等传递到相应承重构件等。

单层排架结构的支撑体系包括屋盖支撑、天窗架支撑和柱间支撑。

(1)屋盖支撑。屋盖支撑系统包括上、下弦横向水平支撑、下弦纵向水平支撑、垂直支撑、天窗架支撑以及纵向水平系杆。

(2)天窗架支撑。天窗架支撑包括设置在天窗两端第一柱间的上弦横向水平支撑和沿天窗架两侧边设置的垂直支撑。其作用是保证天窗架上弦的侧向稳定,将天窗端壁上的风荷载传递给屋架。天窗架支撑应设置在天窗架两端的第一柱距内,一般与屋架上弦横向水平支撑布置在同一柱间。

(3)柱间支撑。柱间支撑是由交叉的型钢和相邻两柱组成的立面桁架,柱间支撑按其位置分为上柱柱间支撑和下柱柱间支撑。分别位于吊车梁上部和下部。柱间支撑的主要作用是增强排架结构的纵向刚度和稳定性;承受由山墙传来的风荷载、由屋盖结构传来的纵向水平地震作用以及由吊车梁传来的纵向水平荷载,并将它们传至基础。

柱间支撑一般设置在伸缩缝区段两端与屋盖横向水平支撑相对应的柱距以及伸缩缝区段中央或临近中央的柱距,并在柱顶设置通长的刚性连系杆以传递水平作用力。柱间支撑一般采用交叉钢斜杆组成,当柱间因交通、设备布置或柱距较大而不能采用交叉斜杆式支撑时,可采用门架式支撑。

3.围护结构布置。主要包括以下部分:

(1)抗风柱。抗风柱设置在山墙内侧,承受山墙传来的风荷载。抗风柱一般与基础刚接,与屋架上弦铰接。抗风柱上端与屋架的连接须满足两个要求:一是在水平方向必须与屋架有可靠的连接,以保证有效地传递风荷载;二是在竖向应允许两者之间有一定的竖向相对位移,以防止排架结构与抗风柱沉降不均匀时产生不利影响。所以,抗风柱和屋架一般采用竖向可以移动、水平向又有较大刚度的弹簧板连接;当排架结构沉降较大时,则宜采用螺栓连接。

(2)圈梁、连系梁、过梁、基础梁。

①圈梁。圈梁的作用是将墙体与排架结构柱箍在一起,以增强排架结构的整体刚度,防止由于地基不均匀沉降或较大振动荷载等对排架结构产生不利影响。

②连系梁。连系梁的作用是连系纵向柱列,以增强排架结构的纵向刚度并传递风荷载到纵向柱列;此外,还承受其上部墙体的自重。

③过梁。过梁的作用是承受门窗洞口上的墙体自重。在进行排架结构布置时,应尽可能将圈梁、连系梁和过梁结合起来,以节约材料,简化施工。

④基础梁。在一般排架结构中,基础梁的作用是承受围护墙体的自重,并将其传给柱下单独基础,而不另设墙基础。基础梁底部离地基土表面应预留 100mm 的空隙,使梁可随柱基础一起沉降而不受地基土的约束,同时还可防止地基土冻胀时将梁顶裂。

(三) 单层排架结构的传力途径

单层排架结构所承受的荷载分为竖向荷载和水平荷载两大类。竖向荷载包括屋面上的恒载、活载、各承重结构构件及围护结构等非承重构件自重、吊车自重及吊车竖向活荷载等。水平荷载包括横向及纵向风载、吊车的横向水平荷载和纵向水平荷载以及水平地震作用等。单层排架结构的传力途径如图 3-50 所示。由图可看出,单层排架结构所承受的各种荷载,

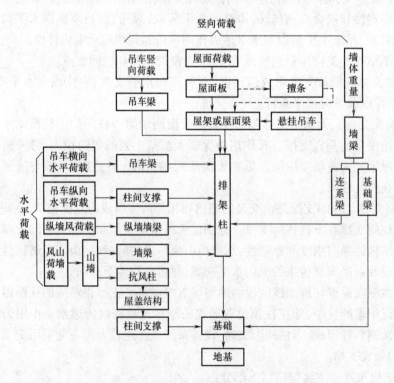

图 3-50 排架结构传力路线示意图

大部分都传递给排架柱,再由排架柱传至基础及地基。所以,排架柱是受力最为复杂、最重要的受力构件。在有吊车的排架中,吊车梁也是非常重要的承重构件,设计时应予以重视。在进行单层排架结构现场勘察时,应重点注意排架结构的质量和安全性。

三、框架结构

框架结构是由梁、柱组成的承受垂直荷载和水平荷载的结构,墙体起围护与隔断作用,不传递力,是非结构构件。框架结构的荷载传力路线为由板传递到次梁,由次梁传递到主梁,再由主梁传递到框架柱,最后由柱传递到基础。柱框架结构建筑平面布置灵活,可提供较大空间,使用方便,能满足各种建筑功能的要求,如图 3-51 和图 3-52 所示。框架结构形式可用于商场、写字楼等建筑。

图 3-51 框架结构

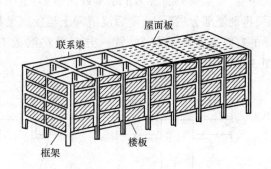

图 3-52 框架结构示意图

(一)框架结构的材料

对于混凝土,要求:有抗震设防要求的混凝土结构的强度等级应符合下列要求:设防烈度为 9 度时,混凝土强度等级不宜超过 C60;设防烈度为 8 度时,混凝土强度等级不宜超过 C70;当按一级抗震等级设计时,混凝土强度等级不应低于 C30;当按二、三级抗震等级设计时,混凝土强度等级不应低于 C20。

对于钢筋,要求:有抗震设防要求的钢筋应符合下列要求:结构构件中的普通纵向受力钢筋宜选用 HRB400、HRB335 级热轧钢筋;箍筋宜选用 HRB335、HRB400、HPB235 级热轧钢筋。

(二)框架结构的高度及高宽比

钢筋混凝土框架建筑的最大适用高度如表 3-3 所示。

表 3-3 钢筋混凝土框架建筑的最大适用高度(m)

结构体系	非抗震设计	抗震设防烈度			
		6 度	7 度	8 度	9 度
框架	70	60	55	45	25

钢筋混凝土框架建筑适用的最大高宽比如表 3-4 所示。

表 3-4　钢筋混凝土框架建筑适用的最大高宽比

结构体系	非抗震设计	抗震设防烈度		
		6度、7度	8度	9度
框架	5	4	3	2

（三）框架结构板、梁、柱的连接

框架结构在梁柱连接处一般采用刚性连接。为利于结构受力，一般梁宜拉通、对直，框架柱宜上、下对中，梁柱轴线宜在同一竖向平面内。

框架梁的横截面一般为矩形，当楼盖为现浇板时，可将楼板的一部分作为框架梁的翼缘予以考虑，即框架梁截面为 T 形或 Γ 形；当采用预制板楼盖时，为减小楼盖结构高度，增加建筑净空，框架梁截面常为十字形或花篮形；也可将预制梁做成 T 形截面，在预制板安装就位后，再现浇部分混凝土，使后浇混凝土与预制梁共同工作，即为叠合梁。这样，一方面保证了梁的有效高度和承载力，另一方面可将梁板有效地连成整体，改善结构的抗震性能，如图 3-53 所示。

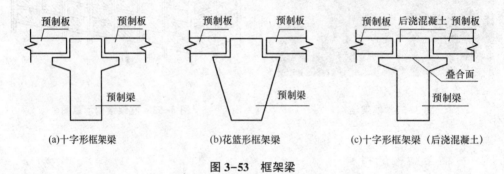

(a)十字形框架梁　　　(b)花篮形框架梁　　　(c)十字形框架梁（后浇混凝土）

图 3-53　框架梁

（四）框架结构的布置

框架结构布置应符合以下要求：

1.地震区，水平荷载除风荷载外，还有地震作用。由于地震作用是随机、反复作用的，比较复杂，地震作用对结构的影响比较大。地震区的结构布置不同，对其计算与构造也不同，所以地震区的建筑宜采用规则结构。

（1）房屋的平面布置力求简单、对称，如有局部突出，则突出部分的长度（b）不大于其宽度（L），即 $b/L \leqslant 1$，且不大于该方向总长的 30%，即 $b/B \leqslant 0.3$，如图 3-54 所示。

（2）房屋平面内质量分布和抗侧力

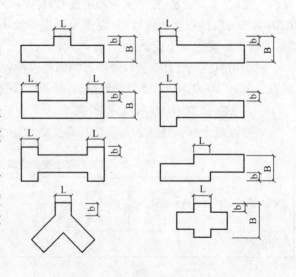

图 3-54　规则结构形状平面图

构件的布置基本均匀。

（3）立面形状简单，局部收进的尺寸不大于该方向总尺寸（B）的25%，即$b/B \geqslant 0.75$，$h/b \leqslant 1$，如图3-55所示。

2.框架结构的柱网布置，即柱距的大小，应根据建筑使用功能的要求、结构受力的合理性、有利于方便施工和经济合理等因素决定。

柱网的开间和进深，可设计成大柱网或小柱网。大柱网适用于建筑平面要求有较大空间的房屋，但将增大梁柱的截面尺寸。小柱网梁柱截面尺寸小，适用于饭店、办公楼、医院病房楼等分隔墙体较多的建筑。

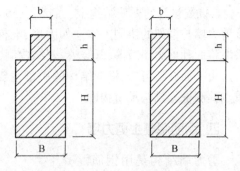

图3-55 规则结构的立面形状图
（不包括局部突出的楼电梯间）

3.根据框架承受垂直荷载的传力情况，框架结构的形式可分为横向承重框架、纵向承重框架和双向承重框架。通常将短轴方向称为横向，将长轴方向称为纵向。

（1）横向承重框架。楼板或次梁支撑在横向框架梁上，横向框架梁承受板或次梁传来的力，纵向框架梁承受梁自重、部分板上荷载和围护结构自重。由于横向柱子比较少，横向承重框架梁刚度比较大，有利于提高横向框架刚度，多采用横向框架承重布置，如图3-56所示。

（2）纵向承重框架。楼板或次梁支撑在纵向框架梁上，纵向框架梁刚度较小，较少采用纵向框架承重，如图3-57所示。

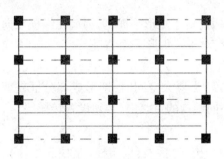

图3-56 横向框架承重

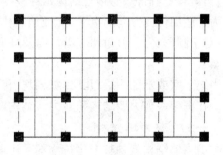

图3-57 纵向框架承重

（3）双向承重框架。楼板或次梁分别支撑在横向和纵向框架梁上，整体刚度比较好，在工业建筑中由于设备的布置多采用双向框架布置，如图3-58所示。

4.有抗震设防的框架结构，或非地震区层数较多的房屋框架结构，横向和纵向均应设计成刚接框架，成为双向梁柱抗侧力体系。主体结构除个别部位外，不应采用铰接。

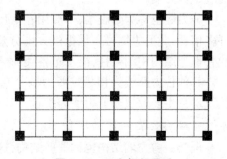

图3-58 双向框架承重

5.框架结构按抗震要求设计时,不得采用部分由砌体墙承重的混合形式。框架中的楼、电梯间及局部出屋顶的电梯机房、楼梯间、水箱间等,应采用框架承重,不应采用砌体墙承重。

6.抗震设计的框架结构中,当楼、电梯间采用钢筋混凝土墙时,结构分析计算中应考虑该剪力墙与框架的协同工作。如因楼、电梯间位置较偏等原因,不宜作为剪力墙考虑时,可采取将此种剪力墙减薄、开竖缝、开结构洞、配置少量单排钢筋等方法,以减少墙的作用。

由上面介绍可知,框架结构的质量主要取决于柱、梁、板等承重结构。现场勘察时需要重点检测框架结构承重构件。

四、钢筋混凝土剪力墙

剪力墙结构是用钢筋混凝土墙板来代替框架结构中的梁柱,能承担各类荷载引起的内力,并能有效控制结构的水平力,这种用钢筋混凝土墙板来承受竖向和水平力的结构称为剪力墙结构,如图3-59所示。

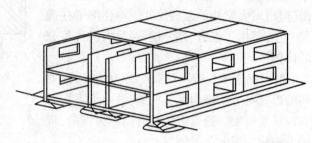

图3-59 剪力墙结构示意图

剪力墙承受竖向荷载及水平荷载的能力都很大。其特点是整体性好,侧向刚度大,水平力作用下侧移小,可以建造比框架结构更高、更多层数的建筑,并且由于没有梁、柱等外露与凸出,便于房间内部布置。缺点是不能提供大空间房屋,只能建造以小房间为主的房屋,如住宅、宾馆、单身宿舍。另外,结构延性较差。

为了适用任何方向的水平力(或地震作用),因此对于矩形平面,剪力墙在纵横双向均应设置;对于圆形平面,剪力墙应沿径向及环向设置;对于三角形平面,宜沿三个主轴方向设置剪力墙。

当地下室或下部一层、几层(如商场、停车库等)需要大空间时,即形成部分框支剪力墙结构。在框架—剪力墙结构和剪力墙结构两种不同结构的过渡层,必须设置转换层。

(一)纯剪力墙结构

纯剪力墙结构就是整个建筑物都采用剪力墙结构,包括墙身、墙柱(暗柱和端柱)、墙梁(连梁、暗梁、边框梁)。凡是为了让建筑物抗剪力所设计的墙体统称为剪力墙,通常为钢筋混凝土剪力墙。

剪力墙也称为耐震墙,一般用在房屋方面较多,由于剪力墙的刚度很大,要比柱子大上许多倍,因此剪力墙可以承担极大部分建筑的水平力。剪力墙结构是用钢筋混凝土墙板来代替框架结构中的梁柱,能承担各类荷载引起的内力,并能有效控制结构的水平力。

其他传力路线为楼板—剪力墙—基础。剪力墙不仅承受竖向荷载,也承受水平荷载。建筑寿命主要取决于剪力墙的质量。其价格高低,取决于剪力墙的数量。

(二)框架—剪力墙结构

框架—剪力墙结构也称框剪结构,这种结构是在框架结构中布置一定数量的剪力墙,构成灵活自由的使用空间,满足不同建筑功能的要求。同样又有足够的剪力,有相当大的刚度,如图 3-60 所示。

框剪结构的受力特点是,框架和剪力墙结构两种不同的抗侧力结构组成新的受力形式,其框架不同于纯框架结构中的框架,框剪结构中的剪力墙也不同于纯剪力墙结构中的剪力墙。框剪结构是以框架结构为主,以剪力墙为辅助补救框架结构不足的半刚性结构。其中,剪力墙承担大部分的水平荷载,框架主要负担竖向荷载。

框剪结构主要适用于:25 层以下的房屋,最高不宜超过 30 层;地震区五层以上的工业厂房。剪力墙一定程

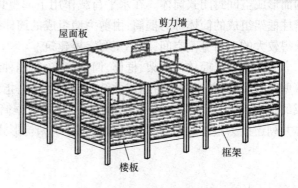

图 3-60　框架—剪力墙
(剪力墙围绕楼电梯间安排)

度上限制了建筑平面布置的灵活性,这种体系用于旅馆、公寓、住宅等建筑比较适宜。

水平荷载主要由剪力墙承受,竖向荷载主要由框架体系承受。由于框剪结构的剪力墙数量少于纯剪结构和框支剪力墙结构,价格低于两者。

（三）框支剪力墙结构

框支剪力墙是指在框架剪力墙结构(在转换层的位置)上部布置剪力墙体系,部分剪力墙应落地,如图 3-61 所示。一般多用于下部要求大开间,上部为住宅、酒店且房间内不能出现柱角的综合高层房屋。框支剪力墙结构抗震性能差,造价高,但能满足现代建筑不同功能组合的需要。

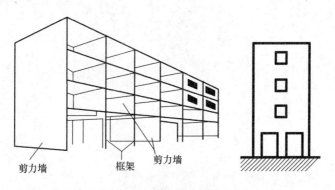

剪力墙　　　框架　　剪力墙

图 3-61　框支剪力墙结构

底层做商店或停车场因而需要大空间的旅馆或住宅可用框支剪力墙结构形式。框支剪力墙结构的房屋刚度比框架—剪力墙体系更好,适用的层数更高,层数超过 25 层的房屋宜采用全部剪力墙结构。理论上可达 100~150 层,但墙体太厚不经济,以 40 层以下为宜。

框支剪力墙结构传力路线与框剪结构相当。较框剪结构而言,框支剪力墙结构的剪力墙数量多些,其抗侧移刚度也要大些。

此外,由框架—剪力墙结构与纯剪力墙结构综合演变和发展而来筒体结构。筒体结构

是由密柱高梁空间框架或空间剪力墙所组成,将剪力墙或密柱框架集中到房屋的内部和外围而形成空间封闭式筒体。在水平荷载作用下起整体空间作用的抗侧力构件称为筒体(由密柱框架组成的筒体称为框筒;由剪力墙组成的筒体称为薄壁筒)。其特点是剪力墙集中而获得较大的自由分割空间,多用于写字楼建筑。

筒体结构分筒体—框架、框筒、筒中筒、束筒四种结构。筒体—框架结构,指中心为抗剪薄壁筒,外围为普通框架所组成的结构;框筒结构,指外围为密柱框筒,内部为普通框架柱组成的结构;筒中筒结构,指中央为薄壁筒,外围为框筒组成的结构;束筒结构,指由若干个筒体并列连接为整体的结构。与其他常见建筑结构形式相比,筒体结构的抗侧移刚度最大。

建筑装饰装修

第一节 概　述

　　建筑装饰装修工程是建筑工程的重要组成部分。它是在建筑主体结构工程完成之后，为保护建筑物主体结构、完善建筑物使用功能和美化建筑物，采用装饰装修材料，对建筑物内外表面及空间进行的各种处理过程，以满足人们对建筑产品的物质要求和精神需要。

　　建筑装饰装修工程大致包括的主要内容有：地面工程、抹灰工程、门窗工程、吊京工程、轻质隔墙工程、饰面板（砖）工程、幕墙工程、涂饰工程、裱糊与软包工程、细部工程。建筑装饰装修所涉及的范围主要是可接触到或可见到的部位。建筑中一切与人的视觉、触觉有关的，能引起人们视觉愉悦和产生舒适感的部位都有装饰的必要。对室外而言，建筑的外立面、入口、台阶、门窗（含橱窗）、檐口、雨篷、屋顶、柱及地面等都须进行装饰。就室内而言，顶棚、内墙面、隔墙和各种隔断、梁、柱、门窗、地面、楼梯以及与这些部位有关的灯具和其他小型设备都在装饰装修施工的范围之内。

一、装饰装修工程的分类

　　装饰装修工程内容广泛，可有多种分类方法。

　　（一）按装饰装修部位分类

　　按装饰装修部位的不同，可分为室内装饰（或内部装饰）、室外装饰（或外部装饰）和环境装饰等。

　　1.内部装饰。内部装饰是对建筑物室内所进行的建筑装饰。通常包括：①楼地面、墙柱面、墙裙、踢脚线；②天棚；③室内门窗（包括门窗套、贴脸、窗帘盒、窗帘及窗台等）；④楼梯及栏杆（板）；⑤室内装饰设施（包括给排水与卫生设备、电气与照明设备、暖通设备、用具、家具以及其他装饰设备）。

　　内部装饰主要作用：①保护墙体及楼地面；②改善室内使用条件；③美化内部空间，创造美观、舒适、整洁的生活和工作环境。

2. 外部装饰。外部装饰也称室外建筑装饰,包括:①外墙面、柱面、外墙裙(勒脚)腰线;②屋面、檐口、檐廊;③阳台、雨棚、遮阳棚、遮阳板;④外墙门窗,包括防盗门、防火门、外墙门窗套、花窗、老虎窗;⑤台阶、散水、落水管、花池(或花台);⑥其他室内外装饰,如楼牌、招牌、装饰条、雕塑等外露部分的装饰。

外部装饰的主要作用有:①保护房屋主体结构;②保温、隔热、隔音、防潮等;③增加建筑物的美观,点缀环境,美化城市。

3. 环境装饰。室内外环境装饰包括围墙、院落大门、灯饰、假山、喷水、雕塑小品、院内(或小区)绿化以及各种供人们休闲小憩的凳椅、亭阁等装饰物。室外环境装饰和建筑物内外装饰的有机融合,形成居住环境、城市环境和社会环境的协调统一,营造一个优雅、美观、舒适、温馨的生活和工作氛围。可见,环境装饰也是现代建筑装饰的重要配套内容。

(二)按装饰装修材料不同分类

按装饰材料和施工做法可将建筑装饰划分为以下几种。

1. 各种灰浆材料类。如水泥砂浆、混合砂浆、石灰砂浆等,这类材料用于室内外墙面、楼地面、顶棚等部位一般装饰装修。

2. 水泥石渣材料类。即以各种颜色、质感的石渣做骨料,以水泥做胶凝剂的材料,如水刷石、干黏石、剁斧石、水磨石等。

3. 各种天然、人造石材类。如天然大理石、天然花岗岩、青石板、人造大理石、人造花岗石、预制水磨石、釉面砖、外墙面砖、陶瓷锦砖、玻璃马赛克等。

4. 各种卷材类。如各种纸基壁纸、塑料壁纸、玻璃纤维墙布、织锦缎。

此外,建筑装饰装修工程还可按用途进行分类,划分为保护性装饰、功能装饰、饰面装饰、空间利用等。保护性装饰,用于保护建筑结构;功能装饰,如保温、隔热、防火等的装饰装修;饰面装饰,可改善人类工作生活环境;空间利用装饰,如隔板、壁柜、吊柜的装饰装修等。

二、装饰装修工程的特点

装饰装修工程有以下特点:

(1)工程量大面广、项目繁多。粗略估算,各类装饰装修施工工序有各种粉刷抹灰、勾缝、铺贴、干挂、油漆涂饰、架设、安装、测试、校正等,而且往往是前后交叉、反复交替、穿插配合、衔接施工。

(2)施工工期长。一般来讲,建筑装饰装修工程约占工程总工期的 30%~40%,高级装饰装修工程甚至要占到总工期的 50%~60%。

(3)耗用劳动力多。装饰装修工程施工,常为多工种流水作业,工种繁多,各种工序需要各类施工人员,频繁工序变动必然使人员流动性大增,涉及工种有泥工、木工、石工、管工、电工、油漆工、焊工、起重工、吊装工、通风工及金属、非金属加工工人,以及各通信、智能、消防安装工等,几乎各施工工种在装饰工程中都会出现。装饰装修工程施工具有工程机械化程度不高,手工操作多、湿作业多的特点,操作人员的劳动强度大、生产效率低、用工量大。一般建筑装饰装修工程所耗用的劳动量约占施工总劳动量的 20%~30%。

(4)造价高。一般装饰装修工程的造价约占建筑物总造价的 30%,一些装饰要求高的建筑则达 50% 以上。

(5)作业场所环境复杂,危险性大。场所涵盖外墙、屋面、露台、地下室、电梯井、过道楼梯、机房、罐笼、各单元等,有室内室外作业,有平面斜坡临边作业,有登高、立体、交叉作业,互相干涉影响多,转换节奏快,反复交替变化频繁;许多单间封闭、窄小,通风透气的环境流动性差,气体粉尘污染不易扩散,油漆类气体挥发一方面直接影响人体健康,也影响作业质量,另一方面挥发性、易燃性气体聚集容易引发火灾。

三、建筑装饰装修工程的基本要求

对建筑装饰装修工程,有以下基本要求:

(1)耐久性。装饰装修的耐久性包括使用上的耐久性和装饰装修质量的耐久性。影响装饰装修耐久性的主要因素有:①大气污染材质抵抗力;②机械外力磨损撞击与材质强度、安装黏结牢固程度;③色彩变异与材质色彩的保持度;④风雨干湿、冻融循环与材质的适应性。对建筑装饰装修工程耐久性的衡量包括装饰装修材料的性能指标和装饰装修施工的技术标准。

(2)安全牢固性。无论是室内装饰装修,还是室外装饰装修,都必须强调装饰装修后产品的安全牢固性。如外墙装修的牢固性包括外墙装饰的面层与基层连接牢固和装饰装修材料本身应具有足够强度。

(3)经济性。装饰装修工程造价往往占土建工程总造价的 30%~50%,个别装饰要求较高的工程可达 60%~65%。装饰除了通过简化施工、缩短工期取得经济效果外,装饰装修材料的选择是取得经济效益的关键。

建筑装饰装修选择材料的原则:①根据建筑使用要求和装饰装修等级,恰当地选择材料;②在不影响装修质量的前提下,尽量使用低档材料代替高档材料;③选择功效快、安装简便的材料,降低安装的人工费;④选择耐久性好、耐老化、不易损伤、维修方便的材料,如某些贴面砖的装饰,一旦面砖剥落维修较为困难。

第二节　楼地面装饰装修工程

一、楼地面的构造

楼地面是建筑物的底层地面(地面)和楼层地面(楼面)的总称。底层地面的基本构造层次依次为面层、垫层和基层(地基);楼层地面的基本构造层次依次为面层、基层(楼板)。面层的主要作用是满足使用要求,基层的主要作用是承担面层传来的荷载。为满足找平、结合、防水、防潮、隔声、弹性、保温隔热、管线敷设等功能的要求,往往还要在基层与面层之间增加若干中间层。建筑楼地面构造如图 4-1 所示。

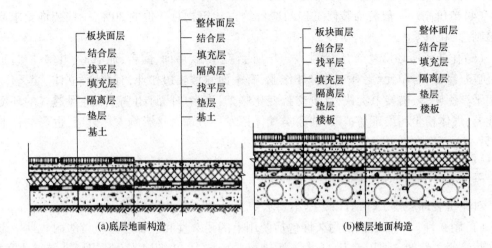

图 4-1　楼地面的构造

二、建筑楼地面的功能

楼地面在建筑中主要有分隔空间,对建筑楼地面的结构层起加强和保护的作用,并满足人们的使用要求以及隔声、保温、找坡、防水、防潮、防渗等作用。楼地面与人、家具、设备等直接接触,承受各种荷载以及物理、化学作用,且在人的视线范围内所占比例比较大,因此,对楼地面具有以下要求:

(1)坚固、耐久。楼地面面层的坚固、耐久性由室内使用状况和材料特性决定。楼地面面层应具有不易磨损、破坏,表面平整、不起尘,其耐久性国际通用标准一般为10年。

(2)满足安全性的要求。安全性是指楼地面面层使用时防滑、防火、防潮、耐腐蚀、电绝缘性好等。

(3)满足舒适感要求。舒适感是指楼地面面层应具备一定的弹性、蓄热系数及隔声性。

(4)满足装饰性要求。装饰性是指楼地面面层的色彩、图案、质感效果必须考虑室内空间的形态、家具陈设、交通流线及建筑的使用性质等因素,以满足人们的审美要求。

三、楼地面的分类

楼地面的种类很多,可以从不同的角度进行分类,具体如图 4-2 所示。

以下按构造方法和施工工艺对常见楼地面进行介绍。

四、整体式楼地面

现场整体浇筑的楼地面面层称为整体式楼地面。整体式楼地面的面层采用无接缝的加工处理,获得丰富的装饰效果,一般包括水泥砂浆楼地面、细石混凝土楼地面、现浇水磨石楼地面、涂布楼地面等,如图 4-3 所示。

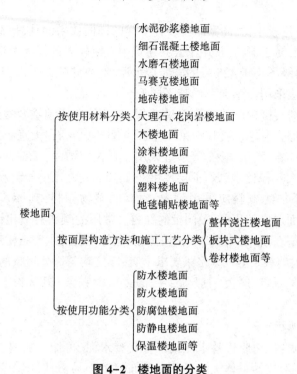

图 4-2　楼地面的分类

整体式楼地面 ⎧ 水泥砂浆楼地面:低档地面,不耐磨,容易起砂、起灰
　　　　　　 ⎨ 细石泥混凝土楼地面:耐久性好,强度高,不起灰,整体性好
　　　　　　 ⎪ 现浇水磨石楼地面:耐磨、不起灰、防水,用于人流量大的地方
　　　　　　 ⎩ 涂布楼地面:耐磨、耐久、耐水、耐化学腐蚀性

图 4-3　整体式楼地面的分类

（一）水泥砂浆楼地面

水泥砂浆楼地面构造简单,施工方便,造价较低,但热导率大,易起灰、起砂,天气过潮时易产生凝结水。

水泥砂浆面层材料由水泥和砂级配而成,其中水泥应采用标号不低于 425 号的硅酸盐水泥、普通硅酸盐水泥,严禁不同品种、不同标号的水泥混用。砂子采用中砂或粗砂,过 8mm 孔径筛。

水泥砂浆地面构造做法为:面层用 20mm 厚度的 1:2.5 水泥砂浆;结合层刷水泥 1 道;垫层用 60mm 厚度 C10 混凝土垫层,用其粒径为 5~32mm 卵石灌 M2.5 混合砂浆振捣密实或者用 150mm 厚度的 3:7 灰土;基层用素土夯实。

水泥砂浆楼面构造做法为:面层用 20mm 厚度的 1:2.5 水泥砂浆;结合层刷水泥 1 道;填充层用 60mm 厚度 1:6 水泥焦渣层或 CL7.5 轻集料混凝土;楼板为现浇钢筋混凝土楼板或预制楼板现浇叠合层。

（二）现浇水磨石楼地面

水磨石采用白水泥加颜料,或彩色水泥与大理石屑拌和而成。所用石屑的色彩、粒径、形状、级配不同,可构成不同色彩、纹理的图案。

现浇水磨石具有色彩丰富、图案组合多种多样的饰面效果,面层平整平滑,坚固耐磨,整体性好,防水,耐腐蚀,易于清洁,常用于公共建筑中人流较多的门厅等楼地面。现浇水磨石楼地面宜采用强度等级不小于425号的硅酸盐水泥、普通硅酸盐水泥和矿渣硅酸盐水泥;对于白色或浅色面层,应采用白水泥。严禁不同型号水泥混用。所选用石粒的色彩、粒径、形状、级配直接影响水磨石楼地面的装饰效果,因此石粒的选用须结合楼地面装饰效果、施工机具设备、使用部位综合考虑。石粒应采用坚硬可磨的白云石、大理石、花岗岩等岩石加工而成,硬度过高的石英岩、刚玉、长石等不宜采用。石粒应洁净,无泥沙、杂物。石渣的粒径一般为6~15mm,最大粒径比水磨石面层厚度小1~2mm,常用的石粒粒径为8mm。现浇的美术水磨石楼地面添加的颜料应采用耐光、耐碱的矿物颜料,其掺入量宜为水泥重量的3%~6%。同一色彩面层应使用同厂、同批的颜料。常用的颜料有氧化铁红(俗称"铁红")、氧化铁黄(俗称"铁黄")、镉黄、铬绿、氧化铁黑、炭黑等。现浇水磨石楼地面所使用的分格条有铜条、铝条、玻璃条、塑料条等。分格条要求平直、厚度均匀。分格条的长度以分格尺寸定,宽度根据面层的厚度而定,厚度一般为1~3mm,其中铜条、铝条为1~2mm厚,玻璃条为3mm厚。

(三)涂布楼地面

涂布楼地面指以合成树脂代替水泥或部分代替水泥,再加入颜料、填料等混合而成,在现场涂布施工硬化后形成的整体无缝地面。涂布楼地面易清洁、施工简捷、功效高、更新方便、造价低。涂布楼地面的涂层所用材料主要有两种,即酚醛树脂地板漆等地面涂料和合成树脂及其复合材料等涂布材料。

涂布地面构造做法为:面层用20mm厚度的1:2.5水泥砂浆,表面涂丙烯酸地板涂料(1.2mm厚度环氧涂料或聚氨酯涂层);结合层刷水泥1道;垫层用60mm厚度C10混凝土垫层,用其粒径为5~32mm卵石灌M2.5混合砂浆振捣密实或者用150mm厚度的3:7灰土;基层用素土夯实。

涂布楼面构造做法,面层用4~5mm厚度自流平环氧砂浆,环氧稀胶泥1道(或5~7mm厚度聚酯砂浆);结合层用50mm厚度C30细石混凝土,随打随抹光,强度达标后进行表面打磨或喷砂处理,刷水泥浆1道;填充层用60mm厚度的1:6水泥焦渣填充层;楼板为现浇钢筋混凝土楼板。

五、块材式楼地面

块材式楼地面主要指陶瓷砖、预制水磨石砖、各种天然和人造的石材地面。

(一)饰面特点

块材式楼地面花色品种多样,可按设计要求拼做成各种图案(如图4-4所示),且耐磨、耐水、易于清洁;施工速度快,湿作业量少;对板材的尺寸与色泽要求高;弹性、保温性、消声性都较差;总体而言,造价较高。

(二)饰面材料

1.陶瓷地砖。陶瓷地砖是以优质陶土为

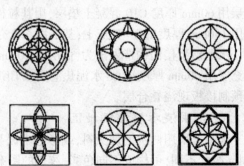

图4-4 块材常见拼花图案

原料,经半干压成型再经 1 100℃左右高温焙烧而成,分无釉和有釉两种。有釉的地砖是在已烧成的素坯体上施釉,然后再烧制而成。陶瓷地砖是粗炻类建筑陶瓷制品,其背面有凹凸条纹,便于镶贴时增强面砖与基层的黏结力。

陶瓷地砖的种类及尺寸规格、花色品种较多,适用于公共建筑及居住的大部分房间楼地面。地砖的表面质感多种多样,通过配料和改变制作工艺,可获得平面、麻面、磨光面、抛光面、纹点面、仿大理石(或花岗岩)表面、压花浮雕表面等多种表面形状,也可获得丝网印刷、套花图案、单色及多色等装饰效果。目前大规格墙地砖在块材饰面材料中占据着重要的位置,其规格有 1 000mm×1 000mm、800mm×800mm 和 600mm×600mm 等。这些大规格瓷砖硬度大于石材而密度小于石材,并具有耐酸、耐碱和耐风化的优点,还不含对人体有危害的放射性物质,颜色丰富多彩。

2.陶瓷锦砖。陶瓷锦砖,即马赛克(如图4-5所示)。陶瓷锦砖采用优质瓷土烧制而成,可上釉或不上釉。陶瓷锦砖的规格较小,直接粘贴很困难,故需预先反贴于牛皮纸上(正面与纸相粘),故又俗称"纸皮砖"。陶瓷锦砖质地坚实、吸水率小、耐酸、耐碱、耐火、耐磨、不渗水、易清洗、抗压强度高,且色彩鲜艳,色泽稳定,永不褪色。陶瓷锦砖施工时反贴于砂浆基层上,把纸润湿,在水泥初凝前把纸撕下,经调整、嵌缝,即可得到连续美观的饰面,适用于公共建筑及居住建筑的浴室、卫生间、阳台等处楼地面。

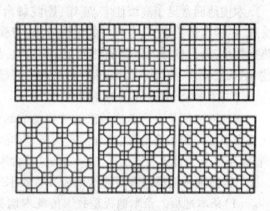

图4-5 锦砖常见拼花图案

(三)基本构造

块材式楼地面基本构造层次如图4-6所示。

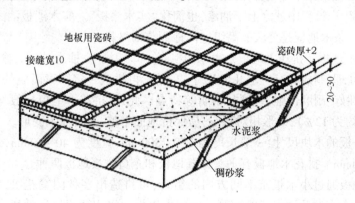

图4-6 块材式楼地面构造层次

各层构造处理需注意以下几点:

1.基层处理。清扫基层,使基层干净,无灰尘渣土,刷一道素水泥浆增加基层黏结力。

2.铺设结合层。结合层即找平层。铺设结合层的具体做法是:用干硬性水泥砂浆,体积比为1:2,铺灰厚度为10~15mm。

3.面层铺贴。首先要进行试铺。试铺的目的主要是:检查板面标高是否与建筑设计标高相吻合;砂浆面层是否平整或达到规定的泛水坡度;调整块材的纹理和色彩,避免色差过大;检查块材尺寸是否一致,并调整板缝(板缝处理形式有密缝和离缝两种)。正式铺贴前,在干硬性水泥砂浆上浇一层0.5mm厚素水泥浆。

4.进行细部处理。如板缝修饰,贴踢脚板,磨光打蜡养护等。

六、木楼地面

木楼地面一般是指楼地面表面由木板铺贴,或硬质木块胶合而成的楼地面。

(一)饰面特点

木楼地面常见于高级住宅、宾馆、剧院舞台等室内楼地面,具有许多优良的特征,诸如,纹理、色泽自然美观,具有较好的装饰效果;有弹性,人在木地面上行走有舒适感;自重轻;吸热指数小,具有良好的保温隔热性能;不起尘,易清洁等。但木楼地面也有些缺点,如耐火性、耐久性较差,潮湿环境下易腐朽;易产生裂缝和翘曲变形;造价偏高。

(二)木楼地面的面层材料

楼地面面层是室内装饰效果的重要组成部分,同时也是木楼地面直接受磨损的部位,因此要求面层材料耐磨性好、纹理优美清晰、有光泽、不易腐朽、不易开裂及变形。根据材质不同,面层可分为普通纯木地板、软木地板、复合木地板、竹地板。

1.普通纯木地板。普通纯木地板又有条木地板、拼花木地板两种。

(1)条木地板。条木地板是我国传统木地板,一般采用径级大、缺陷少的优良树种经干燥处理和设备加工而成,具有整体感强、自重轻、弹性好、脚感舒适、冬暖夏凉和导热性小等特点。常用树种有松木、杉木、柳桉木、水曲柳、樱桃木、柚木、柞木、桦木及榉木等。条木地板的宽度一般不大于120mm,厚度不大于25mm。地板拼缝可为平头、企口或错口。条木地板有上漆和不上漆之分。不上漆的地板是用户安装完毕后再上油漆;而上漆地板是指生产厂家在木地板生产过程中就涂上了油漆,也简称"实木漆板"。实木漆板油漆质量好、安装简便,但价格高。条木地板是公认的高级室内地面装饰材料。

(2)拼花木地板。拼花木地板是由水曲柳、柞木、胡桃木、柚木、枫木、榆木及柳桉等优良木材,经加工处理,制成具有一定几何尺寸的木块,再拼成一定图案而成的地板材。它具有纹理美观、弹性好、耐磨性强、坚硬与耐腐等特点。此外,拼花木地板一般均经过干燥处理,含水率恒定(约为12%),外形相对稳定,易保持地面平整、光滑而不变形。

拼花木地板的木块尺寸,一般长度为250~300mm;宽度为40~60mm,最宽可达90mm;厚度为10~20mm。拼花木地板有平头接缝地板和企口拼接地板两种。

拼花木地板通过小木板条不同方向的组合,可拼造出多种图案花纹,常用的有正芦席纹、斜芦席纹、人字纹及清水砖墙纹等。拼花木地板均采用清漆进行油漆,以显露出木材漂亮的天然纹理。

2.软木地板。软木是一种没有被砍伐的自然橡树的树皮。橡树生长25年(即有25年的树龄)后,开始采剥一次,以后每9年采剥一次。橡树树皮可以再生,不会对树木造成伤害,是一种能够完全适应环保需要的资源。

软木地板楼地面具有自然本色、美观大方、质量轻、弹性好、脚感舒适、耐磨耐用、防滑阻燃、保温隔热、无毒无味、吸音隔声、防霉防腐、防静电、绝缘、耐稀酸及皂液、不生虫螨等特点,但软木产地较少,产量不高,故造价高。目前国内市场上的优质软木地板主要靠进口,常用于高级体育馆的比赛场地。

3.复合木地板。复合木地板是以防潮薄膜为平衡层,以硬质纤维板、中密度纤维板、刨花板为基层,木纹图案浸泽纸为装饰层,耐磨高分子材料为面层复合而成的新型地面装饰材料。因复合木地板的装饰层是木纹图案浸汁纸,所以复合木地板的花样很多,色彩丰富,几乎覆盖了所有的珍贵树种,如榉木、栎木、樱桃木、橡木、枫木等,同时复合木地板还有色彩丰富、造型别致的拼接图案,这使得复合地板能加工出许多独特的效果。复合地板耐磨、阻燃、防潮、易清理、花纹美丽、色泽均匀、不变形、防虫蛀、易清理且安装方便,但相对而言弹性不足,尽管有防潮层,也不宜用于易受潮的场所。

4.竹地板。竹地板是20世纪90年代兴起的地面装饰材料,它采用中上等竹材,经严格选材、制材、漂白、硫化、脱水、防虫和防腐等工序加工处理后,再经高温、高压下的热固胶合而成。竹地板板面光洁平滑,外观呈现自然竹纹,色泽高雅美观,符合人们崇尚回归大自然的心理。竹地板具有耐磨、耐压、防潮、阻燃、富有弹性及经久耐用的优点。此外,竹地板还能弥补木地板易损变形的缺点,是高级宾馆、写字楼及现代家庭地面装饰的新型材料。按外观形状,竹地板可分为条形竹地板和方形竹地板;按涂料不同,又可分为原色地板和上色地板。

（三）木楼地面的构造

木楼地面有四种构造形式。

1.粘贴式木楼地面。这种木地面是在钢筋混凝土楼板上或底层地面的素混凝土垫层上做找平层,再用黏结材料将各种木板直接粘贴在找平层上而成,如图4-7所示。这种做法构造简单、造价低、功效快、占空间高度小,但弹性较差。

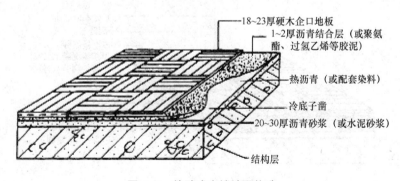

图4-7　粘贴式木楼地面构造

2.架空式木楼地面。这种木楼地面主要是用于因使用要求弹性好,或面层与基底距离较大的场合,通过地垄墙、砖墩或钢木支架的支撑来架空,如图4-8所示。其优点是使木地板富有弹性、脚感舒适、隔声、防潮,缺点是施工较复杂,造价高。

3.实铺式木楼地面。这种木地面是直接在基层的找平层上固定木搁栅,然后将木地面铺钉在木搁栅上,如图4-9和图4-10所示。这种做法具有架空式木地面板的大部分优点,而且施工较简单,所以实际工程中应用较多。

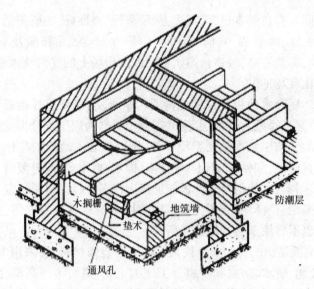

图 4-8　架空式木地面构造地面

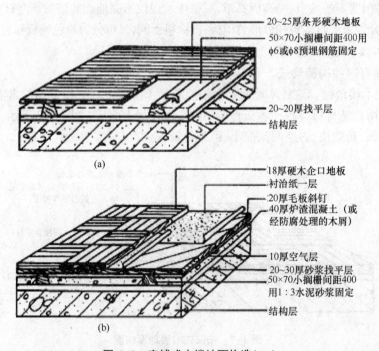

20~25厚条形硬木地板

50×70小搁栅间距400用
φ6或φ8预埋钢筋固定

20~20厚找平层

结构层

(a)

18厚硬木企口地板

衬治纸一层

20厚毛板斜钉
40厚炉渣混凝土（或
经防腐处理的木屑）

10厚空气层

20~30厚砂浆找平层
50×70小搁栅间距400
用1:3水泥砂浆固定

结构层

(b)

图 4-9　实铺式木楼地面构造(一)

4.组装式木楼地面。组装式木楼地面是指：木地板是浮铺式安装在基层上，即木地板和基层之间无须连接，板块之间只需用防水胶黏结，施工方便，如图 4-11 所示。目前常见的组装式木楼地面采用复合木地板(强化木地板)。复合木地板的基材一般为高密度板，该板既有原木地板的天然木感，又有地砖大理石的坚硬，安装无须木搁栅，不用上漆打蜡保养，多用于办公用房和住宅的楼地面。

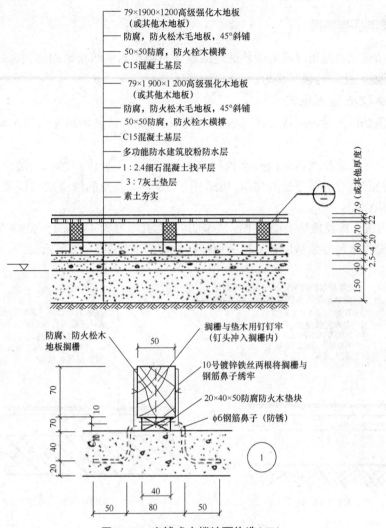

图 4-10 实铺式木楼地面构造(二)

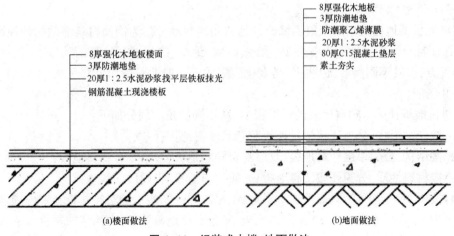

(a)楼面做法 (b)地面做法

图 4-11 组装式木楼、地面做法

七、软质制品楼地面

软质制品楼地面是指以质地较软的地面覆盖材料所形成的楼地面饰面,如橡胶地毡、聚氯乙烯塑料地板、化纤地毯等楼地面。

(一)橡胶地毡楼地面

橡胶地毡是以天然橡胶或合成橡胶为主要原料,加入适量的填充料加工而成的地面覆盖材料。

1.饰面特点。橡胶地毡地面具有较好的弹性、保温、隔撞击声、耐磨、防滑、不导电等性能,适用于展览馆、疗养院等公共建筑,也适用于车间、实验室的绝缘地面以及游泳池边、运动场等防滑地面。

2.基本构造。橡胶地毡表面有平滑或带肋两类,其厚度为4~6mm,它与基层的固定一般用胶粘剂粘贴在水泥砂浆基层上。橡胶地毡楼地面构造如图4-12所示。

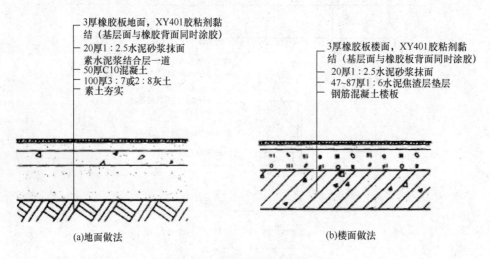

- 3厚橡胶板地面,XY401胶粘剂黏结(基层面与橡胶背面同时涂胶)
- 20厚1:2.5水泥砂浆抹面
- 素水泥浆结合层一道
- 50厚C10混凝土
- 100厚3:7或2:8灰土
- 素土夯实

- 3厚橡胶板楼面,XY401胶粘剂黏结(基层面与橡胶板背面同时涂胶)
- 20厚1:2.5水泥砂浆抹面
- 47~87厚1:6水泥焦渣层垫层
- 钢筋混凝土楼板

(a)地面做法　　　　　　(b)楼面做法

图4-12　橡胶地毡楼地面构造

(二)塑料地板楼地面

塑料地板楼地面是指用聚氯乙烯或其他树脂塑料地板作为饰面材料铺贴的楼地面。

1.饰面特点。塑料地面具有美观、质轻、耐腐、绝缘、绝热、防滑、易清洁、施工简便、造价较低的优点,但其不耐高温、怕明火、易老化。多用于一般性居住和公共建筑,不适宜人流密集的公共场所。

2.塑料地板种类。塑料地板的种类很多,从不同的角度划分如下:

(1)按产品形状,分为块状塑料地板和卷状塑料地板;

(2)按结构,分为单层塑料地板、双层复合塑料地板、多层复合塑料地板;

(3)按材料性质,分为硬质塑料地板、软质塑料地板、半硬质塑料地板;

(4)按树脂性质,分为聚氯乙烯塑料地板、氯乙烯—醋酸乙烯塑料地板和聚丙烯地板。

目前盛行的有塑胶地板、EVA豪华地板、彩色石英地板等,属中档装饰材料。

3.施工技术。

（1）施工准备：

①材料准备。合格的塑料板材或卷材、黏结剂可根据具体情况进行选用（如聚醋酸乙烯乳液、氯丁橡胶型、聚氨酯环氧树脂等）。

②工具、机具。其中包括：齿形刮板（弹簧钢板制）、橡胶滚筒或铁滚筒、割刀或多用刀、钢卷尺、尼龙线、油灰刀、橡胶锤、墨斗、砂袋、小胶桶、剪刀、油漆刷、擦布等。

③施工条件。施工条件包括：a.顶棚、墙的抹灰、沟槽、暗管、暖气装置和门窗等工程均已完成；b.水泥类基层表面平整、坚硬、干燥无油脂及其他杂物，其含水率不大于9%；c.施工时室内相对湿度不大于80%。

（2）施工工序：

基层处理→弹线→试铺→刷底子胶→铺贴地板→贴塑料踢脚板→擦光上蜡→养护。

（3）施工要点：

①基层处理。塑料地板基层一般为水泥砂浆地面，基层应坚实、平稳、清洁和干燥，表面如有麻面、凹坑，应用108胶水泥腻子（水泥∶108胶水∶水＝1∶0.75∶4）修补平稳。

②铺贴。塑料卷材要求根据房间尺寸定位裁切，裁切时应在纵向上留有0.5%的收缩余量（考虑卷材切割下来后会有一定的收缩）。切好后在平整的地面上静置3~5天，使其充分收缩后再进行裁边。粘贴时先卷起一半粘贴，然后再粘贴另一半，如图4-13所示。

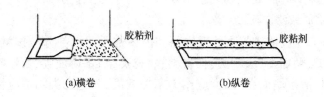

（a）横卷　　　　　　　　（b）纵卷

图4-13　卷材粘贴示意图

（三）地毯楼地面

1.饰面特点。地毯是一种高级地面饰面材料。地毯楼地面具有美观、脚感舒适、富有弹性、吸声、隔声、保温、防滑、施工和更新方便的特点，广泛应用于宾馆、酒家、写字楼、办公用房、住宅等建筑中。

2.地毯种类、特点和选用。

（1）地毯的种类。

①按材料分为：纯毛地毯、混纺地毯、化纤地毯、剑麻地毯和塑料地毯等。

②按加工工艺分为：机织地毯、手织地毯、簇绒编织地毯和无纺地毯。

（2）各类地毯特点及选用。纯毛地毯的特点是：柔软、温暖、舒适、豪华、富有弹性，但价格昂贵，易虫蛀霉变。

其余种类地毯的特点是：由于经过改性处理，可得到与羊毛地毯相近的耐老化、防污染等特性，而且价格较低、资源丰富、耐磨、耐霉、耐燃、颜色丰富、毯面柔软强韧，可用于室内外，还可做成人工草皮等特点，因此应用范围较羊毛地毯广。

3.地毯楼地面基本构造。地毯的铺设分为满铺和局部铺设两种。铺设方式有固定和不固定两种。不固定铺设是将地毯浮搁在基层上，不需将地毯与基层固定。

地毯固定铺设的方法又分为两种，一种是胶粘剂固定法，另一种是倒刺板固定法。胶粘剂固定法用于单层地毯，倒刺板固定法用于有衬垫地毯。

局铺地毯一般采用活动式，若采用固定式，则可以用胶粘剂固定或四周用铜钉固定。地毯在楼梯踏步转角处需用铜质防滑条和铜质压毡杆进行固定处理。

第三节　墙面与幕墙装饰装修工程

一、墙面装饰装修工程

（一）墙面装饰的作用

墙体装饰的主要作用是保护墙体，装饰美观，提高房屋的使用功能。内墙面装修的作用在于保护墙体，改善室内卫生条件，提高墙身的保温、隔热和隔声性能以及房间的采光效能，增加室内美观。外墙面装修的作用：保护墙体不受外界侵袭的影响；弥补和改善墙体在功能方面的不足；提高墙体防潮、保温、隔热及耐大气污染能力，使之坚固耐久，延长寿命；通过饰面的质感、线型及色彩以增强建筑物的艺术效果。

（二）墙面装饰装修工程分类

墙面装饰装修工程包括建筑物外墙饰面和内墙饰面两大部分。按材料和施工方法的不同，可分为抹灰类、贴面类、涂刷类、板材类、卷材类、清水墙面类、幕墙类等。其中，卷材类应用于室内墙面、清水墙面，幕墙类应用于室外墙面，其他几类均可应用于室内外墙面。

（三）墙面装饰装修工程构造

1.抹灰类墙体饰面构造。抹灰类饰面是用各种加色的、不加色的水泥砂浆，或者石灰砂浆、混合砂浆等做成的各种饰面抹灰层。根据使用要求不同分为一般抹灰和装饰面抹灰。外墙抹灰一般为 20～25mm，内墙抹灰为 15～20mm。在构造上和施工时须分层操作，一般分为底层、中间层和面层，如图 4-14 所示，各层的作用和要求不同。

（1）底层抹灰。底层抹灰主要是对墙体基层的表面处理，起到与基层黏结和初步找平的作用。底层砂浆根据基层材料的不同和受水浸湿情况而不同，可分别选用石灰砂浆、水泥石灰混合砂浆和水泥砂浆，底层抹灰厚度一般为 5～10mm。

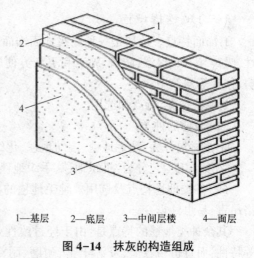

1—基层　2—底层　3—中间层楼　4—面层

图 4-14　抹灰的构造组成

（2）中间层抹灰。中间层抹灰的主要作用是找平与黏结，还可以弥补底层砂浆的干缩裂缝。一般用料与底层相同，厚度为 5～10mm，根据墙体平整度与饰面质量的要求，可一次抹成,也可分多次抹成。

（3）面层抹灰。面层抹灰又称"罩面"，主要是满足装饰和其他使用功能要求。根据所选装饰材料和施工方法不同,面层抹灰可分为各种不同性质和外观的抹灰。

2.涂料类饰面。涂料类墙面装饰是指利用各种涂料敷于基层表面而形成完整牢固的膜层,从而起到保护和装饰墙面的作用。涂料类饰面的涂层构造,一般可分为三层,即底层、中间层和面层。涂装方法包括刷涂、喷涂、滚涂和弹涂。

（1）底层。底层俗称刷底漆,其主和要作用是增加涂层与基层之间的黏附力,进一步清理基层表面的灰尘,使一部分悬浮的灰尘颗粒固定于基层。底层涂层还具有基层封闭剂(封底)的作用,可以防止木脂、水泥砂浆抹灰层中的可溶性盐等物质渗出表面,造成对涂饰饰面的破坏。

（2）中间层。中间层是整个涂层构造中的成型层。其作用是通过适当的工艺,形成具有一定厚度的、匀实饱满的涂层,达到保护基层和形成所需的装饰效果。中间层的质量好,不仅可以保证涂层的耐久性、耐水性和强度,在某些情况下对基层尚可起到补强的作用,近年来常采用厚涂料、白水泥、砂粒等材料配制中间造型层的涂料。

（3）面层。面层的作用是体现涂层的色彩和光感,提高饰面层的耐久性和耐污染能力。为了保证色彩均匀,并满足耐久性、耐磨性等方面的要求,面层最低限度应涂刷两遍。一般来说油性漆、溶剂型涂料的光泽度普遍要高一些。采用适当的涂料生产工艺、施工工艺,水性涂料和无机涂料的光泽度可以赶上或超过油性涂料、溶剂型涂料的光泽度。

3.贴面类墙体饰面构造。贴面类装饰是指各种天然石材或人造板块,通过绑、挂或直接粘贴于基层表面的装饰做法。由于块料的形状、重量、适用部位不同,其构造方法也有一定差异。轻而小的块面可以直接镶贴,构造比较简单,由底层砂浆、黏结层砂浆和块状贴面材料面层组成;大而厚重的块材则必须采用一定的构造连接措施,用贴挂等方式加强与主体结构连接。

（1）直接镶贴饰面的基本构造。直接镶贴饰面的基本构造,大体上由底层砂浆、黏结层砂浆和块材贴面面层组成。底层砂浆具有使饰面层与墙体基层之间黏附和找平的双重作用,黏结层砂浆则是与底层形成良好的连接,并将贴面材料黏附在底层上。块状面层能装饰和保护墙体,延长其使用寿命。常用的直接镶贴饰面有釉面砖饰面、陶瓷锦砖饰面、玻璃锦砖饰面、碎拼石材饰面、人造大理石饰面板饰面等。直接镶贴饰面构造如图4-15所示。

基层
15厚1:3水泥砂浆打底
10厚1:0.2:2.5水泥石灰混合砂浆
面砖
1:1水泥砂浆勾缝

面砖
黏结砂浆   背部凹槽

图4-15　直接镶贴面砖构造

（2）贴挂类饰面的基本构造。贴挂装饰面的构造层次是基层、浇注层（找平层或黏结层）、饰面层。在饰面层与基层之间用挂接构件连接固定。这是因为饰面的板材、块材尺度大，重量重，铺贴高度高，为了加强饰面材料与基层的牢固连接，因而将板材与基层绑接或挂接，然后灌浆固定。常用的贴挂类饰面构造有大理石饰面、花岗岩饰面、预制板块材饰面。

贴挂类饰面有湿法贴挂（或称贴挂整体法构造）和干挂法固定（也称钩挂件固定法构造）两种常见做法。

①湿法贴挂。常见的有大理石饰面板材贴挂和花岗石饰面板材贴挂。湿挂法构造要点：在基层上预埋铁件固定竖筋，按板材高度固定横筋，在板材上下沿钻孔或开槽口，用金属丝或金属扣件将板材绑挂在横筋上，板材与墙面的缝隙分层灌入水泥砂浆。

②干挂法固定。直接用不锈钢型材或金属连接件将石板材支托并锚固在墙体基面上，而不采用灌浆湿作业的方法称为干挂法。干挂法构造要点是，首先按照设计在墙体基面上电钻打孔，固定不锈钢膨胀螺栓，然后将不锈钢挂件安装在膨胀螺栓上，最后安装石板并调整固定。其基本构造如图4-16所示。

目前干挂法流行构造是板销式做法，如图4-17所示。

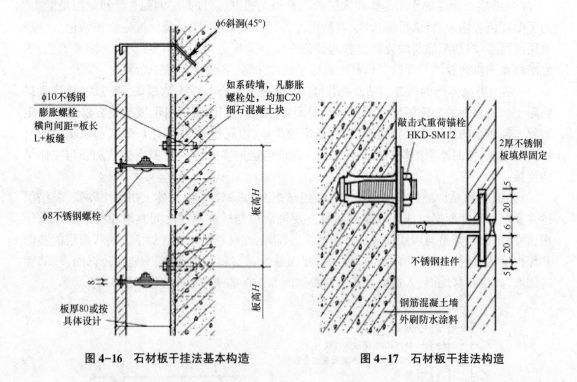

图4-16　石材板干挂法基本构造　　　　　图4-17　石材板干挂法构造

4.罩面板类饰面构造。这类饰面的基本构造是在墙体或结构主体上首先固定龙骨骨架，形成饰面板的结构层，然后采用粘贴、紧固件连接、嵌条定位等方法，将饰面半安装在骨架上，形成各类饰面板的装饰面层。常用的如木墙裙、踢脚板、玻璃墙饰面、石膏板饰面等。

5.卷材类饰面构造。卷材类饰面一般指用裱糊的方法将墙纸、织物等装饰在内墙面的一种饰面。这类饰面装饰性好，卷材饰面的材料在色彩、纹理和图案等方面比较丰富，品种众多,选择性大,可形成多种装饰效果。由于卷材饰面的材料是一种柔性材料,故其施工也比较方便。常用的墙体饰面卷材有墙纸、墙布、金属薄壁纸、皮革、人造革等。

6.清水墙饰面构造。清水墙饰面是指墙体完成之后,墙面不加其他覆盖性装饰面层,只是利用原结构砖墙或混凝土的表面进行勾缝或模纹处理的一种墙体装饰方法。这种饰面是利用墙体材料自身的质感和色彩获得装饰性,具有淡雅凝重的独特效果且耐久性好。

二、幕墙装饰装修工程

幕墙是建筑物的外墙护围,不承重,像幕布一样挂上去,故又称为悬挂墙,是现代大型和高层建筑常用的带有装饰效果的轻质墙体。由结构框架与镶嵌板材组成,不承担主体结构载荷与作用的建筑围护结构。

(一)幕墙的种类

幕墙的种类有很多,按幕墙所用的材料可分为玻璃幕墙、铝合金幕墙、钢板幕墙等,按有无框架可分为有框架幕墙和无框架全玻璃幕墙,如图4–18所示。

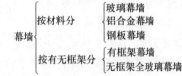

图4-18 幕墙的分类

(二)玻璃幕墙

玻璃幕墙是现代一种新型墙体形式。它源于现代建筑理论中自由立面的构想,在第二次世界大战之后被广泛应用于公共建筑的设计。玻璃幕墙将大面积玻璃应用于建筑物的外墙面,展示建筑物的现代风格,发挥玻璃本身的特性,使建筑物显得别具一格,从而给人一种全新的感觉。与传统的建筑围护结构相比,玻璃幕墙有自重轻、透光性好等优点,但也有安装难度大、造价高、维护费用高、容易造成光污染以及钢化玻璃自爆等危害。

1.玻璃幕墙的组成。玻璃幕墙由骨架、玻璃和附件三部分组成的。

(1)骨架。它由纵向立柱和横档组成,它用来支撑玻璃、固定玻璃,并通过连接件与墙体结构相连。它将玻璃的自重和风荷载及其他荷载传给主体结构,使玻璃与墙体结构连成一个整体。

(2)玻璃。玻璃是幕墙的面料,它既是建筑围护构件,又是建筑装饰面,局部还兼起玻璃窗的作用。

(3)附件(连接与安装配件)。玻璃墙的主要附件有膨胀螺栓、铝拉钉、射钉、密封条材料及连接件。

2.玻璃幕墙的分类。根据组合方式和构造方式的不同分为明框式、隐框式、半隐框式、全玻式、支点式、钢管骨架玻璃幕墙。

(1)明框玻璃幕墙,又称框式玻璃幕墙。其玻璃板镶嵌在铝框内,成为四边有铝框的幕墙构件,横梁、立柱均外露,铝框分隔明显,是应用最为广泛的传统幕墙。

(2)隐框玻璃,又称为点式玻璃幕墙,它用硅酮结构密封胶将玻璃黏结在铝框上,很多情况下,不再加金属连接结构。所以,铝框全部隐藏在玻璃后面,形成大面积全玻璃镜面。

(3)半隐框玻璃幕墙。它将玻璃两边嵌在铝框内,另两边用结构胶黏结在铝框上,形成半隐框玻璃幕墙。

(4)全玻式玻璃幕墙。这是一种全透明、全视野的玻璃幕墙,利用玻璃的透明性,追求建筑物内外空间的流通和融合,使人们透过玻璃可以清楚地看到玻璃的整个结构系统,使结构系统由单纯的支承作用转向表现其可见性,为了增强透明玻璃墙面的刚度,必须每隔一定距离用条形玻璃作为加强肋板,成为肋玻璃。全玻式玻璃幕墙一般选用比较厚的钢化玻璃和夹层钢化玻璃。选用的单片玻璃的面积和厚度应满足最大风压情况下的使用要求。全玻式玻璃具有重量轻、选材简单、加工工厂化、施工快捷、维护维修方便、易于清洗等特点。其对于丰富建筑造型立面效果的功效是其他材料无可比拟的,是现代科技在建筑装饰上的体现。

全玻式玻璃幕墙因支撑方式不同,在构造上分为座地式和悬挂式两种。座地式全玻璃幕墙一般适用于高度不超过4.5m的墙面。构造要解决的关键部位是下部的支撑点、两侧的端部以及顶部需设置不锈钢压型凹槽、玻璃肋和立面玻璃之间的安装。高度在4.5m以上的全玻式玻璃幕墙必须采用悬挂式,最高可达12m。因为玻璃幕墙高、大、重,要是结构受力合理,需要钢结构支架将其悬挂。

(5)支点式玻璃幕墙。它是由玻璃面板、支撑结构、连接支撑构件组成的。支点式玻璃幕墙是最近几年才开始使用的一直幕墙形式。人们透过玻璃可以清楚地看到支承玻璃的整个钢结构系统,使幕墙的整个骨架体系由单纯的支承作用改为支承和体现结构美的双重作用。

(6)钢管骨架玻璃幕墙。这种幕墙体系的特点是整个幕墙均采用钢管或不锈钢钢管做骨架,它既可以成为建筑钢结构的一部分,也可以单独用作玻璃幕墙的骨架。钢管骨架幕墙体系,其立柱和横梁的外观细巧、设计独特,多样化的钢管断面形式具有抗弯、抗扭曲、有弹性、能吸收张力等特点。

(三)金属薄板幕墙

金属薄板幕墙是一种新型的建筑幕墙形式,用于装修。它是将玻璃幕墙中的玻璃更换为金属板材的一种幕墙形式,但由于面材的不同两者之间又有很大的区别,所以设计施工过程中应对其分别进行考虑。由于金属板材优良的加工性能、色彩的多样及良好的安全性,能完全适应各种复杂造型的设计,可以任意增加凹进和凸出的线条,而且可以加工各种形式的曲线线条,给建筑师以巨大的发挥空间,备受建筑师的青睐,因而获得了突飞猛进的发展。

1.金属薄板材料。用于建筑幕墙的金属板的材料有铝合金、铜、不锈钢、搪瓷涂层钢,其中金属铝板使用最为广泛。

由于金属的导热性能好,金属墙板的内侧均要用矿棉等材料做保温和隔热层。为了防止室内的水蒸气渗透到隔热保温层中去,造成保温材料失效,还必须用铝箔塑料薄膜作为隔气层衬在室内的一侧。到目前为止,金属幕墙中的铝板幕墙一直在金属幕墙中占主导地位,其轻量化的材质,减少了建筑的负荷,为高层建筑提供了良好的选择条件;防水、防污、防腐蚀性能优良,保证了建筑外表面持久长新;加工、运输、安装施工等都比较容易实施,为其广泛使用提供强有力的支持;色彩的多样性及可以组合加工成不同的外观形状,拓展了建筑师的设计空间;较高的性能价格比,易于维护,使用寿命长,符合业主的要求。

2.金属薄板幕墙的组成和构造。一种是幕墙附在钢筋混凝土墙体上的附着型金属薄板,还有一种是自成骨架体系的构架型金属薄板幕墙。

(1)附着型金属薄板幕墙。附着型金属薄板幕墙的特征是幕墙体系纯粹是作为外墙饰面而依附在钢筋混凝土墙体上。

（2）构架型金属薄板幕墙。构架型金属薄板幕墙基本类似于隐框式玻璃幕墙的构造特点，它是将抗风受力骨架固定在楼板梁或结构柱上，然后再将轻钢型材固定在受力骨架上。板的固定方式同附着型金属薄板幕墙一样。

第四节 顶棚装饰装修工程

一、直接式顶棚的基本构造

（一）饰面特点

直接式顶棚一般具有构造简单，构造层厚度小，可以充分利用空间的特点；采用适当的处理手法，可获得多种装饰效果；材料用量少，施工方便，造价较低。但这类顶棚没有供隐藏管线等设备、设施的内部空间。故小口径的管线应预埋在楼屋盖结构及其构造层内，大口径的管道，则无法解决。这一类顶棚通常用于普通建筑及室内建筑高度空间受到限制的场所。

（二）直接式顶棚的饰面材料

1.各类抹灰。常用的抹灰材料有纸筋灰抹灰、石灰砂浆抹灰、水泥砂浆抹灰等。普通抹灰用于一般建筑或简易建筑，甩毛等特种抹灰用于声学等要求较高的建筑。

2.涂刷材料。常用的涂刷材料有石灰浆、大白浆、彩色水泥浆、可赛银等。其主要用于一般建筑，如办公室、宿舍等。

3.壁纸等各类卷材。常用的各类卷材有墙纸、墙布及其他一些织物。其主要用于装饰要求较高的建筑，如宾馆的客房、住宅的卧室等。

4.面砖等块材。常用的块材有釉面砖，主要用于有防潮、防腐、防霉或清洁要求较高的建筑，如浴室、洁净车间等。

5.各类板材。常用的板材有胶合板、石膏板等，主要用于装饰要求较高的建筑。

此外，还有石膏线条、木线条、金属线条等。

（三）直接式顶棚的基本构造

1.直接抹灰、喷刷、裱糊类顶棚。其由基层、中间层和面层构成。

（1）基层处理。基层处理的目的是为了保证饰面的平整和增加抹灰层与基层的黏结力。其具体做法是：先在顶棚的基层上刷一遍纯水泥浆，然后用混合砂浆打底找平。要求较高的房间，还在底板增设一层钢丝网，在钢板网上再做抹灰，这种做法强度高，结合牢，不易开裂脱落。

（2）中间层、面层的做法和构造与墙面装饰相同。

2.直接贴面类顶棚。这类顶棚有粘贴面砖等块材和粘贴固定石膏板或条等。

（1）基层处理。基层处理要求和方法同直接抹灰、喷刷、被糊类顶棚相同。

（2）中间层的要求和做法。粘贴面砖等块材和粘贴固定石膏板或条时宜加厚中间层，以保证必要的平整度。做法是在基层上做 5~8mm 厚水泥石灰砂浆。

（3）面层的做法。若为粘贴面砖,其构造与墙面贴面相同。若为石膏板或条,则先在基层上钻孔,埋木楔或塑料胀管;再在板或木条上钻孔,用木螺丝固定。

3.直接固定装饰板顶棚。该类顶棚与悬吊式顶棚的区别是不适用吊杆,直接在结构楼板底面铺设固定龙骨。

（1）铺设固定龙骨。直接式装饰板顶棚多采用木方作龙骨,间距根据面板厚度和规格确定。龙骨的固定方法一般采用胀管螺栓或射钉将连接件固定在楼板上。龙骨与楼板之间的间距较小,且顶棚较轻时,也可采用冲击钻打孔、埋设锥形木楔的方法固定。

（2）铺钉装饰面板。胶合板、石膏板等板材均可直接与木龙骨钉接。

二、悬吊式顶棚的基本构造

（一）饰面特点

悬吊式顶棚是指这种顶棚的装饰表面与屋面板、楼板等之间留有一定的距离,在这段空间中,通常要结合布置各种管道和设备。悬吊式顶棚通常还利用这段悬挂高度,使顶棚在空间高度上产生变化,形成一定的立体感。用于中、高档次的建筑顶棚装饰。

（二）要悬吊式顶棚的要求

要有足够的强度、刚度和较好的整体性。同时还应满足消防规范和便于维修等要求,吊顶工程应选用不燃和难燃材料,所有暗装电气线路必须使用阻燃套管。大面积公共建筑还需设置火灾报警和自动灭火装置,同时还应设置足够的检修洞口,以便随时检查和维修。

（三）悬吊式顶棚的构造组成及所用材料

悬吊式顶棚一般由基层、面层、吊筋三大基本部分组成。如图4-19所示。

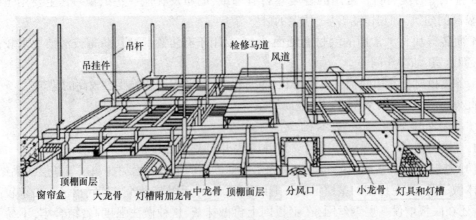

图4-19　悬吊式顶棚的构造

1.顶棚基层。顶棚基层即顶棚骨架层,是一个由主龙骨、次龙骨、小龙骨（或称为主搁栅、次搁栅）所形成的网格骨架体系。其作用主要是承受顶棚的荷载,并由它将这一荷载通过吊筋传递给楼盖或屋顶的承重结构。

常用的顶棚基层有木基层及金属基层两大类,也即木龙骨和金属龙骨。

常用的金属龙骨有两种:轻钢龙骨和铝合金龙骨。轻钢龙骨是以优质的连续热镀锌板带为原材料,经冷弯工艺轧制而成的建筑用金属骨架;用于以纸面石膏板、装饰石膏板等轻质板材做饰面的非承重墙体和建筑物屋顶的造型装饰;适用于多种建筑物屋顶的造型装饰、建筑物的内外墙体及棚架式吊顶的基础材料。铝合金龙骨,是室内吊顶装饰中常用的一种材料,可以起到支架,固定和美观作用,为铝合金材质。与之配套的是硅钙板、矿棉板、硅酸钙板等。

2.顶棚的吊筋。吊筋是连接龙骨和承重结构的承重传力构件。吊筋的作用主要是承受顶棚的荷载,并将这一荷载传给屋面板、楼板、屋顶梁、屋架等部位。其另一作用,是用来调整、确定悬吊式顶棚的空间高度,以适应不同场合、不同艺术处理上的需要。

吊筋的形式和材料的选用,与吊顶的自重及吊顶所承受设备荷载的重量有关,也与龙骨的形式和材料,屋顶承重结构的形式和材料等有关。吊筋可采用钢筋、铅丝、型钢或木方等加工制作。用于一般顶棚钢筋一般不小于 $\phi6mm$;型钢用于重型顶棚或整体刚度要求特别高的顶棚;木方一般用于木基层顶棚,并采用金属连接件加固;在铝合金龙骨吊顶中,用 $\phi6$ 至 $\phi8$ 钢筋,一端与楼板内预埋铁件焊接,另一端通过一个五金扣件与主龙骨相连接,通过扣件可调整主龙骨各吊点在同一水平设计标高上。

3.悬吊式顶棚面层。悬吊式顶棚面层一般分为抹灰类、板材类。现在抹灰类顶棚已不多见,最多的是各类板材吊顶。常用的板材有普通胶合板、硬质纤维板、装饰石膏板、石棉板、矿棉装饰吸声板、铝塑板、钙塑板、铝合金扣板和条板、镜面胶板、镜面不锈钢板等。各种材料有其不同的吸声、美观装饰作用,其安装方法也各不相同。

吊顶面板的安装方法有:

①粘贴法。粘贴法分为直接粘贴法和复合粘贴法。直接粘贴法是将饰面板用胶粘剂直接粘贴在龙骨上。刷胶宽度为 10~15mm,经 5~10 分钟后,将饰面板压粘在相应部位。此方法适用于易粘贴、重量轻及面积小的材料。

②钉固法。用装饰钉把饰面材料固定在小龙骨上,或在拼缝处加钉压条。

③企口法。当龙骨为 T 型时,多为企口法安装罩面板。T 型骨架通长次龙骨安装完毕,经检查标高、间距、平直度符合要求后,垂直通长次龙骨弹分块及卡档龙骨线。罩面板安装由顶棚的中间行次龙骨的一端开始,先装一根边卡档次龙骨,再将罩面板侧槽卡入 T 型次龙骨翼缘(暗装)或将无侧槽的罩面板装在 T 型翼缘上面(明装),然后安装另一侧卡档次龙骨。按上述程序分行安装。若为明装,最后分行拉线调整 T 型明龙骨的平直,具体如图 4-20 所示。

④搁置法。直接把面饰板块搁置在倒 T 型断面的小龙骨上,小龙骨主次两方向形成正方格,与面饰块材料尺寸相对应,正好放入卡在倒 T 型的两翼缘上。具体如图 4-21 所示。

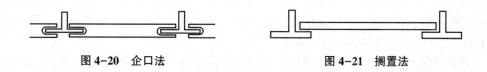

图 4-20 企口法　　　　　　　　　图 4-21 搁置法

第五节　门窗装饰装修工程

一、窗

窗的作用,主要是采光和通风,同时有眺望观景、分隔室内外空间和围护作用,还兼具美观作用。

(一)窗的分类

1.根据开启方式分类。根据开启方式的不同,窗可分为固定窗、平开窗、横转旋窗、立转旋窗和推拉窗等,如图4-22所示。

固定窗　　　平开窗　　　转旋窗　　　推拉窗

图4-22　窗的分类

(1)固定窗。固定窗不能开启,一般不设窗扇,只能将玻璃嵌固在窗框上。有时为同其他窗产生相同的立面效果,也设窗扇,但窗扇固定在窗框上。固定窗仅作采光和眺望之用,通常用于只考虑采光而不考虑通风的场合。由于窗扇固定,玻璃面积可稍大些。

(2)平开窗。平开窗在窗扇一侧装铰链,与窗框相连。它与平开门一样,有单扇、双扇之分,可以内开或外开。平开窗构造简单,制作与安装方便,采风、通风效果好,应用最广。

(3)转旋窗,又可分为横转旋窗和立转旋窗。横转旋窗根据转动轴心位置的不同,有上悬窗、中悬窗、下悬窗之分。上悬窗和中悬窗用于外窗时,通风与防雨效果较好,但也常作为门窗上的气窗形式;下悬窗使用较少。

立转旋窗转动轴位于上下冒头的中间部位,窗扇可以立向转动。这种窗通风、挡雨效果较好,并易于窗扇的擦洗,但是构造复杂、防止雨水渗漏性能差,故不多用。

(4)推拉窗。推拉窗分上下推拉和左右推拉两种形式。推拉窗的开启不占空间,但通风面积较小(只有平开窗的一半)。若采用木推拉窗,往往由于木窗较重不易推拉。目前,大量使用的是铝合金推拉窗和塑料推拉窗。

2.根据所用材料划分。根据所用材料的不同,窗可分为木窗、钢窗、铝合金窗、玻璃钢窗和塑料窗等几种。

(1)木窗。木窗是常见窗的形式。它具有自重轻、制作简单、维修方便、密闭性好等优点,但是木材会因气候的变化而胀缩,有时开关不便,并耗用木材;同时,木材易被虫蛀、易腐朽,不如钢窗经久耐用。

(2)钢窗。钢窗分空腹和实腹两类。钢窗的特点与钢门相同,与木窗相比,钢窗坚固耐用、防火耐潮、断面小。钢窗的透光率较大,约为木窗的160%,但是造价也比木窗高。

(3)铝合金窗。铝合金窗除具有钢窗的优点外,还有密闭性好、不易生锈、耐腐蚀、不需刷油漆、美观漂亮、装饰性好等优点,但造价较高,一般用于标准较高的建筑中。

(4)玻璃钢窗。玻璃钢窗轻质高强,耐腐蚀性极好,但是生产工艺较复杂,造价较高,目前主要用于具有高腐蚀性的场合。

(5)塑料窗。塑料窗色彩较多,与铝合金一样,都是新型的门窗材料。由于它美观耐用、密闭性好,正逐渐被广泛采用。

3.根据镶嵌材料划分。根据镶嵌材料的不同,窗可分为玻璃窗、纱窗、百叶窗、保温窗及防风沙窗等几种。玻璃窗能满足采光功能要求;纱窗在保证通风的同时,可以阻止蚊蝇进入室内;百叶窗一般用于只需通风不需采光的房间,百叶窗分固定百叶窗和活动百叶窗两种,活动百叶窗可以加在玻璃窗外,起遮阳通风的作用。

4.根据窗在建筑物上开设的位置划分。根据窗在建筑物上开设的位置不同,窗可分为侧窗和天窗两大类。设置在内外墙上的窗,称为"侧窗";设置在屋顶上的窗,称为"天窗"。根据构造方式的不同,天窗可分为上凸式天窗、下沉式天窗、平天窗和锯齿形天窗。

（二）窗的构造

1.窗的组成和尺寸。窗的组成,主要由窗框、窗扇、五金零件和附件四部分组成。图4-23为平开木窗的组成示意。窗的尺寸,既要满足采光、通风与日照的需要,又要符合建筑立面设计及建筑模数协调的要求。我国大部分地区标准窗的尺寸均采用3m的扩大模数。

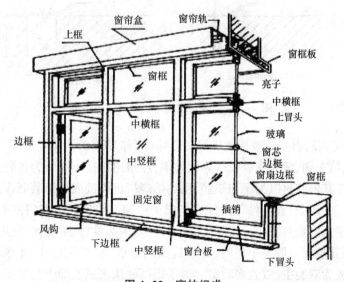

图4-23　窗的组成

2.铝合金窗。

(1)铝合金窗的用料。铝合金窗是以窗框的厚度尺寸来区分各种铝合金窗的称谓。铝合金窗所采用的玻璃根据需要可选择普通平板玻璃、浮法玻璃、夹层玻璃、钢化玻璃及中空玻璃等。

（2）铝合金窗的构造。常见形式有固定窗、平开窗、滑轴窗、推拉窗、立轴窗和悬窗等，一般多采用水平推拉式。

（3）铝合金窗的安装。先在窗框外侧用螺钉固定钢质锚固件，安装时与洞口四周墙中的预埋铁件焊接或锚固在一起，玻璃嵌固在铝合金窗料中的凹槽内，并加密封条。窗框固定铁件，除四周离边角150mm设一点外，一般间距不大于400~500mm。其连接方法有：①采用墙上预埋铁件连接；②墙上预留孔洞埋入燕尾铁脚连接；③采用金属膨胀螺栓连接；④采用射钉固定。如图4-24所示。窗框固定好后窗洞四周的缝隙一般采用软质保温材料填塞。填实处用水泥砂浆抹留5~8mm深的弧形槽，槽内嵌密封胶。

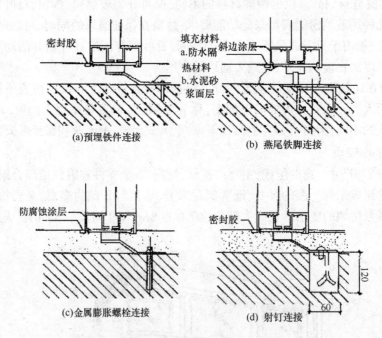

图4-24　铝合金窗框与墙体的连接构造

3.塑钢窗。塑钢门窗是以改性硬质聚氯乙烯（简称UPVC）为主要原料，加上一定比例的稳定剂、着色剂、填充剂、紫外线吸收剂等辅助剂，经挤出机挤出成型为各种断面的中空异型材。经切割后，在其内腔衬以型钢加强筋，用热熔焊接机焊接成型组装制作成门窗框、扇等，配装上橡胶密封条、压条、五金件等附件而制成的门窗。它较之全塑门窗刚度更好，自重更轻，造价适宜。塑钢门窗具有抗风压强度好、耐冲击、耐久性好、耐腐蚀、使用寿命长的特点。

塑钢门窗的异型材一般是中空的，为了提高门窗框、扇的热阻值，将排水孔道与补筋空腔分隔，可以做成为双腔室，以致多腔室。为了提高硬质聚氯乙烯中空异型材的刚性和窗扇窗框的抗风压强度，通常会在塑料窗用主型材内腔中放入钢质或铝质异型材。

常用的塑钢窗有固定窗、平开窗、水平悬窗与立式悬窗及推拉窗等。

塑钢门窗框与墙体的连接方法有如下：

（1）假框法，做一个与塑钢门窗框相配套的镀锌铁金属框，框材厚一般3mm，预先将其安装在门窗洞口上，抹灰装修完毕后再安装塑钢门窗。

（2）固定件法，门窗框通过固定铁件与墙体连接，先用自攻螺钉将铁件安装在门窗框上，然后将门窗框送入洞口定位。

（3）直接固定法，即在墙体内预埋木砖，将塑钢门窗框送入窗洞口定位后，用木螺钉直接穿过门窗型材与木砖连接。

二、门

门的主要用途是交通联系和围护，在建筑的立面处理和室内装修中也有着重要作用。

（一）门的分类

1.按开启方式分类，可分为平开门、推拉门、折叠门、转门、上翻门、升降门、卷帘门等，如图4-25所示。

2.按门所用材料分类，可分为木门、钢门、铝合金门、塑料门及塑钢门、全玻璃门等。

3.按门的功能分类，可分为普通门、保温门、隔声门、防火门、防盗门、人防门以及其他特殊要求的门等。

（二）门的构造

1.平开门的组成和尺寸。门主要由门框、门扇、亮子和五金零件组成，如图4-26所示。门洞口尺寸可根据交通、运输以及疏散要求来确定。一般情况下，门的宽度为：800~1 000mm（单扇），1 200~1 800mm（双扇）。门的高度一般不宜低于2 100mm，有亮子时可适当增高300~600mm。对于大型公共建筑，门的尺度则可根据需要另行确定。

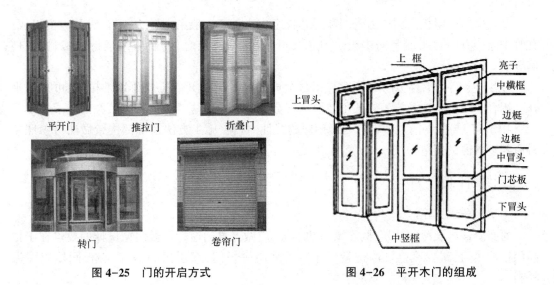

图4-25 门的开启方式   图4-26 平开木门的组成

2.平开木门的构造。

（1）门框。

①门框的断面形状和尺寸。门框的断面形状与窗框类似，但门框的断面尺寸要适当增

加,如图4-27所示。

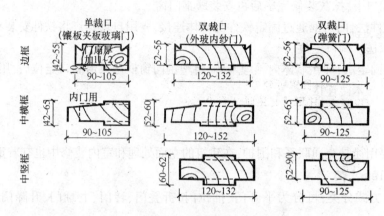

图4-27　门框的断面形状和尺寸(单位:mm)

②门框的安装。门框的安装与窗框相同,分立口和塞口两种施工方法。工厂化生产的成品门,其安装多采用塞口法施工。

③门框与墙的关系。门框在墙洞中的位置同窗框一样,有门框内平、门框居中和门框外平三种情况。门框的墙缝处理与窗框相似,但应更牢固。门窗靠墙一边开防止因受潮而变形的背槽,并做防潮处理。门框外侧的内外角做灰口,缝内填弹性密封材料。

(2)门扇。

①夹板门。夹板门门扇由骨架和面板组成,骨架通常采用(32~35)mm×(34~36)mm的木料制作。

②镶板门。镶板门门扇由骨架和门芯板组成。骨架一般由上冒头、下冒头及边梃组成,有时中间还有中冒头或竖向中梃。门芯板可采用木板、胶合板、硬质纤维板及塑料板、玻璃等。

3.铝合金门。铝合金门的特性与铝合金窗相同。门的开启方式可以推拉,也可采用平开。铝合金门的构造及施工方法可参照铝合金窗的构造做法。

4.塑料门与塑钢门。塑料门与塑钢门的特性、材料、施工方法及细部构造做法可参照塑料窗与塑钢窗的构造做法。

三、特种门窗

(一)保温门窗

对寒冷地区及冷库建筑,为了减少热损失,应做保温门窗。保温门窗设计的要点在于提高门窗的热阻,减少冷空气渗透量。保温门采用拼板门,双层门心板,门心板间填以保温材料。

(二)隔声门窗

对录音室、电话会议室、播音室等,应采用隔声门窗。为了提高门窗隔声能力,除铲口及缝隙需特别处理外,可适当增加隔声的构造层次;避免刚性连接,以防止连接处固体传声;当采用双层玻璃时,应选用不同厚度的玻璃。

（三）防火门窗

防火门可分为甲、乙、丙三级,其耐火极限分别为 1.2h、0.9h、0.6h。防火门不仅应具有一定的耐火性能,且应关闭紧密、开启方便。常用防火门多为平开门、推拉门。它平时是敞开的,一旦发生火灾须关闭,且关闭后能从任何一侧手动开启。用于疏散楼梯间的门,应采用向疏散方向开启的单向弹簧门。当建筑物设置防火墙或防火门窗有困难时,可采用防火卷帘代替防火门,但必须用水幕保护。

防火门可用难燃烧体材料如木板外包铁皮或钢板制作,也可用木材或金属骨架外包铁皮,内填矿棉制作,还可用薄壁型钢骨架外包铁皮制作。

四、断桥铝门窗

断桥铝门窗是普通铝合金门窗的升级版,为节能铝合金门窗的一种。所谓断桥隔热,是在两种铝型材中间加入一种非金属的、低导热系数的隔离物,组成隔热断桥型材,见图 4-28。断桥铝型材是当今国际上流行的绿色型材产品。其抗风、抗雨、抗渗性能俱佳;保温、隔音、减噪性能强;耐腐蚀、变形量小、防火性能好,使用寿命长达 50～100 年;隔热断桥铝型材主要生产工艺为穿条式隔热断桥,其工作原理是将内外型材采用特殊专制的隔热条连接,使铝型材具有断热功能。

图 4-28　断桥铝窗

（一）断桥铝型材的特点

1.断桥铝门窗是继木门窗、铁门窗、塑钢门窗和普通彩色铝合金门窗之后的第五代新型保温节能性门窗。它的表面可以涂装成各种各样的颜色。

2.断桥彩色铝合金门窗结合了木窗的环保,铁窗、钢窗的牢固安全,塑钢门窗保温节能的各种特性。断桥铝合金型材是由两个不同断面通过隔热条组合而成,节能隔热条又叫尼龙条,它的主要作用是阻断热传递,防止冷热传递迅速或缓热传递的功能。其结构比普通铝门窗复杂,成本较高,普通彩铝不具有隔热条,不保温不节能只是在表面做粘贴处理。

3.断桥铝合金门窗的型材断面壁厚严格遵循国家标准。壁厚要求都必须在 1.4mm 以上,因为壁厚薄关系到组装技术和组成门窗的牢固安全问题。而普通彩铝门窗壁厚要求就不太严格,通常根据市场和加工门窗厂利益而定,一般在 1.0mm 左右。

4.断桥彩色铝门窗和普通彩色铝门窗的组装技术要求特点,断桥彩色铝门窗是通过 1.4mm 或 1.4mm 以上的壁厚切成 45 度角,拐角处用 3mm 以上的专用插件通过门窗组装成套设备挤压定位,而普通门窗则是用 1mm 左右的普通角铝用拉铆钉连接而成,其牢固安全程度则差,但造价低。而组装好的彩色断桥铝门窗成人站立于上走动也不会有问题。成套设备组装出来的和用人工现场操作组装的,在技术上、要求上都相差甚远。专用断桥铝型材和普通铝型材是不能比较的。

5.断桥彩色铝门窗必须由铝材厂家专业生产周期定做而成,其表面颜色处理都专业化、技术化,使用期限是永久性的,而普通彩色铝门窗只是由普通任何一种铝材,不经专业化处理涂装自己要的一种颜色,技术处理没有铝材生产厂家到位、专业,涂装效果和使用年限不会太好,太久就会出现掉色、褪色现象,人称"牛皮癣",从而决定了断桥彩色铝门窗生产制作周期长,而普通彩铝门窗生产制作周期短的特点。

6.断桥彩色铝门窗与普通铝门窗的设计不一样,断桥设计格局大气、采光通透,根据不同空间设计而成,而普通铝门窗只能按常规设计,采光通透性差。

7.断桥窗玻璃必须是中空玻璃,双面钢化,而普通彩铝一般都是单面玻璃,所以断桥窗隔音保温效果都好。

8.结合断桥壁厚强度高、合金成分高的特点,适用于高层建筑高档住宅小区,抗风压承重好,隔热保温性好,所以断桥窗又叫高级气密窗。

(二)断桥铝窗与塑钢窗的比较

1.抗风压强度。虽然塑钢窗内有钢衬支撑,但钢衬与钢衬之间没连接,因此在强度上没有断桥铝合金高,抗风压强度相对断桥铝合金较低。所以在风力比较大的地区断桥铝型材是首选。

2.水密性。由于塑钢窗的开启扇(内平开)与框不是同一平面,向室内凹陷,因此容易积水(不会进入室内),需要通过排水槽排水,冬季不会结露。而断桥铝合金的开启扇与框在同一平面,不易积水,但由于其金属特性,在冬季可能出现结露现象。

3.气密性能。塑钢门窗的PVC型材是通过焊接连接的,在连接处没有缝隙;而断桥铝合金窗是通过螺栓连接的,因此塑钢窗的气密性要优于断桥铝合金窗。

4.保温性能。PVC型材是目前用于门窗的型材中保温性能最好的,其传热系数是钢材的1/357,是铝型材的1/1 250,铝型材和PVC型材整窗的传热系数之比是1.44倍,即冬季、夏季的能量损失是塑钢窗的1.44倍。

5.采光性能。由于塑钢窗在外立面的投影尺寸比断桥铝合金窗大一些,其框扇构件遮光面积比断桥铝合金窗大10%左右,因此同样的洞口尺寸,塑钢窗的采光性能比断桥铝合金窗差10%左右。

6.隔声性能。由于铝合金的金属特性,其能量传播性能远高于塑钢窗,其中就包括声能和热能,因此塑钢窗的隔声性要明显优于铝合金窗。

7.防火性能。塑钢窗的防火性能是难燃性,断桥铝合金窗是不烧性,因此断桥铝合金的防火性能要优于塑钢窗。

8.关于防雷和静电问题。铝合金是良好的导电体,PVC塑料是不导电绝缘体,当其用于高层建筑物(一类防雷建筑30m以上,二类45m以上,三类60m以上)时,无法解决防侧雷击问题。因此,为了加强铝合金的防静电问题,多采取静电喷涂处理。

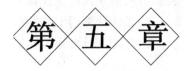

建筑面积计算规则

第一节 概 述

一、建筑面积的概念

建筑面积亦称建筑展开面积,是以平方米为计量单位反映房屋建筑规模的实物量指标,它是指建筑外墙勒脚以上外围水平面测定的各层平面面积之和。建筑面积包括附属于建筑物的室外阳台、雨篷、檐廊、室外走廊、室外楼梯等建筑部件的面积。它包括三项内容,即使用面积、辅助面积和结构面积。

使用面积,指各层平面中为生活、工作等所使用的净面积之和。

辅助面积,是指住宅建筑各层中不直接供住户生活的室内空间净面积,包括过道、厨房、卫生间、厕所、起居室、贮藏室等。

结构面积,是指所有承重墙(柱)和非承重墙所占面积的总和,即外墙、内墙、柱等结构件所占面积的总和。

在居民住宅领域,还有一个概念就是居住面积。所谓居住面积,指住宅建筑各层平面中直接供住户生活使用的居室净面积之和。所谓净面积指除去墙、柱等建筑构件所占的水平面积(即结构面积)。

住宅的公用面积则是指住宅楼内为方便住户出入、正常交往,保障生活所设置的公共走廊楼梯、电梯间、水箱间、楼层间/厅等所占面积的总和。公用面积包含在建筑面积之中,由部分辅助面积和部分结构面积构成。普通居民住宅计算每户的建筑面积时,存在公用面积分摊的问题。

二、建筑面积的作用

一直以来,建筑面积在建筑工程造价管理方面起着非常重要的作用,是建筑房屋计算工程量的主要指标之一,是计算单位工程每平方米预算造价的主要依据,是统计部门汇总发布房屋建筑面积完成情况的基础。建筑面积广泛应用于基本建设计划、统计、设计、施工和工程概预算等各个方面。

具体而言,建筑面积的作用至少包括如下3个方面:

第一,是计算建筑物占地面积、土地利用系数、使用面积系数、有效面积系数,以及开工、竣工面积,优良工程率等指标的依据。

第二,是一项建筑工程重要的技术经济指标,可通过其计算各经济指标,如单位面积造价、人工材料消耗指标。

第三,是编制设计概算的一项重要参数。

第二节　建筑面积的计算规则

建筑面积计算的一般原则是:凡在结构上、使用上形成具有一定使用功能的建筑物和构筑物,并能单独计算出其水平面积的,应计算建筑面积;反之,不应计算建筑面积。确定建筑面积的顺序为:有围护结构的,按围护结构计算面积;无围护结构、有底板的,按底板计算面积(如室外走廊、架空走廊);底板也不利于计算的,则取顶盖计算建筑面积(如车棚、货棚等);主体结构外的附属设施按结构底板计算面积。即在确定建筑面积时,围护结构优于底板,底板优于顶盖。所以有盖无盖不作为计算建筑面积的必备条件,如阳台、架空走廊、楼梯是利用其底板,顶盖只是起遮风挡雨的辅助功能。

建筑面积的计算主要依据是现行国家标准《建筑工程建筑面积计算规范》(GB/T 50353-2013)。该标准适用于新建、扩建和改建的工业与民用建筑工程建设全过程的建筑面积计算。

一、应计算建筑面积的范围及规则

(1)建筑物的建筑面积应按自然层外墙结构外围水平面积之和计算。结构层高在2.20m及以上的,应计算全面积;结构层高在2.20m以下的,应计算1/2面积。

自然层按楼地面结构分层的楼层。结构层高是指楼面或地面结构层上表面至上部结构层上表面之间的垂直距离。上下均为楼面时,结构层高是相邻两层楼板结构层上表面之间的垂直距离;建筑物最底层,从"混凝土构造"的上表面,算至上层楼板结构层上表面;建筑物顶层,从楼板结构层上表面算至屋面板结构层上表面。

建筑面积计算不再区分单层建筑和多层建筑,有围护结构的以围护结构外围计算。围护结构是指围合建筑空间的墙体、门、窗。计算建筑面积时不考虑勒脚,如图5-1所示,勒脚是建筑物外墙与室外地面或散水接触部分墙体的加厚部分,其高度一般为室内地坪与室外地面的高差,也有的将勒脚高度提高到底层窗台,因为勒脚是墙根很矮的一部分墙体加厚,不能代表整个外墙结构。当外墙结构本身在一个层高范围内不等厚时(不包括勒脚,外墙结构在该层高范围内材质不变),以楼地面结构标高处的外围水平面积计算。

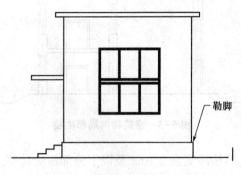

图 5-1　建筑物勒脚示意图

【例 5-1】如图 5-2 所示,单层建筑,勒脚厚 40,墙体厚 240,试计算其建筑面积 S(单位:mm)。

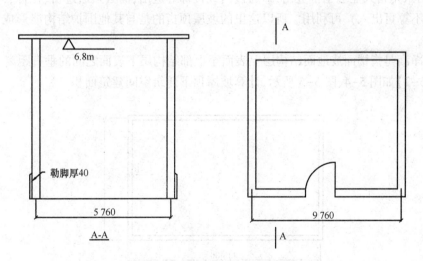

图 5-2　某单层建筑平面与剖面图

解:其建筑面积 S=(5.76+0.24)×(9.76+0.24)=60(m²)

(2)建筑物内设有局部楼层时,对于局部楼层的二层及以上楼层,有围护结构的应按其围护结构外围水平面积计算,无围护结构的应按其结构底板水平面积计算,且结构层高在2.20m及以上的,应计算全面积,结构层高在 2.20m 以下的,应计算 1/2 面积。

如图 5-3 所示,在计算建筑面积时,只要是在一个自然层内设置的局都楼层,其首层面积已包括在原建筑物中,不能重复计算。因此,应从二层以上开始计算局部楼层的建筑面积。计算方法是有围护结构按围护结构(如图 5-3 中局部二层),没有围护结构的按底板(如图 5-3 中局部三层,需要注意的是,没有围护结构的应有围护设施)。围护结构是指围合建筑空间的墙体、门、窗。栏杆、栏板属于围护设施。

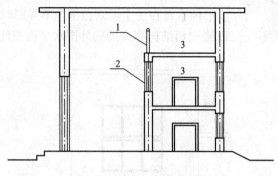

图 5-3　建筑物内局部楼层

（3）建筑物的坡屋顶，结构净高在 2.10m 及以上的部位应计算全面积；结构净高在 1.20m 及以上至 2.10m 以下的部位应计算 1/2 面积；结构净高在 1.20m 以下的部位不计算建筑面积。

建筑空间是指以建筑界面限定的、供人们生活和活动的场所。建筑空间是围合空间可出入（可出入是指人能够正常进出，即通过门或楼梯等进出；而必须通过窗、栏杆、人、检修孔等出入的不算可出入）、可利用。所以这里的坡屋顶指的是与其他围护结构能形成建筑空间的坡屋顶。

结构净高是指楼面或地面结构层上表面至上部结构层下表面之间的垂直距离。

【例 5-2】如图 5-4、图 5-5 所示，计算坡屋顶下建筑空间建筑面积。

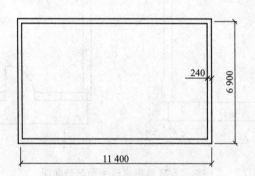

图 5-4　坡屋顶建筑物平面图

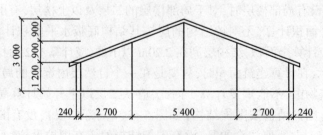

图 5-5　坡屋顶建筑物立面图

解:计算全面积部分:5.4×(6.9+0.24)=38.56(m²)

计算1/2面积部分:2.7×2×(6.9+0.24)×1/2=19.28(m²)

合计建筑面积:38.56+19.28=57.84(m²)

(4)场馆看台下的建筑空间,结构净高在2.10m及以上的部位应计算全面积;结构净高在1.20m及以上至2.10m以下的部位应计算1/2面积;结构净高在1.20m以下的部位不应计算建筑面积。室内单独设置的有围护设施的悬挑看台,应按看台结构底板水平投影面积计算建筑面积。有顶盖无围护结构的场馆看台应按其顶盖水平投影面积的1/2计算面积。

场馆区分为三种不同的情况:第一种为看台下的建筑空间,对"场(顶盖不闭合)"和"馆(顶盖闭合)"都适用;第二种为室内单独悬挑看台,仅对"馆"适用;第三种为有顶盖、无围护结构的看台,仅对"场"适用。

对于第一种情况,场馆看台下的建筑空间因其上部结构多为斜板,所以采用净高的尺寸划定建筑面积的计算范围。

对于第二种情况,室内单独设置的有围护设施的悬挑看台,因其看台上部设有顶盖且可供人使用,所以按看台板的结构底板水平投影计算建筑面积。

对于第三种情况,场馆看台上部空间建筑面积的计算,取决于看台上部有无顶盖。按顶盖计算建筑面积的范围应是看台与顶盖重叠部分的水平投影面积。对有双层看台的,各层分别计算建筑面积,顶盖及上层看台均视为下层看台的盖。无顶盖的看台不计算建筑面积。

(5)地下室、半地下室应按其结构外围水平面积计算。结构层高在2.20m及以上的,应计算全面积;结构层高在2.20m以下的,应计算1/2面积。

地下室,指房间地平面低于室外地平面的高度超过该房间净高的1/2者。半地下室,指房间地平面低于室外地平面的高度超过该房间净高的1/3,且不超过1/2者。地下室、半地下室按"结构外围水平面积"计算,而不按"外墙上口"取定。

(6)出入口外墙外侧坡道有顶盖的部位,应按其外墙结构外围水平面积的1/2计算面积。

出入口坡道分为有顶盖出入口坡道和无顶盖出入口坡道,如图5-6所示,顶盖以设计图纸为准,对后增加及建设单位自行增加的顶盖等,不计算建筑面积。顶盖不分材料种类(如钢筋混凝土顶盖、彩钢板顶盖、阳光板顶盖等)。

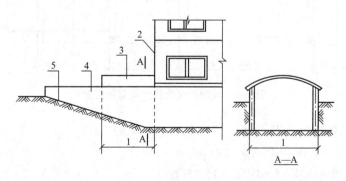

图5-6　地下室出入口

1-计算1/2投影面积部位;2-主体建筑;3-出入口顶盖;4-封闭出入口侧墙;5-出入口坡道

(7)建筑物架空层及坡地建筑物吊脚架空层,应按其顶板水平投影计算建筑面积。结构层高在2.20m及以上的,应计算全面积;结构层高在2.20m以下的,应计算1/2面积。

架空层指仅有结构支撑而无外围护结构的开敞空间层,即架空层是没有围护结构的。架空层建筑面积的计算方法适用于建筑物吊脚架空层、深基础架空层,也适用于目前部分住宅、学校教学楼等工程在底层架空或在二楼或以上某个楼层,甚至多个楼层架空作为公共活动、停车、绿化等空间的情况。

顶板水平投影面积是指架空层结构顶板的水平投影面积,不包括架空层主体结构外的阳台、空调板、通长水平挑板等外挑部分。

【例5-3】如图5-7、图5-8所示,计算各部分建筑面积(结构层高均满足2.20m)。

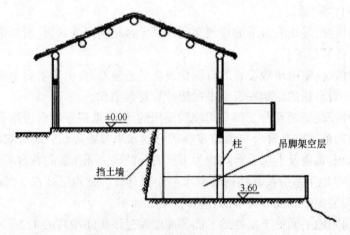

图5-7 坡地建筑吊脚架空立面图

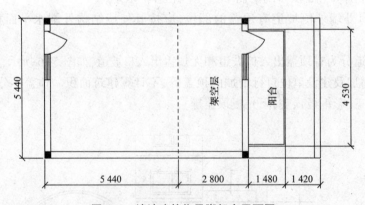

图5-8 坡地建筑物吊脚架空平面图

解:单层建筑的建筑面积=5.44×(5.44+2.80)=44.83(m²)

阳台建筑面积=1.48×4.35/2=3.22(m²)

吊脚架空层建筑面积=5.44×2.8=15.23(m²)

建筑面积合计为63.28m²。

(8)建筑物的门厅、大厅应按一层计算建筑面积,门厅、大厅内设置的走廊应按走廊结构底板水平投影面积计算建筑面积。结构层高在 2.20m 及以上的,应计算全面积;结构层高在 2.20m 以下的,应计算 1/2 面积。

(9)建筑物间的架空走廊,有顶盖和围护结构的,应按其围护结构外围水平面积计算全面积;无围护结构、有围护设施的,应按其结构底板水平投影面积计算 1/2 面积。

架空走廊指专门设置在建筑物的二层或二层以上,作为不同建筑物之间水平交通的空间,如图 5-9 所示。架空走廊建筑面积计算分为两种情况:一是有围护结构且有顶盖,计算全面积;二是无围护结构、有围护设施,无论是否有顶盖,均计算 1/2 面积。有围护结构的,按围护结构计算面积;无围护结构的,按底板计算面积。

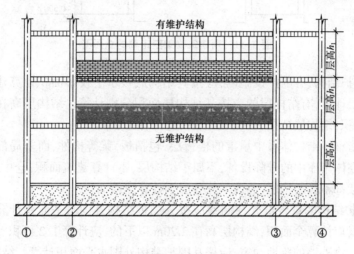

图 5-9　架空走廊示意图

【例 5-4】计算图 5-10、图 5-11 所示架空通廊的建筑面积,其中架空走廊有永久性顶盖和围护结构(图中单位:mm,墙体厚 240mm)。

解:S=(6-0.24)×(3+0.24)=18.66(m²)

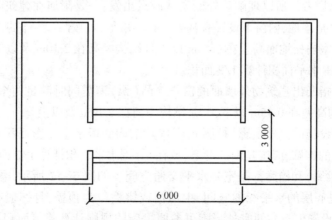

图 5-10　两建筑物架空走廊的平面图

(10)立体书库、立体仓库、立体车库,有围护结构的,应按其围护结构外围水平面积计算

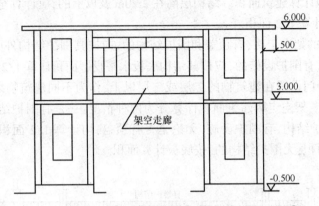

图 5-11 两建筑物架空走廊的立面图

建筑面积;无围护结构、有围护设施的,应按其结构底板水平投影面积计算建筑面积。无结构层的应按一层计算,有结构层的应按其结构层面积分别计算。结构层高在 2.20m 及以上的,应计算全面积;结构层高在 2.20m 以下的,应计算 1/2 面积。

结构层是指整体结构体系中承重的楼板层,包括板、梁等构件,而非局部结构起承重作用的分隔层。立体车库中的升降设备,不属于结构层,不计算建筑面积;仓中的立体货架、书库中的立体书架都不算结构层,故该部分分层不计算建筑面积。

(11)有围护结构的舞台灯光控制室应按其围护结构外围水平面积计算。结构层高在 2.20m 及以上的,应计算全面积;结构层高在 2.20m 以下的,应计算 1/2 面积。

附属在建筑物外墙的落地橱窗,应按其围护结构外围水平面积计算。结构层高在 2.20m 及以上的,应计算全面积;结构层高在 2.20m 以下的,应计算 1/2 面积。

(12)附属在建筑物外墙的落地橱窗,应按其围护结构外围水平面积计算。结构层高在 2.20m 及以上的,应计算全面积;结构层高在 2.20m 以下的,应计算 1/2 面积。

落地橱窗是指突出外墙面且根基落地的橱窗,可以分为建筑物主体结构内的和在主体结构外的,这里指后者。所以理解该处橱窗从两点出发:一是附属在建筑物外墙,属于建筑物的附属结构;二是落地,橱窗下设置有基础。若不落地,可按凸(飘)窗规定执行。

(13)窗台与室内楼地面高差在 0.45m 以下且结构净高在 2.10m 及以上的凸(飘)窗,应按其围护结构外围水平面积计算 1/2 面积。

凸(飘)窗是指凸出建筑物外墙面的窗户。凸(飘)窗需同时满足两个条件方能计算建筑面积:一是结构高差在 0.45m 以下,二是结构净高在 2.10m 及以上。

(14)有围护设施的室外走廊(挑廊),应按其结构底板水平投影面积计算 1/2 面积;有围护设施(或柱)的檐廊,应按其围护设施(或柱)外围水平面积计算 1/2 面积。

室外走廊(挑廊)和檐廊都是室外水平交通空间。如图 5-12 所示,悬挑的水平交通空间是挑廊;檐廊是底层的水平交通空间,由屋檐或挑檐作为顶盖,且一般有柱或栏杆、栏板等。底层无围护设施但有柱的室外走廊可参照檐廊的规则计算建筑面积。无论哪一种廊,除了必须有地面结构外,还必须有栏杆、栏板等围护设施或柱,这两个条件缺一不可,缺少任何一个条件都不计算建筑面积。室外走廊(挑廊)、檐廊都算 1/2 面积,但取定的计算部位不同:室外走廊(挑廊)按结构底板计算,而檐廊按围护设施(或柱)外围计算。

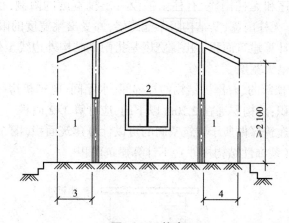

图 5-12 檐廊

1-檐廊;2-室内;3-不计算建筑面积部位;4-计算 1/2 建筑面积部位

(15)门斗应按其围护结构外围水平面积计算建筑面积。结构层高在 2.20m 及以上的,应计算全面积;结构层高在 2.20m 以下的,应计算 1/2 面积。

门斗是建筑物出入口两道门之间的空间,它是有顶盖和围护结构的全围合空间。门斗是全围合的,门廊、雨篷至少有一面不围合。如图 5-13 所示。

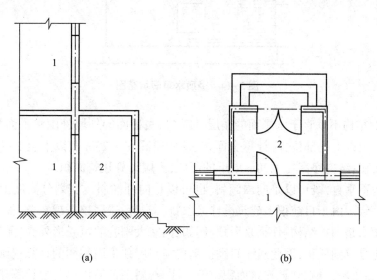

(a)   (b)

图 5-13 门斗示意图

1-室内;2-门斗

(16)门廊应按其顶板水平投影面积的 1/2 计算建筑面积;有柱雨篷应按其结构顶板水平投影面积的 1/2 计算建筑面积;无柱雨篷的结构外边线至外墙结构外边线的宽度在 2.10m 及以上的,应按雨篷结构板的水平投影面积的 1/2 计算建筑面积。

门廊是指在建筑物出入口,五门、三面或两面有墙,上部有板(或借用上部楼板)围护的部位。

　　雨篷分为有柱雨篷和无柱雨篷,有柱雨篷没有出挑宽度的限制,也不受跨越层数的限制,均计算建筑面积。无柱雨篷,其结构板不能跨层,并受出挑宽度的限制,设计出挑宽度大于或等于 2.10m 时才计算建筑面积。出挑宽度是指雨篷结构外边线至外墙结构外边线的宽度,弧形或异形时,取最大宽度。

　　(17)设在建筑物顶部的、有围护结构的楼梯间、水箱间、电梯机房等,结构层高在 2.20m 及以上的应计算全面积;结构层高在 2.20m 以下的,应计算 1/2 面积。

　　建筑物房顶上的建筑部件属于建筑空间的可以计算建筑面积(图 5-14),不属于建筑空间的则归为屋顶造型(装饰性结构构件),不计算建筑面积。

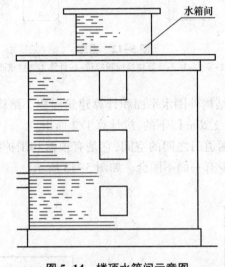

水箱间

图 5-14　楼顶水箱间示意图

　　(18)围护结构不垂直于水平面的楼层,应按其底板面的外墙外围水平面积计算。结构净高在 2.10m 及以上的部位,应计算全面积;结构净高在 1.20m 及以上至 2.10m 以下部位,应计算 1/2 面积;结构净高在 1.20m 以下的部位,不应计算建筑面积。

　　围护结构不垂直,既可以是向内倾斜,也可以是向外倾斜。在划分高度上,与斜屋面的划分原则相一致。由于目前很多建筑设计追求新、奇、特,造型越来越复杂,很多时候根本无法明确区分什么是围护结构、什么是屋顶,例如,国家大剧院的蛋壳形外壳,无法准确说它到底是算到墙还是算到屋顶,因此对于斜围护结构与斜屋顶采用相同的计算规则,即只要外壳倾斜,就按净高划段,分别计算建筑面积。但要注意,斜围护结构本身要计算建筑面积,若为斜屋顶时,屋面结构不计算建筑面积。如图 5-15 所示,其中多(高)层建筑物非顶层的倾斜部位均视为斜围护结构,底板面处的围护结构应计算全面积;图中 1 部位结构净高在 1.20m 及以上至 2.10m 以下,计算 1/2 面积;图中 2 部位结构净高小于 1.20m,不计算建筑面积;图中的围护结构,应计算全部面积。

　　(19)建筑物的室内楼梯、电梯井、提物井、管道井、通风排气竖井、烟道,应并入建筑物的自然层计算建筑面积。有顶盖的采光井应按一层计算面积,结构净高在 2.10m 及以上的,应

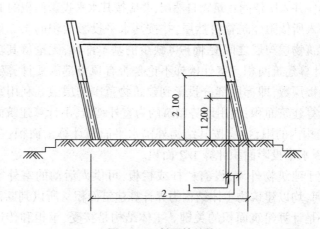

图 5-15 斜围护结构
1-计算 1/2 建筑面积部位;2-不计算建筑面积部位

计算全面积,结构净高在 2.10m 以下的,应计算 1/2 面积。

室内楼梯包括了形成井道的楼梯(即室内楼梯间)和没有形成井道的楼梯(即室内楼梯),没有形成井道的室内楼梯也应该计算建筑面积。如建筑大堂内的楼梯、跃层(或复式)住宅的室内楼梯等应计算建筑面积。建筑物的楼梯间层数按建筑物的自然层数计算。当室内公共楼梯间两侧自然层数不同时,以楼层多的层数计算。如图 5-16 所示,其中楼梯间应计算 5 个自然层建筑面积。

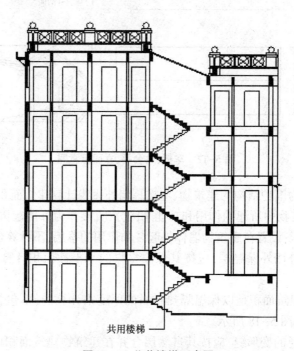

共用楼梯

图 5-16 公共楼梯示意图

(20)室外楼梯应并入所依附建筑物自然层,并应按其水平投影面积的1/2计算建筑面积。

室外楼梯应并入所依附建筑物自然层,并按其水平投影面积的1/2计算建筑面积。室外楼梯作为连接建筑物层与层之间交通不可缺少的基本部件,无论从其功能还是工程计价的要求来说,均需计算建筑面积。室外楼梯不论是否有顶盖都需要计算建筑面积。层数为室外楼梯所依附的楼层数,即梯段部分投影到建筑物范围的层数。利用室外楼梯下部的建筑空间不再重复计算建筑面积;利用地势砌筑的为室外踏步,不计算建筑面积。

(21)在主体结构内的阳台,应按其结构外围水平面积计算全面积;在主体结构外的阳台,应按其结构底板水平投影面积计算1/2面积。

阳台是指附设于建筑物外墙,设有栏杆或栏板,可供人活动的室外空间。建筑物的阳台,无论其形式如何,均以建筑物主体结构为界计算建筑面积。所以判断阳台是在主体结构内还是主体结构外是计算建筑面积的关键。主体结构是接受、承担和传递建设工程所有上部荷载,维持上部结构整体性、稳定性和安全性的有机联系的构造。

(22)有顶盖无围护结构的车棚、货棚、站台、加油站、收费站等,应按其顶盖水平投影面积的1/2计算建筑面积,如图5-17所示。

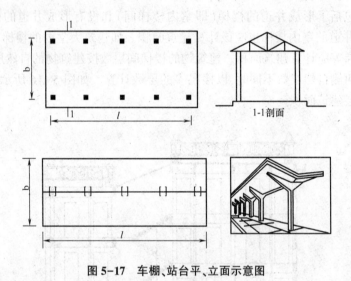

1-1剖面

图5-17　车棚、站台平、立面示意图

(23)以幕墙作为围护结构的建筑物,应按幕墙外边线计算建筑面积。

幕墙以其在建筑物中所起的作用和功能来区分,直接作为外墙起围护作用的幕墙,按其外边线计算建筑面积;设置在建筑物墙体外起装饰作用的幕墙,不计算建筑面积。

(24)建筑物的外墙外保温层,应按其保温材料的水平截面积计算,并计入自然层建筑面积。

保温隔热层的建筑面积是以保温隔热材料的厚度来计算的,不包含抹灰层、防潮层、保护层(墙)的厚度,如图5-18所示。

(25)与室内相通的变形缝,应按其自然层合并在建筑物建筑面积内计算。对于高低联跨的建筑物,当高低跨内部连通时,其变形缝应计算在低跨面积内;当高低跨内部不相连通时,其变形缝不计算建筑面积。

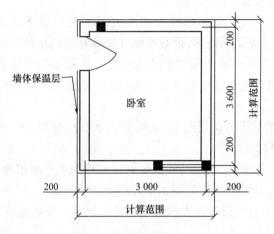

图 5-18　建筑外墙保温

　　暴露在建筑物内,在建筑物内可以看见的与室内相通的变形缝,才应计算建筑面积;与室内不相通的变形缝不计算建筑面积。高低连跨的建筑物,当高低跨内部连通或局部连通时,其连通部分变形缝的面积计算在低跨面积内。

　　(26)对于建筑物内的设备层、管道层、避难层等有结构层的楼层,结构层高在 2.20m 及以上的,应计算全面积;结构层高在 2.20m 以下的,应计算 1/2 面积。

二、不计算建筑面积的范围

　　(1)与建筑物内不相连通的建筑部件。建筑部件指的是依附于建筑物外墙外不与户室开门连通,起装饰作用的敞开式挑台(廊)、平台,以及不与阳台相通的空调室外机搁板(箱)等设备平台部件。"与建筑物内不相连通"是指没有正常的出入口,即通过门进出的,视为"连通";通过窗或栏杆等翻出去的,视为"不连通"。

　　(2)骑楼、过街楼底层的开放公共空间和建筑物通道。骑楼指建筑底层沿街面后退且留出公共人行空间的建筑物。过街楼指跨越道路上空并与两边建筑相连接的建筑物。建筑物通道指为穿过建筑物而设置的空间。

　　(3)舞台及后台悬挂幕布和布景的天桥、挑台等。这里指的是影剧院的舞台及为舞台服务的可供上人维修、悬挂幕布、布置灯光及布景等搭设的天桥和挑台等构件设施。

　　(4)露台、露天游泳池、花架、屋顶的水箱及装饰性结构构件。露台是设置在屋面首层地面或雨篷上的供人室外活动的有围护设施的平台。

　　(5)建筑物内的操作平台、上料平台、安装箱和罐体的平台。建筑物内不构成结构层的操作平台、上料平台(包括:工业厂房、搅拌站和料仓等建筑中的设备操作控制平台、上料平台等),其主要作用为室内构筑物或设备服务的独立上人设施,因此不计算建筑面积。

　　(6)勒脚、附墙柱、垛、台阶、墙面抹灰、装饰面、镶贴块料面层、装饰性幕墙,主体结构外的空调室外机搁板(箱)、构件、配件,挑出宽度在 2.10m 以下的无柱雨篷和顶盖高度达到或超过两个楼层的无柱雨篷。

　　(7)窗台与室内地面高差在 0.45m 以下且结构净高在 2.10m 以下的凸(飘)窗,窗台与室内地面高差在 0.45m 及以上的凸(飘)窗。

(8)室外爬梯、室外专用消防钢楼梯;专用的消防钢楼梯是不计算建筑面积的。当钢楼梯是建筑物唯一通道,并兼做消防用,则应按室外楼梯相关规定计算建筑面积。

(9)无围护结构的观光电梯。无围护结构的观光电梯是指桥箱直接暴露,外侧无井壁,不计算建筑面积。如果观光电梯在电梯井内运行时(井壁不限材料),观光电梯井按自然层计算建筑面积。

(10)建筑物以外的地下人防通道,独立的烟囱、烟道、地沟、油(水)罐、气柜、水塔、贮油(水)池、贮仓、栈桥等构筑物。

【例5-5】某单层厂房檐高35m,其外墙勒脚以上外围水平面积为500m²。厂房内有层高为2.2m的3层操作间,其围护结构外围水平投影面积为36m²。厂房外设有2层楼梯,其水平投影面积为8m²,其中第二层楼梯无永久性顶盖。试该厂房的建筑面积。

解:

(1)单层厂房建筑面积500m²。

(2)厂房内三层的操作间,每层高2.2m,实际除了首层外还多出2层,需要单独计算这两层的建筑面积,为72m²。

(3)室外楼梯共两层,并入所依附的建筑物自然层,按水平投影面积的一半计算,即4m²。所以

$$S = 500 + 2 \times 36 + \frac{8}{2} \times 2 = 580(\text{m}^2)$$

【例5-6】某6层砖混结构住宅楼,2~6层建筑平面图均相同,如图5-19所示。首层无阳台,其他均与二层相同,请计算其建筑面积。

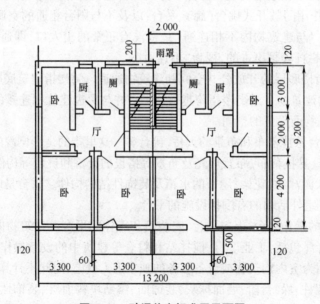

图5-19 砖混住宅标准层平面图

解:首层建筑面积(单位均为 m²)

$S_1 = (9.20 + 0.24) \times (13.2 + 0.24) = 126.87(\text{m}^2)$

$2 \sim 6$ 层建筑面积:

$S_{2-6} = S_{主体} + S_{阳台}$

$S_{主体} = S_1 \times 5 = 126.87 \times 5 = 634.35(\text{m}^2)$

$S_{阳台} = (1.5 - 0.12) \times (3.3 \times 2 + 0.06 \times 2) \times 5 \times \dfrac{1}{2} = 23.18(\text{m}^2)$

$S_{2-6} = 634.35 + 23.18 = 657.53(\text{m}^2)$

总建筑面积 $= S_1 + S_{2-6} = 126.87 + 657.53 = 787.40(\text{m}^2)$

所以,该六层住宅楼之建筑面积为787.40m²。

建设工程造价及其构成

第一节 概 述

一、基本概念

（一）建设工程造价及相关概念

1.建设项目总投资。这是指为完成工程项目建设并达到使用要求或生产条件,在建设期内预计或实际投入的全部费用总和。生产性建设项目总投资包括工程造价(或固定资产投资)和流动资金(或流动资产投资),即建设投资、建设期贷款利息和流动资金的总和。非生产性建设项目总投资一般仅指工程造价。

（1）建设投资。建设投资由工程费用(建筑工程费、设备购置费、安装工程费)、工程建设其他费用和预备费(基本预备费和价差预备费)组成。其中,建筑工程费和安装工程费有时又统称为建筑安装工程费。

（2）建设期贷款利息。建设期贷款利息包括支付金融机构的贷款利息和为筹集资金而发生的融资费用。

2.建设工程造价。

（1）建设工程造价的定义。工程造价本质上属于价格范畴。工程造价有两种含义。工程造价的第一种含义是从投资者或业主的角度来定义的。建设工程造价是指有计划地建设某项工程,预期开支或实际开支的全部固定资产投资的费用。固定资产投资所形成的固定资产价值的内容包括建筑安装工程费,设备、工器具的购置费,和工程建设其他费用等。工程造价的第一种含义表明,投资者选定一个投资项目,为了获得预期的效益,就要通过项目评估进行决策,然后进行设计、工程施工直至竣工验收等一系列投资管理活动。在投资管理活动中,要支付与工程建造有关的全部费用,才能形成固定资产,所有这些开支就构成了工程造价。从这个意义上说,工程造价就是工程投资费用。

工程造价的第二种含义,是从承包商、供应商等供给主体的角度来定义。建设工程造价是指为建设某项工程,预计或实际在土地市场、设备市场、技术劳务市场、承包市场等交易活动中,形成的工程承发包(交易)价格。工程造价的第二种含义以市场经济为前提,是以工程、设备、技术等特定商品形式作为交易对象,通过招投标或其他交易方式,在各方进行反复测算的基础上,最终形成的价格。其交易的对象,可以是一个建设项目,一个单项工程,也可以是建设的某一个阶段,如可行性研究报告阶段、设计工作阶段等,还可以是某个建设阶段的一个或几个组成部分,如建设前期的土地开发工程、安装工程、装饰工程、配套设施工程等。随着经济发展和技术进步,分工的细化和市场的完善,工程建设中的中间产品越来越多,商品交易会更加频繁,工程造价的种类和形式更为丰富。

工程造价的第二种含义通常把工程造价认定为工程承发包价格。它是在建筑市场通过招标,由需求主体投资者和供给主体建筑商共同认可的价格。

上述工程造价的两种含义,一种是从项目投资者或业主的角度提出的建设项目工程造价,它是一个广义的概念;另一种是从工程交易或工程承包、设计范围角度提出的建筑安装工程造价,它是一个狭义的概念。

(2)建设工程造价的特点。由于工程建设的特点,使工程造价具有如下特点:

①大额性。任何一项建设工程,不仅实物形态庞大,而且造价高昂,需投资几百万、几千万元甚至上亿元的资金。工程造价的大额性关系到多方面的经济利益,同时也对社会宏观经济产生重大影响。

②单个性。任何一项建设工程都有特殊的用途,其功能、用途各不相同。因而,使得每一项工程的结构、造型、平面布置、设备配置和内外装饰都有不同的要求。工程内容和实物形态的个别差异性决定了工程造价的单个性。

③动态性。任何一项建设工程从决策到竣工交付使用,都有一个较长的建设期。在这一期间,如工程变更、材料价格、费率、利率、汇率等会发生变化。这种变化必然会影响工程造价的变动,直至竣工决算后才能最终确定工程实际造价,建设周期长,资金的时间价值突出。

④层次性。一个建设项目往往含有多个单项工程,一个单项工程又是由多个单位工程组成。与此相适应,工程造价也由三个层次相对应,即建设项目总造价、单项工程造价和单位工程造价。

⑤阶段性(多次性)。建设工程规模大、周期长、造价高,随着工程建设的进展需要在建设程序的各个阶段进行计价。多次性计价是一个逐步深化、逐步细化、逐步接近最终造价的过程。

(二)工程建设不同阶段的造价文件

建设项目是一个从抽象到实际的建设过程,工程造价也从投资估算阶段的投资预计,到竣工决算的实际投资,形成最终的建设工程的实际造价。由于建设工程工期长、规模大、造价高,需要按照程序分段建设。在建设工程的各个阶段,为保证工程造价的科学性,需要进行多次计价。工程造价分别使用投资估算、设计概算、施工图预算、中标价、承包合同价、工程结算、竣工结算进行确定与控制。不同阶段的造价文件如图6-1所示。

建设工程项目从立项论证到竣工验收、交付使用的整个周期,是工程建设各阶段工程造

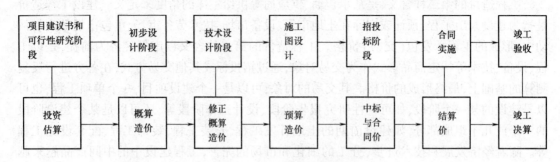

图 6-1　建设工程造价类型

价由表及里、由粗到精、逐步细化、最终形成的过程,它们之间相互联系、相互印证,具有密不可分的关系。从估算到决算,工程造价的确定与控制存在着既相互独立又相互关联的关系。按照工程建设的不同阶段,可将工程造价划分为以下几种:

1.投资估算。投资估算一般是指在工程项目前期策划决策阶段(项目建议书、可行性研究)为估算投资总额而编制的造价文件。在该阶段,根据拟建项目的功能要求和使用要求,作出项目定义,包括项目投资定义,并按照项目规划的要求和内容以及随着项目分析和研究的不断深入,逐步地将投资估算的误差率控制在允许的范围之内。投资估算是在建设前期各个阶段工作中,作为论证拟建项目经济上是否合理的重要文件,是决策、筹资和控制造价的主要依据。

2.设计概算和修正概算。本阶段以可行性研究报告中被批准的投资估算为工程造价目标书,控制和修改初步设计直至满足要求。设计概算文件是设计文件的重要组成部分,是由设计单位根据初步设计图纸、概算定额或概算指标规定的工程量计算规则和设计概算编制方法,预先测定工程造价的文件。设计概算文件较投资估算准确性高,受投资估算控制。修正概算是在扩大初步设计或技术设计阶段对设计概算进行的修正调整,较概算造价准确,受概算造价控制。

3.施工图预算造价。该阶段以被批准的设计概算为控制目标,应用限额设计、价值工程等方法,以设计概算为控制目标控制和修改施工图设计。通过对设计过程中所形成的工程造价层层限额设计,以实现工程项目设计阶段的工程造价控制目标。施工图预算造价是指在工程开工前,根据已经批准的施工图纸,在施工方案已经确定的前提下,按照预算定额、工程量清单计价规范或国家发布的其他计价文件编制的工程造价文件,较概算准确,受概算控制。

4.中标价与合同价。在该阶段,以工程设计文件(包括概、预算)为依据,结合工程施工的具体情况,如现场条件、市场价格、业主的特殊要求等,按照招标文件规定,编制招标工程的标底价,明确合同计价方式,初步确定工程的合同价。所谓中标价,就是中标人在投标文件中所列明的投标报价。中标后,中标人与招标人签订合同,形成合同价。合同价是指在工程招投标阶段通过签订总承包合同、建安工程承包合同、设备材料采购合同以及技术和咨询服务合同所确定的价格。合同价有以下特点:

(1)合同价属于市场价格,是由承发包双方根据市场行情共同议定和认可的成交价格,但并不等同于实际工程造价。签订合同,进入施工作业阶段后,由于受多种因素的影响,工程实际费用与之前签订的合同确定的价格往往不等。

(2)按计价方式不同,建设工程合同可以划分为总价合同、单价合同和成本加酬金合同三大类。工程勘察、设计合同一般为总价合同;工程施工合同则根据招标准备情况和建设工程项目的特点不同,可选用其中的任何一种。

①总价合同。总价合同又分为固定总价合同和可调总价合同。固定总价合同是指承包商按投标时业主接受的合同价格一笔包死的合同。在合同履行过程中,如果业主没有要求变更原定的承包内容,承包商在完成承包任务后,不论其实际成本如何,均应按合同价获得工程款的支付。采用固定总价合同时,承包商要考虑承担合同履行过程中的主要风险,因此,投标报价较高。固定总价合同的适用条件一般为:a)工程招标时的设计深度已达到施工图设计的深度,合同履行过程中不会出现较大的设计变更,以及承包商依据的报价工程量与实际完成的工程量不会有较大差异;b)工程规模较小,属于技术不太复杂的中小型工程或承包工作内容较为简单的工程部位。这样可以使承包商在报价时能够合理地预见到实施过程中可能遇到的各种风险;c)工程合同期较短(一般为一年之内),双方可以不必考虑市场价格浮动可能对承包价格的影响。

可调总价合同与固定总价合同基本相同,但合同期较长(一年以上),只是在固定总价合同的基础上,增加合同履行过程中因市场价格浮动对承包价格调整的条款。由于合同期较长,承包商不可能在投标报价时合理地预见一年后市场价格的浮动影响,因此,应在合同内明确约定合同价款的调整原则、方法和依据。

②单价合同。单价合同是指承包商按工程量报价单内分项工作内容填报单价,以实际完成工程量乘以所报单价确定结算价款的合同。承包商所填报的单价应为计及各种摊销费用后的综合单价,而非直接费单价。

单价合同大多用于工期长、技术复杂、实施过程中发生各种不可预见因素较多的大型土建工程,以及业主为了缩短工程建设周期,初步设计完成后就进行施工招标的工程。单价合同的工程量清单内所开列的工程量为估计工程量,而非准确工程量。单价合同较为合理地分担了合同履行过程中的风险。因为承包商据以报价的清单工程量为初步设计估算的工程量,如果实际完成工程量与估计工程量有较大差异,采用单价合同可以避免业主过大的额外支出或承包商的亏损。此外,承包商在投标阶段不可能合理准确预见的风险可不必计入合同价内,有利于业主取得较为合理的报价。单价合同按照合同工期的长短,也可以分为固定单价合同和可调价单价合同两类,调价方法与总价合同的调价方法相同。

③成本加酬金合同。成本加酬金合同是将工程项目的实际造价划分为直接成本费和承包商完成工作后应得酬金两部分。工程实施过程中发生的直接成本费由业主实报实销,另按合同约定的方式付给承包商相应报酬。

成本加酬金合同大多适用于边设计、边施工的紧急工程或灾后修复工程。由于在签订合同时,业主还不可能为承包商提供用于准确报价的详细资料,因此,在合同中只能商定酬金的计算方法。在成本加酬金合同中,业主需承担工程项目实际发生的一切费用,因而也就承担了工程项目的全部风险。而承包商由于无风险,其报酬往往也较低。按照酬金的计算方式不同,成本加酬金合同的形式有:成本加固定酬金合同、成本加固定百分比酬金合同、成本加浮动酬金合同、目标成本加奖罚合同等。

5.结算价。结算价是指施工企业按照承包合同和已完工程量向建设单位(业主)办理工程价清算的实际工程价款,指在部分工程(如一个分项工程)完工后,承包单位按照合同调价范围和调价方法,对实际发生的工程量增减、设备和材料价差等进行调整后计算和确定的价格。结算价是该结算工程的实际价格。结算价有别于工程预算价,结算价是在承包合同的工程价款基础上,根据实际已完工程量进行工程结算后的工程价款。工程结算价不一定都高于工程预算价,工程结算价按照实际发生的工程量进行计算。

6.竣工决算。该阶段全面汇总工程建设中的全部实际费用,编制竣工决算,如实体现建设项目的工程造价,并总结经验,积累技术经济数据和资料,不断提高工程造价管理水平。竣工验收后,由建设单位编制建设项目从筹建到建设投产或使用的全部实际成本的技术经济文件。竣工决算是最终确定的实际工程造价。

二、工程造价的计价原理

工程造价计价的方法有多种,各不相同,但工程造价计价的基本过程和原理是相同的。从工程费用计算角度分析,工程造价计价的顺序是:分部分项工程单价—单位工程造价—单项工程造价—建设项目总造价。影响工程造价的主要因素是两个,即单位价格和实物工程数量,可用下列基本计算式表达:

$$工程造价 = \sum_{i=1}^{n}(工程量 \times 单位价格)$$

可见,基本子项的单位价格高,工程造价就高;基本子项的实物工程数量大,工程造价也就大。对基本子项的单位价格分析,可以有两种形式:

(1)直接费单价。如果分部分项工程单位价格仅仅考虑人工、材料、机械资源要素的消耗量和价格形成,即单位价格 $= \sum$(分部分项工程的资源要素消耗量×资源要素的价格),该单位价格是直接费单价。人工、材料、机械资源要素消耗量的数据经过长期的收集、整理和积累形成了工程建设定额,它是工程计价的重要依据,与劳动生产率、社会生产力水平、技术和管理水平密切相关。建设工程造价计价的定额反映的是社会平均生产力水平,而承包人进行估价的定额反映的是该企业技术与管理水平。资源要素的价格是影响工程造价的关键因素。在市场经济体制下,工程计价时采用的资源要素的价格应该是市场价格。

(2)综合单价。如果在单位价格中还考虑直接费以外的其他一切费用,则构成的是综合单价。根据我国2003年7月起实施的国家标准《建筑工程工程量清单计价规范》的规定,综合单价是完成工程量清单中一个规定计量单位项目所需的人工费、材料费、机械使用费、管理费和利润,并考虑风险因素组成。而规费和税金,是在求出单位工程分部分项工程费、措施项目费和其他项目费后再统一计取,最后汇总得出单位工程造价。

三、建设工程定额计价

建设工程定额计价,是确定工程造价的一种计价方法,指在工程计价时,以定额为依据,按定额规定的分部分项子目,逐项计算工程量,套用定额(或单位估价表)单价确定直接工程费,然后按规定取费标准确定构成工程价格的其他费用和利税,获得建筑安装工程造价的方法。

（一）定额的概念

定额就是一种规定的额度，或称数量标准。建设工程定额是指按照国家有关的产品标准、设计规范和施工验收规范、质量评定标准，并参考行业、地方标准以及有代表性的工程设计、施工资料确定的工程建设过程中完成规定计量单位产品所消耗的人工、材料、机械等消耗量的标准。建设工程定额反映了一定社会生产力水平条件下，建设工程施工的管理和技术水平，体现社会平均消耗水平。

（二）工程建设定额

在建筑安装施工生产中，根据需要而采用不同的定额。例如，用于企业内部管理的有劳动定额、材料消耗定额和施工定额。又如，为了计算工程造价，要使用估算指标、概算定额、预算定额（包括基础定额）、费用定额等。因此，工程建设定额可以从不同的角度进行分类。

1.按定额反映的生产要素消耗内容划分。

（1）劳动定额。劳动定额规定了在正常施工条件下某工种某等级的工人，生产单位合格产品所需消耗的劳动时间，或是在单位时间内生产合格产品的数量。

（2）材料消耗定额。材料消耗定额是在节约和合理使用材料的条件下，生产单位合格产品所必须消耗的定品种规格的原材料、半成品、成品或结构构件的消耗量。

（3）机械台班消耗定额。机械台班消耗定额是在正常施工条件下，利用某种机械，生产单位合格产品所必需的机械工作时间，或是在单位时间内机械完成合格产品的数量。

2.按定额的不同用途划分。

（1）施工定额。施工定额是企业内部使用的定额，它以同一性质的施工过程为研究对象，综合规定出完成单位合格产品的人工、材料、机械台班消耗的数量标准。施工定额还是工程建设中的基础性定额，也是编制预算定额的基础。施工定额由劳动定额、材料消耗定额、机械台班消耗定额组成。施工定额是直接用于建设工程施工管理中的定额，是建筑安装企业的生产定额。施工定额既是企业投标报价的依据，也是企业控制施工成本的基础。

（2）预算定额。预算定额是编制工程预结算时计算和确定一个规定计量单位的分项工程或结构构件的人工、材料、机械台班耗用量（或货币量）的数量标准。它是以施工定额为基础的综合扩大。基础定额是以完成规定计量单位工序所需的人工、材料、施工机械的基础消耗量，不包括人工幅度差、材料损耗和机械幅度差，反映在一定的施工方案和一定的资源配置条件下建筑企业在某个具体工程上的施工水平和管理水平，作为施工中各项资源的直接消耗、施工图预算和核算工程造价的依据。预算定额是编制概算和概算指标的基础。

（3）概算定额。概算定额是编制扩大初步设计概算时计算和确定扩大分项工程的人工、材料、机械台班耗用量（或货币量）的数量标准。它是预算定额的综合扩大。概算定额是编制设计概算和概算指标的依据，粗细程度介于预算定额和概算指标之间，用于编制设计概算。

（4）概算指标。概算指标是在初步设计阶段编制工程概算所采用的一种定额，是以整个建筑物或构筑物为对象，以"m²"、"m³"或"座"等为计量单位规定人工、材料、机械台班耗用量的数量标准。它比概算定额更加综合扩大。

（5）投资估算指标。投资估算指标是在项目建议书和可行性研究阶段编制、计算投资需要量时使用的一种定额,一般是以独立的单项工程或完整的工程项目为对象,编制和计算投资需要量时使用的一种定额。它也是以预算定额、概算定额为基础的综合扩大。

3.按定额的编制单位和执行范围分类。

(1)全国统一定额:是由国家建设行政主管部门根据全国各专业工程的生产技术与组织管理情况而编制的、在全国范围内执行的定额。如《全国统一安装工程预算定额》等。

(2)地区统一定额:按照国家定额分工管理的规定,由各省、直辖市、自治区建设行政主管部门根据本地区情况编制的、在其管辖的行政区域内执行的定额。如各省、市、自治区的《建筑工程预算定额》等。

(3)行业定额:按照国家定额分工管理的规定,由各行业部门根据本行业情况编制的、只在本行业和相同专业性质使用的定额。如交通部发布的《公路工程预算定额》等。

(4)企业定额:由企业根据自身具体情况编制,在本企业使用的定额,如施工企业定额等。

(5)补充定额:当现行定额项目不能满足生产需要时,根据现场实际情况一次性补充定额,并报当地造价管理部门批准或备案。

4.按照投资的费用性质分类。

(1)建筑工程定额。建筑工程一般是指房屋和构筑物工程,包括土建工程、电气工程(动力、照明、弱电)、暖通技术(水、暖、通风工程)、工业管道工程、特殊构筑物工程等。广义上被理解为包含其他各类工程,如道路、铁路、桥梁、隧道、运河、堤坝、港口、电站、机场等工程。建筑工程定额是指用于建筑工程的计价定额。因此,建筑工程定额在整个工程建设定额中是一种非常重要的定额,在定额管理中占有突出的地位。

(2)设备安装工程定额。设备安装工程是对需要安装的设备进行定位、组合、校正、调试等工作的工程。在工业项目中,机械设备安装和电气设备安装工程占有重要地位。在非生产性的建设项目中,由于社会生活和城市设施的日益现代化,设备安装工程量也在不断增加。设备安装工程定额是指用于设备安装工程的计价定额。设备安装工程定额和建筑工程定额是两种不同类型的定额,一般都要分别编制,各自独立。但是设备安装工程和建筑工程是单项工程的两个有机组成部分,在施工中有时间连续性,也有作业的搭接和交叉,需要统一安装,互相协调,在这个意义上通常把建筑工程和安装工程作为一个施工过程来看待,即建筑安装工程。所以有时合二而一,称为建筑安装工程定额。

(3)建筑安装工程费用定额。建筑安装工程费用定额是指与建筑安装施工生产的个别产品无关,而为企业生产全部产品所必需,为维持企业的经营管理活动所必须发生的各项费用开支的费用消耗标准。

(4)工程建设其他费用定额。这是独立于建筑安装工程、设备和工器具购置之外的其他费用开支的标准。工程建设的其他费用的发生和整个项目的建设密切相关。

四、工程量清单计价

工程量清单计价,是指在建设工程招标投标中,招标人按照建设工程工程量清单计价规范编制反映工程实体消耗和措施消耗的工程量清单,作为招标文件的一部分提供给投标人,由投标人依据工程量清单,根据各种渠道所获得的工程造价信息和经验数据,结合企业定额自主报价的计价方式。工程量清单计价是一种市场价格的形成机制,主要在工程招投标和结算阶段使用。

（一）工程量清单计价的特点

1.统一计价规则。通过制定统一的建设工程量清单计价办法、统一的工程量计量规则、统一的工程量清单项目设置规则,达到规范计价行为的目的。这些规则和办法是强制性的,建设各方面都应该遵守。实行工程量清单计价,工程量清单造价文件必须做到工程量清单的项目划分、计量规则、计量单位以及清单项目编码四统一,达到清单项目工程量计量统一的目的。

2.实行工程量清单计价,有利于促进社会生产力发展。采用清单招投标,经过充分竞争形成中标价,中标价应是采用先进、合理、可靠且最佳的施工方案计算出的价格,降低工程造价是不用争辩的事实。而且,综合单价的固定性,也大大减少和有效控制了施工单位不合理索赔。并且减少出现低价中标,高价索赔的现象。因此采用清单计价,有利于企业提高管理水平,提高劳动生产率,促进企业技术进步,从而推动社会生产力的发展。实践中,实行工程量清单招标可避免招标方、审核部门、投标单位重复做预算,节省了大量人力、财力,同时缩短了时间,提高了功效;克服由于误差带来的负面影响,准确、合理、公正,便于实际操作。采用工程量清单报价,工程清单为招标单位提供,投标者可集中力量进行单价分析与施工方案的编写,投标标底的编制费用也节省一半;避免了各投标单位因预算人员水平参差不齐、素质各异,而造成同一份施工图纸所报价的工程量相差甚远,不便于评标与定标,也不利于业主选择合适的承建商。而此计价法则提供招标者一个平等竞争的基础,符合商品交换要以价值为基础,进行等价交换的原则。

3.彻底放开价格,与国际接轨。将工程消耗量定额中的人工费、材料费、机械费和利润、管理费全面放开,由市场的供求关系自行确定价格,有利于与国际社会接轨。

我国加入世贸组织后,行业技术贸易壁垒下降,建设市场进一步对外开放,我国的建设企业也在更广泛地参与国际竞争。目前,工程量清单招标形式国际上采用最为普遍,国外一些发达国家和地区,如我国香港特别行政区基本都采用这种方法。在我国,世界银行等一些国外金融机构、国外政府机构的贷款项目招标时,一般也要求采用工程量清单计价办法。这一计价法既符合建设市场竞争规则、市场经济发展需要,又符合国际通行计价原则。为适应建设市场对外开放发展的需要,采用工程量清单招标,有利于与国际惯例接轨,加强国际交流与合作,促使国内建筑企业参与国际竞争,不断提高我国工程建设管理水平。

4.企业自主报价,充分发挥竞争能力。投标企业根据自身的技术专长、材料采购渠道和管理水平等,制定企业自己的报价定额,自主报价。企业尚无报价定额的,可参考使用造价管理部门颁布的《建设工程消耗量定额》。工程量清单将实体消耗量费用和措施费分离,使施工企业在投标中技术水平的竞争能够分别表现出来,可以充分发挥施工企业自主定价的能力,从而打破现有定额中有关束缚企业自主报价的限制。可见,工程量清单招标要求施工企业加强成本核算,苦练内功,提升市场竞争力,提高资源配置效率,降低施工成本,构建适合本企业的投标系统,促使施工企业自主制定企业定额,不断提高管理水平。同时也便于工程造价管理部门分析和编制适应市场变化的造价信息,更加有力地推动政府工程造价信息制度的快速发展。

5.市场有序竞争形成价格。通过建立与国际惯例接轨的工程量清单计价模式，引入充分竞争形成价格的机制，制定衡量投标报价合理性的基础标准；在投标过程中，有效引入竞争机制，淡化标底的作用，在保证质量、工期的前提下，按国家"招标投标法"及有关条款规定，最终以"不低于成本"的合理低价者中标。

市场有序竞争形成价格，真正体现公开、公平、公正。从工程计价体制改革的角度看，工程量清单计价只需实现一个目标，即由市场形成造价，这也是市场经济体制的基本要求。遗憾的是，工程实践中，往往引入打分的方法对投标进行评价，投标价格并非决定中标与否的主要因素，在政府投资或国有企事业建设项目评标中合理高价（非最高价）往往容易中标。

实行工程量清单计价，有利于建筑市场公平竞争。作为招标文件的组成部分，工程量清单是公开的，合理低价中标，防止了暗箱操作、行政干预。招标人统一提供工程量清单，不仅减少了不必要的工程量重复计算，而且有效保证了投标人竞争基础的一致性，减少了投标人偶然工程量计算误差造成的投标失败。工程量清单计价有效改变招标单位在招标中盲目压价，施工单位在工程结算时加大工程量高套定额的行为，减少结算争议。从而真正形成"用水平决定报价，用报价决定竞争"的竞争局面，真正体现公开、公平、公正的竞争原则。

（二）清单计价的优势

工程量清单计价与传统的定额计价相比具有如下的优点：

1.有利于业主在公平竞争状态下获得较低的工程造价，所有投标人均在统一量的基础上结合企业实力考虑风险竞争价格，使工程造价趋于合理。

2.有利于类似工程项目投资分析。由于按照"四统一"的原则进行清单编制，随着清单计价方式的深入实施，业主及施工单位、招标代理机构不断积累经验，清单项目单价能够得到更好的利用，也更趋于公平、透明、合理。

3.有利于实现风险的合理分担。工程量误差的风险由发包方承担，工程报价的风险由投标方承担。

4.有利于节省时间，减少不必要的重复劳动，提高效率。在招标时各投标单位不必花费大量时间去计算工程量，节省了大量人力、财力，同时缩短时间，提高了功效，特别是社会功效。

5.有利于造价的管理与控制，施工过程中发生的工程量的变化能够轻松换算为增加或减少的造价，使得造价管理更为直观，有利于增强投资管理意识。

第二节　建设工程造价构成

建设工程造价包括设备及工器具购置费、建筑安装工程费用、工程建设其他费用、预备费、建设期贷款利息。其内容构成如图6-2所示。

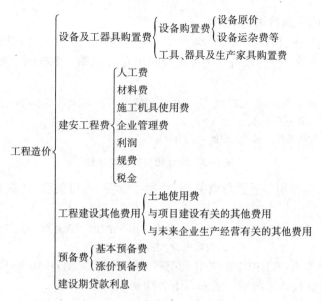

图6-2　建设工程造价的构成

一、设备及工、器具购置费

(一)设备购置费

设备及工、器具购置费由设备购置费和工具、器具及生产家具购置费组成,是固定资产投资的组成部分。在生产性工程建设中,设备及工、器具购置费用占工程造价比重一般都比较大,而且,该比例增大,意味着生产技术的进步和资本有机构成在提高。

1.设备购置费的构成。设备购置费是指为建设项目购置或自制的达到固定资产标准的各种国产或进口设备、工具、器具的购置费用。它由设备原价和设备运杂费构成。

$$设备购置费=设备原价+设备运杂费$$

式中,设备原价是指国产设备或进口设备的原价;设备运杂费是指除设备原价之外的关于设备采购、运输、途中包装及仓库保管等方面支出费用的总和。

(1)国产设备原价。国产设备原价一般是指设备制造厂的交货价或订货合同价。一般根据生产厂或供应商的询价、报价、合同价确定,或采用一定的方法计算确定。国产设备原价分为国产标准设备原价和国产非标准设备原价。

国标设备一般有成熟的技术标准体系及交易市场,通过查询相关交易市场价格或向设备生产厂家询价即可得到设备原价。国产非标准设备是指国家尚无定型标准,各生产厂不可能在工艺过程中批量生产,只能按订货要求并根据具体的设计图纸制造的设备,因无法获取市场交易价格,所以此类设备可采用成本估价法、系列设备插入估价法、分部组合估价法、定额估价法等方式来计算。常用的成本计算估价法公式如下:

$$国产非标设备原价=\{[(材料费+加工费+辅助材料费)\times(1+专用工具费率)\times$$
$$(1+废品损失费率)+外购配套件费]\times(1+包装费率)-外购配套件费\}\times$$
$$(1+利润率)+销项税额+非标准设备设计费+外购配套件费$$

(2)进口设备原价。进口设备原价是指进口设备的抵岸价,通常是由进口设备到岸价

(CIF)和进口设备的从属费用构成。

进口设备的到岸价,即抵达买方边境港口或边境车站的价格。在国际贸易中,交易双方所使用的交货类别不同,则交易价格的构成内容也有所差异。常见的主要有三类,如图6-3所示。

$$
\begin{cases}
\text{FOB:装运港船上交货价——离岸价。我国进口设备采用最多的一种货价}\\
\text{CFR:运费在内价}\\
\text{CIF:运费、保险费在内价——到岸价}
\end{cases}
$$

图6-3 国际贸易的三个术语

进口设备的从属费用包括银行财务费、外贸手续费、进口关税、消费税、增值税、车辆购置税等。

进口设备到岸价(CIF)= 离岸价格(FOB)+国际运费(或海运费)+运输保险费
= 运费在内价(CFR)+运输保险费

进口设备从属费用=银行财务费+外贸手续费+关税+消费税+进口环节增值税+车辆购置税

2.设备运杂费。设备运杂费一般由以下各项构成:

(1)运费和装卸费。对国产设备,为由设备制造厂交货地点起至工地仓库(或施工组织设计指定的需要安装设备的堆放地点)止所发生的运费和装卸费;对进口设备,则为由我国到岸港口或边境车站起至工地仓库(或施工组织设计指定的需要安装设备的堆放地点)止所发生的运费和装卸费。

(2)包装费。在设备原价中没有包含的、为运输而进行的包装支出的各种费用。

(3)设备供销部门的手续费。按有关部门规定的统一费率计算。

(4)采购与仓库保管费。这是指采购、验收、保管和收发设备所发生的各种费用,包括设备采购人员、保管人员和管理人员的工资、工资附加费、办公费、差旅交通费、设备供应部门办公和仓库所占固定资产使用费、工具用具使用费、劳动保护费、检验试验费等。

设备运杂费按设备原价乘以设备运杂费率计算。其公式为:

设备运杂费=设备原价×设备运杂费率(%)

(二)工具、器具及生产家具购置费

工具、器具及生产家具购置费,是指新建或扩建项目初步设计规定的、保证初期正常生产必须购置的、没有达到固定资产标准的设备、仪器、工卡模具、器具、生产家具和备品备件等的购置费用。一般以设备购置费为计算基数,按照部门或行业规定的费率计算。其计算公式如下:

工具、器具及生产家具购置费=设备购置费×定额费率

二、建安工程费

建筑安装工程费用又被称为建安工程造价。建筑安装工程费按费用构成要素组成划分为人工费、材料费、施工机具使用费、企业管理费、利润、规费和税金;按照工程造价形成可划分为分部分项工程费、措施项目费、其他项目费、规费、税金。具体内容见本章第三节。

三、工程建设其他费用

工程建设其他费用是指从工程筹建起到工程竣工验收交付使用止的整个建设期间,除

建筑安装工程费用和设备、工器具购置费用以外的,为保证工程建设顺利完成和交付使用后能够正常发挥效用而发生的各项费用的总和。工程建设其他费用,按其内容可分为三类:第一类指土地使用费;第二类指与工程建设有关的其他费用;第三类指与未来企业生产经营有关的其他费用。具体包括内容如图6-4所示。

（一）土地使用费

土地使用费是指建设项目通过划拨方式取得土地使用权而支付的土地征用及迁移补偿费,或者通过土地使用权出让方式取得土地使用权而支付的土地使用权出让金。

1.土地征用及迁移补偿费。这是指建设项目通过划拨方式取得无限期的土地使用权,依据《中华人民共和国土地管理法》等规定所支付的费用。其总和一般不得超过被征土地年产值的30倍。其内容主要包括:

（1）土地补偿费。征用耕地（菜地）的补偿标准,按政府规定,为该耕地被征用前三年平均年产值的6~10倍,具体补偿标准由省、自治区、直辖市人民政府在此范围内制定。征用园地、鱼塘、苇塘、宅基地、林地、牧场、草原等的补偿标准,由省、自治区、直辖市参照征用耕地的土地补偿费制定,征收无收益的土地不予补偿。

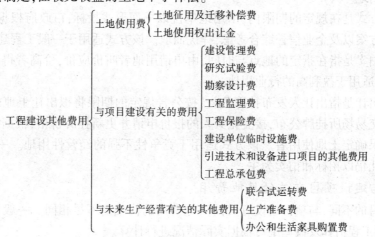

图6-4 工程建设其他费用内容

（2）青苗补偿费和被征用土地上的房屋、水井、树木等附着物补偿费。这些补偿费的标准由省、自治区、直辖市人民政府制定,征用城市郊区的菜地时,还应按照有关规定向国家缴纳新菜地开发建设基金。地上附着物及青苗补偿费归地上附着物及青苗的所有者所有。

（3）安置补助费。征用耕地、菜地的,其安置补助费按照需要安置的农业人口数计算。一个需要安置的农业人口的安置补助费标准,为该耕地被征用前三年平均年产值的4~6倍。但是,每公顷被征用耕地的安置补助费,最高不超过被征用前三年平均产值的15倍。征用土地的安置补助费必须专款专用,不得挪作他用。

（4）缴纳的耕地占用税或城镇土地使用税、土地登记费及征地管理费等。县市土地管理机关从征地费中提取土地管理费的比率,要按征地工作量大小,视不同情况,在1%~4%幅度内提取。

（5）征地动迁费。这包括征用土地上的房屋及附属构筑物、城市公共设施等拆除、迁建补偿费,搬迁运输费,企业单位因搬迁造成的减产、停工损失补贴费,拆迁管理费等。

（6）水利水电工程水库淹没处理补偿费。这包括农村移民安置迁建费，城市迁建补偿费，库区工矿企业、交通、电力、通信、广播、管网、水利等的恢复、迁建补偿费，库底清理费，防护工程费，环境影响补偿费等。

2.土地使用权出让金。土地使用权出让金是指建设项目通过土地使用权出让方式，取得有限期的土地使用权，依照《中华人民共和国城镇国有土地使用权出让和转让暂行条例》规定支付的土地使用权出让金。

（1）明确国家是城市土地的唯一所有者，并分层次、有偿、有期限地出让、转让城市土地。第一个层次是城市政府将国有土地使用权出让给用地者。该层次内城市政府垄断经营，出让对象主要是有法人资格的企事业单位；第二层次及以下层次的转让则发生在使用者之间。

（2）城市土地的出让和转让的方式。城市土地的出让和转让可采用协议、招标、公开拍卖、挂牌等方式。

①协议方式是用地单位申请，经市政府批准同意后双方洽谈具体地块及地价。该方式适用于市政工程、公益事业用地以及需要减免地价的机关、部门用地和需要重点扶持、优先发展的产业用地。

②招标方式是在规定的期限内，由用地单位以书面形式投标，市政府根据投标报价、所提供的规划方案以及企业信誉综合考虑，择优而取。该方式适用于一般工程建设用地。

③公开拍卖是指在指定的地点与时间，由申请用地者叫价应价，价高者得。这完全由市场竞争决定，适用于盈利高的行业用地。

④挂牌出让是指出让人发布挂牌公告，按公告规定的期限将拟出让土地的交易条件在指定的土地交易场所挂牌公布，接受竞买人的报价申请并更新挂牌价格，根据挂牌期限截止时的出价结果确定土地使用者。该方式适用于竞争性不强的经营性用地。一般来说，经营性用地的出让仍以招标和拍卖为主。

（二）与建设项目有关的其他费用

根据项目的不同，与项目建设有关的其他费用的构成也不尽相同。一般包括以下各项内容，在进行工程估算及概算中可根据实际情况进行计算。

1.建设单位管理费。建设单位管理费是指建设项目从立项、筹建、建设、联合试运转、竣工验收交付使用及后评估等全过程管理所需费用。其内容包括：

（1）建设单位开办费，这是指新建项目为保证筹建和建设工作正常进行所需办公设备、生活家具、用具、交通工具等购置费用。

（2）建设单位经费，包括工作人员的基本工资、工资性补贴、职工福利费、劳动保护费、劳动保险费、办公费、差旅交通费、工会经费、职工教育经费、固定资产使用费、工具用具使用费、技术图书资料费、生产人员招募费、工程招标费、合同契约公证费、工程质量监督检测费、工程咨询费、法律顾问费、审计费、业务招待费、排污费、竣工交付使用清理及竣工验收费、后评估等费用，不包括计入设备、材料预算价格的建设单位采购及保管设备材料所支出的费用。

建设单位管理费按照单项工程费用之和（包括设备工具、器具购置费和建筑安装工程费）乘以建设单位管理费费率计算。建设单位管理费费率按照建设项目的不同性质、不同规模确定，有的建设项目按照建设工期和规定的金额计算建设单位管理费。

2.勘察设计费。勘察设计费是指为建设项目提供项目建议书、可行性研究报告及设计文件等所需费用,内容包括:

(1)编制项目建议书、可行性研究报告及投资估算、工程咨询和评价以及为编制上述文件进行的勘察、设计、研究试验等所需费用;

(2)委托勘察、设计单位进行初步设计、施工图设计及概预算编制等所需费用;

(3)在规定范围内由建设单位自行完成的勘察、设计工作所需费用。

勘察设计费中,项目建议书、可行性研究报告按国家颁布的收费标准计算,设计费按国家颁布的工程设计收费标准计算。

3.研究试验费。研究试验费是指为本建设项目提供或验证设计参数、数据、资料等进行的必要的研究试验,以及设计规定在施工中必须进行的试验、验证所需费用。其中包括自行或委托其他部门研究试验所需人工费、材料费、试验设备及仪器使用费等。这项费用按照设计单位根据本工程项目的需要提出的研究试验内容和要求计算。

4.场地准备及临时设施费。场地准备费是指建设项目为达到工程开工条件进行的场地平整和对建设场地余留的有碍于施工的设施进行拆除清理的费用。

建设单位临时设施费是指为满足施工建设需要而供到场地界区的、未列入工程费用的临时水、电、路、气、通信等其他工程费用,建设单位的现场临时建(构)筑物的搭设、维修、拆除、摊销或建设期间租赁费用,以及施工期间专用公路或桥梁的加固、养护、维修等费用。临时设施包括临时宿舍、文化福利及公用事业房屋与构筑物、仓库、办公室、加工厂,以及规定范围内的道路、水、电、管线等临时设施和小型临时设施。

5.工程监理费。工程监理费是指委托工程监理单位对工程实施监理工作所需费用。根据国家相关规定,选择下列方法之一计算:

(1)一般应按工程建设监理收费标准计算,即按所监理工程概算或预算的百分比计算;

(2)对于单工种或临时性项目,可根据参与监理的年度平均人数计算。

6.工程保险费。工程保险费是指建设项目在建设期间,根据需要实施工程保险部分所需费用。它包括以各种建筑工程及其在施工过程中的物料、机器设备为保险标的的建筑工程一切险,以安装工程中的各种机器、机械设备为保险标的的安装工程的一切险,以及机器损坏保险等。根据不同的工程类别,分别以其建筑、安装工程费乘以建筑、安装工程保险费率计算。民用建筑工程保险费占建筑工程费的 2%~4%,安装工程保险费占建筑工程费的3%~6%。

7.引进技术和进口设备其他费。引进技术和进口设备其他费包括出国人员费用、国外工程技术人员来华费用、技术引进费、分期或延期付款利息、担保费和进口设备检验鉴定费用。

8.工程承包费。工程承包费是指具有总承包条件的工程公司,对工程建设项目从开始建设至竣工投产全过程中总承包所需的管理费用,具体包括组织勘察设计、设备材料采购、非标准设备设计制造与销售、施工招标、发包、工程预决算、项目管理、施工质量监督、隐蔽工程检查、验收和试车直至竣工投产的各种管理费用。

该费用按国家主管部门或省、自治区、直辖市协调规定的工程总承包费取费标准计算。不实行工程总承包的项目不计算本项费用。

（三）与未来生产经营有关的其他费用

1.联合试运转费。联合试运转费是指在竣工验收前,按照设计规定的工程质量标准,进行整个车间的负荷联合试运转发生的费用支出大于试运转收入的亏损部分。费用内容主要包括:试运转所需的原料、燃料、油料和动力的费用,机械使用费用,低值易耗品及其他物品的购置费用和施工单位参加联合试运转人员的工资等。试运转收入主要包括试运转产品销售和其他收入,但不包括应由设备安装工程费项下开支的单台设备调试费及试车费用。联合试运转一般根据不同性质项目按需要试运转车间的工艺设备购置费百分比计算。

2.生产准备费。生产准备费是指为保证竣工交付使用进行必要的生产准备所发生的费用。

（1）生产人员培训费,包括自行培训、委托其他单位培训的人员工资、工资性补贴、职工福利费、差旅交通费、学习资料费和劳动保护费等。

（2）生产单位提前进厂参加设备安装、调试等以及熟悉工艺流程及设备性能等人员的工资、工资性补贴、职工福利费、差旅交通费、劳动保护费等。

3.办公和生活家具购置费。办公和生活家具购置费是指为保证新建、改建、扩建项目初期正常生产、使用和管理所必须购置的办公和生活家具、用具的费用。

四、预备费和利息

（一）预备费

按照我国现行规定,预备费包括基本预备费和涨价预备费。

1.基本预备费。这是指针对在项目实施过程中可能发生难以预料的支出,需要事先预留的费用,又称工程建设不可预见费,主要指设计变更及施工过程中可能增加工程量的费用。

2.涨价预备费。这是指针对建设项目在建期间由于材料、人工、设备等价格可能发生变化引起工程造价的变化,而事先预留的费用。涨价预备费主要包括的项目有:人工、设备、材料、施工机械的价差费,建安工程费及工程建设其他费调整,利率、汇率调整等增加的费用。

（二）建设期贷款利息

建设期贷款利息包括向国内银行和其他非银行金融机构贷款、出口信贷、外国政府贷款、国际商业银行贷款以及在境内外发行的债券等在建设期间应计的借款利息。

第三节 建筑安装工程费用

建筑安装工程费用,即建筑安装工程造价,是建设项目投资中的建筑安装工程投资部分,也是建设工程造价的组成部分。建筑安装工程费用在项目固定资产投资中占有的份额,是工程造价中最活跃的部分,也是建筑市场交易的主要对象之一。

一、建筑安装工程费用的内容

建筑安装工程费主要包括两大块,即建筑工程费和安装工程费,以下分述之。

（一）建筑工程费用

建筑工程费用包括:

1.各类房屋建筑工程和列入房屋建筑工程预算的供水、供暖、卫生、通风、煤气等设备费用及其装设、油饰工程的费用,列入建筑工程预算的各种管道、电力、电信和电缆导线敷设工程的费用。

2.设备基础、支柱、工作台、烟囱、水塔、水池、灰塔等建筑工程以及各种炉窑的砌筑工程和金属结构工程的费用。

3.为施工而进行的场地平整,工程和水文地质勘察,原有建筑物和障碍物的拆除以及施工临时用水、电、气、路和完工后的场地清理,环境绿化、美化等工作的费用。

4.矿井开凿、井巷延伸、露天矿剥离,石油、天然气钻井,修建铁路、公路、桥梁、水库、堤坝、灌渠及防洪等工程的费用。

（二）安装工程费用

安装工程费用包括:

1.生产、动力、起重、运输、传动和医疗、实验等各种需要安装的机械设备的装配费用,与设备相连的工作台、梯子、栏杆等设施的工程费用,附属于被安装设备的管线敷设工程费用,以及被安装设备的绝缘、防腐、保温、油漆等工作的材料费和安装费。

2.为测定安装工程质量,对单台设备进行单机试运转、对系统设备进行系统联动无负荷试运转工作的调试费。

这里要注意对单台设备进行的单机试运转、对系统设备进行的系统联动无负荷运作发生的调试费与联合试运转费的区别。前者属于安装工程费用,后者属于"与未来经营有关的其他费用"的范畴。

二、按费用构成要素划分的项目组成

建筑安装工程费用,按照费用构成要素可划分人工费、材料(包含工程设备,下同)费、施工机具使用费、企业管理费、利润、规费和税金。其中人工费、材料费、施工机具使用费、企业管理费和利润包含在分部分项工程费、措施项目费、其他项目费中,如图6-5所示。有关划分依据为住房城乡建设部、财政部颁布的2013年7月1日起施行的《关于印发<建筑安装工程费用项目组成>的通知》(建标〔2013〕44号)。

（一）人工费

人工费是指按工资总额构成规定,支付给从事建筑安装工程施工的生产工人和附属生产单位工人的各项费用。其内容包括:

1.计时工资或计件工资,指按计时工资标准和工作时间或对已做工作按计件单价支付给个人的劳动报酬。

2.奖金,指对超额劳动和增收节支支付给个人的劳动报酬。如节约奖、劳动竞赛奖等。

3.津贴补贴,指为了补偿职工特殊或额外的劳动消耗和因其他特殊原因支付给个人的

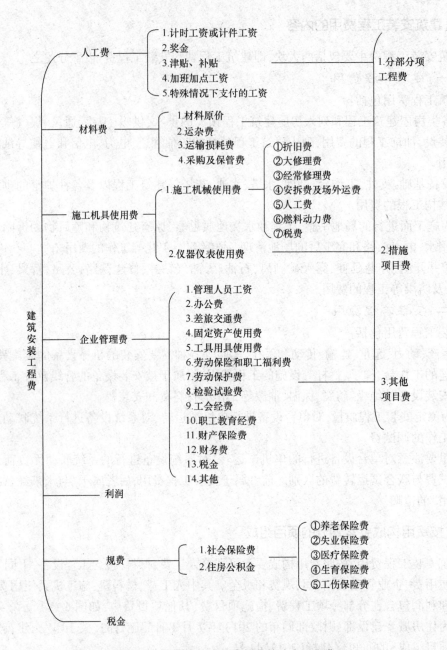

图 6-5 按费用构成要素划分的建安工程费

津贴,以及为了保证职工工资水平不受物价影响支付给个人的物价补贴。如流动施工津贴、特殊地区施工津贴、高温(寒)作业临时津贴、高空津贴等。

4.加班加点工资,指按规定支付的在法定节假日工作的加班工资和在法定日工作时间外延时工作的加点工资。

5.特殊情况下支付的工资,指根据国家法律、法规和政策规定,因病、工伤、产假、计划生育假、婚丧假、事假、探亲假、定期休假、停工学习、执行国家或社会义务等原因按计时工资标准或计时工资标准的一定比例支付的工资。

人工费有两种计算方法。

方法一：

$$人工费=\sum（工日消耗量×日工资单价）$$

其中：

$$日工资单价=\frac{生产工人平均月工资（计时、计件）+平均月资金+津贴补贴+特殊情况下支付的工资}{年平均每月法定工作日}$$

这种计算方法主要适用于施工企业投标报价时自主确定人工费，也是工程造价管理机构编制计价定额、确定定额人工单价或发布人工成本信息的参考依据。

方法二：

$$人工费=\sum（工程工日消耗量×日工资单价）$$

式中：日工资单价是指施工企业平均技术熟练程度的生产工人在每工作日（国家法定工作时间内）按规定从事施工作业应得的日工资总额。

该方法适用于工程造价管理机构编制计价定额时确定定额人工费，是施工企业投标报价的参考依据。

（二）材料费

材料费是指施工过程中耗费的原材料、辅助材料、构配件、零件、半成品或成品、工程设备的费用。其内容包括：

1.材料原价，指材料、工程设备的出厂价格或商家供应价格。

2.运杂费，指材料、工程设备自来源地运至工地仓库或指定堆放地点所发生的全部费用。

3.运输损耗费，指材料在运输装卸过程中不可避免的损耗。

4.采购及保管费，指为组织采购、供应和保管材料、工程设备的过程中所需要的各项费用，包括采购费、仓储费、工地保管费、仓储损耗。

工程设备是指构成或计划构成永久工程一部分的机电设备、金属结构设备、仪器装置及其他类似的设备和装置。

材料费的计算公式如下：

$$材料费=\sum（材料消耗量×材料单价）$$

$$材料单价=[（材料原价+运杂费）×（1+运输损耗率）]×（1+采购保管费率）$$

工程设备费的计算公式如下：

$$工程设备费=\sum（工程设备量×工程设备单价）$$

$$工程设备单价=（设备原价+运杂费）×（1+采购保管费率）$$

（三）施工机具使用费

施工机具使用费是指施工作业所发生的施工机械、仪器仪表使用费或其租赁费。

1.施工机械使用费，以施工机械台班耗用量乘以施工机械台班单价表示。施工机械台班单价应由下列七项费用组成：

（1）折旧费，指施工机械在规定的使用年限内，陆续收回其原值的费用。

（2）大修理费，指施工机械按规定的大修理间隔台班进行必要的大修理，以恢复其正常功能所需的费用。

(3)经常修理费,指施工机械除大修理以外的各级保养和临时故障排除所需的费用。其包括为保障机械正常运转所需替换设备与随机配备工具附具的摊销和维护费用,机械运转中日常保养所需润滑与擦拭的材料费用及机械停滞期间的维护和保养费用等。

(4)安拆费及场外运费,其中,安拆费指施工机械(大型机械除外)在现场进行安装与拆卸所需的人工、材料、机械和试运转费用以及机械辅助设施的折旧、搭设、拆除等费用;场外运费指施工机械整体或分体自停放地点运至施工现场或由一施工地点运至另一施工地点的运输、装卸、辅助材料及架线等费用。

(5)人工费,指机上司机(司炉)和其他操作人员的人工费。

(6)燃料动力费,指施工机械在运转作业中所消耗的各种燃料及水、电等。

(7)税费,指施工机械按照国家规定应缴纳的车船使用税、保险费及年检费等。

施工机械使用费的计算公式为:

$$施工机械使用费 = \sum （施工机械台班消耗量 \times 机械台班单价）$$

其中:

$$机械台班单价 = 台班折旧费 + 台班大修费 + 台班经常修理费 + 台班安拆费及场外运费 +$$
$$台班人工费 + 台班燃料动力费 + 台班车船税费$$

如租赁施工机械,其公式为:

$$施工机械使用费 = \sum （施工机械台班消耗量 \times 机械台班租赁单价）$$

2.仪器仪表使用费,指工程施工所需使用的仪器仪表的摊销及维修费用。仪器仪表使用费的计算公式为:

$$仪器仪表使用费 = 工程使用的仪器仪表摊销费 + 维修费$$

（四）企业管理费

企业管理费是指建筑安装企业组织施工生产和经营管理所需的费用。

1.企业管理费的内容。

(1)管理人员工资,指按规定支付给管理人员的计时工资、奖金、津贴补贴、加班加点工资及特殊情况下支付的工资等。

(2)办公费,指企业管理办公用的文具、纸张、账表、印刷、邮电、书报、办公软件、现场监控、会议、水电、烧水和集体取暖降温(包括现场临时宿舍取暖降温)等费用。

(3)差旅交通费,指职工因公出差、调动工作的差旅费、住勤补助费,市内交通费和误餐补助费,职工探亲路费,劳动力招募费,职工退休、退职一次性路费,工伤人员就医路费,工地转移费以及管理部门使用的交通工具的油料、燃料等费用。

(4)固定资产使用费,指管理和试验部门及附属生产单位使用的属于固定资产的房屋、设备、仪器等的折旧、大修、维修或租赁费。

(5)工具用具使用费,指企业施工生产和管理使用的不属于固定资产的工具、器具、家具、交通工具和检验、试验、测绘、消防用具等的购置、维修和摊销费。

(6)劳动保险和职工福利费,指由企业支付的职工退职金、按规定支付给离休干部的经费,集体福利费、夏季防暑降温、冬季取暖补贴、上下班交通补贴等。

(7)劳动保护费,指企业按规定发放的劳动保护用品的支出。如工作服、手套、防暑降温饮料以及在有碍身体健康的环境中施工的保健费用等。

（8）检验试验费，指施工企业按照有关标准规定，对建筑以及材料、构件和建筑安装物进行一般鉴定、检查所发生的费用，包括自设试验室进行试验所耗用的材料等费用，不包括新结构、新材料的试验费，对构件做破坏性试验及其他特殊要求检验试验的费用和建设单位委托检测机构进行检测的费用，对此类检测发生的费用由建设单位在工程建设其他费用中列支。但对施工企业提供的具有合格证明的材料进行检测不合格的，该检测费用由施工企业支付。

（9）工会经费，指企业按《工会法》规定的全部职工工资总额比例计提的工会经费。

（10）职工教育经费，指按职工工资总额的规定比例计提，企业为职工进行专业技术和职业技能培训、专业技术人员继续教育、职工职业技能鉴定、职业资格认定以及根据需要对职工进行各类文化教育所发生的费用。

（11）财产保险费，指施工管理用财产、车辆等的保险费用。

（12）财务费，指企业为施工生产筹集资金或提供预付款担保、履约担保、职工工资支付担保等所发生的各种费用。

（13）税金，指企业按规定缴纳的房产税、车船使用税、土地使用税、印花税等。

（14）其他，包括技术转让费、技术开发费、投标费、业务招待费、绿化费、广告费、公证费、法律顾问费、审计费、咨询费、保险费等。

2.企业管理费的计算：

（1）以分部分项工程费为计算基础，则：

$$企业管理费费率=\frac{生产工人年平均管理费}{年有效施工天数×人工单价}×人工费占分部分项工程费比例(\%)$$

（2）以人工费和机械费合计为计算基础，则：

$$企业管理费费率=\frac{生产工人年平均管理费}{年有效施工天数×(人工单价+每一工日机械使用费)}×100\%$$

（3）以人工费为计算基础，则：

$$企业管理费费率=\frac{生产工人年平均管理费}{年有效施工天数×人工单价}×100\%$$

（五）利润

利润指施工企业完成所承包工程获得的盈利。

施工企业根据企业自身需求并结合建筑市场实际自主确定，列入报价中。

工程造价管理机构在确定计价定额中利润时，应以定额人工费或（定额人工费+定额机械费）作为计算基数，其费率根据历年工程造价积累的资料，并结合建筑市场实际确定，以单位（单项）工程测算，利润在税前建筑安装工程费的比重可按不低于5%且不高于7%的费率计算。利润应列入分部分项工程和措施项目中。

（六）规费

规费是指按国家法律、法规规定，由省级政府和省级有关权力部门规定必须缴纳或计取的费用。规费包括：

1.社会保险费。

（1）养老保险费，指企业按照规定标准为职工缴纳的基本养老保险费。

（2）失业保险费，指企业按照规定标准为职工缴纳的失业保险费。

（3）医疗保险费,指企业按照规定标准为职工缴纳的基本医疗保险费。

（4）生育保险费,指企业按照规定标准为职工缴纳的生育保险费。

（5）工伤保险费,指企业按照规定标准为职工缴纳的工伤保险费。

2.住房公积金,指企业按规定标准为职工缴纳的住房公积金。

社会保险费和住房公积金应以定额人工费为计算基础,根据工程所在地省、自治区、直辖市或行业建设主管部门规定费率计算。

$$社会保险费和住房公积金 = \sum（工程定额人工费×社会保险费和住房公积金费率）$$

式中:社会保险费和住房公积金费率可以按照每万元发承包价的生产工人人工费和管理人员工资与工程所在地规定的缴纳标准综合分析取定。

根据《财政部、国家发展和改革委员会、环境保护部、国家海洋局关于停征排污费等行政事业性收费有关事项的通知》（财税〔2018〕4号）,原列入规费的工程排污费已经于2018年1月停止征收。

（七）税金

建筑安装工程费用中的税金是指按照国家税法规定的应计入建筑安装工程造价内的增值税额,按税前造价乘以增值税适用税率计算确定。

$$增值税销项税额 = 税前工程造价×销项增值税税率$$

三、按造价形成划分的项目组成

建筑安装工程费用,按照工程造价形成划分为分部分项工程费、措施项目费、其他项目费、规费、税金。其中,分部分项工程费、措施项目费、其他项目费包含人工费、材料费、施工机具使用费、企业管理费和利润,如图6-6所示。有关划分依据为住房城乡建设部、财政部颁布的2013年7月1日起施行的《关于印发〈建筑安装工程费用项目组成〉的通知》（建标〔2013〕44号）。

（一）分部分项工程费

分部分项工程费是指各专业工程的分部分项工程应予列支的各项费用。

1.专业工程。这是指按现行国家计量规范划分的房屋建筑与装饰工程、仿古建筑工程、通用安装工程、市政工程、园林绿化工程、矿山工程、构筑物工程、城市轨道交通工程、爆破工程等各类工程。

2.分部分项工程。这是指按现行国家计量规范对各专业工程划分的项目。如房屋建筑与装饰工程划分的土石方工程、地基处理与桩基工程、砌筑工程、钢筋及钢筋混凝土工程等。

各类专业工程的分部分项工程划分见现行国家或行业计量规范。

分部分项工程费的计算公式如下:

$$分部分项工程费 = \sum（分部分项工程量×综合单价）$$

式中,综合单价包括人工费、材料费、施工机具使用费、企业管理费和利润以及一定范围的风险费用。

（二）措施项目费

措施项目费是指为完成建设工程施工,发生于该工程施工前和施工过程中的技术、生

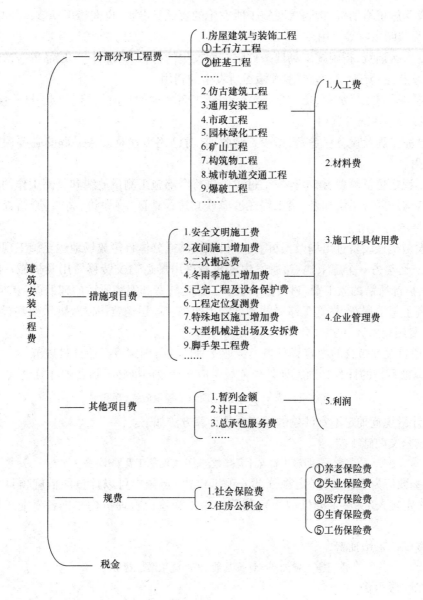

图6-6　按工程造价形成划分的建安工程费

活、安全、环境保护等方面的费用。

1.措施项目费的内容。措施项目费的内容包括：

(1)安全文明施工费。

①环境保护费,指施工现场为达到环保部门要求所需要的各项费用。

②文明施工费,指施工现场文明施工所需要的各项费用。

③安全施工费,指施工现场安全施工所需要的各项费用。

④临时设施费,指施工企业为进行建设工程施工所必须搭设的生活和生产用的临时建筑物、构筑物和其他临时设施费用,包括临时设施的搭设、维修、拆除、清理费或摊销费等。

（2）夜间施工增加费,指因夜间施工所发生的夜班补助费、夜间施工降效、夜间施工照明设备摊销及照明用电等费用。

（3）二次搬运费,指因施工场地条件限制而发生的材料、构配件、半成品等一次运输不能到达堆放地点,必须进行二次或多次搬运所发生的费用。

（4）冬雨季施工增加费,指在冬季或雨季施工需增加的临时设施、防滑、排除雨雪,人工及施工机械效率降低等费用。

（5）已完工程及设备保护费,指竣工验收前,对已完工程及设备采取的必要保护措施所发生的费用。

（6）工程定位复测费,指工程施工过程中进行全部施工测量放线和复测工作的费用。

（7）特殊地区施工增加费,指工程在沙漠或其边缘地区、高海拔、高寒、原始森林等特殊地区施工增加的费用。

（8）大型机械设备进出场及安拆费,指机械整体或分体自停放场地运至施工现场或由一个施工地点运至另一个施工地点,所发生的机械进出场运输及转移费用及机械在施工现场进行安装、拆卸所需的人工费、材料费、机械费、试运转费和安装所需的辅助设施的费用。

（9）脚手架工程费,指施工需要的各种脚手架搭、拆、运输费用以及脚手架购置费的摊销（或租赁）费用。

措施项目及其包含的内容详见各类专业工程的现行国家或行业计量规范。

2.措施项目费的计算。国家计量规范规定应予计量的措施项目费的计算公式为:

$$措施项目费 = \sum（措施项目工程量×综合单价）$$

国家计量规范规定不宜计量的措施项目计算方法如下:

（1）安全文明施工费。

$$安全文明施工费 = 计算基数×安全文明施工费费率（\%）$$

计算基数应为定额基价（定额分部分项工程费+定额中可以计量的措施项目费）、定额人工费或（定额人工费+定额机械费）,其费率由工程造价管理机构根据各专业工程的特点综合确定。

（2）夜间施工增加费。

$$夜间施工增加费 = 计算基数×夜间施工增加费费率（\%）$$

（3）二次搬运费。

$$二次搬运费 = 计算基数×二次搬运费费率（\%）$$

（4）冬雨季施工增加费。

$$冬雨季施工增加费 = 计算基数×冬雨季施工增加费费率（\%）$$

（5）已完工程及设备保护费。

$$已完工程及设备保护费 = 计算基数×已完工程及设备保护费费率（\%）$$

上述（2）~（5）项措施项目的计费基数应为定额人工费或（定额人工费+定额机械费）。

（三）其他项目费

1.暂列金额,指建设单位在工程量清单中暂定并包括在工程合同价款中的一笔款项。用于施工合同签订时尚未确定或者不可预见的所需材料、工程设备、服务的采购,施工中可能发生的工程变更、合同约定调整因素出现时的工程价款调整以及发生的索赔、现场签证确认等的费用。

暂列金额由建设单位根据工程特点,按有关计价规定估算,施工过程中由建设单位掌握使用、扣除合同价款调整后如有余额,归建设单位。

2.计日工,指在施工过程中,施工企业完成建设单位提出的施工图纸以外的零星项目或工作所需的费用。

计日工由建设单位和施工企业按施工过程中的签证计价。

3.总承包服务费,指总承包人为配合、协调建设单位进行的专业工程发包,对建设单位自行采购的材料、工程设备等进行保管以及施工现场管理、竣工资料汇总整理等服务所需的费用。

总承包服务费由建设单位在招标控制价中根据总包服务范围和有关计价规定编制,施工企业投标时自主报价,施工过程中按签约合同价执行。

(四)规费和税金

与本节"按费用构成要素划分的项目组成"里面所介绍的规费和税金定义相同。

建设单位和施工企业均应按照省、自治区、直辖市或行业建设主管部门发布标准计算规费和税金,不得作为竞争性费用。

建设工程造价的确定

在工程建设的各个阶段,确定工程造价的方法有所不同。掌握这些方法,有助于评估人员正确理解、分析和运用工程造价文件,在评估中灵活借鉴造价确定方法,为准确确定建设工程重置成本和测算被评建设工程项目价值起到重要的作用。

第一节　投资估算

一、投资估算的内容

投资估算的内容包括项目从筹建、施工直至竣工投产所需的全部费用。建设项目的投资估算包括固定资产投资估算和流动资金估算两部分。

固定资产投资按费用性质划分,包括设备及工器具购置费、建筑安装工程费用、工程建设其他费用、基本预备费、涨价预备费和建设期贷款利息。固定资产投资又可分为静态部分和动态部分。涨价预备费和建设期贷款利息构成固定资产投资的动态部分,其余部分为静态投资部分。静态部分是指编制预期造价时以某一基准年、月的建设要素的价格为依据所计算的建设项目造价的瞬时值,其中包括因工程量误差而可能引起的造价增加值。动态投资部分包括基准年、月后因价格上涨等风险因素增加的投资,以及因时间推移发生的投资利息支出。

流动资金是指生产经营性项目投产后,用于购买原材料、燃料、支付工资及其他经营费用等所需的周转资金。它是伴随着固定资产投资而发生的长期占用的流动资产投资,其值等于项目投产运营后所需全部流动资产扣除流动负债后的余额。

二、投资估算的编制方法

（一）静态投资部分的估算

1.资金周转率法。已完类似工程（参考案例）与拟建工程（被评对象）规模相当的情况下,以已完类似工程的资金周转率为拟建工程的资金周转率。这是一种用资金周转率来推测投资额的简便方法。

$$投资额 = \frac{产品的年产量 \times 产品单价}{资金周转率}$$

$$资金周转率 = \frac{年销售总额}{总投资} = \frac{产品的年产量 \times 产品单价}{总投资}$$

此法比较简便,计算速度快,但是精度较低,可用于投资机会研究及项目建议书阶段的投资估算。

2.生产能力指数法。这是根据已建成项目的投资额或设备投资额,估算同类但不同规模的项目投资或设备投资的方法。

$$C_2 = C_1 \left(\frac{Q_2}{Q_1}\right)^n \times f$$

式中:C_1——已建类似项目或装置的投资额;

C_2——拟建类似项目或装置的投资额;

Q_1——已建类似项目或装置的生产能力;

Q_2——拟建类似项目或装置的生产能力;

f——不同时期、不同地点的定额、单价、费用变更等的综合调整系数;

n——生产规模指数($0 \leqslant n \leqslant 1$)。

此法计算简单、速度快。但要求类似工程的资料可靠,条件与拟建项目基本相同。

【例7-1】某项目建筑面积3 000m²,年产1 000万吨。据调查,2006年建成的类似项目的年生产能力和设备工器具购置费分别为900万吨和12 000万元。经测算,生产规模指数与综合调整系数分别为0.5和1.1。则该项目的投资额为多大?

解:采用生产能力指数法计算:

$$12\ 000(1\ 000/900)^{0.5} \times 1.2 = 15\ 178.91(万元)$$

3.比例估算法。已知拟建工程(被评对象)的设备清单,根据已建成的同类项目(参考案例)的建筑安装费和工程其他费占设备价值的百分比,估算出整个投资额。

(1)以拟建项目或装置的设备费为基数。

$$C = E(1 + f_1 p_1 + f_2 p_2 + f_3 p_3 + \cdots) + I$$

式中:　　C——拟建项目或装置的投资额;

　　　　E——根据拟建项目或装置的设备清单按当时当地价格计算的设备费的(包括运杂费)总和;

$p_1, p_2, p_3, \cdots$——已建项目中建筑、安装及其他工程费用等占设备费百分比;

　$f_1, f_2, f_3, \cdots$——由于时间因素引起的定额、价格、费用标准等变化的综合调整系数;

　　　　I——拟建项目的其他费用。

(2)以拟建项目中的最主要、投资比重较大并与生产能力直接相关的工艺设备的投资(包括运杂费及安装费)为基数,根据同类型的已建项目的有关统计资料,计算出拟建项目的各专业工程(土建、暖通、给排水、管道、电气及电信等)占工艺设备投资的百分比,据以求出各专业工程的投资,然后将各部分投资费用(包括工艺设备费)求和,再加上工程其他有关费用,即为项目总投资。其表达式为:

$$C = E(1 + f_1 p'_1 + f_2 p'_2 + f_3 p'_3 + \cdots) + I$$

式中，$p'_1, p'_2, p'_3 \cdots$ 为各专业工程费用占工艺设备费用百分比。

4.指标估算法。根据编制的各种具体的投资估算指标，进行单位工程投资的估算。投资估算指标的表示形式较多，可以用元/m、元/m²、元/m³、元/t、元/kV·A 等单位表示，利用这些投资估算指标，乘以所需的长度、面积、体积、重量、容量等，就可以求出相应的土建工程、给排水土程、照明工程、采暖工程、变配电工程等各单位工程的投资。在此基础上，可汇总成某一单项工程的投资，再估算工程建设其他费用等，即求得投资总额。该法简便易行，节约时间和费用。但由于项目相关数据的确定性较差，投资估算的精度较低。

（二）动态投资部分的估算

1.涨价预备费。这是指计算基数为基准年的设备、工器具购置费和建筑安装工程费的资金使用计划。涨价预备费要求在建设期初就准备好建设期内由于预计的价格上涨导致的投资增加的那部分费用。涨价预备费与建设期贷款利息的计算过程都采用复利计算，不同的是涨价预备费在建设期初是虚拟的，不需要在建设期初都准备就绪，需要在投资计划额当年准备相应的涨价部分；建设期贷款利息则需要汇总到建设期末进行资本化。

涨价预备费的估算，采用如下公式：

$$PF = \sum_{t=0}^{n} I_t \left[(1+f)^t - 1 \right]$$

式中：PF——涨价预备费估算额；

I_t——建设期中第 t 年的投资计划额；

n——建设期年分数；

f——年平均价格预计上涨率。

【例7-2】某项目的设备、工器具购置费和建筑安装工程费投资计划为44 000万元，按本项目进度计划，项目建设期为3年，3年的投资分年使用比例为第一年30%，第二年50%，第三年20%，建设期内年平均价格变动率预测为8%，估计该项目建设期的涨价预备费。

解：第一年投资计划用款额：

$$I_1 = 44\,000 \times 30\% = 13\,200(万元)$$

第一年涨价预备费：

$$PF_1 = I_1 \times [(1+f)-1] = 13\,200 \times [(1+8\%)-1] = 1\,056(万元)$$

第二年投资计划用款额：

$$I_2 = 44\,000 \times 50\% = 22\,000(万元)$$

第二年涨价预备费：

$$PF_2 = I_2 \times [(1+f)^2-1] = 22\,000 \times [(1+8\%)^2-1] = 3\,660.8(万元)$$

第三年投资计划用款额：

$$I_3 = 44\,000 \times 20\% = 8\,800(万元)$$

第三年涨价预备费：

$$PF_3 = I_3 \times [(1+f)^3-1] = 8\,800 \times [(1+8\%)^3-1] = 2\,285.47(万元)$$

建设期的涨价预备费：

$$PF = 1\,056 + 3\,660.8 + 2\,285.47 = 7\,002.27(万元)$$

2.建设期贷款利息。建设期贷款利息按复利计算。

(1)贷款总额一次性贷出且利率固定的贷款,按下列公式计算利息:

$$F = P \cdot (1+i)^n$$

$$贷款利息 = F - P$$

式中:P——一次性贷款金额;

$\quad F$——建设期还款时的本利和;

$\quad i$——年利率;

$\quad n$——贷款年限。

(2)当贷款是分年均衡发放时,建设期利息的计算可按当年借款在年中之用考虑,即当年贷款按半年计息,上年贷款按全年计息。计算公式为:

$$q_j = \left(p_{j-1} + \frac{A_j}{2}\right) \cdot i$$

式中:q_j——建设期第 j 年应计利息;

$\quad p_{j-1}$——建设期第 $(j-1)$ 年末贷款累计金额与利息累计金额之和;

$\quad A_j$——建设期第 j 年贷款金额;

$\quad i$——年利率。

【例7-3】某新建项目,建设期为3年,分年均衡贷款,第一年贷款500万元,第二年贷款1 000万元,第三年贷款500万元,年利率为15%,计算建设期贷款利息。

解:方法一:在建设期,各年利息均单独计算,过程如下:

$$q_1 = \frac{A_1}{2} \cdot i = \frac{500}{2} \times 15\% = 37.5(万元)$$

$$q_2 = \left(P_1 + \frac{A_2}{2}\right) \cdot i = \left(500 + 37.5 + \frac{1\ 000}{2}\right) \times 15\% = 155.63(万元)$$

$$q_3 = \left(P_2 + \frac{A_3}{2}\right) \cdot i = \left(537.5 + 1\ 000 + 155.63 + \frac{500}{2}\right) \times 15\% = 291.47(万元)$$

$$建设期贷款利息 = q_1 + q_2 + q_3 = 484.6(万元)$$

方法二:按照每年末欠银行贷款本利和方式计算。

第一年末,所欠银行贷款本利和累计为:

$$500 + \frac{500}{2} \times 15\% = 537.5(万元)$$

第二年末,所欠银行贷款本利和累计为:

$$537.5 + 537.5 \times 15\% + 1\ 000 + \left(\frac{1\ 000}{2}\right) \times 15\% = 1\ 693.13(万元)$$

第三年末,所欠银行贷款本利和累计为:

$$1\ 693.13 + 1\ 693.13 \times 15\% + 500 + \left(\frac{500}{2}\right) \times 15\% = 2\ 484.6(万元)$$

从银行贷款本金累计为:

$$500 + 1\ 000 + 500 = 2\ 000(万元)$$

所以,银行利息总计为:

$$2\ 484.6 - 2\ 000 = 484.6(万元)$$

第二节　设计概算

一、概述

（一）设计概算的概念与分类

设计概算是在投资估算的控制下，由设计单位根据初步设计（或技术设计）图纸及说明、概算定额（概算指标）、各项费用定额或取费标准（指标）以及设备、材料预算价格等资料，编制和确定的建设项目从筹建至竣工交付使用所需全部建设费用的文件。按照国家规定，采用两段设计（初步设计阶段和施工图设计阶段）的建设项目，初步设计阶段必须编制设计概算；采用三段设计（前面两个阶段再加上扩大初步设计阶段）的建设项目，技术设计阶段必须编制修正概算。

设计概算的编制内容包括静态投资（根据编制期价格、费率、汇率等确定）和动态投资（考虑编制期到竣工验收前的工程和价格变化等多种因素）两部分。其划分的内容与投资估算的相一致。其中，静态投资部分包括：建筑安装工程费，设备和工、器具购置费，工程建设其他费用，基本预备费。动态投资部分包括：建设期贷款利息、投资方向调节税、涨价预备费等。静态投资部分作为考核工程设计和施工图预算的依据；静、动态两部分投资之和则作为筹措和控制资金使用的限额。

设计概算由设计单位负责编制。一个建设项目由几个设计单位共同设计时，应由主体设计单位负责汇总编制总概算书，其他设计单位负责编制所承担工程设计的概算。

（二）设计概算编制的作用、原则和程序

1.设计概算编制的作用。编制设计概算的主要作用有：①制定和控制建设投资的依据，总概算就是总造价的最高限额，不得任意突破，如有突破须原审批部门批准；②编制建设计划的依据；③进行贷款的依据；④签订工程总承包合同的依据；⑤考核设计方案的经济合理性和控制施工图预算和施工图设计的依据；⑥考核和评价建设工程项目成本和投资效果的依据。

2.设计概算编制的原则。设计概算的编制原则主要有：①严格执行国家的建设方针和经济政策的原则；②完整、准确地反映设计内容的原则；③坚持结合拟建工程的实际，反映工程所在地当时价格水平的原则。

3.设计概算编制的程序和步骤。设计概算编制的程序和步骤主要有：①收集原始数据；②确定有关数据；③各项费用计算；④单位工程概算书编制；⑤单项工程综合概算的编制；⑥建设工程总概算的编制。

（三）设计概算的内容

设计概算可分为单位工程概算、单项工程综合概算和建设项目总概算三级。各级概算之间的相互关系如图7-1所示。

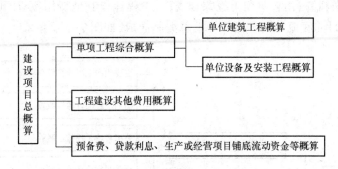

图7-1 设计概算文件的组成内容

1.单位工程概算,是确定各单位工程建设费用的文件,是编制单项工程综合概算的依据;是单项工程综合概算的组成部分。对于一般工业与民用建筑而言,单位工程概算按其工程性质分为建筑工程概算和设备及安装工程概算两大类。

建筑工程概算包括土建工程概算,给排水、采暖工程概算,通风、空调工程概算,电气照明工程概算,弱电工程概算,特殊构筑物工程概算等,而设备及安装工程概算包括机械设备及安装工程概算,电气设备及安装工程概算,以及工具、器具及生产家具购置费概算等。

2.单项工程综合概算,是确定一个单项工程所需建设费用的文件,是由单项工程的各单位工程概算汇总编制而成的,是建设项目总概算的组成部分。对于一般工业与民用建筑而言,单项工程综合概算的组成内容如图7-2所示。

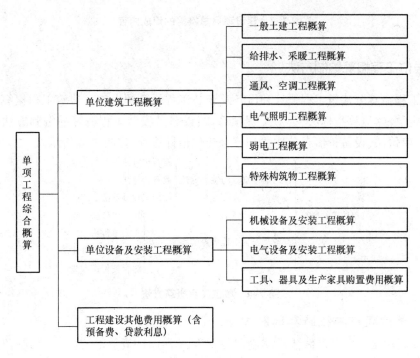

图7-2 单项工程综合概算的组成内容

3.建设项目总概算,由各单项工程综合概算、工程建设其他费用概算、预备费、贷款利息和生产经营性项目铺底流动资金概算等汇总编制而成,如图7-3所示。

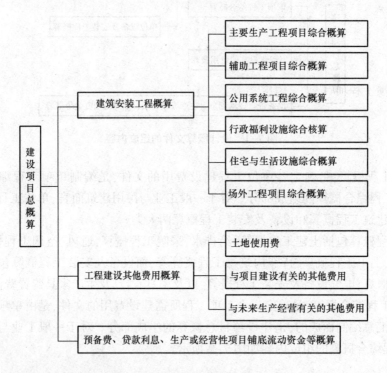

图7-3　建设项目总概算的组成内容

二、单位工程概算编制方法

单位工程概算分建筑工程概算和设备及安装工程概算两大类。建筑工程概算的编制方法有概算定额法、概算指标法、类似工程预算法;设备及安装工程概算的编制方法有预算单价法、扩大单价法、设备价值百分比法和综合吨位指标法等,如图7-4所示。

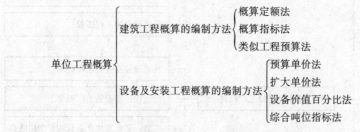

图7-4　单位工程概算方法

（一）单位建筑工程概算编制方法

1.概算定额法。概算定额法是编制单位建筑工程设计概算的方法,其编制依据是概算定额,所采用的工程量计算规则是概算工程量计算规则。该方法要求在初步设计达到一定深度,建筑结构比较明确时,方可采用。

利用概算定额法编制设计概算的具体步骤如下：

(1)按照概算定额分部分项顺序，列出各分项工程的名称。工程量计算应按概算定额中规定的工程量计算规则进行，并将计算所得各分项工程量按概算定额编号顺序，填入工程概算表内。

(2)确定各分部分项工程项目的概算定额单价。工程量计算完毕后，逐项套用相应概算定额单价和人工、材料消耗指标。然后分别将其填入工程概算表和工料分析表中。如遇设计图中的分项工程项目名称、内容与采用的概算定额手册中相应的项目有某些不相符，则按规定对定额进行换算后方可套用。

有些地区根据地区人工工资、物价水平和概算定额编制有与概算定额配合使用的扩大单位估价表，该表确定了概算定额中各扩大分项工程或扩大结构构件所需的全部人工费、材料费、机械台班使用费之和，即概算定额单价。在采用概算定额法编制概算时，可以将计算出的扩大分部分项工程的工程量，乘以扩大单位估价表中的概算定额单价进行工、料、机费用的计算。

计算概算定额单价的公式如下：

$$\frac{概算定}{额单价} = \frac{概算定额}{人工费} + \frac{概算定额}{材料费} + \frac{概算定额机械}{台班使用费}$$

$$= \sum(\frac{概算定额中}{人工消耗量} \times \frac{人工}{单价}) + \sum(\frac{概算定额中}{材料消耗量} \times \frac{材料预}{算单价}) + \sum(\frac{概算定额中机}{械台班消耗量} \times \frac{机械台}{班单价})$$

由此可见，概算定额单价中包括人工、材料和机械台班使用费。

(3)计算单位工程工、料、机费用和直接费。将已测量出的各分部分项工程项目的工程量及在概算定额中已查到的相应定额单价和单位人工、材料消耗指标分别相乘，即可得出各分项工程的工、料、机费用和人工、材料消耗量。再汇总各分项工程的工、料、机费用及人工、材料消耗量，即可得到该单位工程的工、料、机费用和工料总消耗量。最后，再汇总措施费即可得到该单位工程的直接费。如规定中有地区的人工、材料价差调整指标，计算工、料、机费用时，按规定的调整系数或其他调整方法进行调整计算。

(4)根据直接费，结合其他各项取费标准，分别计算间接费、利润和税金。

(5)计算单位工程概算造价：

$$单位工程概算造价=直接费+间接费+利润+税金$$

特别需要说明的是，概算定额法之中的工、料、机仅包含分部分项工程里面的工、料、机，不包括措施项目和其他项目的。该方法是适用于原建设部、财政部共同颁布的《关于印发<建筑安装工程费用项目组成>的通知》(建标〔2003〕206号)所采用的工程计价模式。但该通知已于2013年7月1日被废止。

2.概算指标法。概算指标法采用工、料、机费用指标。该方法是将拟建工程(被评对象)的建筑面积或体积乘以技术条件相同或基本相同的概算指标而得出工、料、机费用，再按规定计算企业管理费、利润、规费和税金，编制单位工程概算的方法。该方法适用于初步设计深度不够，不能准确地计算工程量，但工程设计采用技术比较成熟而又有类似工程概算指标可以利用的情况。概算指标法计算精度较低，是一种对工程造价估算的方法，但由于其编制速度快，故有一定实用价值。在资产评估中，可作为估算建(构)筑物重置成本的参考方法。

(1)拟建工程结构特征与概算指标相同时的计算。在使用概算指标法时，如果拟建工程在建设地点、结构特征、地质及自然条件、建筑面积等方面与概算指标相同或相近,就可直接套用概算指标编制概算。在直接套用概算指标时,拟建工程应符合以下条件:

①拟建工程的建设地点与概算指标中的工程建设地点相同;

②拟建工程的工程特征、结构特征与概算指标中的工程特征、结构特征基本相同;

③拟建工程的建筑面积与概算指标中工程的建筑面积相差不大。

根据选用的概算指标内容,可选用两种套算方法:

第一种方法:直接用概算指标中的单价,乘以拟建单位工程建筑面积或体积,得出单位工程的工、料、机费用,再计算其他费用,汇总可求得单位工程的概算造价。

$$\text{工、料、机费用} = \text{概算指标每 } m^2(m^3) \text{工程造价} \times \text{拟建工程建筑面积(体积)}$$

这种简化方法的计算结果参照的是概算指标编制时期的价值标准,未考虑拟建工程建设时期与概算指标编制时期的价差,因此,在计算工、料、机费用后还应用物价指数另行调整。

第二种方法:根据概算指标计算拟建工程(被评对象)的人工、材料消耗量,套用拟建地区当时当地的人工费单价和主材预算单价,求得工、料、机费用,再取措施费、间接费、利润和税金等其他费用,汇总得到单位工程单方造价,乘以拟建工程(被评对象)建筑面积,得到单位工程单方造价。

(2)拟建工程(被评对象)结构特征与概算指标有局部差异时的调整。若拟建对象的结构特征与概算指标中规定的结构特征有局部不同,则必须对概算指标进行调整后方可套用。调整方法如下:

①调整概算指标中每 $m^2(m^3)$ 造价。实际就是直接修正概算指标单价。这种调整方法是将原概算指标中的单方造价进行调整。扣除每 $m^2(m^3)$ 原概算指标中与拟建工程结构不同部分的造价,增加每 $m^2(m^3)$ 拟建工程与概算指标结构不同部分的造价,使之成为结构与拟建工程相同的工、料、机费用造价。调整后的造价就是拟建工程的工、料、机费用造价。计算公式如下:

$$\text{结构变化修正概算指标}(\frac{\text{元}}{m^2}) = J + Q_1 P_1 - Q_2 P_2$$

式中:J——原概算指标;

Q_1——概算指标中换入结构的工程量;

Q_2——概算指标中换出结构的工程量;

P_1——换入结构的直接工程费单价;

P_2——换出结构的直接工程费单价。

拟建工程造价为:

$$\text{工、料、机费用} = \text{修正后的概算指标} \times \text{拟建工程建筑面积(体积)}$$

求出工、料、机费用后,按照规定的取费方法计算其他费用,得到单位工程概算造价。

②调整概算指标中的工、料、机数量。这种方法是将原概算指标中每 $100m^2(1\ 000m^3)$ 建筑面积(体积)中的工、料、机数量进行调整,扣除原概算指标中与拟建工程结构不同部分的工、料、机消耗量,增加拟建工程与概算指标结构不同部分的工、料、机消耗量,使其成为与拟建工程结构相同的每 $100m^2(1\ 000m^3)$ 建筑面积(体积)工、料、机数量。计算公式为:

$$结构变化修正概算指标的\atop 工、料、机数量 = 原概算指标的\atop 工、料、机数量 + 换入结构件\atop 工程量 × 相应定额工、\atop 料、机消耗量 - 换出结构件\atop 工程量 × 相应定额工、\atop 料、机消耗量$$

以上两种方法,前者是直接修正概算指标单价,后者是修正概算指标工料机数量。修正之后,方可按上述方法分别套用,但需注意的是以上方法都未考虑数据采集时间点差异造成的影响。

【例7-4】假设新建单身宿舍一座,其建筑面积为 3 500m²,按指标和地区材料预算价格等算出单位造价为 738.00 元/m²。其中:一般土建工程 640.00 元/m²;采暖工程 32.00 元/m²;给排水工程 36.00 元/m²;照明工程 30.00 元/m²。新建单身宿舍设计资料与概算指标相比较,其结构构件有部分不同,设计资料表明外墙为一砖半外墙,而概算指标中外墙为一砖外墙。概算指标中每 100m² 建筑面积中含外墙带型毛石基础为 18m²,一砖外墙为 46.5m²。新建工程设计资料表明,每 100m² 建筑面积中含外墙带型毛石基础为 19.6m²,一砖半外墙为 61.2m²。根据当地土建工程预算定额,外墙带型毛石基础的预算单价为 147.87 元/m²,一砖外墙的预算单价为 177.10 元/m²,一砖半外墙的预算单价为 178.08 元/m²。试计算调整后概算单价和新建宿舍的概算造价。

解:对土建工程中结构构件的变更和单价调整过程如表 7-1 所示。

表 7-1 土建工程概算指标调整表

序号	结构名称	单位	数量 (每 100m² 含量)	单价 (元)	合价 (元)
	土建工程工、料、机造价换出部分:				468.00
1	外墙带型毛石基础	m³	18	147.87	2 661.66
2	一砖外墙	m³	46.5	177.10	8 235.15
	合计	元			10 896.81
	换入部分:				
3	外墙带型毛石基础	m³	19.6	147.87	2 898.25
4	一砖半外墙	m³	61.2	178.08	10 898.51
	合计	元			13 796.75
结构变化修正指标	468.00−10 896.81/100+13 796.75/100=497.00(元/m²)				

以上计算结果为工、料、机费用的单价,需取费得到修正后的土建单位工程造价:

$$497×(1+8\%)(1+15\%)(1+7\%)(1+3.4\%)=682.94(元/m²)$$

其余工程单方造价不变,因此,经过调整后的概算单价为:

$$682.94+32.00+36.00+30.00=780.94(元/m²)$$

新建宿舍楼概算造价为:

$$780.94×3 500=2 733 290(元)$$

3.类似工程预算法。类似工程预算法是利用技术条件与设计对象相类似的已完工程或在建工程的工程造价资料,来编制拟建工程(被评对象)设计概算的方法。该方法适用于拟建工程(被评对象)初步设计与已完工程或在建工程的设计相类似又没有可用的概算指标的情况,但必须对建筑结构差异和价差进行调整。

(1)结构差异调整。调整方法与概算指标法的调整方法完全相同。先确定有差别的项目,分别按每一项目算出结构构件的工程量和单位价格(按编制概算工程所在地区的单价),然后以类似预算中相应(有差别)的结构构件的工程数量和单价为基础,算出总差价。将类似预算的工、料、机费用总额减去(或加上)这部分差价,就得到结构差异换算后的工、料、机费用,再行取费得到结构差异换算后的拟建工程的造价。

【例7-5】拟建砖混结构住宅工程为4 000平方米,结构形式与已经建成的某工程相同,只有外墙保温贴面不同,其他部分均较为接近。类似工程外墙面为珍珠岩板保温、水泥砂浆抹面,每平方米建筑面积消耗量分别是:$0.044m^3$、$0.842m^2$。拟建工程外墙为加气混凝土保温、外贴釉面砖,每平方米建筑面积的消耗量为$0.08m^3$、$0.82m^2$,根据当地适用的预算定额,外墙面珍珠岩板保温、水泥砂浆抹面、加气混凝土保温、贴釉面砖的预算单价分别为:153元/m^3、9元/m^2;185元/m^3、50元/m^2。若类似工程预算中,每平方米建筑面积主要资源消耗为:人工消耗5.08工日,钢材23.8千克,水泥205千克,原木0.05立方米,铝合金门窗0.24平方米,其他材料费为主材费的45%,机械费占到工、料、机费用的8%,拟建工程主要资源的现行预算价格分别为:人工30.6元/工日,钢材3.1元/千克,水泥0.35元/千克,原木1 400元/立方米,铝合金门窗平均350元/平方米,拟建工程综合费率为20%。

要求:应用类似工程预算法确定拟建工程的单位工程概算造价。

解:首先根据类似工程预算中每平方米建筑面积的主要资源消耗和现行价格,计算拟建工程单位建筑面积的人工费、材料费、机械费。

$$人工费 = 5.08×30.6 = 155.45(元)$$
$$材料费 = (23.8×3.1+205×0.35+0.05×1\ 400+0.24×350)×(1+45\%) = 434.32(元)$$
$$机械费 = 工、料、机费用×8\%$$
$$工、料、机费用 = 155.45+434.32+工、料、机费用×8\%$$
$$所以,工、料、机费用 = (155.45+434.32)/92\% = 641.05(元)$$

其次,进行结构差异修正。

$$单位工程修正工、料、机费用指标 = 641.05-(0.044×153+0.842×9)+(0.08×185+0.82×50)$$
$$= 682.54(元/平方米)$$
$$单位工程修正概算指标 = 682.54×(1+20\%) = 819.05(元/平方米)$$
$$拟建工程概算造价 = 单位工程修正概算指标×4\ 000 = 3\ 276.2(元)$$

(2)价差调整。分两种情况。

Ⅰ:类似工程造价资料有具体的人工、材料、机械的用量,可按类似工程造价资料中的工、料、机量乘以拟建工程所在地的人工、材料、机械的单价,计算出工、料、机费用,再行取费,即得出造价指标。

Ⅱ:类似工程造价资料中只有人工、材料、机械费用和其他费用时,按下面公式调整:

$$D = A×K$$
$$K = a\%×K_1+b\%×K_2+c\%×K_3+d\%×K_4+e\%×K_5$$

式中: D——拟建工程单方概算造价;

A——类似工程单方概算造价;

K——综合调整系数；

$a\%,\cdots,e\%$——类似工程预算的人工费、材料费、机械台班费、企管费、利润占预算造价的比重；

$K_1,\cdots,K_5$——拟建工程地区与类似工程地区人工费、材料费、机械台班费、企管费、利润价差系数。

$$K_1 = \frac{\text{拟建工程概算的人工费（或工资标准）}}{\text{类似工程预算人工费（或工资标准）}}$$

$$K_2 = \frac{\sum（\text{类似工程主要材料数量} \times \text{编制概算地区材料预算价格}）}{\sum \text{类似地区各主要材料费}}$$

拟建工程地区与类似工程地区人工费价差系数能够直接用工资标准进行比较的原因是拟建工程与类似工程的综合工日几乎相当，这种情况下人工费价差系数就是工资标准的价差系数。但这是一种简化的处理方法，实际工程中，不同工种的日工资标准是不等的，比如装饰装修中，漆工与瓦工日工资标准就往往有不小的差距。因此，人工费的价差系数公式采用如下公式计算比较合适：

$$K_1 = \frac{\sum（\text{类似工程人工工日} \times \text{编制概算地区日工资标准}）}{\sum \text{类似地区各工种人工费}}$$

从价差系数求取过程可以看出，价差系数本质上是拟建工程地区与类似工程地区对应费用绝对值之比。

$a\% \sim e\%$为类似工程预算的人工费、材料费、机械费、企业管理费、利润等占预算造价的比重。需要说明的是，在工程技术水平、社会经济条件发生重要和实质变化前，$a\% \sim e\%$会长期保持一个稳定水平，即各自占的比重会在很长一段时间内保持不变。$K_1 - K_5$是因价格和费用数据采集时间点不同而需要调整的价格差异系数。

【例7-6】某框架结构建筑面积 $527m^2$，其土建工程预算造价 $2\,588.5$ 元$/m^2$，土建工程总预算造价为：136 414 万元（2008 年价格水平），该工程施工图预算资料如表7-2所示。2009年在该地建设类似框架结构楼房 $600m^2$。

表7-2　某地某框架结构警卫楼施工图预算（2008年）

序号	名称	单位	数量	价格		占造价比重（%）	2009年单价（元）
				单价（元）	合价（元）		
1	综合人工	工日	2 346.06	50.00	117 303.00	8.60	51.00
2	Φ10 以内型钢钢筋	kg	26 482.08	6.10	161 540.69		3.65
3	Φ10 以外钢筋	kg	5 267.48	5.75	30 287.98		3.90
4	钢梁	T	31.39	90 000.00	282 510.00		7 310.00
5	钢支撑	T	1.23	90 000.00	11 070.00		5 520.00
6	C10 预拌砼	m³	13.84	295.00	4 082.80		315.00
7	C25 预拌砼	m³	197.71	340.00	67 221.40		360.00
8	C30 预拌砼	m³	187.20	390.00	73 008.00		380.00
9	水泥	kg	39 098.57	0.45	13 094.36		0.49

续表

序号	名称	单位	数量	价格		占造价比重(%)	2009年单价(元)
				单价(元)	合价(元)		
10	轻集料砼空心砌块	m³	33.90	220.00	7 458.00		220.00
11	彩色压型钢板波形瓦	m³	234.44	80.00	19 475.20		80.00
12	防滑地砖	m²	119.60	80.00	9 568.00		85.00
13	挤塑聚苯板	m³	96.65	700.00	67 657.80		750.00
14	SBS改性沥青油毡防水卷材	m²	983.85	34.00	33 450.90		35.00
15	人工草坪	m²	248.56	33.00	8 202.48		42.00
16	脚手架租赁费	元	1.00	8 513.79	8 513.79		8 513.79
17	模板租赁费	元	1.00	14 065.88	14 065.88		14 065.88
18	其他材料费	元	149 773.68		149 773.68		155 764.63
	材料费:2~18项小计	元			960 980.96	70.45	
19	施工机械费	元			27 177.00	1.99	机械台系数 k₃=1.05
	合计:人工费+材料费+机械费	元			1 105 460.96		
20	综合费用	元			258 677.87	18.96	拟建地综合费率23.4%
	合计				1 364 138.83	100	

注:综合费率是指其他所有费用占工、料、机费用的整体比率。

问题:采用类似工程预算法求拟建类似住宅楼600m²土建工程概算平方米造价和总造价。

解:(1)求出工、料、机、综合费用所占造价的百分比如下:

人工费:117 303/1 364 138.83=8.6%

材料费:960 980.96/1 364 138.83=70.45%

机械使用费:27 177/1 364 138.83=1.99%

综合费用:258 677.870/1 364 138.83=18.96%

(2)求出工、料、机、综合费价差系数:

①人工工资价差系数 K_1=51/50=1.02。

②材料价差系数 K_2 按施工图预算及拟建工程所在地目前材料预算价格计算。

Φ10以内钢筋:26 482.08×3.65=96 659.6(元)

Φ10以外钢筋:5 267.48×3.9=20 543.15(元)

钢梁:31.39×7 310=229 460.9(元)

钢支撑:1.23×5 520=6 789.6(元)

C10 预拌砼:13.84×315 = 1 359.6(元)

C25 预拌砼:197.71×360 = 71 175.6(元)

C30 预拌砼:187.20×380 = 71 136(元)

水泥:29 098.57×0.49 = 14 258.3(元)

轻集料砼空心砌块:33.90×220 = 7 458(元)

彩色压型钢板波形瓦:243.44×80 = 19 475.2(元)

防滑地砖:119.60×85 = 10 166(元)

挤塑聚苯板:96.65×750 = 72 490.59(元)

SBS 改性沥青油毡防水卷材:983.85×35 = 34 434.75(元)

人工草坪:248.56×42 = 10 439.52(元)

脚手架租赁费:8 513.79(元)

模板租赁费:14 065.88(元)

其他材料费:155 764.63(元)

小计:847 191.01(元)

则:

$$K_2 = 847\ 191.01/960\ 980.96 = 0.881\ 6$$

③求施工机械价差系数:

从题干表格直接读出,$k_3 = 1.05$。

④综合费价差系数:

综合费价差系数应当是相同建筑面积(暂按 527 平方米)的 2009 年框架结构造价中的综合费与 2008 年建筑工程造价中的综合费之比。

2008 年建筑工程造价中的综合费为 258 677.87 元。

2009 年相同建筑面积框架结构楼房造价中的综合费求取如下:

2009 年相同建筑面积框架结构楼房人工费、材料费和机械费之和为:

117 303×(51/50)+847 191.01+27 177×1.05 = 995 376(元)

由于拟建工程地区综合费率为 23.4%(表 7-3 已告知),故 2009 年相同建筑面积框架结构楼房综合费为:

995 376×23.4% = 232 918(元)

综合费之比 $K_4 = 232\ 918/258\ 677.87 = 0.9$

(3)求出拟建工程综合调整系数

$$K = K_1 \cdot a\% + K_2 \cdot b\% + K_3 \cdot c\% + K_4 \cdot d\%$$
$$= 1.02×8.6\% + 0.8816×70.45\% + 1.05×1.99\% + 0.9×18.96\%$$
$$= 0.90$$

(4)验证:2009 年相同建筑面积框架结构楼房造价为:995 376 + 232 918 = 1 228 294(元),2009 年相同建筑面积框架结构楼房造价与 2008 年框架结构建筑造价之比为:1 228 294/1 364 138.83 = 0.9 = K,即综合调整系数。

可见,综合费求取过程完全正确。

(5)求拟建住宅土建概算造价:

2008 年框架结构建筑总造价为 1 364 138.83 元,面积 527 平方米,每平方米造价:

1 364 138.83/527 = 2 588.5 元/m²

①2009 年拟建建筑每平方米造价 = 2 588.5 元/m² × 0.90 = 2 329.65(元/m²)。

②总土建概算造价 = 2 329.65 元/m² × 600m² = 139.78(万元)。

需要说明的是,综合费率价差系数必须是在相同建筑规模情况下拟建与类似建筑绝对综合费数额之比,不能采取各自综合费率之比作为综合费率价差系数,即,综合费率价差系数 = 拟建工程地区综合费率/类似工程地区综合费率的思路是错误的。

为了说明综合费率的求取不能直接采用拟建工程地区综合费率与类似工程地区综合费率之比的问题,举例如下。

【例 7-7】在 1970 年、1990 年和 2010 年分别建造了三幢结构完全一样的砖混建筑。有关工、料、机等资源的消耗如表 7-3 所示。

表 7-3　造价对比

序号	1970 年	1990 年	2010 年
1 人工费	3 000×1 元/d = 3 000	3 000×10 元/d = 30 000	3 000×50 元/d = 150 000
2 材料费			
2.1 钢材	50t×400 元/t = 20 000	50t×2 000 元/t = 100 000	50t×10 000 元/t = 500 000
2.2 水泥	30t×200 元/t = 6 000	30t×1 000 元/t = 30 000	30t×5 000 元/t = 150 000
2.3 其他材料	4 000	20 000	100 000
材料合计	30 000	150 000	750 000
3 施工机械费	2 000	20 000	100 000
4 合计:工、料、机	35 000	200 000	1 000 000
5 综合费用	8 750	50 000	250 000
6 造价合计	43 750	250 000	1 250 000

从表 7-3 中可以看出:

1970 年的综合费率为 25%,1990 年的综合费率为 25%,2010 年综合费率为 25%。

1970 年人工费、材料费、机械费和综合费占造价的比重分别为:6.86%,68.57%,4.57%,20%。

1990 年人工费、材料费、机械费和综合费占造价的比重分别为:12.00%,60.00%,8.00%,20%。

2010 年人工费、材料费、机械费和综合费占造价的比重分别为:12.00%,60.00%,8.00%,20%。

(1)以 1970 年类似工程预算求 1990 年拟建工程概算:

$$人工价差系数\ K_1 = 10/1 = 10$$
$$材料价差系数\ K_2 = 150\ 000/30\ 000 = 5$$
$$机械价差系数\ K_3 = 20\ 000/2\ 000 = 10$$
$$综合费价差系数\ K_4 = 50\ 000/8\ 750 = 5.714\ 3$$
$$K = 6.86\% × 10 + 68.57\% × 5 + 4.57\% × 10 + 20\% × 5.7143 = 5.714\ 3$$
$$D = 43\ 750 × 5.7143 = 250\ 000.625$$

与已知内容相吻合。

若按综合费率价差系数为拟建工程地区综合费率与类似工程地区综合费率之比的思路解答,则:

$$人工价差系数\ K_1 = 10/1 = 10$$
$$材料价差系数\ K_2 = 150\ 000/30\ 000 = 5$$
$$机械价差系数\ K_3 = 20\ 000/2\ 000 = 10$$
$$综合费价差系数\ K_4 = 25\%/25\% = 1$$
$$K = 6.86\% \times 10 + 68.57\% \times 5 + 4.57\% \times 10 + 20\% \times 1 = 4.771\ 5$$
$$D = 43\ 750 \times 4.771\ 5 = 208\ 753.13$$

与已知条件不符。

(2)以1990年类似工程预算求2010年拟建工程概算:

$$人工价差系数\ K_1 = 50/10 = 5$$
$$材料价差系数\ K_2 = 750\ 000/150\ 000 = 5$$
$$机械价差系数\ K_3 = 100\ 000/20\ 000 = 5$$
$$综合费价差系数\ K_4 = 250\ 000/50\ 000 = 5$$
$$K = 12\% \times 5 + 60.00\% \times 5 + 8.00\% \times 5 + 20\% \times 5 = 5$$
$$D = 250\ 000 \times 5 = 1\ 250\ 000$$

与已知内容相吻合。

若按综合费率价差系数为拟建工程地区综合费率与类似工程地区综合费率之比的思路解答,则:

$$综合费价差系数\ K_4 = 25\%/25\% = 1$$
$$K = 12\% \times 5 + 60.00\% \times 5 + 8.00\% \times 5 + 20\% \times 1 = 4.2$$
$$D = 250\ 000 \times 4.2 = 1\ 050\ 000$$

与已知条件不符。

(3)结构差异调整与价差调整的关系。既然需要对结构差异和由时间因素引起的价差进行调整,就存在一个先后的问题,先进行结构调整还是价差调整呢?

实际当中,拟建工程和类似工程结构差异部分的两组费用数据基本都是拟建时点的费用数据,故而一般先进行价差调整,将类似工程之前时期的造价通过价差系数调整到拟建时点,得到类似工程拟建时点的造价数据,再进行结构调整,获得拟建工程的造价数据。即,先进行价差调整,再进行结构调整。

【例7-8】拟建砖混结构住宅工程3 420m²,结构形式与已建成的某工程相同,只有外墙保温贴面不同,其他部分均较为接近。类似工程外墙面为珍珠岩板保温、水泥砂浆抹面,每平方米建筑面积消耗量分别为0.044m³、0.842m²,珍珠岩板153.1元/m³、水泥砂浆8.95元/m²;拟建工程外墙为加气混凝土保温、外贴釉面砖,每平方米建筑面积消耗量分别为0.08m³、0.82m²,加气混凝土185.48元/m³,贴釉面砖49.75元/m²。类似工程单方工、料、机费用为744元/m²,其中,人工费、材料费、机械费占单方工、料、机费用比例分别为14%,78%,8%,综合费率为20%。拟建工程与类似工程预算造价在这几方面的差异系数分别为2.01,1.06和1.92。

要求:应用类似工程预算法确定拟建工程的单位工程概算造价。

解:(1)工、料、机费用价差系数调整:

$$价差系数 = 14\% \times 2.01 + 78\% \times 1.06 + 8\% \times 1.92 = 1.261\ 8$$
$$拟建工程概算指标(工、料、机费用) = 744 \times 1.261\ 8 = 938.78(元/m^2)$$

（2）工、料、机费用结构差异调整：

$$结构修正概算指标(工、料、机费用)= 586.74+(0.08×185.48+0.82×49.75)-(0.044×153.1+0.842×8.95)$$
$$= 980.14(元/m^2)$$
$$拟建工程单位造价=980.14×(1+20\%)= 1\ 176.17(元/m^2)$$
$$拟建工程概算造价= 1\ 176.17×3\ 420=4\ 022\ 501.4(元)$$

4.三种概算编制方法的比较。

（1）概算定额法，要求初步设计达到一定深度，建筑结构比较明确。工程量计算按概算定额中规定的工程量计算规则进行，需要确定各分部分项工程项目的概算定额单价，工程量计算完毕后，要逐项套用相应概算定额单价和人工、材料消耗指标。

（2）概算指标法，适用于初步设计深度不够，不能准确地计算工程量，但工程设计采用技术比较成熟而又有类似工程概算指标可以利用的情况。将拟建工程（被评对象）的建筑面积或体积乘以技术条件相同或基本相同的概算指标而得出工、料、机费用，再按规定计算措施费、间接费、利润和税金等，编制单位工程概算。

概算指标法采用工、料、机费用指标，计算精度较低，是一种对工程造价估算的方法，其编制速度快，有一定实用价值。

（3）类似工程预算法，利用技术条件与设计对象相类似的已完工程或在建工程的工程造价资料来编制拟建工程（被评对象）设计概算。该方法适用于拟建工程（被评对象）初步设计与已完工程或在建工程的设计相类似又没有可用的概算指标的情况，但须对建筑结构差异和价差进行调整。

资产评估作业过程中，评估人员需要对被兼并方作为资产的建筑工程进行价值评估，但有时被兼并方工作人员配合意愿不强烈，甚至设置阻力，评估人员不易获得充分的建筑工程设计和造价资料。评估人员只能获得诸如建筑用途、建筑结构、层高、建筑面积、建筑材料等的信息。此时，概算指标法和类似工程预算法就能比较好地解决这一问题，尤其是类似工程预算法。评估人员通过常年积累，掌握了大量的各类建筑工程的预算造价信息。通过与类似工程预算进行比较，进行结构调整和价差调整，评估人员即可获得被评标的的重置成本。因此，单位工程概算编制方法在建筑工程价值评估中具有重要的现实意义。

（二）单位设备及安装工程概算编制方法

1.设备购置费概算。设备购置费由设备原价和运杂费两项组成。

国产标准设备原价可根据设备型号、规格、性能、材质、数量及附带的配件，向制造厂家询价或向设备、材料信息部门查询或按主管部门规定的现行价格逐项计算。非主要标准设备和工器具、生产家具的原价可按主要标准设备原价百分比计算，百分比指标按主管部门或地区有关规定执行。

设备运杂费按有关部门规定的运杂费率计算，即：

$$设备运杂费=设备原价×运杂费率$$

2.设备安装工程概算的编制方法。

（1）预算单价法。当初步设计较深，有详细的设备清单时，可直接按安装工程预算定额单价编制设备安装工程概算，概算程序与安装工程施工图预算程序基本相同。

（2）扩大单价法。当初步设计深度不够，设备清单不完备，只有主体设备或仅有成套设备重量时,可采用主体设备、成套设备的综合扩大安装单价来编制概算。

(3)设备价值百分比法。当初步设计深度不够,只有设备出厂价而无详细规格、重量时,安装费可按其占设备费百分比计算。其百分比(即安装费率)由主管部门制定或由设计单位根据已完类似工程确定。该法常用于价格波动不大的定型产品和通用设备产品。计算公式为:

$$设备安装费 = 设备原价 \times 安装费率$$

(4)综合吨位指标法。当初步设计提供的设备清单有规格和设备重量时,可采用综合吨位指标编制概算,其综合吨位指标由主管部门或由设计单位根据已完类似工程资料确定。该法常用于设备价格波动较大的非标设备和引进设备的安装工程概算。计算公式为:

$$设备安装费 = 设备吨重 \times 每吨设备安装费指标$$

三、单项工程综合概算

若建设项目只有一个单项工程,单项工程综合概算还应包括工程建设其他费用(含建设期贷款利息和预备费)概算。

单项工程综合概算是以其所包含的建筑工程概算表和设备及安装工程概算表为基础汇总编制的。若建设工程只有一个单项工程,单项工程综合概算(实为总概算)还应包括工程建设其他费用(含建设期贷款利息、预备费)概算。

单项工程综合概算文件一般包括编制说明(不编制总概算时列入)和综合概算表两部分。

(1)编制说明。其列在综合概算表的前面,内容为:

①编制依据,说明设计文件、采用定额、材料价格及费用计算的依据。

②编制方法,说明设计概算是采用概算定额法还是概算指标法。

③主要设备、材料(钢材、木材、水泥)的数量。

④其他需要说明的有关问题。

(2)综合概算表。综合概算表是根据单项工程所辖范围内各单位工程概算等基础资料,按国家规定的统一表格进行编制的。工业建设项目综合概算表由建筑工程和设备及安装工程两部分组成;民用工程项目综合概算表只包含建筑工程一项,细化可包括一般土木建筑工程、给排水、采暖、通风及电气照明工程等。综合概算的费用组成,一般应包括建筑工程费用、安装工程费用、设备购置及工器具和生产家具购置费等。

四、建设项目总概算

建设项目总概算,是确定一个建设项目从筹建到竣工验收的全部建设过程的全部建设费用的文件,是初步设计文件的组成部分。由各单项工程综合概算、工程建设其他费用、建设期贷款利息、预备费,以及经营性项目的铺底流动资金等汇总编制而成,其组成见图7-5。总概算包括表格和编制说明。总概算表第一部分列工程费用,主要是建筑安装工程费用和设备及工具器具购置费。以工业建设项目为例,应分别有主要生产工程项目、辅助生产工程项目、公用设施工程项目、生活福利文化教育服务性工程项目等列示。第二部分列工程建设其他费用,包括土地征用及拆迁补偿费或批租地价、建设单位管理费、勘察设计费、研究试验费、联动负荷试车费、工程监理费等。此外还列有工程预备费，一般按第一、第二部分费用总额的规定百分比计算，用以弥补因设计变更、工程漏项、设备材料价格变动而需追加的费用。在编制说明中，应包括工程概况、编制原则、编制依据、投资构成分析、主要设备和材料的用量，以及存在的问题和建议。审定的总概算，是确定建设项目投资额、编制固定资产投资计划和控制投资规模的依据，也是考核设计经济合理性和建设成本的依据。

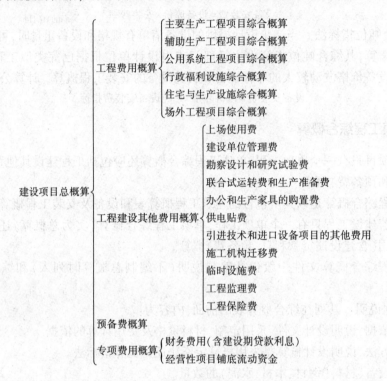

图 7-5　建设项目总概算的组成

五、设计概算的审查

（一）审查设计概算的意义

审查设计概算的意义主要有：

1.审查设计概算是确定建设项目概算投资的一个重要环节，有助于合理确定和有效控制工程造价。设计概算偏高或偏低，不仅影响工程造价的控制，也会影响投资计划的真实性，影响投资资金的合理分配。

2.审查设计概算有利于提高概算的编制质量，保证概算编制单位严格执行国家有关概算编制的规定和标准。

3.审查设计概算有利于正确确定建设项目的投资规模，使建设项目总投资计划做到准确、完整，防止任意扩大或压低投资规模，或出现错项、漏项，缩小概算与预算之间的差距。

4.审查设计概算有利于促进设计的技术先进性和经济合理性。概算中的技术经济指标是技术和经济在概算中的综合反映，与同类工程相比，就可以看出工程设计的先进与合理程度。

（二）设计概算的审查内容

1.审查设计概算的依据和编制深度。审查设计概算的依据包括：①审查编制依据的可靠性；②审查编制依据的时效性；③审查编制依据的适用范围。

2.审查设计概算的编制深度。审查设计概算的编制深度包括：①审查概算编制说明。审查编制说明可以检查编制方法、编制深度及依据等比较原则性的问题，若编制说明有差错，具体概算必有差错。②审查概算的编制深度。③审查概算的编制范围。审查概算的具体编制内容是否与主管部门批准的建设项目范围和具体工程内容一致，是否重复计算或漏算，审查其他费用项目是否符合规定，各个项目是否分列清楚。

3.审查设计概算的内容

其主要包括：①审查建设规模、建设标准、配套工程、设计定员等是否符合原批准的可行性研究报告或立项批文的标准。对总概算超出批准的投资，应进一步审查超投资的原因，超过批准投资估算10%以上的，应查明原因后重新上报审批。②审查工程量是否正确。工程量的计算是否根据初步设计图纸、概算定额、工程量计算规则和施工组织设计要求进行，有无多算、重算和漏算，尤其对工程量大、造价高的项目要重点审查。③审查材料用量和价格。审查主要材料（钢材、木材、水泥、砖）的用量是否正确，材料预算价格是否符合工程所在地的价格水平，材料价差调整是否符合现行规定，以及计算是否正确等。④审查设备规格、数量和配置是否符合设计要求，是否与设备清单相一致，设备预算价格是否真实，设备原价和运杂费的计算是否正确。⑤审查建筑安装工程的各项费用的计取是否符合国家或地方有关部门的现行规定，计算程序和取费标准是否正确。⑥审查总概算文件的组成内容是否完整地包括了建设项目从筹建到竣工投产为止的全部费用组成。⑦审查工程建设其他各项费用。⑧审查工业项目的"三废"治理。拟建项目必须同时安排"三废"（废水、废气、废渣）的治理方案和投资，对于未做安排或漏项、多算的项目，要按国家有关规定核实投资，以满足"三废"排放达到国家标准。⑨审查技术经济指标。技术经济指标计算方法和程序是否正确，各项指标与同类型工程指标相比，是偏高还是偏低，其原因是什么，并予纠正。

（三）审查设计概算的方法

1.对比分析法。对比分析法主要是通过建设规模、标准与立项批文对比，工程数量与设计图纸对比，各项取费与规定标准对比，材料、人工单价与统一信息对比，引进投资与报价要求对比，技术经济指标与同类工程对比等，以此发现设计概算的主要问题和偏差。

2.查询核实法。对一些关键设备和设施、重要装置，引进工程图纸不全、难以核实的投资，进行多方查询核对，逐项落实。主要设备的市场价向设备供应部门或招标公司查询核实；重要生产装置、设施向同类企业工程查询了解；引进设备价格及有关费税向进出口公司调查落实；复杂的建安工程向同类工程的建设、承包、施工单位征求意见；深度不够或不清楚的问题可直接向原概算编制人员、设计者询问清楚。

3.分类整理法。对审查中发现的问题和误差，按单项、单位工程顺序，对设备费、安装费、建筑工程费和建设工程其他费用进行分类整理，汇总增减的项目及其投资额，并按照原总概算表汇总增减项目逐一列出，相应调整所属项目投资合计，依次汇总审核后的总投资及增减投资额。

4.联合会审法。采取多种形式联合会审，包括设计单位自审，主管、建设、承包单位初审,工程造价咨询公司评审,邀请同行专家预审,审批部门复审等,经层层审查把关后,由有关单位和专家进行会审。

第三节　施工图预算

一、概述

(一)施工图预算的概念与分类

施工图预算包括单位工程预算、单项工程预算和建设项目总预算。单位工程预算是在施工图设计完成后,工程开工前,依据已同意的施工图纸,在施工方案或施工组织设计已确定的前提下,依照国家或省市颁布的现行预算定额、费用规范、材料预算价格等有关规则,逐项核算工程量,套用相应定额,进行工料分析,核算直接费,并计取直接费、方案利润、税金等费用,确定单位工程造价的工艺经济文件。汇总所有单位工程施工图预算,就成为单项工程施工图预算;再汇总所有单项工程施工图预算,便成为建设项目的总预算。

单位工程预算包括建筑工程预算和设备安装工程预算。对一般工业与民用建筑工程而言,建筑工程预算按其工程性质分为一般土建工程预算,卫生工程预算(包括室内外给排水工程),采暖通风工程、煤气工程、电气照明工程预算,特殊构筑物如炉窑、烟囱、水塔等工程预算和工业管道工程预算等。设备安装工程预算可分为机械设备安装工程预算、电气设备安装工程预算和化工设备、热力设备安装工程预算等。

(二)施工图预算的作用

1.施工图预算最主要的作用就是为建筑安装产品定价。准确的施工图预算所确定的工程造价,即是建筑安装产品的计划价格。由于建筑安装产品和施工生产的技术经济特点以及社会主义初级阶段建筑市场机制和价值规律的客观要求,建筑安装产品的计划价格,在现阶段仍然是按编制工程预算的特殊计价程序来计算和确定。以此所确定的工程造价,能为编制基本建设计划,考核基本建设投资效益提供可靠的依据。

2.施工图预算是建设单位和建安企业经济核算的基础。施工图预算是建安企业确定工程收入的依据,是工程预算成本的根据。以此来对照工程的人工、材料、机械等费用的实际消耗,才能正确地核算其经济效益,便于进行成本分析,改善建设项目和施工企业的管理。对于建设单位的经济核算和编制计划、决策,施工图预算也是主要的依据之一。

3.施工图预算是工程进度计划和统计工作的基础,是设备、材料加工订货的依据。在工程建设计划编制中,工程项目和工程量的主要依据是工程建设预算的有关指标。因此,检查与分析工程建设进度计划执行情况的工程统计,其口径应与计划指标取得一致,并与预算对口。经过对比分析,才能反映出工程建设计划实际完成情况和所存在的问题,以及与企业收益的关系。需加工订货和材料、设备的数量,应以预算的实物量指标作为控制的依据,防止盲目采购或加工而突破预算货币的指标。

4.施工图预算是编制工程招标标底和工程投标报价的基础。工程建设实行招投标承包,是基本建设和建筑业改革的一项主要内容。不论采取何种包干方式,都要以工程预算所确定的工程造价为基础,适当地考虑影响造价的各种动态因素后确定标底。同样,投标单位投标报价仍然是以工程预算为基础,进而考虑本企业的实际水平,充分利用自身的优势和相应的投标报价策略而确定的。

(三)施工图预算编制的原则

1.人工、材料用量按施工材料做法消耗量加合理操作损耗确定;

2.预算编制应根据实际工程具体情况,应符合便于使用、便于管理的原则;

3.每个预算编制的项目应齐全,甩项部分应在编制说明中注明;

4.预算编制一律利用指定概预算软件编制;

5.加强施工预算定额的完善工作,逐步实行统一材料库、统一市场价、统一材料耗用量,为快速、准确、实际地编制工程预算提供有力工具;

6.预算费用与措施费计划、降低成本计划相结合。

(四)施工图预算的编制依据

1.完整的设计文件。其中包括图纸目录、说明、材料设备表、平面图、系统图、剖面图、大样图,以及图纸会审文件和设计变更通知等。审批后的施工图纸及技术资料表明了工程的具体内容;设计和施工变更一般都涉及造价的调整,必要的标准图和施工图册为选用合适的材料、设备、有关几何尺寸以及重量提供可靠依据。

2.施工组织设计或施工方案。施工组织设计或施工方案是确定单位工程的施工方法、施工进度计划、施工现场平面,以及主要技术措施等内容的文件。它与计算工程量、选用定额、计算有关费用等都有重要关系。

3.现行的有关定额、单位估价表或单位估价汇总表、费用定额及有关文件规定。所有这些都是划分工程项目,计算工程量,套用定额单价,计算直接费、间接费和工程其他费用的标准及依据。

4.现行的建筑和安装工程材料、设备预算价格。材料、设备预算价格是定额单位估价表的计价基础。在工程预算定额单位估价表中,一般为了适应较大的适用范围,一些主要材料和设备价值没有列入基价,编制预算时,需视工程适用的品种规格,依据预算价格资料计入造价之中,同时,若编制某些项目的补充定额单位,也需要采用预算价格。为适应工程造价动态管理的需要,也必须以预算价格作为根据来调整。

5.有关的费用定额和与造价有关的文件及规定。费用定额是计取工程其他直接费、间接费、计划利润、税金等各项费用的基本依据。为适应一定时期内的变化形势,除定额及各费用标准外,管理部门根据变化的市场形势和政策,随时颁发一些与工程造价计算有关的文件和规定,这些也都是编制工程预算,确定工程造价的重要依据。

6.有关工具书及手册。设计所要求的有些设备、材料或器具,在编制预算时往往要查取一些必要的数据。如重量、断面、面积、外形尺寸等,有些必须要查阅有关的手册或工具书才能确定。

7.合同或协议。合同或协议中对工程造价的计算和结算方式,甲乙双方的责任和义务及针对具体工程的特殊要求等,都作出了具体的规定。这些在编制工程预算、确定特殊费用时,都是遵循的依据。

二、土建工程施工图预算编制方法和程序

(一)预算单价法

预算单价法,是用地区统一单位估价表中的各分项工料预算单价乘以相应的各分项工程的工程量,求和后得到包括人工费、材料费和机械使用费在内的单位工程工、料、机费用。措施费、间接费、利润和税金可根据统一规定的费率乘以相应的计取基数求得。将上述费用汇总后得到单位工程的施工图预算造价。

1.预算单价法编制施工图预算的步骤。预算单价法编制施工图预算的基本步骤如下:

(1)准备资料,熟悉施工图纸。施工图纸是编制预算的工作对象,也是基本依据。预算人员首先要认真阅读和熟悉施工图纸,将建筑施工图,结构施工图,给排水、暖通、电气等各种专业施工图相互对照,认真核对图纸是否齐全,相互间是否有矛盾和错误,各分部尺寸之和是否等于总尺寸,各种构件的竖向位置是否与标高相符等。还要熟悉有关标准图,构、配件图集,设计变更和设计说明等,通过阅读和熟悉图纸,对拟编预算的工程建筑、结构、材料应用和设计意图有一个总体的概念。在熟悉施工图纸的同时,还要深入施工现场,了解施工方法、施工机械的选择、施工条件及技术组织措施和周围环境,使编制预算所需的基础资料更加完备。

(2)计算工程量。工程量的计算,是编制预算的基础和重要内容,也是预算编制过程中最为繁杂,而又十分细致的工作。所谓工程量,是指以物理计量单位或自然计量单位表示的各个具体分项工程的数量。工程量计算一般按如下步骤进行:

①根据工程内容和定额项目,列出需计算工程量的分部分项工程;

②根据一定的计算顺序和计算规则,列出分部分项工程量的计算式;

③根据施工图纸上的设计尺寸及有关数据,代入计算式进行数值计算;

④对计算结果的计量单位进行调整,使之与定额中相应的分部分项工程的计量单位保持一致。

(3)套预算单价,计算工、料、机费用。核对工程量计算结果后,利用地区统一单位估价表中的分项工程预算单价,计算出各分项工程合价,汇总求出单位工程工、料、机费用。

预算单价法编制施工图预算的主要计算公式:

$$预算直接工程费 = \sum (分项工程量 \times 预算定额单价)$$

该预算定额单价只包括编制时期的人工、材料和机械台班费用。

计算工、料、机费用时需注意以下几项内容:

第一,分项工程的名称、规格、计量单位与预算单价或单位估价表中所列内容完全一致时,可以直接套用预算单价;

第二,分项工程的主要材料品种与预算单价或单位估价表中规定材料不一致时,不可以直接套用预算单价,需要按实际使用材料价格换算预算单价;

第三,分项工程施工工艺条件与预算单价或单位估价表不一致而造成人工、机械的数量增减时,一般调量不换价;

第四,分项工程不能直接套用定额或不能换算和调整时,应编制补充单位估价表。

(4)编制工料分析表。根据各分部分项工程项目实物工程量和预算定额项目中所列的用工及材料数量,计算各分部分项工程所需人工及材料数量,汇总后算出该单位工程所需各类人工、材料的数量。

(5)按计价程序计取其他费用,并汇总造价。根据规定的税率、费率和相应的计取基础,分别计算措施费、间接费、利润、税金。将上述费用累计后与工、料、机费用进行汇总,求出单位工程预算造价。

(6)复核。对项目填列、工程量计算公式及计算结果、套用的单价、采用的取费费率、数字计算、数据精确度等进行全面复核,以便及时发现差错,及时修改,提高预算的准确性。

(7)填写封面、编制说明。封面应写明工程编号、工程名称、预算总造价和单方造价、编制单位名称、负责人和编制日期以及审核单位的名称、负责人和审核日期等。

编制说明主要应写明预算所包括的工程内容范围、依据的图纸编号、承包方式、有关部门现行的调价文件号、套用单价需要补充说明的问题及其他需说明的问题等。

预算单价法编制预算造价的步骤如图7-6所示。

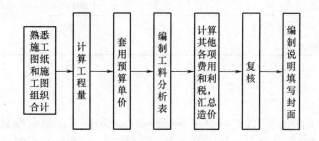

图7-6　预算单价法编制预算造价的过程

2.预算单价法的优缺点。

预算单价法的优点是:计算简单、工作量较小、编制速度快、便于统一管理。

预算单价法的缺点是:采用事先编制好的统一的单位估价表,其价格水平只能反映定额(单位估价表)编制年份的价格水平,未考虑市场波动,在市场价格波动较大的情况下,预算单价法的计算结果会偏离实际价格水平。虽可调价,在一定程度上消除市场波动因素,但操作麻烦,调整后的结果也不一定准确。由于预算单价法采用的是地区统一的单位估价表进行计价,导致承包商的计算结果十分接近,不利于承包商之间的竞争,体现不了承包商自身施工管理水平的优势,因此,预算单价法不适应市场经济环境。

3.预算单价法实例:

某市一住宅楼土建工程主体设计采用七层轻框架结构、钢筋混凝土筏式基础,建筑面积为7 670.22m^2,限于篇幅,现取其基础部分来说明单价法编制施工图预算的过程。表7-4是依据该市当时的建筑工程预算定额及单位估价表采用单价法编制的该住宅楼工程(基础部分)施工图预算表。

表 7-4　某住宅楼建筑工程基础部分预算书(预算单价法)

工程定额编号	工程或费用名称	计量单位	工程量	价值(元)	
				单价	合价
(1)	(2)	(3)	(4)	(5)	(6)
1042	平整场地	m²	1 393.59	0.309	430.62
1063	挖土机挖土(砂砾坚土)	m³	2 781.73	1.29	3 588.43
1092	干铺土石屑层	m³	892.68	52.14	46 544.34
1090	C10 混凝土基础垫层(10cm 内)	m³	110.03	146.87	16 160.11
5006	C20 带形钢筋混凝土基础(有梁式)	m³	372.32	310.06	115 441.54
5014	C20 独立式钢筋混凝土基础	m³	43.26	274.06	11 855.84
5047	C20 矩形钢筋混凝土柱(1.8m 外)	m³	9.23	599.72	5 535.42
13002	矩形柱与异形柱差价	元	61.00		61.00
3001	M5 砂浆砌砖基础	m³	34.99	97.00	3 394.03
5003	C10 带形无筋混凝土基础	m³	54.22	198.43	10 758.87
4028	满堂脚手架(3.6m 内)	m²	370.13	0.96	355.32
1047	槽底钎探	m²	1 233.77	0.225	277.60
1040	回填土(夯填)	m³	1 260.94	14.01	17 665.77
3004	基础抹隔潮层(有防水粉)	元	130.00		130.00
	工、料、机费用小计				232 198.90

注:其他各项费用在土建工程预算书汇总时计列。

(二)实物法

实物法编制施工图预算,首先根据工程量计算规则和施工图纸分别计算出分项工程量,然后套用相应预算人工、材料和机械台班的定额用量,再分别乘以工程所在地当时的人工、材料和机械台班等资源的市场价格,求出单位工程的人工费、材料费和施工机械使用费,并汇总求和,得到工、料、机费用;然后再行取费,求取措施费、间接费和利税等,汇总后即可得到单位工程施工图预算造价。

通常采用实物法计算预算造价时,在计算出分部分项工程的人工、材料、机械消耗量后,先按类相加求出单位工程所需的各种人工、材料、施工机械台班的消耗量,再分别乘以当时当地各种人工、材料、机械台班的实际单价,求得人工费、材料费和施工机械使用费并汇总求和。

1.实物法编制施工图预算的步骤:

(1)准备资料、熟悉施工图纸。全面收集各种人工、材料、机械的当时当地的实际价格,应包括不同品种、不同规格的材料预算价格,不同工种、不同等级的人工工资单价,不同种类、不同型号的机械台班单价等。要求获得的各种实际价格应全面、系统、真实、可靠。具体可参考预算单价法相应步骤。

(2)计算工程量。本步骤与预算单价法相同,不再赘述。

(3)套用消耗定额,计算人机材消耗量。定额消耗量中的"量"在相关规范和工艺水平等未有较大突破性变化之前具有相对稳定性,据此确定符合国家技术规范和质量标准要求,并反映当时施工工艺水平的分项工程计价所需的人工、材料、施工机械的消耗量。

根据预算人工定额所列各类人工工日的数量,乘以各分项工程的工程量,计算出各分项工程所需各类人工工日的数量,统计汇总后确定单位工程所需的各类人工工日消耗量。同理,根据预算材料定额、预算机械台班定额分别确定工程各类材料消耗数量和各类施工机械台班数量。

(4)计算并汇总人工费、材料费、机械使用费。根据当时当地工程造价管理部门定期发布的或企业根据市场价格确定的人工工资单价、材料预算价格、施工机械台班单价分别乘以人工、材料、机械消耗量,汇总即为单位工程人工费、材料费和施工机械使用费。

实物法中单位工程工、料、机费用的计算公式为:

$$
\begin{aligned}
\text{单位工程预算直接工程费} = &\sum \left(\text{分部分项工程量} \times \text{人工预算定额用量} \times \text{当时当地工日单价} \right) + \\
&\sum \left(\text{分部分项工程量} \times \text{材料预算定额用量} \times \text{当时当地材料预算单价} \right) + \\
&\sum \left(\text{分部分项工程量} \times \text{施工机械台班预算定额用量} \times \text{当时当地机械台班单价} \right)
\end{aligned}
$$

其中:

$$
\begin{aligned}
\text{分部分项工程工料单价} = &\sum \left(\text{材料预算定额用量} \times \text{当时当地材料预算价格} \right) + \\
&\sum \left(\text{人工预算定额用量} \times \text{当时当地人工工资单价} \right) + \\
&\sum \left(\text{施工机械预算定额台班用量} \times \text{当时当地机械台班单价} \right)
\end{aligned}
$$

$$
\text{单位工程工、料、机费用} = \sum \left(\text{分部分项工程量} \times \text{分部分项工程工料单价} \right)
$$

(5)计算其他各项费用,汇总造价。对于措施费、间接费、利润和税金等的计算,可以采用与预算单价法相似的计算程序,只是有关的费率是根据当时当地建筑市场供求情况予以确定。将上述单位工程工、料、机费用与措施费、间接费、利润、税金等汇总即为单位工程造价。

(6)复核。检查人工、材料、机械台班的消耗量计算是否准确,有无漏算、重算或多算,套取的定额是否正确;检查采用的实际价格是否合理。其他内容可参考预算单价法相应步骤的介绍。

(7)填写封面、编制说明。本步骤的内容和方法与预算单价法相同。

实物法的编制步骤如图7-7所示。

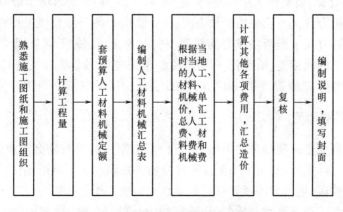

图7-7　实物法编制预算造价的过程

2.实物法的优缺点。**市场条件下,工料机单价随市场千变万化,而它们是影响工程造价的最活跃、最主要因素。用实物法采用工程所在地当时的工料机单价,较好地反映实际价格水平,工程造价的准确性高。但计算过程较单价法烦琐些。**

(三) 综合单价法

综合单价即分项工程完全单价,是将各种工料和价格从市场上采集后编制成工、料、机费用,然后以工、料、机费用为基准,参照费用定额把各项间接费和利润、税金分解到各分部分项工程合成为综合单价。某分项工程综合单价乘以工程量即为该分项工程合价。所有分项工程合价汇总后即为该工程的总价。

综合单价法是建筑安装工程费计算中的一种计价方法,与之对应的是工料单价法。综合单价法的分部分项工程单价为全费用单价,全费用单价经综合计算后生成,其内容包括工、料、机费用,间接费,利润和风险因素(措施费也可按此方法生成全费用价格)。各分项工程量乘以综合单价的合价汇总后,再加计规费和税金,便可生成建筑或安装工程造价。

我国工程造价计价分为定额计价和工程量清单计价两种,其中定额计价包括"预算单价法"和"实物法",工程量清单计价采用"综合单价法"。有关定额计价与清单计价的区别将在下一节阐述。

(四) 预算单价法与实物法的比较

定额计价中的"预算单价法",首先按相应定额工程量计算规则计算工程中各个分部分项工程的工程量,然后直接套取相应预算定额的各个分部分项工程量的定额基价,得出各个分部分项工程的直接费,汇总得出工程总的直接费,再用工程总的直接费乘以相应的费率得出工程总的间接费、利润和税金,最后汇总得出工程的总造价。

定额计价中的"实物法",指在算出各个分部分项工程的工程量后套用相应的分部分项工程的定额消耗量,将各个分部分项工程量分解为相应的工、料、机的消耗量,然后分别乘以相应的人工、材料、机械的市场单价后相加得出相应分部分项工程的工、料、机合价(即分部分项工程的直接费),再将各个分部分项工程的直接费汇总得出工程的总直接费,后面取费与预算单价法是一样的。

预算单价法与实物法最主要也是最根本的区别就在于计算出工程量以后的步骤。预算单价法和实物法的区别在于各个分部分项工程的工料机合价计算依据不同,预算单价法用"定额基价"直接计算,而实物法用"消耗量定额"和"工、料、机的市场单价"确定各个分部分项工程的工、料、机合价。不论采用哪种方法,所计算出的各分部分项工程费用都只包括工、料、机费用,各分部分项工程费用没有间接费、利润、税金、措施费、风险费等,即定额计价法中只能计算工程总的间接费、措施费、利润和税金等,在这种计价方法下我们无法得出各个分部分项工程的间接费、措施费、利润和税金。因此,我们将此种工料单价称为"不完全单价"。

三、施工图预算审查

编制施工图预算是一项烦琐的工作,要求预算编制人员具有较高的业务水平和良好的职业道德。但在实际工作中,由于编制人员自身业务知识水平不够或工作的疏忽,难免会出现这样或那样的错误,使得工程预算有时不能真实反映工程实际造价,甚至严重违背工程实际造价。为了提高工程预算编制质量,正确反映设计的经济性,合理地确定工程造价,提高经济效益,在施工图预算编制后,必须对其进行认真审查。

（一）施工图预算审查的意义

施工图预算审查有利于:

1.控制工程造价,克服和防止预算超预算;

2.加强固定资产投资管理,节约建设资金;

3.施工承包合同价的合理确定和控制;

4.累计和分析各项技术经济指标,不断提高设计水平。

（二）施工图预算审查的依据

施工图预算决定着发包人的投资耗费和承包人的经济收入。因此,在审查施工图预算时必须遵循客观公正、实事求是的原则,及时审查,做到不偏不倚,对于工程预算内多计、重列的项目,应按有关文件规定予以扣减,而对其中少计、漏列的项目则应给予调增,对于定额缺项的新材料、新工艺,应根据施工过程中的合理消耗和市场上的合理价格,实事求是地确定其实际消耗量和材料价格,达到维护发包人和承包人双方合法权益的目的。审查施工图预算的依据主要有以下几种:

1.国家、省有关单位颁发的有关决定、通知、细则和文件规定等;

2.国家或省颁发的有关现行取费标准或费用定额;

3.国家或省颁发的现行定额或补充定额;

4.现行的地区材料预算价格、本地区工资标准及机械台班费用标准;

5.现行的地区单位估价表或汇总表;

6.初步设计或扩大初步设计图纸及施工图纸;

7.有关该工程的调查资料,地质钻探、水文气象资料;

8.甲乙双方签订的合同或协议书;

9.工程资料,如施工组织设计等文件资料。

（三）施工图预算审查的步骤

1.准备阶段。其内容包括:①搜集并熟悉审查施工图预算的各种依据资料;②熟悉施工图纸;③了解施工现场情况,熟悉施工组织设计或技术措施方案;④了解施工图预算的范围,根据预算编制说明,了解预算包括的工程内容。

2.审查阶段。根据工程规模、工程性质、审查时间和质量要求、审查力量情况等合理确定审查方法,然后按照选定的审查方法进行具体审查。

3.定案阶段。审查完毕后,由审查单位的有关人员对审查的主要内容及审查情况提出审查意见,整理出书面情况,然后书面通知建设、施工和设计单位,如无异议,按审查意见调整定案;如意见不一,必须组织各方代表进行集体讨论,核对分析、协商或有关部门裁定。定案后,审查单位、建设单位、施工企业三方签章,签章顺序一般为施工单位、建设单位、审查单位;最后出具审查报告。

（四）施工图预算审查的内容

1.审查施工图预算的编制依据。其内容包括:①审查编制依据的合法性;②审查编制依据的时效性;③审查编制依据的适用范围。

2.审查施工图预算工程量。建筑安装工程施工图预算是由直接费、间接费、利润和税金四部分费用组成的。直接费中的工、料、机费用又是施工图预算中各分部分项工程的工程量与相应的定额单价之积累加而得到的,它是计算间接费、利润和税金的基础。因此,在审查时,工程量是确定建筑安装工程造价的决定因素,是审查的重点,审查时间的80%以上都消耗在审查工程量这一阶段。工程量计算中常见问题主要包括:多计工程量;重复计算工程量;虚增工程量;项目变更,该减未减。

在进行施工图预算工程量审查时,应注意工程量审查的基本要点:

(1)工程列项审查,是指审查施工图预算书中所列的子项目,是否有多列、重列、虚列和少列的现象。工程列项错误的主要原因是对该子项目的工作内容不清楚,对构造做法、所用材料及机械不了解;对定额本上各个分部、分项、子目的划分不熟悉,没有仔细看懂施工图。列项审查主要审查所列子项的完整性和合理性,既不能多列、错列,也不能少列、漏列,最后达到所列子项与实际工程内容相符。

(2)工程量计算方法的审查。审查时,首先应审查所列计算式是否符合规定。如工程量的计算单位,以面积计算的是以净面积还是实铺面积或展开面积,是水平还是垂直投影面积,以及外围面积计算。计算工程量应以计算规则为准,不得按想象套用。

(3)工程量计算所用的数据的审查。审查数据是否符合如下要求:①按图纸所示尺寸取定;②按计算规则的规定取定;③编制预算时,应先按设计施工取定尺寸,结算时,再按竣工图或补充设计图纸取定;④审查工程量计算结果及单位是否正确。

此外,施工图预算工程量的审查还应包括建筑面积计算的审查和分项工程量的审查。

3.审查预算单价的套用。

(1)套用的单价是否正确。工程预(结)算中所列的分项工程名称、规格、计量单位是否与基价表内容完全一致,否则套用错误。

(2)换算的单价是否正确。对基价表规定不能换算的项目,不能找借口任意换算;对预算定额允许换算的项目,需审查其换算依据和换算方法是否符合规定。

(3)补充单价的审查。主要审查编制补充定额及单价的方法、依据是否科学合理,是否符合有关现行规定。

4.审查各项应计取费用。具体内容为:①审查定额工、料、机费用;②审查其他直接费和现场经费;③审查间接费;④审查计划利润和税金;⑤审查材料价差。

(五)施工图预算的审查方法

1.全面审查法。全面审查法又称逐项审查法,按预算定额顺序或施工顺序,对施工图预算中的项目逐一全面审查。具体的审查过程与编制施工图预算基本相同。此法的优点是全面、细致,经过审查的工程预算差错较少,审查质量较高;其缺点是工作量大。一般适用于工程量比较小,工艺比较简单的工程。

2.重点审查法。重点审查法就是抓住对工程预算影响比较大的项目和容易发生差错的项目重点进行审查。重点审查的内容主要有:工程量大或费用较高的项目;换算后定额单价和补充定额单价;容易混淆的项目和根据以往审查经验,经常会发生差错的项目;项目费用的计费基础及其费率标准;市场采购材料的价差。

3.分解对比审查法和筛选审查法。

(1)分解对比审查法。分解对比审查法是将一个单位工程造价分解为直接费和间接费两部分;然后将直接费部分按分部工程和分项工程进行分解,计算出这些工程每平方米的直接费用或每平方米的工程数量;最后将计算所得的指标与历年累计的各种工程造价指标和有关的技术经济指标进行比较,来判定拟审查工程预算的质量水平。

(2)筛选审查法。筛选审查法是根据建筑工程各个分项分部工程的工程量、造价、用工量在单位面积上的数值变化的特点,把这些数据加以汇集、优选,找出这些分部分项工程在单位建筑面积上的工程量、价格、用工的基本数值,归纳为工程量、造价、用工三个单方基本值表,并注明其适用的建筑标准。用这些基本值作为标准来对比筛审拟建项目各分部分项工程的工程量、造价或用工量。若相差不大就不审,若相差较大,就对该分部分项工程详细审查。

4.经验审查法。根据经验,审查容易发生差错的那一部分工程项目。其主要包括:①漏算项目,如平整场地和余土外运;②单价偏高,如基槽挖土中套用预算单价,应审查实际土壤类别,进行单价调整;③多算工程量;④工程量计算错误。

第四节　工程量清单计价法

一、建设工程工程量清单计价规范

《建设工程工程量清单计价规范》(GB50500-2013)(以下简称《计价规范》)是统一工程量清单编制、规范工程量清单计价的国家标准,包括总则、术语、一般规定、招投标工程量清单、招标控制价、投标报价、合同价款的约定、工程计量、合同价款调整、合同价款中期支付、竣工结算与支付、合同解除的价款结算与支付、合同价款争议的解决、工程计价资料与档案、计价表格十五个部分。

《计价规范》适用于建设工程发承包及其实施阶段的计价活动。《计价规范》规定,使用国有资金投资的建设工程发承包,必须采用工程量清单计价。非国有资金投资的建设项目,宜采用工程量清单计价。不采用工程量清单计价的建设工程,应执行计价规范除工程量清单等专门性规定外的其他规定。

二、工程量清单计价的内容和方法

《计价规范》规定,全部使用国有资产投资或国有资产投资为主的工程建设项目,必须采用工程量清单计价方式。

(一)工程量清单的编制

工程量清单是表现拟建工程的分部分项工程项目、措施项目、其他项目的名称和相应数量以及规费项目和税金项目等内容的明细清单,是由招标人按照《计价规范》附录中统一的项目编码、项目名称、计量单位和工程量计算规则,结合施工设计图纸、施工现场情况和招标文件中的有关要求进行编制,包括分部分项工程清单、措施项目清单、其他项目清单、规费项目清单和税金项目清单。工程量清单应由具有辨知能力的招标人,或受其委托、具有相应资

房屋建筑工程评估基础

质的工程造价咨询人或招标代理人编制。工程量清单是招标文件的组成部分,一经中标签订合同,即成为合同的组成部分,其准确性和完整性由招标人负责。工程量清单的描述对象是拟建工程,其内容涉及清单项目的性质、数量等,并以表格为主要表现形式。

1.分部分项工程量清单。在编制分部分项工程量清单时,应根据相关工程现行国家计量规范规定的项目编码、项目名称、项目特征、计量单位和工程量计算规则进行编制。

(1)项目编码。项目编码以五级编码设置,用十二位阿拉伯数字表示。一、二、三、四级编码为全国统一,即一至九位按计算规范附录的规定设置;第五级即十至十二位应根据拟建工程的工程量清单项目名称设置,不得有重码,这三位清单项目编码由招标人针对招标工程项目具体编制,并应自001顺序编制。

各级编码代表含义如下:

①第一级表示专业工程代码(分二位);

②第二级表示附录分类顺序码(分二位);

③第三级表示分部工程顺序码(分二位);

④第四级表示分项工程项目名称顺序码(分三位);

⑤第五级表示工程量清单项目名称顺序码(分三位)。

如:工程量清单项目编码结构010401001×××分析如下:

01:第一级专业工程代码,	01 房屋建筑与装饰工程
02:第二级附录分类顺序码,	04 砌筑工程
01:第三级分部工程顺序码,	01 砖砌体
001:第四级分项工程项目名称顺序码,	001 表示砖基础
×××:第五级为工程量清单项目名称顺序码,由工程量清单编制人编制,从001开始	

(2)项目名称。分部分项工程清单项目名称的设置,可按《计价规范》附录中的项目名称为主体,考虑该项目的规格、型号、材质等特殊要求,结合拟建工程的实际情况而命名。在《计价规范》附录中清单项目的表现形式,是由主体项目和辅助项目(或称组合项目)构成(主体项目即《计价规范》中的项目名称,辅助项目即《计价规范》中的工程内容)。《计价规范》对各清单项目可能发生的辅助项目均做了提示,列在"工程内容"一栏内,供工程量清单编制人根据拟建工程实际情况有选择地对项目名称描述时参考和投标人确定报价时参考。如果发生了在《计价规范》附录中没有列出的工程内容,在清单项目设置中应予以补充。项目名称如有缺项,招标人可按相应的原则进行补充,并报当地工程造价管理部门备案。

(3)项目特征。项目特征应按照附录中规定的有关项目特征的要求,结合拟建工程项目的实际、技术规范、标准图集、施工图纸,按照工程结构、使用材质及规格或安装位置等,详细而准确地表述和说明,要能满足确定综合单价的需要。若采用标准图集或施工图纸能够全部或部分满足项目特征描述的要求,项目特征描述可直接采用详见××图集或××图号的方式。对不能满足项目特征描述要求的部分,仍应用文字描述。

· 230 ·

（4）计量单位。计量单位采用基本单位,按照《计价规范》附录中各项目规定的单位确定。

（5）工程数量。除另有说明外,所有清单项目的工程量应以实体工程量为准,并以完成后的净值计算;投标人报价时,应考虑施工中的各种损耗和需要增加的工程量。工程量计算规则应按照《计价规范》附录中给定的规则计算。

2.措施项目清单。措施项目指为完成工程施工,发生于该工程施工前和施工过程中技术、生活、安全等方面的非工程实体项目。措施项目清单的编制除考虑工程本身的因素外,还涉及水文、气象、环境、安全等和施工单位的实际情况列项,其中,通用措施项目可参考《计价规范》提供的"通用措施项目一览表"(见表7-5)列项,各专业工程的措施项目可按附录中规定的项目选择列项。若出现规范中未列的项目,可根据工程实际情况补充。

表7-5　通用措施项目一览表

序号	项目名称
1	安全文明施工(含环境保护、文明施工、安全施工、临时设施)
2	夜间施工
3	二次搬运
4	冬雨季施工
5	大型机械设备进出场及安拆
6	施工排水
7	施工降水
8	地上、地下设施、建筑物的临时保护设施
9	已完工程及设备保护

3.其他项目清单。其他项目清单应根据拟建工程的具体情况列项。《计价规范》提供了四项作为列项参考,不足部分可补充。

（1）暂列金额。因一些不能预见、不能确定的因素的价格调整而设立。暂列金额由招标人根据工程特点,按有关计价规定进行估算确定。编制竣工结算的时候,变更和索赔项目应列一个总的调整,签证和索赔项目在暂列金额中处理。暂列金额的余额归招标人。

（2）暂估价。暂估价是指招标阶段直至签订合同协议时,招标人在招标文件中提供的用于支付必然要发生但暂时不能确定价格的材料以及需另行发包的专业工程金额,包括材料暂估价和专业工程暂估价。

（3）计日工。在施工过程中,完成发包人提出的施工图纸以外的零星项目或工作,按合同中约定的综合单价计价。计日工是为了解决现场发生的对零星工作的计价而设立的。零星工作一般是指合同约定之外的或因变更而产生的、工程量清单中没有相应项目的额外工作,尤其是那些时间不允许事先商定价格的额外工作。

（4）总承包服务费。总承包服务费是总承包人为配合协调发包人进行工程分包自行采购的设备、材料等进行管理、服务以及施工现场管理、竣工资料汇总整理等服务所需的费用。

4.规费项目清单。这时指根据省级政府或省级有关权力部门规定必须缴纳的，应计入建筑安装工程造价的费用。《计价规范》提供了以下几项作为列项参考，不足部分可根据省级政府或省级有关权力部门的规定列项。

(1)社会保险费：养老保险费；失业保险费；医疗保险费；生育保险费；工伤保险费。

(2)住房公积金；

(3)工程排污费。

根据《财政部、国家发展和改革委员会、环境保护部、国家海洋局关于停征排污费等行政事业性收费有关事项的通知》(财税〔2018〕4号)，原列入规费的工程排污费已经于2018年1月停止征收。

5.税金项目清单。根据省级政府或省级有关权力部门的规定列项。

（二）工程量清单计价

工程量清单计价适用于编制招标控制价、投标价、合同价款的约定、工程量计量与价款支付、索赔与现场签证、工程价款调整、竣工结算和工程计价争议处理等。采用工程量清单计价，建设工程造价由分部分项工程费、措施项目费、其他项目费、规费和税金组成。工程量清单采用综合单价计价。综合单价是有别于现行定额工料单价计价的一种单价计价方式，包括完成规定计量单位合格产品所需的人工费、材料费、机械使用费、企业管理费、利润，并考虑一定范围内的风险金，即包括除规费、税金以外的全部费用。综合单价适用于分部分项工程量清单、措施项目清单。

1.招标控制价的编制。国有资金投资的工程应实行工程量清单招标，招标人应编制招标控制价。招标控制价超过批准的概算时，招标人应报原概算审批部门审核。投标人的投标报价高于招标控制价的，其投标应予拒绝。招标控制价应在招标文件中公布，不应上调或下浮，同时将招标控制价的明细表报工程所在地工程造价管理机构备查。

2.投标价。投标价由投标人自主确定，但不得低于成本。投标人应按招标人提供的工程量清单填报价格。填写的项目编码、项目名称、项目特征、计量单位、工程量必须与招标人提供的一致。

投标价确定过程如下：

(1)分部分项工程费。分部分项工程量清单的综合单价按招标文件中分部分项工程量清单项目的特征描述确定。综合单价中除包括完成分部分项工程项目所需人、材、机、企业管理费和利润外，还包括招标文件中要求投标人应承担的风险费用。

在投标报价时，对招标人给定了暂估单价的材料，应按暂估的单价计入分部分项工程综合单价中。投标人在自主决定投标报价时，还应考虑招标文件中要求投标人承担的风险内容及其范围(幅度)以及相应的风险费用。投标人应完全承担的风险是技术风险和管理风险，如管理费和利润；应有限度承担的是市场风险，如材料价格涨价幅度在5%以内，施工机械使用费涨价在10%以内的风险由承包人承担，超过者在结算时由双方协商予以调整；应完全不承担的是法律、法规、规章和政策变化的风险，如：税金、规费等，应按照当地造价管理机构发布的文件按实调整。根据我国目前工程建设的实际情况，各省、市建设行政主管部门均根据当地劳动行政主管部门的有关规定发布人工成本信息,对此关系职工切身利益的人工费不宜纳入风险。在施工过程中,当出现的风险内容及其范围(幅度)在招标文件规定的范围内时,综合单价不得变更,工程价款不做调整。

$$分部分项工程费 = \sum 分部分项工程量 \times 分部分项工程综合单价$$

(2)措施项目费。投标人投标时应根据拟建工程的实际情况,结合自身编制的施工组织设计(或施工方案)确定措施项目,参照《计价规范》规定的综合单价组成自主确定措施项目费,并可对招标人提供的措施项目进行调整。措施项目费的计算包括:

①措施项目清单费的计价方式应根据招标文件的规定,凡可以计算工程量的措施清单项目如模板、脚手架费用,采用综合单价方式报价,不宜计算工程量的项目,如大型机械进出场费等,采用以"项"为计量单位的方式报价。

②措施项目清单费的确定原则是由投标人自主确定,但其中安全文明施工费应按国家或省级、行业建设主管部门的规定确定。

投标时,编制人没有计算或少计算费用,视为此费用已包括在其他费用内,额外的费用除招标文件和合同约定外,不予支付。

$$措施项目费 = \sum 措施项目工程量 \times 措施项目综合单价$$

(3)其他项目费。其他项目清单的金额,宜按照下列内容列项和计算:

①暂列金额按招标人在其他项目清单中列出的金额填写;只有按照合同约定程序实际发生后,暂列金额才能成为中标人的应得金额,纳入合同结算价款中。扣除实际发生价款后的余额仍属于招标人所有。

②暂估价中的材料暂估价按招标人在其他项目清单中列出的单价计入投标人相应清单的综合单价,其他项目费合计中不包含,只是列项;专业工程暂估价按招标人在其他项目清单中列出的金额填写,按项列支。如塑钢门窗、玻璃幕墙、防水等,价格中包含除规费、税金外的所有费用,并计入其他项目费合计中。

③计日工按招标人在其他项目清单中列出的项目和数量,由投标人自主确定综合单价计算总价,并入其他项目费总额中。

④总承包服务费根据招标文件中列出的分包专业工程内容和供应材料、设备情况,按照招标人提出协调、配合与服务要求和施工现场管理需要由投标人自主确定。招标人一定要在招标文件中说明总包的范围,以减少后期不必要的纠纷。总承包服务费参考计算标准如下:

招标人仅要求对分包的专业工程进行总承包管理和协调时,按分包的专业工程估算造价的1.5%计算;招标人要求对分包的专业工程进行总承包管理和协调并同时要求提供配合服务时,根据招标文件中列出的配合服务内容和提出的要求按分包的专业工程估算造价的3%~5%计算;招标人自行供应材料的,按招标人供应材料价值的1%计算。

$$其他项目费 = 暂列金额 + 专业工程暂估价 + 计日工费 + 总承包服务费$$

(4)规费。规费作为政府和有关权力部门规定必须缴纳的费用,政府和有关权力部门可根据形势发展的需要,对规费项目进行调整。

(5)税金,指增值税。如国家税法发生变化增加了税种,应对税金项目清单进行补充。

规费和税金应按国家或省级、行业建设主管部门的规定计算,不得作为竞争性费用。

3.工程合同价款的约定。实行招标的工程合同价款应在中标通知书发出之日起 30 日内,由承发包双方依据招标文件和中标人的投标文件在书面合同中约定。不实行招标的工程合同价款,在承发包双方认可的工程价款基础上,由承发包双方在合同中约定。实行招标的工程,合同约定不得违背招、投标文件中关于工期、造价、质量等方面的实质性内容。招标文件与中标人投标文件不一致的地方,以投标文件为准。

三、工程量清单计价的程序

根据《计价规范》的规定,工程量清单计价程序见表 7-6。

表 7-6 工程量清单计价程序

序 号	名 称	计算办法
1	分部分项工程费	$\sum$（分部分项清单工程量 × 综合单价）
2	措施项目费	按规定计算
3	其他项目费	按招标文件规定计算
4	规费	按规定计算
5	不含税工程造价	1+2+3+4
6	税金	按税务部门规定计算
7	含税工程造价	5+6

四、工程量清单计价与定额计价的异同

工程量清单计价法是一种与定额计价法完全不同的计价模式。自《计价规范》颁布以来,我国建设工程计价逐渐转向以工程量清单计价为主、定额计价为辅的模式。清单计价模式采用综合单价法。所谓综合单价法,就是因各分部分项工程费用不仅仅包括工料机的费用,还包括各个分部分项工程的间接费、利润、税金、措施费、风险费等,即在计算各分部分项工程工料机费用的同时就开始计算各分部分项工程的间接费、利润、税金、措施费、风险费等。这样就形成各分部分项工程的"完全价格(综合价格)",最后直接汇总所有分部分项工程的"完全价格(综合价格)",可直接得出工程总造价。其与定额计价模式有着重大区别。

工程量清单计价模式与定额计价模式的异同见表 7-7。

表 7-7 两种计价模式的比较

内容	定额计价	工程量清单计价
项目设置	定额的项目一般是按施工工序、工艺进行设置的,定额项目包括的工程内容一般是单一的	工程量清单项目的设置是以一个"综合实体"考虑的,"综合项目"一般包括多个子目工程内容

内容	定额计价	工程量清单计价
定价原则	按工程造价管理机构发布的有关规定及定额中的基价计价	按照清单的要求,企业自主报价,反映的是市场决定价格
价款构成	定额计价价款包括:工、料、机费用、措施费、规费、企业管理费、利润和税金	工程量清单计价价款是指完成招标文件规定的工程量清单项目所需的全部费用。包括:分部分项工程费、措施项目费、其他项目费、规费和税金
单价构成	定额计价采用定额子目基价,定额子目基价只包括定额编制时期的人工费、材料费、机械费,并没有反映施工单位的真正水平,不包括各种风险因素带来的影响	工程量清单采用综合单价。综合单价包括人工费、材料费、机械费、管理费、利润和风险金,且各项费用均由投标人根据自身情况和考虑各种风险因素自行编制
价差调整	按工程承发包双方约定的价格与定额价对比,调整价差	按工程承发包双方约定的价格直接计算,除招标文件规定外,不存在价差调整的问题
计价过程	招标方只负责编写招标文件,不设置工程项目内容,也不计算工程量。工程计价的子目和相应的工程量是由投标方根据设计文件确定。项目设置、工程量计算、工程计价等工作在一个阶段内完成	招标方必须设置清单项目并计算清单工程量,同时在清单中对清单项目的特征和包括的工程内容必须清晰、完整地告诉投标人,以便投标人报价。故清单计价模式由两个阶段组成: (1)由招标方编制工程量清单; (2)投标方根据工程量清单报价
人工、材料、机械消耗量	定额计价的人工、材料、机械消耗量按定额标准计算,定额一般是按社会平均水平编制的	工程量清单计价的人工、材料、机械消耗量由投标人根据企业的自身情况或企业定额自定。它真正反映企业的自身水平
工程量计算规则	按定额工程量计算规则	按清单工程量计算规则
计价方法	根据施工工序计价,即将相同施工工序的工程量相加汇总,选套定额,计算出一个子项的定额工、料、机费用,每一个项目独立计价	按一个综合实体计价,即子项目随主体项目计价,由于主体项目与组合项目是不同的施工工序,所以往往要计算多个子项才能完成一个清单项目的分部分项工程综合单价,每一个项目组合计价
价格表现形式	只表示工程总价,分部分项工、料、机费用不具有单独存在的意义	主要为分部分项工程综合单价,是投标、评标、结算的依据,单价一般不调整
适用范围	编审标底,设计概算,工程造价鉴定	编审标底;全部使用国有资金投资或国有资金投资为主的大中型建设工程和需招标的小型工程

第五节　工程结算及竣工决算

工程结算是由施工单位编制的确定工程实际造价的技术经济文件。竣工决算是工程竣工之后,由建设单位编制的用来综合反映竣工建设项目或单项工程的建设成果和财务情况的总结性文件。工程结算是竣工决算的基础资料之一。

一、工程结算

(一)工程结算的依据

财政部、建设部共同发布的《建设工程价款结算暂行办法》(财建〔2004〕369号)(以下简称《工程价款结算办法》)规定:建设工程价款结算是指对建设工程的承发包合同价款进行约定和依据合同约定进行工程预付款、工程进度款、工程竣工价款结算的活动。

《工程价款结算办法》规定:工程价款结算应按合同约定办理,合同未做约定或约定不明的,承发包双方应依照下列规定与文件协商处理:

(1)国家有关法律、法规和规章制度;

(2)国务院建设行政主管部门、省、自治区、直辖市或有关部门发布的工程造价计价标准、计价办法等有关规定;

(3)建设项目的合同、补充协议、变更签证和现场签证,以及经发、承包人认可的其他有效文件;

(4)其他可依据的材料。

(二)工程结算的内容和方式

1.工程结算的一般内容。

(1)按工程承包合同或协议预支工程预付款。在具备施工条件的前提下,发包人应在双方签订合同后的一个月内或不迟于约定的开工日期前的7天内预付工程款。包工包料工程的预付款按合同约定拨付,原则上预付比例不低于合同金额的10%,不高于合同金额的30%,对重大工程项目,按年度工程计划逐年预付。执行《计价规范》的工程,实体性消耗和非实体性消耗部分应在合同中分别约定预付款比例。

(2)按照双方确定的结算方式开列月(或阶段)施工作业计划和工程价款预支单,预支工程价款。

(3)月末(或阶段完成)呈报已完工程月(或阶段)报表和工程价款结算账单,提出支付工程进度款申请,14天内,发包人应按不低于工程价款的60%,不高于工程价款的90%向承包人支付工程进度款。工程进度款的计算内容包括:①以已完工程量和对应工程量清单或报价单的相应价格计算的工程款;②设计变更应调整的合同价款;③本期应扣回的工程预付款;④根据合同允许调整合同价款原因应补偿给承包人的款项和应扣减的款项;⑤经过工程师批准的承包人索赔款;⑥其他应支付或扣回的款项等。

(4)跨年度工程年终进行已完工程、未完工程盘点和年终结算。

(5)单位工程竣工时,编写单位工程竣工书,办理单位工程竣工结算。

(6)单项工程竣工时,办理单项工程竣工结算。

(7)最后一个单项工程竣工结算审查确认后15天内,汇总编写建设项目竣工总结算,送发包人后30天内审查完成。发包人根据确认的竣工结算报告向承包人支付工程竣工结算价款,保留5%左右的质量保证(保修)金,待工程交付使用一年质保期到期后清算(合同另有约定的,从其约定),质保期内如有返修,发生的费用应在质量保证(保修)金内扣除。

2.工程进度款结算方式。《工程价款结算办法》规定的工程进度款结算方式包括：

(1)按月结算与支付。即实行按月支付进度款,竣工后清算的办法。合同工期在两个年度以上的工程,在年终进行工程盘点,办理年度结算。

(2)分段结算与支付。即当年开工、当年不能竣工的工程按照工程形象进度,划分不同阶段支付工程进度款。具体划分在合同中明确。

（三）竣工结算的编制

竣工结算是在工程竣工并经验收合格后,在原合同造价的基础上,将有增减变化的内容,按照施工合同约定的方法与规定,对原合同造价进行相应的调整,编制确定工程实际造价并作为最终结算工程价款的经济文件。

在调整合同造价中,应把施工中发生的设计变更、费用签证、费用索赔等使工程价款发生增减变化的内容加以调整。竣工结算价款的计算公式为：

竣工结算工程价款=预算(概算)或合同价款+施工过程中预算或合同价款调整数额-预付及已结算工程价款-质量保证(保修)金

（四）工程合同价款的约定与调整

1.工程合同价款的约定。《工程价款结算办法》规定,发包人、承包人应当在合同条款中对涉及工程价款结算的下列事项进行约定：

(1)预付工程款的数额、支付时限及抵扣方式;

(2)工程进度款的支付方式、数额及时限;

(3)工程施工中发生变更时,工程价款的调整方法、索赔方式、时限要求及金额支付方式;

(4)发生工程价款纠纷的解决方法;

(5)约定承担风险的范围及幅度以及超出约定范围和幅度的调整办法;

(6)工程竣工价款的结算与支付方式、数额及时限;

(7)工程质量保证(保修)金的数额、预扣方式及时限;

(8)安全措施和意外伤害保险费用;

(9)工期及工期提前或延后的奖惩办法;

(10)与履行合同、支付价款相关的担保事项。

承发包双方在签订合同时对于工程价款的约定,可选用下列一种约定方式：

①固定总价。合同工期较短且工程合同总价较低的工程,可以采用固定总价合同方式。合同价款不再调整。

②固定单价。双方在合同中约定综合单价包含的风险范围和风险费用的计算方法,在约定的风险范围内综合单价不再调整。风险范围以外的综合单价调整方法,应当在合同中约定。

③可调价格。可调价格包括可调综合单价和措施费等,双方应在合同中约定综合单价和措施费的调整方法。

2.工程合同价款的调整。《工程价款结算办法》规定,可调价格合同中的调整因素包括：

(1)法律、行政法规和国家有关政策变化影响合同价款;

(2)工程造价管理机构的价格调整;

(3)经批准的设计变更;

(4)发包人更改经审定批准的施工组织设计(修正错误除外)造成费用增加;

(5)双方约定的其他因素。

发包人确认的调整金额将作为追加的合同价款,与工程进度款同期支付。

施工中发生的工程变更涉及工程价款调整的,由承包人向发包人提出,经发包人审核同意后调整合同价款。确认增(减)的工程变更价款作为追加(减)合同价款与工程进度款同期支付。变更合同价款按下列方法进行:

(1)合同中已有适用于变更工程的价格,按合同已有的价格变更合同价款;

(2)合同中只有类似于变更工程的价格,可以参照类似价格变更合同价款;

(3)合同中没有适用或类似于变更工程的价格,由承包人或发包人提出适当的变更价格,经对方确认后执行。双方不能达成一致的,双方可提请工程所在地工程造价管理机构进行咨询或按合同约定的争议或纠纷解决程序办理。

发承包人未能按合同约定履行自己的各项义务或发生错误,给另一方造成经济损失的,由受损方按合同约定提出索赔,索赔金额按合同约定支付。

二、竣工决算

(一)竣工决算的内容

建设项目竣工决算应包括从筹建到竣工投产全过程的全部实际支出费用,即建筑工程费用、安装工程费用、设备工器具购置费用和其他费用等。竣工决算由竣工财务决算报表、竣工财务决算说明书、竣工工程平面示意图、工程造价比较分析四部分组成。其中,竣工财务决算报表、竣工财务决算说明书属于竣工财务决算的内容。竣工财务决算是竣工决算的组成部分,是正确核定新增固定资产价值,考核分析投资效果,建立健全经济责任制的依据,也是竣工验收报告的重要组成部分。大中型建设项目竣工决算报表一般包括竣工工程概况表、竣工财务决算表、建设项目交付使用财产总表及明细表,以及建设项目建成交付使用后的投资效益和交付使用财产明细表。

(二)竣工决算的编制

1.竣工决算报告说明书的内容。竣工决算报告说明书反映竣工工程建设的成果和经验,其主要内容包括:

(1)对工程总的评价。从工程的进度、质量、安全和造价四方面进行分析说明。

①进度:主要说明开工和竣工时间,对照合理工期和要求工期说明工程进度是提前还是延期。

②质量:要根据竣工验收委员会或质量监督部门的验收评定,对工程质量进行说明。

③安全:根据劳动工资和施工部门的记录,对有无设备和人身事故进行说明。

④造价:应对照概算造价,说明节约还是超支,用金额和百分率进行分析说明。

(2)各项财务和技术经济指标的分析。

①概算执行情况分析。根据实际投资完成额与概算进行对比分析。

②新增生产能力的效益分析。说明交付使用财产占总投资额的比例,固定资产占交付使用财产的比例,其他资产占投资总数的比例,分析有机构成和成果。

③基本建设投资包干情况的分析。说明投资包干数、实际支用数和节约额、投资包干节余的有机构成和包干节余的分配情况。

④财务分析。列出历年的资金来源和资金占用情况。

⑤工程建设的经验教训及有待解决的问题。

2.编制竣工决算报表。竣工财务决算报表的格式根据大、中型项目和小型工程项目的不同情况分别制定。报表结构如图7-8所示。

大、中型工程项目竣工财务决算报表

①工程项目竣工财务决算审批表
②工程项目交付使用资产明细表
③大、中型工程项目概况表
④大、中型工程项目竣工财务决算表
⑤大、中型工程项目交付使用资产总表

小型工程项目竣工财务决算报表

①工程项目竣工财务决算审批表
②工程项目交付使用资产明细表
③小型工程项目竣工财务决算总表

图7-8 大、中、小型工程竣工决算报表

3.进行工程造价比较分析。在竣工决算报告中,必须对控制工程造价所采取的措施、效果以及其动态的变化进行认真的比较分析,总结经验教训。批准的概算是考核建设工程造价的依据,在分析时,可将决算报表中所提供的实际数据和相关资料与批准的概算、预算指标进行对比,以考核竣工项目总投资控制的水平,在对比的基础上总结先进经验,找出落后的原因,提出改进措施。

(三) 新增资产价值的确定

工程项目竣工投入运营后,所花费的总投资应按会计制度和有关税法的规定,形成相应的资产。这些新增资产分为固定资产、无形资产、流动资产和其他资产四类。资产的性质不同,其核算的方法也不同。

1.新增固定资产价值的确定。新增固定资产价值包括:①工程费用,包括设备及工器具购置费用、建筑安装工程费;②固定资产其他费用,主要有建设单位管理费、勘察设计费、研究试验费、工程监理费、工程保险费、联合试运转费、办公和生活家具购置费及引进技术和进口设备的其他费用等;③预备费;④融资费用,包括建设期贷款利息及其他融资费用等。

新增固定资产价值的计算是以独立发挥生产能力的单项工程为对象的,当单项工程建成经有关部门验收鉴定合格,正式移交生产或使用,即应计算新增固定资产价值。一次交付生产或使用的工程一次计算新增固定资产价值,分期分批交付生产或使用的工程,应分期分批计算新增固定资产价值。

交付使用财产的成本,应按下列要求计算:房屋、建筑物、管道、线路等固定资产的成本包括建筑工程成本和应分摊的待摊投资;动力设备和生产设备等固定资产的成本包括需要安装设备的采购成本、安装工程成本、设备基础支柱等建筑工程成本或砌筑锅炉及各种特殊炉的建筑工程成本、应分摊的待摊投资;运输设备及其他不需要安装的设备、工具、器具、家具等固定资产一般仅计算采购成本,不计分摊的待摊投资;新增固定资产其他费用(待摊投资),如果属于整个建设项目或两个以上单项工程,在计算新增固定资产价值时,应在各单项工程中按比例分摊。分摊时,什么费用应由什么工程负担应按具体规定进行。一般情况下,建设单位管理费、工程监理费按建筑工程、安装工程、需安装设备价值总额按比例分摊,而土地征用费、勘察设计费等费用则按建筑工程造价分摊。

2.新增无形资产价值的确定。新增无形资产的计价原则如下:①投资者将无形资产作为资本金或者合作条件投入的,按照评估确认或合同协议约定的金额计价;②购入的无形资产,按照实际支付的价款计价;③企业自创并依法确认的无形资产,按开发过程中的实际支出计价;④企业接受捐赠的无形资产,按照发票凭证所载金额或者同类无形资产市场价作价等。

无形资产计价入账后,其价值从受益之日起,在有效使用期内分期摊销。

3.新增流动资产价值的确定。依据投资概算核拨的项目铺底流动资金,由建设单位直接移交使用单位。

4.新增其他资产价值的确定。其他资产,是指除固定资产、无形资产、流动资产以外的资产。形成其他资产原值的费用主要是开办费、以经营租赁方式租入的固定资产改良工程支出、生产准备费(含职工提前进厂费和培训费)、样品样机购置费和农业开荒费等。按实际入账价值核算。

房屋建筑工程损伤评定

房屋建筑工程实体损伤是影响建筑物价值的重要因素,建筑工程损伤越严重,其价值就越小。房屋建筑工程损伤需要通过专业的等级评定或损伤检测方法来进行判断。评估人员了解有关房屋损伤检测的相关知识,有助于对其进行科学合理的估价。

第一节 房屋建筑工程损伤检测程序和方法

对房屋建筑工程进行科学的工程损伤检测是价值评估的基础。工程损伤检测指为保障建筑的安全,在建设全过程中对建材、地基等进行测试的一项重要工作。其主要包括:①建筑工程质量验收。建筑工程质量验收一般随着工程进展按照检验批和分项工程、分部工程、单位工程的顺序进行。②建筑工程损伤检测,指建筑工程通过竣工验收合格后,在正常使用过程中,通过调查、量测、统计和科学分析找出损伤出现的部位和损伤程度的过程。

工程实际中,常见的工程检测主要有无损检测、主体结构工程检测、见证取样检测、地基基础工程检测、节能检测、防水材料检测等。建筑工程损伤检测工作技术性非常强,不但要求损伤检测人员掌握建筑组成、构造,建筑结构受力特征,建筑材料种类和性能等,还需要掌握质量检测的程序、方法和内容。

本书所提的建筑工程损伤检测是指建筑工程竣工后,在正常使用过程中,通过调查、量测、实验、统计和科学分析的方法,找出质量损伤部位以及毁损程度的过程。目前我国并无一部完整的有关建筑工程损伤检测的法律法规,最为接近的是自 2005 年 11 月 1 日起施行《房屋建筑和市政基础设施工程质量检测管理办法》和 2010 年 9 月 1 日起施行的《房屋建筑和市政基础设施工程质量监督管理规定》。

一、房屋建筑工程损伤检测程序

房屋建筑工程损伤检测的程序如下:

（1）由损伤检测机构确定房屋建筑工程损伤检测的范围。由送检单位和检测机构共同确定房屋建筑工程损伤检测的范围。一般需要在检测之前签订协议，确定检测范围。

（2）由损检机构对检测范围的房建工程损伤情况进行初步调查。初步调查的内容包括以下：

①查阅图纸和相关资料，包括原设计图纸，历次维修、改建和加固、历次结构检查资料，工程地质资料、水文资料等。

②了解原始的施工情况，查阅施工记录及质量保证资料，核实材料代用、设计变更、施工事故及处理情况，施工验收文件等。

③现场调查。针对房屋建筑工程现时的使用情况，周围建筑物的相互影响及作用，建筑物的使用历史等进行详细调查，与原设计进行初步核实比对。

④根据已搜集到的资料，对有问题的结构和部位，进行尺寸、外观等的检查，对存在的问题进行初步分析。

（3）对上述确定的损伤情况或部位进行的详细调查。在初步调查的基础之上，制定详细调查计划，进行详细调查，必要时进行现场检测与结构试验。详细调查主要内容至少包括如下：

①结构布置、支撑系统、结构构件以及连接构造的检测。

②地基基础的检测。重点调查其对上部结构的影响和反应。当调查发现问题时，应当分析原因，必要时开挖检测或进行试验检测。

③调查结构上的作用效应，必要时进行实测统计。

④结构材料性能的检测与分析、结构几何参数的实测、结构构件的计算分析，必要时进行现场实测或结构试验。

⑤房屋结构功能、结构构造、结构附件与配件的检测。

（4）损伤程度分析。在详细调查的基础上，根据获取的大量检测数据与信息进行计算，比对与分析，对房屋建筑工程、装饰工程、设备安装工程等进行损伤程度的分析。

（5）损伤检测报告的编制。由损伤检测机构综合房屋建筑工程、装饰工程和设备安装工程等的损伤情况，编制房屋建筑的损伤检测报告。

二、房屋建筑工程损伤检测方法

所谓房屋建筑工程损伤检测方法，指对在建工程或者既有建筑工程进行质量判断的方法。检测的范围广泛，包括诸如裂缝、蜂窝和麻面，整体性、色泽和协调性、强度、硬度和平整度等各方面；检测的方法也比较多，有感官法、量测法、理化实验法、无损检测法、损失检测法和资料分析方法等。

（一）感观法

建筑工程观感质量检测方法，即感官法，是指对一些不便用数据表示的布局、表面、色泽、整体协调性、局部做法及使用方便等质量项目，由有资格的人员，以设计规范和检验标准为依据，凭借感官进行检查，通过目测和体验等，根据检查项目的总体情况，综合对其外在质量给出的评价。其主要有看、摸、敲、照四种方法。

所谓"看"，就是根据质量标准要求进行外观检查。例如砖缝是否横平竖直，上下有无通缝。所谓"摸",就是通过手感触摸进行检查、鉴别。例如油漆的光滑度,构件外观有无损伤。所谓"敲",就是运用敲击方法进行音感检查。例如大理石镶贴、地砖铺砌等的质量均可通过敲击检查,根据声音虚实、脆闷判断有无空鼓等质量问题。所谓"照",就是通过人工光源或反射光照射,仔细检查难以看清的部位。

（二）量测法

量测法是指利用量测工具或计量仪表,通过实际量测结果与规定的质量标准或规范的要求相对照,判断质量是否符合要求。量测的手法主要可归纳为靠、吊、量、套。

所谓"靠",是用直尺、塞尺检查诸如地面、墙面的平整度,各类结构位移和外形尺寸等。所谓"吊",是指用托线板、线锤检查垂直度。所谓"量",是指用量测工具或计量仪表等检测断面尺寸、轴线、标高、温度、湿度等数值并确定其偏差。例如,大理石板微缝尺寸与数量,摊铺沥青拌和料的温度等。所谓"套",是指以方尺套方辅以塞尺,检查诸如踏角线的垂直度、预制构件的方正,门窗口及构件的对角线等。

（三）理化试验法

理化试验法是指通过进行现场试验或试验室试验等理化试验手段,取得数据,分析判断质量情况的方法。工程中常用的理化试验包括各种物理力学性能方面的检验和化学成分及含量的测定等方面,包括:①力学性能的检验:如各种强度;②物理性能的测定,如比重、密度、含水量、抗渗、耐磨、耐热等;③化学成分的测定,包括成分和含量的测定。具体而言,诸如在现场通过对桩或地基的现场静载试验或打试桩,确定其承载力;对混凝土现场取样,通过试验室的抗压强度试验,确定混凝土达到的标号;通过管道压水试验判断其耐压及渗漏情况等,都属于损伤检测的理化试验方法。

（四）无损检测法

无损检测法是指借助专门的仪器设备在不损伤被检测物的情况下,探测结构内部的组织特征或直接测定其表面参数来推定结构的损伤状态。主要方法有:超声波探伤仪、回弹仪、磁粉探伤仪、γ射线探伤仪、渗透液探伤仪等。

我国常用的几种无损检测法:回弹仪检测混凝土强度、超声波法检测混凝土强度、超声回弹综合法检测混凝土强度。

1.回弹仪检测混凝土强度。回弹法的原理是根据混凝土表面的硬度与抗压强度之间的一定的关系,通过测量表面硬度来推算混凝土的强度。根据回弹值的平均值作为测定值;然后,根据回弹测定值与混凝土强度的关系曲线(称为测强曲线),就可查处混凝土的强度值。由于回弹仪结构简单,携带和操作方便,便于重复使用,所以应用非常广泛。

2.超声波法检测混凝土强度。超声波法是根据超声波在混凝土中的传播规律与混凝土强度有一定关系的原理,根据测区实测平均声速值,查专用混凝土强度与声速曲线,求得测区混凝土强度值,并计算混凝土强度平均值;最后确定混凝土强度评定值。目前,国产的超声波探伤仪大多是测量传播速度的。

3.超声回弹综合法检测混凝土强度。超声回弹综合法就是同时测定混凝土的回弹值和声波在混凝土中的传播速度,根据这两个检测指标,从不同角度综合评定混凝土的强度。

（五）局部破损检验法

利用仪器设备对结构物的局部进行损伤试验,根据局部损伤试验获取的数据,来推定结构物的整体损伤状态。局部损伤检测的主要方法有：钻芯取样法、拔出法、冲击法和超载试验法等。钻芯取样法，指从混凝土构件上钻取圆柱形芯样，在压力试验机上直接测定其抗压强度的一种方法，该方法非常直观、可靠。拔出法，指在混凝土构件中埋置锚杆（可以预置，也可后装），然后将锚杆从混凝土构件中拔出，通过测定其拔出力的大小来评定混凝土的强度。拔出力与抗拉强度有关，抗拉强度与抗压强度有关，从而确定混凝土的抗压强度。

此外，还有资料分析法，通过对有关资料和信息进行分析，间接对建筑结构质量做出判定。

三、房屋建筑工程损伤检测的主要内容

（一）地基承载力检测

1.地基土载荷实验。地基土载荷实验用于确定岩土的承载力和变形特征等，包括：载荷实验；现场浸水载荷实验；黄土湿陷实验；膨胀土现场浸水载荷实验等。

检测内容：天然地基承载力，检测数量不少于 3 点；复合地基承载力，抽样检测数量为总桩数的 0.5%～1.0%，且不少于 3 点，重要建筑应增加检测点数。

（1）地基土载荷实验要点。包括如下：

①基坑宽度不应小于压板宽度或直径的 3 倍。应注意保持实验土层的原状结构和天然湿度。宜在拟试压表面用不超过 20mm 厚的粗、中砂层找平。

②加荷等级不应少于 8 级。最大加载量不应少于荷载设计值的两倍。分级加荷按等荷载增量均衡施加。荷载增量一般取预估试验土层极限荷载的 10%～20%，或临塑荷载的 20%～25%。

③每级加载后，按间隔 10、10、10、15、15min，以后为每隔 0.5h 读一次沉降，当连续 2h 内，每 h 的沉降量小于 0.1mm 时，则认为已趋稳定，可加下一级荷载。

④当出现下列情况之一时，即可终止加载：

a.承压板周围的土明显地侧向挤出；

b.沉降 s 急骤增大，荷载—沉降（p–s）曲线出现陡降段；

c.在某一荷载下，24h 内沉降速度不能达到稳定标准；

d.$s/b \geq 0.06$（b：承压板宽度或直径）。

⑤承载力基本值的确定：

a.当 p–s 曲线上有明显的比例界限时，取该比例界限所对应的荷载值；

b.当极限荷载能确定，且该值小于对应比例界限的荷载值的 1.5 倍时，取荷载极限值的一半；

c.不能按上述二点确定时，如压板面积为 0.25～0.50m²，对低压缩性土和砂土，可取$s/b = 0.01～0.015$ 所对应的荷载值；对中、高压缩性土可取 $s/b = 0.02$ 所对应的荷载值。

⑥同一土层参加统计的实验点不应少于 3 点，基本值的极差不得超过平均值的 30%，取此平均值作为地基承载力标准值。

（2）现场试坑浸水试验。用于确定地基土的承载力和浸水时的膨胀变形量。其操作重点：

①承压板面积不应小于 0.5m²。

②分级加荷至设计荷载,当土的天然含水量大于或等于塑限含水量时,每级荷载可按25kPa 增加。每组荷载施加后,按 0.5h、1h 各观察沉降一次,以后每隔 1h 或更长时间观察一次,直到沉降达到相对稳定后再加下一级荷载。

③连续 2h 的沉降量不大于 0.1mm/2h 时,即可认为沉降稳定。

④浸水水面不应高于承压板底面,浸水期间每隔 3d 或 3d 以上观察一次膨胀变形。连续两个观察周期内,其变形量不应大于 0.1mm/3d,浸水时间不应少于两周。

⑤浸水膨胀变形达到相对稳定后,应停止浸水按规定继续加荷直至达到破坏。

⑥应取破坏荷载的一半作为地基土承载力的基本值。

(3)黄土湿陷性载荷试验。用于测定湿陷起始压力、自重湿陷量、湿陷系数等。有室内压缩试验载荷试验、试坑浸水试验。

常用方法:

①双线法载荷试验:在场地内相邻位置的同一标高处,做两个荷载试验,其中一个在天然湿度的土层上进行;另一个在浸水饱和的土层上进行。

②单线法载荷试验:在场地内相邻位置的同一标高处至少做 3 个不同压力下的浸水载荷试验。

③饱水法载荷试验:在浸水饱和的土层上做一个载荷试验。

④地基承载力标准值。同一土层参加统计的试验点不应少于 3 点,当试验实测值的极差不超过平均值的 30%时,取此平均值作为该土层的地基承载力标准值。

(4)岩基载荷试验要点。用于确定岩基作为天然地基或桩基础持力层时的承载力。其操作重点:

①采用圆形刚性承压板,直径为 300mm。当岩石埋藏深度较大时,可采用钢筋混凝土桩,但桩周需采取措施以消除桩身与土之间的摩擦力。

②测量系统的初始稳定读数观测:加压前,每隔 10min 读数一次,连续三次读数不变可开始试验。

③加载方式:单循环加载,荷载逐级递增直到破坏,然后分级卸载。

④荷载分级,第一级加载值为预估承载力设计值的 1/5,以后每级 1/10。

⑤沉降量测读:加载后立即读数,以后每 10min 读数一次。

⑥稳定标准:连续三次读数之差均不大于 0.01mm。

⑦终止加载条件。当出现下述现象之一时,即可终止加载:

a.降量读数不断变化,在 24h 内,沉降速率有增大的趋势;

b.压力加不上或勉强加上而不能保持稳定。

⑧卸载观测:每级卸载为加载时的两倍,如为奇数,第一级可为三倍。每级卸载后,每隔10min 测读一次,测读三次后可卸下一级荷载。全部卸载后,当测读到 0.5h 回弹量小于0.01mm 时,即认为稳定。

⑨承载力的确定。

a.对应于 P-S 曲线上起始直线段的终点为比例界限。符合终止加载条件的前一级荷载即为极限荷载。

b.参加统计的试验点不应小于 3 点,取最小值作为地基承载力标准值。

（5）轻便触控试验（轻型动力触探）。用于检验浅层土（如基槽）的均匀性，确定天然地基的容许承载力及检验填土的质量（干土质量密度）。

其试验要点是：

①先用轻便钻具钻至试验土层标高，然后对所需实验土层连续进行锤击贯入触探。

②贯入时，落距为 50±2cm，使其自由下落，将探头竖直打入土层中，每打入土层 30cm，记录贯入锤击数 N10。

③若 N10 超过 100 或贯入 10cm 锤击数超过 50，则停止贯入；如需对下卧层继续试验，可用钻具钻穿坚实土层后再作试验。

④若需描述土层时，可将触探杆拔出，取下探头，换以轻便钻头，进行取样。

⑤本试验一般最大贯入深度为 4m，必要时可在贯入 4m 以后用钻具扩孔再贯入 2m。

（6）袖珍型土壤贯入仪试验。袖珍型土壤贯入仪是一种微型静力触探工具，利用对贯入阻力的快速测定，确定地基土的容许承载力及相关的力学指标。

贯入操作要点：

①微型贯入仪，一般采用弹簧顶杆机构，设置的贯入阻力较小（一般为 20~40N），测定前应根据土层的软硬程度，选择能满足测试范围的、适宜的规格。

②测试前，应将贯入仪探头拧下来，用布擦干净后，再接回去拧紧，上平。每测一次都应清理一下探头上的泥土，以免探头滑动时，将泥土带入套管内。贯入前，应将刻度归零。

③五指平握贯入仪的套管，将探头垂直压入土层中。施力要均匀缓慢，贯入速度 1mm/s，连续贯入，直到规定的贯入深度（一般为 10~20mm）。微型贯入仪贯入深度较小，贯入时眼睛要不停地注视，当贯入深度刚没到土面时，立即停止贯入。但不可突然松手，应逐步放松，以免弹力太大，影响数值的准确。在刻度杆直接读取测试结果（贯入阻力 P）。

④用上述方法，在同一试件上取 4~5 点，分别测出相应值 P 后，求出平均值 P（注意探头的清理和刻度杆的归零）。现场测试应尽量避免在砾石和裂缝处贯入。

2.单桩静载荷试验。桩的静载荷试验，一般和试桩同时进行，在同一条件下，试桩数不宜少于总桩数的 1%，并不应少于 2 根，工程总桩数 50 根以下不少于 3 根，当总桩数少于 50 根时，不应少于 2 根。试验内容有：单桩垂直静载荷试验、单桩抗拔载荷试验、单桩浸水静载荷试验和单桩水平静载荷试验等。

（1）单桩垂直静载荷试验。目的为求得单桩承载力标准值。单桩垂直静载荷试验设备同地基土现场载荷试验一样，包括加荷与稳压系统、测量系统和反力系统。加载反力装置有压重平台、锚桩横梁和锚桩压重联合反力装置等，可依工程实际条件选用。

（2）单桩抗拔载荷试验。抗拔力作用下桩的破坏有两种形式，一是地基变形带动周围土体被拔出；一是桩身强度不够，桩身被拉裂或拉断。抗拔载荷试验方法与压桩试验相同，只是施加荷载力的方向相反。

（3）单桩浸水静载荷试验。目的是确定湿陷性黄土场地上单桩容许承载力，宜按现场浸水静载荷试验并结合地区建筑经验确定。

（4）单桩水平静载荷试验。目的是采用接近于单桩的实际工作条件的试验方法，来确定单桩的水平承载力和地基土的水平抗力系数。并可测得桩身应力变化情况，求得桩身弯矩分布图。

（5）单桩静载荷试验步骤如下：

①结合实际条件和试验内容，选定试验设备；

②规定载荷试验条件，一般应通过试桩进行验证后再修订试验条件；

③加荷与卸荷；

④资料整理：试验原始记录表、试验概况、绘制有关曲线等；

⑤成果分析与应用：单桩极限承载力 Pu 的确定，单桩承载力标准值 Pk 的确定，Pk＝Pu/K，K 为安全系数，通常取 2。并求出桩侧平均极限摩阻力和极限端承力等。

3.单桩动测试验。采用各种动测方法求得单桩承载力及检验桩的质量是一种简便经济的方法。但由于动测的可靠程度还受设备、操作、环境等影响，所以，在采用各种动测法时，均应满足下列原则：

应做足够数量的动静对比试验，以检验方法本身的准确程度（误差在一定范围内），并确定相应的计算参数或修正系数；试验本身可重复；系非破损试验；方法简便快捷。

因各种动测法本身有一定的测试误差，所以试桩数量不宜少于总桩数的 20%，并不少于4 根。

目前国内已用于工程检验的动测法根据桩基激振后桩土的相对位移或桩身所产生的应变量大小，分为高应变和低应变两大类。

高应变动测是指采用锤冲击桩顶，使桩周土产生塑性变形，实测桩顶附近所受力和速度随时间变化的规律，通过应力波理论分析得到桩土体系的有关参数。

低应变动测主要采用弹性反射法。它是将桩视为一维的弹性杆件，在桩顶施加一冲击力，产生应力波。应力波沿桩身传播，当遇到波阻抗存在差异的界面，就会产生反射信号，反射信号由旋转于桩顶的传感器所接收，再对反射信号进行分析以判断桩的质量情况。

目前常用的动测法有：

（1）打桩分析仪法，是采用大应变打桩分析仪检测桩的承载力，大应变 PDA 是根据CASE 法原理设计的专用仪器，试验时用锤锤击桩顶，然后根据桩顶实测到的力和速度随时间变化的规律，通过简单计算确定桩的承载力和断桩结构的完整性，包括缺陷程度和缺陷位置。分析、显示、记录由打桩分析仪及配套仪器自行完成。

（2）水电效应法。由激振系统电路放电，每次以模拟信号变成一组数据信号，然后输入到信号处理机中，经过变换得出频谱图，利用测出的波形曲线和频谱曲线的形态来判断断桩的位置。

（3）应力波反射法。当应力波在一根均匀的杆件中传播时，其大小不发生变化，波的传播方向与压缩波中质点运动方向相同，与拉伸波中质点运动方向相反，应力波反射法检测桩的完整性就是利用应力波的这种特征。当桩身某截面出现扩颈、缩颈、断裂或有泥饼等情况时，就引起阻抗的变化，从而使一部分波产生反射并到达桩顶，由在桩顶安装的拾振器测试并记录下来，则可判断出桩的结构完整程度。

（4）声波透射法。此法是利用波幅比声速对缺陷反应更灵敏，使用接收信号能量平均值的一半作为判定缺陷临界值。此法适用于检测桩经大于 0.6m 的混凝土灌注桩的完整性。

（5）机械阻抗法。本方法有稳态激振和瞬态激振两种方式，适用于检测桩身混凝土的完整性，推定缺陷类型及其在桩身中的部位。

（二）钢筋混凝土结构损伤检测

钢筋混凝土结构损伤检测的内容主要包括:①外观检查。诸如混凝土表面蜂窝麻面、露筋、孔洞、裂纹、风化剥落等;②内在质量,如混凝土强度、密实度、钢筋布置、抗渗与抗冻性能、碳化深度等;③连接构造。如支承处的构造方式,连接的形式和所用材料、构造尺寸,伸缩缝的设置、完好性能等;④结构变位。

1.混凝土外观检查。其中包括混凝土表面蜂窝麻面、露筋、孔洞、裂纹、风化剥落等。

(1)混凝土裂缝的检测。引起钢筋混凝土结构产生裂缝的原因主要分为由外荷载引起的裂缝和由变形引起的裂缝两类,具体有:模板及其支撑不牢固,产生变形或局部沉降;拆模不当,引起开裂;养护不好引起裂缝;混凝土和易性不好,浇筑后形成分层,产生裂缝;大面积现浇混凝土由于收缩产生裂缝等。钢筋混凝土结构裂缝检测的项目主要有:①裂缝的部位、数量和分布状态;②裂缝的宽度、长度和深度;③裂缝的形状,如八字形、网状形等;④裂缝的走向,如斜向、纵向等;⑤裂缝是否贯通等。

(2)麻面、蜂窝、露筋、孔洞,内部不密实。蜂窝面积的测定,以蜂窝面积占总面积的百分比计。产生原因:模板拼缝不严,板缝处跑浆;模板未涂隔离剂;模板表面未清理干净;振捣不密实、漏振;混凝土配合比设计不当或现场计量有误;混凝土搅拌不匀,和易性不好;一次投料过多,没有分层捣实;底模未放垫块,或垫块脱落,导致钢筋紧贴模板;拆模时撬坏混凝土保护层;钢筋混凝土节点处,由于钢筋密集,混凝土的石子粒径过大,浇筑困难,振捣不仔细等。

(3)结构表面损伤,缺棱掉角。可通过肉眼观察,或计算损伤面积,判断损伤程度。产生原因主要有:模板表面未涂隔离剂,表面未清理干净,沾有混凝土;模板表面不平,翘曲变形;振捣不良,边角处未振实;拆模时间过早,混凝土强度不够;撞击敲打,强撬硬别,损坏棱角;拆模后结构被碰撞等。

(4)在梁、板、墙、柱等结构接缝处和施工接缝处产生烂根、烂脖、烂肚。产生原因主要有:施工缝的位置留的不当,不好振捣;模板安装完毕后,接缝处清理不干净;对施工缝的老混凝土表面未做处理,或处理不当,形成冷缝;接缝处模板拼缝不严、跑浆等。

(5)混凝土冻害。产生原因主要有:混凝土凝结后,尚未达到足够强度时受冻,产生胀裂;混凝土密实性差,孔隙多而大,吸水后气温下降达到负温时,水变成冰,体积膨胀,使混凝土破坏;混凝土抗冻性能未达到设计要求,产生破坏等。

2.混凝土强度的检测。主要采用以下方法:

(1)回弹法。混凝土强度与硬度有密切关系,回弹法是一种测量混凝土表面硬度的方法。该方法通过冲击动能测量回弹锤撞击混凝土表面后的回弹量,确定混凝土表面硬度,用试验方法建立表面硬度与混凝土强度的关系曲线,从而推断混凝土的强度值。由于回弹法受混凝土的表面状况影响较大,如混凝土的碳化情况、干湿状况,甚至粗骨料对表面的影响都很大,所以测出的强度需要进行校准。我国业已制定回弹仪测试混凝土强度的技术标准,回弹法使用比较普遍。

(2)拔出法。使用拔出仪拉拔埋在混凝土表面层内的锚杆,根据混凝土的拉拔强度,推算混凝土抗压强度。拔出法直接测定混凝土的力学特性,测出的数据较可靠,我国也已经制定出拔出法测试混凝土强度的相关标准。埋在混凝土表层内的锚杆,可以是预埋的,也可以是后埋的。后埋法使用方便、灵活,但在钻孔、埋入锚杆等作业时,会损伤混凝土;或埋设不当,会影响测值。粗骨料对拔出法的测值也有影响。不管是预埋还是后埋置锚杆,拔出法都会对混凝土构件造成一定损伤,故拔出法是混凝土强度检测的局部破损方法。

(3)超声波法。用超声波发射仪,从一侧发射一列超声脉冲进入混凝土中,在另一侧接收经过混凝土介质传送的超声脉冲波,同时测定其声速、振幅、频率等参数,判断混凝土的质量。超声波法可以测定混凝土的强度,混凝土的强度与声速的相关性受混凝土组成材料的品种、骨料粒径、湿度等影响,需要用该种混凝土的试件或取芯样来测定强度与声波的关系。

(4)超声波法与回弹法结合评定混凝土强度,称为超声回弹综合法。这两种方法的结合,可以减少或抵消某些影响因素对单一方法测定强度的误差,从而提高测试精度。我国也已对这个方法制定规程,应用较广。

3.混凝土内部缺陷的检测。混凝土的内部缺陷主要是指由于技术管理不善和施工马虎,在结构施工过程中因浇筑振捣不密实造成的内部疏松、蜂窝以及空洞等。

探测内部缺陷的方法有射线法、声脉冲法和超声波。目前超声波检测混凝土内部缺陷是应用最为普遍的方法,主要通过用低频超声仪测量超声脉冲纵波在结构混凝土中的传播速度、波幅和接收信号频率等声学参数来判定。它包括裂缝检测,内部空洞缺陷检测,表层损伤检测。事实上,超声波法除了探测混凝土内部的缺陷、裂缝、灌浆效果、结合面质量等,和之前介绍的可检测混凝土的强度外,超声波法也可测量板的厚度、表面裂缝的深度等。我国已制定出超声波法检测混凝土内部缺陷的相关技术规程。

4.钢筋种类、直径、位置和钢筋锈蚀的检测。

(1)钢筋种类、直径的检测。有关钢筋种类可通过查阅图纸的方法配合现场开凿观察测量以确定,也可参照现场化验取样和资料分析的方法。

(2)钢筋位置与保护层厚度的检测。测定钢筋位置的目的是为了查明钢筋混凝土构件的实际配筋情况。由于混凝土存在碳化现象,需要对钢筋具有保护层。检测钢筋保护层厚度是为了查明钢筋保护层的状况。钢筋配置是否正确对构件的受力性能有直接影响,而保护层厚度对构件的耐久性有影响。

(3)钢筋锈蚀程度的检测。结构构件中的钢筋锈蚀后,钢筋截面积减小,钢筋与混凝土的粘结力降低,锈蚀产生的膨胀力还会引起混凝土保护层脱落,故钢筋锈蚀对构件的承载力和耐久性有严重影响。检测混凝土中钢筋锈蚀状况的方法:①剔凿法,采用工具将钢筋锈蚀部分剔除掉,用游标卡尺测量剩余部分直径,其差距即反映锈蚀程度;②电化学测定法,将测试的钢筋置于溶液当中,通过电化学方法清除掉锈蚀部分,取出后测量其直径;③综合分析判定法。后两种方法宜配合第一种方法(即剔凿法)验证使用。

5.混凝土碳化深度指标的测定。砼的碳化是指空气中的二氧化碳在潮湿环境下与砼中的氢氧化钙发生的碳化作用,生成碳酸钙和水的过程。该过程由表及里,向砼内部缓慢扩散。碳化后可使砼的组成及结构发生变化,使砼的碱度降低,体积减小,引起砼的收缩,对砼的强度也有一定的影响。砼碱度降低,会使砼对钢筋的保护作用降低,使钢筋易于锈蚀,对钢筋砼结构的耐久性有很大影响。砼的碳化收缩是与干缩相伴发生的,干缩产生压应力下,氢氧化钙易于溶解并转移至无压力区后碳化沉淀,从而加大了砼的收缩。碳化收缩产生的碳酸钙可使砼的抗压强度增大,但表面碳化收缩使表面层产生拉应力,可能产生表面微细裂缝面降低砼的抗拉强度和抗折强度。总起来说,碳化使钢筋砼结构的耐久性下降,砼的碳化弊大于利。故而,有必要提高砼的抗碳化能力。

砼碳化深度的测定可通过化学的方法判断,即将酚酞溶液喷射在混凝土上,酚酞溶液颜色从混凝土表面到内部会发生变化,根据该变化情况来确定碳化深度。具体方法是,测量碳化深度值时,用合适的工具在测区表面形成直径约为 15mm 并有一定深度的孔洞。清除孔洞中的碎屑和粉末时,注意不得用水冲洗,应立即用浓度为 1% 的酚酞酒精溶液滴在孔洞内壁的边缘处,用深度测量工具测量表面至深部不变色边缘处与测量面相垂直的距离多次,取其平均值,该距离即为该测区混凝土的碳化深度值。每次测量读数精确到 0.5mm。当深度小于 0.5mm 时,按无碳化处理。

除以上几个检测指标或内容外,对混凝土质量有重要影响的项目还有混凝土的耐久性。耐久性是一个综合性指标,混凝土耐久性检测一般包括以下几个方面:

①抗冻性能;②抗水渗性能;③抗氯离子渗透性能,即测试氯离子含量,通过氯离子含量测试仪测定;④抗碳化性能,即测试碳化深度;⑤抗硫酸盐性能,即测试混凝土中硫酸盐的含量,采用硫酸坝重力法和 EDTA 容重法;⑥抗裂性能,取小块试件,测量其裂缝宽度,可采用实验室裂缝宽度测试仪测量。

(三)砌体结构的损伤检测

砌体结构的检测可分为砌筑块材、砌筑砂浆、砌体强度、砌筑质量与构造以及损伤与变形等项工作。

1.砌筑块材的检测。砌筑块材的检测可分为砌筑块材的强度及强度等级、尺寸偏差、外观质量、抗冻性能、块材品种等检测项目。

砌筑块材的强度,可采用取样法、回弹法、取样结合回弹的方法或钻芯的方法检测。

砌筑块材强度的检测,应将块材品种相同、强度等级相同、质量相近、环境相似的砌筑构件划为一个检测批,每个检测批砌体的体积不宜超过 250m³。鉴定工作需要依据砌筑块材强度和砌筑砂浆强度确定砌体强度时,砌筑块材强度的检测位置宜与砌筑砂浆强度的检测位置对应。

除了有特殊的检测目的之外,砌筑块材强度的检测应遵守下列规定:

(1)取样检测的块材试样和块材的回弹测区,外观质量应符合相应产品标准的合格要求,不应选择受到灾害影响或环境侵蚀作用的块材作为试样或回弹测区;

(2)块材的芯样试件,不得有明显的缺陷。

砌筑块材强度等级的评定指标,可按相应产品标准确定。

砖和砌块的取样检测,检测批试样的数量应符合相应产品标准的规定;块材试样强度的测试方法应符合相应产品标准的规定。

石材强度,可采用钻芯法或切割成立方体试块的方法检测。

鉴定工作需要确定环境侵蚀、火灾或高温等对砌筑块材强度的影响时,可采取取样的检测方法,块材试样强度的测试方法和评定方法可按相应产品标准确定。在检测报告中应明确说明检测结果的适用范围。

砖和砌块尺寸及外观质量检测可采用取样检测或现场检测的方法,检测操作宜符合下列规定:

（1）砖和砌块尺寸的检测，每个检测批可随机抽检 20 块块材，现场检测可仅抽检外露面。单个块材尺寸的评定指标可按现行相应产品标准确定。

（2）砖和砌块外观质量的检查可分为缺棱掉角、裂纹、弯曲等。现场检查，可检查砖或块材的外露面。检查方法和评定指标应按现行相应产品标准确定。

砌筑块材外观质量不符合要求时，可根据不符合要求的程度降低砌筑块材的抗压强度；砌筑块材的尺寸为负偏差时，应以实测构件的截面尺寸作为构件安全性验算和构造评定的参数。

工程质量评定或鉴定工作有要求时，应核查结构特殊部位块材的品种及其质量指标。

砌筑块材其他性能的检测，可参照有关产品标准的规定进行。

2.砌筑砂浆的检测。砌筑砂浆的检测可分为砂浆强度及砂浆强度等级、品种、抗冻性和有害元素含量等项目。

砌筑砂浆强度的检测应遵守下列规定：

（1）砌筑砂浆的强度，宜采用取样的方法检测，如推出法、筒压法、砂浆片剪切法、点荷法等。

（2）砌筑砂浆强度的匀质性，可采用非破损的方法检测，如回弹法、射钉法、贯入法、超声法、超声回弹综合法等。当这些方法用于检测既有建筑砌筑砂浆强度时，宜配合有取样的检测方法。

（3）推出法、筒压法、砂浆片剪切法、点荷法、回弹法和射钉法的检测操作应遵守砌体工程现场检测的相关技术标准。

当遇到下列情况之一，采用取样法中的点荷法、剪切法、冲击法检测砌筑砂浆强度时，除提供砌筑砂浆强度必要的测试参数外，还应提供受影响层的深度：

（1）砌筑砂浆表层受到侵蚀、风化、剔凿、冻害影响的构件；

（2）遭受火灾影响的构件；

（3）使用年数较长的结构。

工程质量评定或鉴定工作有要求时，应核查结构特殊部位砌筑砂浆的品种及其质量指标。

砌筑砂浆的检测项目还包括砌筑砂浆的抗冻性能的检测。当具备砂浆立方体试块时，应按相关标准进行测定；当不具备立方体试块或既有结构需要测定砌筑砂浆的抗冻性能时，可按下列方法进行检测：

（1）采用取样检测方法；

（2）将砂浆试件分为两组，一组做抗冻试件，一组做比对试件；

（3）抗冻组试件按《建筑砂浆基本性能试验方法》的规定进行抗冻试验，测定试验后砂浆的强度；

（4）比对组试件砂浆强度与抗冻组试件同时测定；

（5）取两组砂浆试件强度值的比值评定砂浆的抗冻性能。

有害元素含量等项目里包括砌筑砂浆中氯离子的含量的测定，可参照相关标准进行。

3.砌体的强度。砌体的强度，可采用取样的方法或现场原位的方法检测。

砌体强度的取样检测应遵守下列规定：

(1)取样检测不得构成结构或构件的安全问题;

(2)试件的尺寸和强度测试方法应符合《砌体基本力学性能试验方法标准》的规定;

(3)取样操作宜采用无振动的切割方法,试件数量应根据检测目的确定;

(4)测试前应对试件局部的损伤予以修复,严重损伤的样品不得作为试件;

(5)砌体强度的推定,可按相关标准确定砌体强度均值的推定区间。

烧结普通砖砌体的抗压强度,可采用扁式液压顶法或原位轴压法检测;烧结普通砖砌体的抗剪强度,可采用原位双剪法或单剪法检测。

遭受环境侵蚀和火灾等灾害影响砌体的强度,可根据具体情况分别按相关标准规定的方法进行检测,在检测报告中应明确说明试件状态与相应检测标准要求的不符合程度和检测结果的适用范围。

4.砌筑构件砌筑质量的检测。砌筑构件砌筑质量的检测可分为砌筑方法、灰缝质量、砌体偏差和留槎及洞口等项目。砌体结构的构造检测可分为砌筑构件的高厚比、梁垫、壁柱、预制构件的搁置长度、大型构件端部的锚固措施、圈梁、构造柱或芯柱、砌体局部尺寸及钢筋网片和拉结筋等项目。

既有砌筑构件砌筑方法、留槎、砌筑偏差和灰缝质量等,可采取剔凿表面抹灰的方法检测。当构件砌筑质量存在问题时,可降低该构件的砌体强度。砌筑方法的检测,应检测上、下错缝、内外搭砌等是否符合要求。灰缝质量检测可分为灰缝厚度、灰缝饱满程度和平直程度等项目。

有关砌体偏差的检测可参照表8-1进行。

砌体墙梁的构造,可采取剔凿表面抹灰和用尺量测的方法检测。

圈梁、构造柱或芯柱的设置,可通过测定钢筋状况判定;圈梁、构造柱或芯柱的混凝土施工质量,亦可按相关标准进行检测。

此外,还需要进行砌体中的钢筋的检测。

表8-1 砖砌体尺寸、位置的允许偏差及检验

项	项目			允许偏差 (mm)	检验方法	抽检数量
1	轴线位移			10	用经纬仪和尺或 用其他测量仪器检查	承重墙、柱全数检查
2	基础、墙、柱顶面标高			±15	用水准仪和尺检查	不应小于5处
3	墙面垂直度	每层		5	用2m托线板检查	不应小于5处
		全高	10m	10	用经纬仪、吊线和尺或 其他测量仪器检查	外墙全部阳角
			10m	20		
4	表面平整度	清水墙、柱		5	用2m靠尺和楔形塞尺检查	不应小于5处
		混水墙、柱		8		

续表

项	项目		允许偏差（mm）	检验方法	抽检数量
5	水平灰缝平直度	清水墙	7	拉 5m 线和尺检查	不应小于 5 处
		混水墙	10		
6	门窗洞口高、宽（后塞口）		±10	用尺检查	不应小于 5 处
7	外墙上下窗口偏移		20	以底层窗口为准，用经纬仪或吊线检查	不应小于 5 处
8	清水墙游丁走缝		20	以每层第一皮砖为准，用吊线和尺检查	不应小于 5 处

5.砌体结构的变形与损伤的检测。砌体结构的变形与损伤的检测可分为裂缝、倾斜、基础不均匀沉降、环境侵蚀损伤、灾害损伤及人为损伤等项目。

砌体结构裂缝的检测应遵守下列规定：

（1）对于结构或构件上的裂缝，应测定裂缝的位置、裂缝长度、裂缝宽度和裂缝的数量；

（2）必要时应剔除构件抹灰确定砌筑方法、留槎、洞口、线管及预制构件对裂缝的影响；

（3）对于仍在发展的裂缝应进行定期的观测，提供裂缝发展速度的数据。

砌筑构件或砌体结构的倾斜，宜区分倾斜中砌筑偏差造成的倾斜、变形造成的倾斜、灾害造成的倾斜等。

对砌体结构受到的损伤进行检测时，应确定损伤对砌体结构安全性的影响。对于不同原因造成的损伤可按下列规定进行检测：

（1）对环境侵蚀，应确定侵蚀源、侵蚀程度和侵蚀速度；

（2）对冻融损伤，应测定冻融损伤深度、面积，检测部位宜为檐口、房屋的勒脚、散水附近和出现渗漏的部位；

（3）对火灾等造成的损伤，应确定灾害影响区域和受灾害影响的构件，确定影响程度；

（4）对于人为的损伤，应确定损伤程度。

此外，还需要对基础的不均匀沉降进行检测。

（四）钢结构的损伤检测

钢结构检测可分为钢结构材料性能、连接、构件的尺寸与偏差、变形与损伤、构件以及涂装等项工作；必要时，可进行结构或构件性能的实荷检验或结构的动力测试。

1.结构构件钢材性能检验。对结构构件钢材的力学性能检验可分为屈服点、抗拉强度、伸长率、冷弯和冲击功等项目。

当工程尚有与结构同批的钢材时，可以将其加工成试件，进行钢材力学性能检验；当工程没有与结构同批的钢材时，可在构件上截取试样，但应确保结构构件的安全。钢材力学性能检验试件的取样数量、取样方法、试验方法和评定标准应符合表 8-2 的规定。

表 8-2　材料力学性能检验项目和方法

检验项目	取样数量（个/批）	取样方法	试验方法	评定标准
屈服点、抗拉强度、伸长率	1	《钢材力学及工艺性能试验取样规定》	《金属拉伸试验试样》；《金属拉伸试验方法》	《碳素结构钢》；《低合金高强度结构钢》；其他钢材产品标准
冷弯	1		《金属弯曲试验方法》	
冲击功	3		《金属夏比缺口冲击试验方法》	

当被检验钢材的屈服点或抗拉强度不满足要求时,应补充取样进行拉伸试验。补充试验应将同类构件同一规格的钢材划为一批,每批抽样 3 个。

钢材化学成分的分析,可根据需要进行全成分分析或主要成分分析。钢材化学成分的分析,每批钢材可取一个试样,取样和试验应分别按《钢的化学分析用试样取样法及成品化学成分允许偏差》和《钢铁及合金化学分析方法》执行,并应按相应产品标准进行评定。

既有钢结构钢材的抗拉强度,可采用表面硬度的方法检测,应用表面硬度法检测钢结构钢材抗拉强度时,应有取样检验钢材抗拉强度的验证。

锈蚀钢材或受到火灾等影响钢材的力学性能,可采用取样的方法检测;对试样的测试操作和评定,可按相应钢材产品标准的规定进行,在检测报告中应明确说明检测结果的适用范围。

2.钢结构的连接质量与性能的检测。钢结构的连接质量与性能的检测可分为焊接连接、焊钉(栓钉)连接、螺栓连接、高强螺栓连接等项目。

对设计上要求全焊透的一、二级焊缝和设计上没有要求的钢材等强对焊拼接焊缝的质量,可采用超声波探伤的方法检测,其中:对钢结构工程质量,应按《钢结构工程施工质量验收规范》的规定进行检测;对既有钢结构性能,可采取抽样超声波探伤检测;焊缝缺陷分级,应按《钢焊缝手工超声波探伤方法及质量分级法》确定。

对钢结构工程的所有焊缝都应进行外观检查;对既有钢结构检测时,可采取抽样检测焊缝外观质量的方法,也可采取按委托方指定范围抽查的方法。焊缝的外形尺寸和外观缺陷检测方法和评定标准,应按《钢结构工程施工质量验收规范》确定。焊接接头的力学性能,可采取截取试样的方法检验,但应采取措施确保安全。焊接接头力学性能的检验分为拉伸、面弯和背弯等项目,每个检验项目可各取两个试样。焊接接头焊缝的强度不应低于母材强度的最低保证值。

当对钢结构工程连接质量进行检测时,可抽样进行焊钉焊接后的弯曲检测,抽样数量应符合相关检测的要求。检测时,锤击焊钉头使其弯曲至 30°,焊缝和热影响区没有肉眼可见的裂纹可判为合格。

其他如高强度大六角头螺栓连接副的材料性能和扭矩系数的检测、扭剪型高强度螺栓连接副的材料性能和预拉力的检测、扭剪型高强度螺栓连接质量的检测等都必须符合相关检测标准和要求。

3.钢构件尺寸的检测。钢构件尺寸的检测应符合下列规定:

(1)抽样检测构件的数量,可根据具体情况确定,但不应少于相关标准规定的相应检测类别的最小样本容量;

(2)尺寸检测的范围,应检测所抽样构件的全部尺寸,每个尺寸在构件的3个部位量测,取3处测试值的平均值作为该尺寸的代表值;

(3)尺寸量测的方法,可按相关产品标准的规定量测,其中钢材的厚度可用超声测厚仪测定;

(4)构件尺寸偏差的评定指标,应按相应的产品标准确定;

(5)特殊部位或特殊情况下,应选择对构件安全性影响较大的部位或损伤有代表性的部位进行检测。

钢构件的尺寸偏差,应以设计图纸规定的尺寸为基准计算尺寸偏差;偏差的允许值,应按《钢结构工程施工质量验收规范》确定。钢构件安装偏差的检测项目和检测方法,应按《钢结构工程施工质量验收规范》确定。

4.钢材外观质量的检测。钢材外观质量的检测可分为均匀性、是否有夹层、裂纹、非金属夹杂和明显的偏析等项目。当对钢材的质量有怀疑时,应对钢材原材料进行力学性能检验或化学成分分析。

对钢结构损伤的检测可分为裂纹、局部变形、锈蚀等项目。

钢材裂纹,可采用观察的方法和渗透法检测。采用渗透法检测时,应用砂轮和砂纸将检测部位的表面及其周围20mm范围内打磨光滑,不得有氧化皮、焊渣、飞溅、污垢等;用清洗剂将打磨表面清洗干净,干燥后喷涂渗透剂,渗透时间不应少于10min;然后再用清洗剂将表面多余的渗透剂清除;最后喷涂显示剂,停留10min~30min后,观察是否有裂纹显示。

杆件的弯曲变形和板件凹凸等变形情况,可用观察和尺量的方法检测,量测出变形的程度;变形评定,应按现行《钢结构工程施工质量验收规范》的规定执行。

螺栓和铆钉的松动或断裂,可采用观察或锤击的方法检测。

结构构件的锈蚀,可按《涂装前钢材表面锈蚀等级和除锈等级》确定锈蚀等级,对D级锈蚀,还应量测钢板厚度的削弱程度。

钢结构构件的挠度、倾斜等变形与位移和基础沉降等,可分别根据相应标准规定的方法进行检测。

5.钢结构杆件长细比的检测与核算。钢结构杆件长细比的检测与核算,可按相关标准和规定测定杆件尺寸,应以实际尺寸等核算杆件的长细比。钢结构支撑体系连接的检测和支撑体系构件的尺寸的检测,可按相关规定进行测定,且应按设计图纸或相应设计规范进行核实或评定。钢结构构件截面的宽厚比,可按相关规定测定构件截面相关尺寸,并进行核算,且应按设计图纸和相关规范进行评定。

6.钢结构防护涂料的质量的检测。钢结构防护涂料的质量,应按国家现行相关产品标准对涂料质量的规定进行检测。钢材表面的除锈等级,可用现行国家标准《涂装前钢材表面锈蚀等级和除锈等级》规定的图片对照观察来确定。

不同类型涂料的涂层厚度,应分别采用下列方法检测:

(1)漆膜厚度,可用漆膜测厚仪检测,抽检构件的数量不应少于相关标准规定的检测样本的最小容量,也不应少于3件;每件测5处,每处的数值为3个相距50mm的测点干漆膜厚度的平均值。

(2)对薄型防火涂料涂层厚度,可采用涂层厚度测定仪检测,量测方法应符合《钢结构防火涂料应用技术规程》的规定。

(3)对厚型防火涂料涂层厚度,应采用测针和钢尺检测,量测方法应符合《钢结构防火涂料应用技术规程》的规定。

涂层的厚度值和偏差值应按《钢结构工程施工质量验收规范》的规定进行评定。涂装的外观质量,可根据不同材料按《钢结构工程施工质量验收规范》的规定进行检测和评定。

7.钢网架的检测。钢网架的检测可分为节点的承载力、焊缝、尺寸与偏差、杆件的不平直度和钢网架的挠度等项目。

钢网架焊接球节点和螺栓球节点的承载力的检验,应按《网架结构工程质量检验评定标准》的要求进行。对既有的螺栓球节点网架,可从结构中取出节点来进行节点的极限承载力检验。在截取螺栓球节点时,应采取措施确保结构安全。

钢网架中焊缝,可采用超声波探伤的方法检测;钢网架中焊缝的外观质量,应按《钢结构工程施工质量验收规范》的要求进行检测;焊接球、螺栓球、高强度螺栓和杆件偏差的检测,检测方法和偏差允许值应按《网架结构工程质量检验评定标准》的规定执行;钢网架钢管杆件的壁厚,可采用超声测厚仪检测,检测前应清除饰面层;钢网架中杆件轴线的不平直度,可用拉线的方法检测,其不平直度不得超过杆件长度的千分之一;钢网架的挠度,可采用激光测距仪或水准仪检测。

钢结构损失检测除以上七个方面,对于大型复杂钢结构体系还可进行原位非破坏性实荷检验,直接检验结构性能。对结构或构件的承载力有疑义时,可进行原型或足尺模型荷载试验。试验应委托具有足够设备能力的专门机构进行。试验前应制定详细的试验方案,包括试验目的、试件的选取或制作、加载装置、测点布置和测试仪器、加载步骤以及试验结果的评定方法等。对于大型重要和新型钢结构体系,宜进行实际结构动力测试,确定结构自振周期等动力参数。

第二节　房屋建筑工程常见质量病害分析

一、地基基础损伤对建筑物的影响

(一)地基基础沉降对建筑物的影响

地基基础不均匀沉降过大对上部结构的影响主要反映在以下几方面:

1.墙体产生裂缝。不均匀沉降使砖砌体承受弯曲而导致砌体因受拉应力过大而产生裂缝。长高比较大的砖混结构,如果中部沉降比两端沉降大,则可能产生倒"八"字裂缝,如图8-1所示;如果两端沉降比中部沉降大,则可能产生正"八"字裂缝,如图8-2和图8-3所示。具体墙体产生裂缝如下图8-4所示。

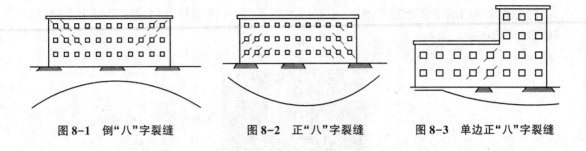

图 8-1　倒"八"字裂缝　　　　图 8-2　正"八"字裂缝　　　　图 8-3　单边正"八"字裂缝

图 8-4　墙体裂缝图

2.柱体破坏。地基基础不均匀沉降将使受压柱体在轴力和弯矩的共同作用下产生纵向弯曲而破坏。柱体破坏主要有两种类型:一种是柱体受拉区钢筋首先到达屈服而导致的受压区混凝土压碎。这种破坏有明显的预兆,裂缝显著开展,变形急剧增大,具有塑性破坏的性质。另一种是柱体受压区的混凝土被压碎而导致的破坏。这种破坏缺乏预兆,变形没有急剧增长,具有脆性破坏的性质。这两种类型的破坏都属于结构性的破坏,将严重地影响建筑物的安全与使用,如图 8-5 所示。

图 8-5　地基基础沉降导致主体破坏

3.建筑物产生倾斜。长高比较小的建筑物,特别是高耸构筑物,不均匀沉降会引起建筑物倾斜,严重的将引起建筑物倒塌破坏。总沉降量或不均匀沉降超过建筑物允许沉降值时,将影响建筑物正常使用造成工程事故。建筑物均匀沉降对上部结构影响不大,但沉降量过大,可能造成室内地坪低于室外地坪,引起雨水倒灌、管道断裂以及污水不易排出等问题,如图8-6所示。

图8-6　地基基础不均匀沉降导致建筑物倾斜

(二)特殊土地基对建筑物的影响

1.湿陷性黄土。凡天然黄土在一定压力作用下,受水浸湿后,土的结构迅速破坏,发生显著的湿陷变形,强度也随之降低的,称为湿陷性黄土。湿陷性黄土分为自重湿陷性和非自重湿陷性两种。黄土受水浸湿后,在上覆土层自重应力作用下发生湿陷的,称自重湿陷性黄土;若在自重应力作用下不发生湿陷,而需在自重和外荷共同作用下才发生湿陷的,称为非自重湿陷性黄土。若未经处理的湿陷性黄土作为建筑地基,则在受水浸湿后会产生显著沉降变形,可能导致建筑坍塌。

2.膨胀土。膨胀土,按照我国《膨胀土地区建筑技术规范》中的定义,膨胀土应是土中粘粒成分主要由亲水性矿物组成,同时具有显著的吸水膨胀和失水收缩两种变形特性的粘性土。

膨胀土的分布范围较广,在我国,广西、云南、湖北、安徽、四川、河南、山东等20多个省、自治区、市均有膨胀土。国外也一样,如美国,50个州中有膨胀土的占40个州。此外,在印度、澳大利亚、南美洲、非洲和中东广大地区,膨胀土也都有不同程度的分布。目前膨胀土的工程问题,已成为世界性的研究课题。

未经处理的膨胀土地基危害较大,会使大量的轻型房屋发生开裂、倾斜,公路路基发生破坏,堤岸、路堑产生滑坡。

3.冻土。温度为0℃或负温,含有冰且与土颗粒呈胶结状态的土称为冻土。

根据冻土冻结延续时间,可分为季节性冻土和多年冻土两大类。土层冬季冻结,夏季全部融化,冻结延续时间一般不超过一个季节,称为季节性冻土层,其下边界线称为冻深线或冻结线;土层冻结延续时间在 3 年或 3 年以上,称为多年冻土。

季节性冻土在我国分布很广,东北、华北、西北是季节性冻结层厚 0.5m 以上的主要分布地区;多年冻土主要分布在黑龙江的大小兴安岭一带,内蒙古纬度较大地区,青藏高原部分地区与甘肃、新疆的高山区,其厚度从不足 1 米到几十米。

土的冻胀由于侧向和下面有土体的约束,主要反映在体积向上的增量上(隆胀),季节性冻土地区建筑物的破坏很多是由于地基土冻胀造成的。

(三)地基失稳对建筑物的影响

地基失稳破坏往往引起建筑物的倒塌、破坏,后果十分严重。建筑物不均匀沉降不断发展,日趋严重,也将导致地基失稳破坏。

地基失稳的原因是建筑物作用在地基上的荷载超过地基允许承载力,使地基产生了剪切破坏,包括整体剪切破坏、局部剪切破坏和冲切剪切破坏三种形式。具体如图 8-7 所示。

(a)整体剪切破坏　　(b)局部剪切破坏　　(c)冲切剪切破坏

图 8-7　地基失稳的破坏形式

地基破坏形式与地基土层分布、土体性质、基础形状、埋深、加荷速率等因素有关。

地基整体剪切破坏一般发生于三角压密区,形成连续滑动面,两侧挤出并隆起,有明显的两个拐点。浅基下往往是密砂硬土坚实地基。

地基局部剪切破坏发生于基础下塑性区到地基某一范围,滑动面不延伸到地面,基础两侧地面微微隆起,没有出现明显的裂缝,常发生于中等密实砂土中。

地基冲切剪切破坏发生时,基础下土层发生压缩变形,基础下沉,荷载继续增加,附近土体发生竖向剪切破坏。

(四)边坡失稳对建筑物的影响

建在土坡上和土坡脚附近的建筑物会因土坡失稳滑动产生破坏。

边坡失稳一般是指边坡在一定范围内整体沿某一滑动面向下或向外移动而丧失其稳定性。边坡的稳定,主要由土体的抗滑能力来保持。当土体下滑力超过抗滑力,边坡就会失去稳定而发生滑动,如下图 8-8 和图 8-9 所示。

滑动面

图 8-8　土坡失稳滑动示意图

边坡塌方滑动面的位置和形状决定于土质和土层结构,如含有粘土夹层的土体因浸水而下滑时,滑动面往往沿夹层而发展;而一般均质粘性土的滑动面为圆柱形。可见土体的破坏是由剪切而破坏的,土体的下滑力在土体中产生剪应力,土体的抗滑能力实质上就是土体

图 8-9 土坡滑动造成安全事故

的抗剪能力。

边坡失稳往往是在外界不利因素影响下触发和加剧的。这些外界因素往往导致土体剪应力的增加或抗剪强度的降低,使土体中剪应力大于土的抗剪强度而造成滑动失稳。造成边坡土体中剪应力增加的主要原因有:坡顶堆物,行车;基坑边坡太陡;开挖深度过大;土体遇水使土的自重增加;地下水的渗流产生一定的动水压力;土体竖向裂缝中的积水产生侧向静水压力等。引起土体抗剪强度降低的主要因素有:土质本身较差;土体被水浸润甚至泡软;受气候影响和风化作用使土质变松软、开裂;饱和的细砂和粉砂因受振动而液化等。

(五)地震对建筑物的影响

地震对建筑物的破坏作用是通过地基和基础传递给上部结构的。地震时地基和基础起着传播地震波和支撑上部的双重作用。地震先产生纵波,即上下震动,此时对建筑物的破坏性不大,因建筑物建造时为了抵抗地球吸引力,在纵向上的建筑强度很高。纵波来得快,去得也快。纵波过去后的横波破坏性最大。横波使建筑物左右摇动,水平方向的剪切力非常巨大,使建筑物结构错位,引起坍塌等。

地震对建筑物的影响不仅与地震烈度有关,还与建筑场地效应、地基土动力特性有关。地震对建筑物的破坏还与基础型式、上部结构、体型、结构型式及刚度有关。震害现象一般有振动液化、滑坡、地裂及震陷等。

(六)基础工程事故对建筑物的影响

基础工程事故可分为基础错位事故、基础构件施工质量事故以及其他基础工程事故。基础错位事故是指因设计或施工放线造成基础位置与上部结构要求位置不符合,如工程桩偏位、柱基础偏位、基础标高错误等。基础构件施工质量事故类型很多,基础类型不同,质量事故不同。如桩基础发生端桩、缩颈、桩端未达设计要求,桩身混凝土强度不够等。其他基础事故如基础形式不合理、设计错误造成的工程事故等。以上事故均引起对建筑物局部或整体的破坏。

二、结构设计缺陷对建筑物的影响

(1)钢筋混凝土结构中受力主筋配置不当产生裂缝。钢筋混凝土梁跨中出现垂直裂缝,且从梁底开始向上发展,宽度超过规定值。这种裂缝会引起对梁的破坏,必须及时处理,否则将造成房屋倒塌。

主要原因有两方面:一是荷载超过设计使用要求;二是梁中主筋配置不足,不能抵抗荷载产生的拉力,而使混凝土梁底出现裂缝,如图 8-10 所示。钢筋混凝土梁的两端,靠近支坐附近出现正八字裂缝,主要因为钢筋混凝土梁端剪力筋配置不当,造成梁端抗剪能力不足,以上破坏都属于结构性破坏,如图 8-11 所示。

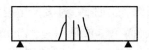

图 8-10 跨中梁底出现裂缝

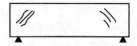

图 8-11 梁端部出现正"八"字裂缝

特别需要说明的是,如果配筋过多也会存在问题。构件中配筋适当时,过载则会出现裂缝和变形等预警信息,即结构破坏前有征兆,属于塑性破坏,但当构件中配筋过多,过载时则不会出现变形等预警信息,即结构破坏前可能没有征兆,属于脆性破坏。因此,构件配筋也不能超过设计规定标准。

(2)砖混结构设计中受压墙体断面设计不足产生竖向裂缝破坏。由于砖墙体断面设计不足,造成梁端、板端对墙体压应力过大,而使砖墙出现竖向裂缝,如图 8-12。这种裂缝危害极大,标志着墙体强度不足,可能会导致房屋倒塌。

(3)主梁纵向构造筋配筋不当造成梁侧出现垂直裂缝。混凝土浇筑后相当长时间内失去水分而产生收缩,在凝结硬化过程中,用于抵抗收缩的构造纵筋配置不足,致使收缩力将混凝土拉出裂缝,如图 8-13 所示。这类裂缝仅出现在梁侧面的中部,裂缝中间宽、两头细,一般不会延伸到主筋区。这种裂缝对结构无多大影响,等裂缝达到一定值时用水泥砂浆抹平即可。

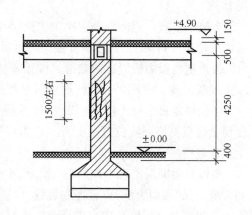

图 8-12 墙体竖向裂缝示意图

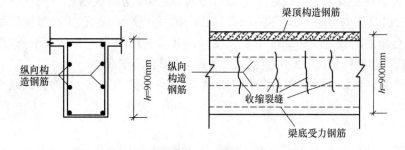

图 8-13 梁截面配筋与侧面裂缝示意图

当梁的腹板高度超过450mm,在梁的两个侧面应沿高度配置纵向构造钢筋,钢筋间距不宜大于200mm。

(4)墙体构造拉锚连接不足出现裂缝。内、外墙丁字交叉及外墙拐角处,一般要求设置钢筋混凝土构造柱,构造柱与墙体是马牙槎连接,柱与墙体之间应有不少于500mm的拉结筋。构造柱下部应与地梁连接,上部与圈梁连通,使墙体形成一个整体,在外力作用下不易造成外墙倒塌。隔断墙与主墙间,框架间墙与框架柱间都应设置拉结筋,以避免裂缝出现,尤其在地震作用时,保持拉接关系。

(5)高低层联跨的楼房在高低跨交界处未留沉降缝,因沉降差过大产生裂缝。高低跨相连,在相同地基条件下,高层一侧,因自重大沉降量大,而单层或低层一侧下沉量小,或者没有下沉。它们之间沉降差过大,如果高低层之间未留设沉降缝或沉降缝留设不当,必然导致高层与低层在连跨处拉裂,从而出现裂缝。若设置好沉降缝,即可自由沉降,防止产生拉裂。

三、建筑装饰装修工程常见质量病害

(一)地面与楼面工程

1.地面起砂。地面表面粗糙,颜色发白,不坚实。走动后,表面先有松散的水泥灰,用手摸时像干水面。随着走动次数的增多,砂粒逐渐松动或有成片水泥硬壳剥落,露出松散的水泥和砂子。

2.地面空鼓。地面空鼓多出现于面层与垫层之间,或垫层与基层之间,用小锤敲击有空鼓声。使用一段时间后,容易开裂。严重时大片剥落,破坏地面使用功能。

3.预制楼板顺板缝方向裂缝。顺预制楼板的拼缝方向通长裂缝。这种裂缝有时在工程竣工前就出现,一般上下裂通,严重时水能通过裂缝往下渗漏。

4.预制楼板平行于楼板搁置方向裂缝。这种裂缝主要发生在大房间,裂缝位置一般均在预制楼板支座搁置位置正上方。当走廊用小块楼板作横向搁置时,房间门口处有时也发生这种裂缝。

5.楼地面面层出现不规则裂缝。预制板楼地面或现浇板楼地面一般都会出现这种不规则裂缝,有的表面裂缝,也有连底裂缝,位置和形状不固定。楼地面产生的不规则裂缝,造成原因比较复杂,修补前,应先进行调查研究,分析产生裂缝的原因,根据情况进行处理。

6.塑料板面层空鼓或面层呈波浪形。面层起鼓,里面有气泡或边角翘起;或目测表面平整度较差,呈波浪形现象。

7.木地板不平整或木地板鼓起。走廊与房间、相邻两房间或两种不同材料的地面相交处高低不平,以及整个房间不水平等;地板局部隆起,轻则影响美观,重则影响使用。

8.楼梯台阶的踏级宽度和高度不一。楼梯或台阶的踏级宽度和高度不一致,行人走时出现一脚高、一脚低的情况,既不方便,又不舒服,外形也不美观。

9.楼梯台阶踏级阳角处裂缝、脱落。踏级在阳角处裂缝或剥落,有的在踏级平面上出现通长裂缝,沿阳角上下逐步剥落,既影响使用,外形也不美观。

(二)门窗工程

1.门窗框变形。门窗框制作好后,边梃、上下槛、中贯档发生弯曲或者扭曲、反翘,门窗框立面不在一个平面内。立框后,与门窗框接触的抹灰层挤裂或挤脱落,或边梃与抹灰层脱

开。轻者门窗扇开关不灵活,重者门窗扇关不上或关上拉不开,无法使用。

2.门窗扇翘曲。门窗扇立面不在同一个平面内;门窗扇安装后关不平,插销插不进销孔内。

3.门窗框(扇)割角拼缝不严。在门窗框的边梃与上、下槛,门窗扇的冒头与扇梃,门窗棂子与冒头、扇梃等结合处不严密,有明显的缝隙,或在倒棱割角处不密合。

4.钢门窗翘曲变形。钢门窗框翘曲;框、扇料弯曲变形,关闭不严密,或者扇与框摩擦和卡住。

(三)装饰工程

1.抹灰面层起泡、开花、有抹纹。抹罩面灰时操作不当,基层过干或使用不灰膏质量不好,容易产生面层起泡和有抹纹现象,过一段时间还会出现面层开花,影响外观质量。

2.板条顶棚抹灰空鼓、开裂。在板条方向或板条接头处有裂缝,抹灰层与板条粘结不良,产生空鼓甚至脱落现象。

3.干粘石饰面空鼓。干粘石饰面空鼓有两种情况:一是底层与基层粘结不牢造成空鼓;二是面层粘石灰浆与底灰粘结不牢造成空鼓,形成两层皮,严重时会造成饰面脱落。

4.外墙建筑涂料饰面粉化、剥落。喷、刷涂料一定时间后,局部或大片掉粉、空鼓、起皮、脱落。

5.外墙彩砂厚质涂料饰面涂层喷点不均匀,接槎接痕明显、流坠。喷涂喷点碎小或过大,分布不均匀。涂层表面厚薄不均,有明显接槎和接痕,局部有流坠况。

6.瓷砖墙面空鼓脱落。瓷砖镶贴质量不好,造成局部或较大面积的空鼓,严重时瓷砖脱落掉下。

7.外墙贴面砖污染。施工操作中没有及时清除砂浆,造成污染。

8.外墙贴陶瓷锦砖空鼓脱落。由于施工时没有及时抹粘贴砂浆或粘贴砂浆配合比不当及其他的操作原因,致使面层空鼓脱落。

9.外墙贴玻璃马赛克空鼓脱落。空鼓多出现在面层与底层之间,用小锤敲击有空鼓声,一、二年后会成气剥落和掉粒。

10.木护墙面层明钉缺陷。硬木装修钉眼过大。贴脸、压缝条、墙裙压顶条等端头劈裂以及钉帽外露等。

11.油漆流坠。在垂直面,或线角的凹槽处,油漆发生流淌。较轻的泪痕像串珠子;严重的如帐下垂,形成突出的山峰状态倒影,用手摸明显地感到流坠处的漆膜比其他部分凸出。

12.裱糊腻子皱结。在砼或抹灰基层表面刮腻子时,出现腻子呈鱼鳞状皱结的现象。

13.裱糊浆液流坠。浆膜表面浆液因重力作用而产生下垂,平顶有乳珠,墙面有挂幕或流痕状态。

(四)屋面工程

1.卷材屋面开裂。卷材屋面开裂一般有两种情况:一种是装配式结构屋面上出现的有规则横向裂缝。当屋面无保温层时,这种横向裂缝往往是通长和笔直的,位置正对屋面板支座的上端;当屋面有保温层时,裂缝往往是断续的、弯曲的,位于屋面板支座两边 $10\sim50cm$ 的范围内。这种有规则裂缝一般在屋面完式后 $1\sim4$ 年的冬季出现,开始时裂缝细微,以后逐渐发展到 $1\sim2mm$ 以至更宽。另一种是无规则裂缝,其位置、形状、长度各不相同,出现的时间也无规律。

2.卷材屋面流淌。分以下几种情况:①严重流淌:流淌面积占屋面50%以上,大部分流淌距离超过卷材搭接长度。卷材大多折皱成团,垂直面卷材拉开脱空,卷材横向搭接有严重错动。在一些脱空和拉断处,产生漏水。②中等流淌:流淌面积占屋面20%~50%,大部分流淌距离在卷材搭接长度范围之内,屋面有轻微折皱,垂直面卷材被拉开100mm左右,只有天沟卷材脱空耸肩。③轻微流淌:流淌面积占屋面20%以下,流淌长度仅2~3cm,在屋架端坡处有轻微折皱。

3.卷材起鼓。卷材起鼓一般在施工后不久产生。在高温季节,有时上午施工下午就起鼓。鼓泡一般由小到大,逐渐发展,大的直径可达200~300mm,小的数十毫米,大小鼓泡还可能成片串连。起鼓一般从底层卷材开始。将鼓泡剖开后可见,鼓泡内呈蜂窝状,胶结料被拉成薄壁,鼓泡越大,"蜂窝壁"越高,甚至被拉断。"蜂窝孔"的基层,有时带小白点,有时呈深灰色,还有冷凝水珠。

4.山墙、女儿墙部位漏水和天沟漏水。山墙、女儿墙结合部位有裂缝或防水失效;天沟纵向找坡大小,甚至有倒坡现象;天沟堵塞,排水不畅或漏水。

5.油膏嵌缝涂料屋面开裂、渗漏。屋面有宽度大于0.05mm的可见裂缝和小于0.05mm的不可见裂缝,有的上下贯通,有的不贯通。其中属于施工质量问题的早期裂缝,常在施工过程中或施工后不久发现,这类裂缝会引起砼中的钢筋锈蚀,危机构件安全;油膏嵌缝涂料屋面出现裂缝后导致屋面出现渗漏水现象。

6.混凝土刚性防水屋面开裂。混凝土刚性屋面开裂一般分为结构裂缝、温度裂缝和施工裂缝三种。结构裂缝通常出现在屋面板拼缝上,宽度较大,并穿过防水层而上下贯通。温度裂缝都是有规则的、通长的,裂缝分布比较均匀。施工裂缝一般是不规则的、长度不等的断续裂缝,也有一些是因水泥收缩而产生的龟裂。

7.砼刚性防水屋面渗漏。砼刚性屋面的渗漏有一定的规律性,容易发生的部位主要有山墙或女儿墙、檐口、屋面板板缝、烟囱或雨水管穿过防水层处。

8.涂膜防水屋面防水层破坏。涂料防水层较薄,容易遭到破坏,导致屋面渗漏。

9.粒状保温材料的颗粒大小不合适。保温材料的粒径过大,超过了所用材料的允许限值,或者粉末过多,导致保温性能降低。

10.粒状保温层含水率太高。保温材料含有大量水分,大大降低了保温效果。而且,由于过多水分的存在和蒸发,还会出现防水层起鼓现象。

11.粒状保温层密实度不合适。松散保温材料压得太密实,增加了容重,降低了保温效果。松散保温材料未进行适当压实,承载力很小,导致找平层、防水层出现局部沉陷,开裂等现象。

12.粒状保温层铺设坡度不合适。屋面保温层未按设计要求铺出坡度,或未向出水口、水漏斗方向做出坡度,造成屋面积水。

13.用水泥拌合的保温材料颗粒不好。膨胀珍珠岩粒径小于0.15mm的过多,薄片状蛭石过多,炉渣中粉末状的含量过多等,导致保温层容重增大,保温效果降低。

14.用水泥拌合的保温材料含水率太高。现浇整体式保温层材料需用水进行拌合,施工后,虽经一段时间干燥后,保温层的含水率仍超过20%,保温效果大大降低。

15.白灰炉渣保温层含水率太高。白灰炉渣保温层在拌制过程中为了施工方便,需要掺入大量水分,但白灰是气硬性材料,表层硬化后,封闭了内部的水分,使保温层含水率增大,降低了保温要求。

16.板状制品铺贴保温层含水率太高。板状保温层中含水量过大,超过了规定值,致使导热系数增高,保温性能下降。

17.板状制品铺设不平。保温层铺设完后表面不平,相邻两块板的高低差大于3mm,影响上部找平层或防水层的质量。

18.混凝土刚性防水层起壳、起砂。屋面防水层出现起壳、起砂现象。

第三节 住宅性能评定

我国对住宅建筑评价的过程大致可分为两个阶段。第一阶段以《住宅建筑技术经济评价标准》(GBJ47—88)为标志,该标准明确提出评价指标体系的设置包括建筑功能效果和社会劳动消耗两部分,应通过建筑功能评价来评定住宅建筑,具有价值工程的特点。同时,该标准也为加强住宅建筑技术经济的评价工作,提高住宅建筑的设计水平和综合效益提供了指南。第二阶段以《商品住宅性能认定管理办法》为标志,通过住宅性能对住宅的综合品质进行认定,强调住宅的综合品质,不太涉及住宅建筑的价值。

一、建筑功能评价与建筑物的价值

建筑功能评价是对已建成建筑的功能效果加以分析和评价论证,目的是评价建筑产品是否符合人们的各种功能需求,是否达到预期的建设目的,也即建筑产品是否物有所值。建筑的功能评价更注重于结果研究。建筑功能评价是价值工程理论的组成部分。

(一)价值工程介绍

价值工程以提高产品或作业价值为目的,通过有组织的创造性工作,寻求用最低的寿命周期成本,可靠地实现使用者所需功能的一种管理技术。价值工程中所述的"价值",不是对象的使用价值,也不是对象的交换价值,而是对象的比较价值。简言之,价值工程就是寻求一定功能的最低周期成本或费用,将功能量化,通过寻求方案,将完成该功能的费用不断最小化。价值工程至少包括如下特点:

1.价值工程的目标是以最低的寿命周期成本,使产品具备它所必须具备的功能。在一定范围内,寿命周期成本为最小值时,所对应的功能水平是仅从成本方面考虑的最适宜功能水平。

2.价值工程的核心是对产品进行功能分析。因此,价值工程分析产品,首先不是分析其结构,而是分析其功能。在分析功能的基础之上,再去研究结构、材质等问题。

3.价值工程将产品价值、功能和成本作为一个整体同时来考虑。

4.价值工程强调不断改革和创新。

5.价值工程要求将功能定量化,即将功能转化为能够与成本直接相比的量化值。

（二）建筑功能评价与建筑物价值的关系

建筑的价值受到众多因素的影响，比如建造成本、建筑风格或式样、楼层、朝向等，以及建筑物所附有的权利状况。一幢建筑或一套房屋的价值的测算与价值工程是两回事。

1.建筑物不需要都追求功能费用最小化。价值工程是给定功能情况下的费用最小化管理活动。但有些高档的建筑，并不苛求做到费用最小化，而有可能为了体现建筑所有人或使用者的身份或地位，采用了高档的材料、大面积的窗户、较宽阔的楼梯等等，这些都有可能不符合费用最小化。以住宅而言，有经济适用房、普通商品房和豪宅等不同的级别，需要满足相同功能的相同部位采用的构件就很可能不一样。

2.建筑物的益处或作用无法统统用功能描述。价值工程是个动态活动，目的是为生产和建造进行改良和创新，以期待降低费用。对于建筑物的一些组成构件或部品而言，可以通过价值工程进行费用最小化。

但学界尚未有人能够做到将建筑物给人们带来的所有益处统统功能化，再寻求建筑费用的最小化。这本身是因为建筑物给人们带来的益处无法都功能化。比如，建筑的风格、装修的艺术处理给人们带来的愉悦感就不容易功能化，而且这种愉悦感的多少跟人群还有关系，有的人认为比较愉悦的，可能其他人就不一定能获得同样多的愉悦感。

可见，价值工程与建筑价值测算是两回事。在建筑建造过程中，可以借鉴价值工程，降低建造成本。但建筑物建造完成之后，其价值并不完全取决于建造成本。价值工程对于建筑物价值测量的借鉴意义有限，不能想当然地将建筑物所有权益功能化计算其费用，不能将费用作为其价值估算依据。

有些学者将建筑物的功能进行分类，设定指标，并进行打分，从而获得建筑物功能的量化指标，据此进行建筑物价值测算，这么做似是而非。首先，建筑的价值并不完全由其功能决定。建筑所能达到的功能能够影响建筑物的价值，但不是建筑价值的唯一决定因素；另外，如前所述，建筑物的权益并不能都功能化，有些能够带来价值的权益无法功能化。再者，对功能的评价打分，难以设定一个统一的标准。比如，对于建筑式样或风格，大家会有不同的感受，有的人喜欢，有的就不喜欢，与价值相对应的功能的打分就不易量化。所以，虽然建筑本身功能会对建筑的价值具有重要影响，但是单纯通过对某一建筑的功能评价来直接评估建筑物的价值，在评估实务中是不现实的。对建筑物的功能进行指标化，对指标进行量化，按照量化数据测算建筑物价值的做法是不可行的。

二、住宅性能评定制

1999年7月1日建设部印发了《商品住宅性能认定管理办法》，尔后各省市制订并执行《商品住宅性能认定实施细则》。建设部于2006年3月1日施行《住宅性能评定技术标准》，是目前我国唯一有关住宅性能评定的国家标准，从而初步建立了住宅性能认定制度。

（一）住宅性能评定的概念

住宅性能认定，是指按照国家发布的住宅性能评定方法和统一的认定程序，经评审委员会对商品住宅的综合质量进行评审和认定委员会的确定，授予相应级别证书和认定标志。将住宅作为进入消费市场的最终产品，以其适用性能、安全性能、耐久性能、环境性能和经济性能五个方面作为评定内容，采用一定的评定方法和评定标准，对住宅进行定性、定量综合评价,划分性能等级的管理制度。

性能认定将住宅的综合质量即工程质量、功能质量和环境质量等诸多因素归纳为五个方面来评审:适用性、安全性、耐久性、环境性和经济性,其中又细分了多项指标,能够对住宅做一个较为科学的、完整全面的同时又是公正的评价。A级住宅应符合节约能源、资源,保护环境的可持续发展原则。住宅一旦得到性能认定标志,就说明这个项目是在这一档次中性能品质优良的住宅。对住宅而言,人们不仅关心其工程质量,还会对住宅的功能质量,声、光、热等建筑物理特性,设备配置和住区环境等进行考察和比较。所谓"住宅性能",就是把住宅的多方面品质综合起来的集中表达。

(二)住宅性能认定的意义

我国住宅性能认定并非只是得出一个简单的认定结论,它本质上是一种技术服务,通过认定这一形式和过程,充分吸收各方专家的经验和智慧,帮助住区建设合理档次和水平的住宅是认定工作要达到的根本目的。

1.有利于促进住宅商品化。市场上出售的其他一般性商品出厂前要按照产品标准经过检验。比如轿车在出厂之前都要经过各种性能的检测,检测书最终交到用户手中。可住宅这种可以称得上是最大的商品,在建造完毕进入市场之前却没有对它的性能进行全面综合检测、评价的环节。提出住宅性能认定就是为了全面评价住宅性能,使人们对该商品性能有客观、正确的认识。

2.有利于规范住宅市场。目前住宅市场中对于"住宅品质"处于一种模糊状态,没有一个科学的界定,没有进行定性和定量化,只能凭住宅外观和外部环境的感性认识判断好坏,所以有必要在市场中建立一种客观、公正的住宅评价认定制度。

3.有利于增加住宅有效供给。住宅需求是多层次的,不同的社会阶层需要不同级别的住宅。住宅商品化以后,我们一度走入了住宅越大越好的误区。推行住宅性能认定制度,对具备不同技术性能指标的住宅,赋予不同的级别,形成多层次有效的供应市场,其中每个等级都有各自的消费群体,A级主要是针对中低收入阶层提供经济适用房;AA级是针对中高收入阶层提供商品住宅;AAA级是针对高收入阶层提供高档住宅或外销住宅。

(三)住宅性能评定的内容

我国的住宅性能认定制度把住宅性能分解为适用性能、安全性能、耐久性能、环境性能和经济性能5个方面共380多条具体指标,通过对各项指标的打分和综合评价,最终确定住宅的综合性能等级。为使性能认定工作起到推动住宅建设进步的作用,在设定性能认定指标体系时,以不同建设标准的住宅中的精品为依据。也就是说,凡是能通过性能认定的住宅,不论其达到了哪一性能等级,都是现阶段我国同类住宅中的精品。其中面向中低收入家庭的经济适用房的性能标准设定为1A级,即经济适用型住宅;面向中高收入家庭的普通商品房的性能标准设定为2A级,即舒适型住宅;面向高收入家庭的高档公寓、别墅的性能标准设定为3A级,即高舒适度住宅。

1.住宅的适用性能是住宅性能中的核心部分。从住宅的舒适、实用中体现住宅设计的设计质量、新型建筑结构体系、厨卫设备体系、管线技术体系,节能产品与技术的应用反映了住宅建设的整体水平。其具体内容包括:平面与空间布局;设备、设施的配置;保温隔热;室内隔声;采光与照明;通风换气;建筑节能等。

2.住宅的安全性能是住宅性能中最基本的部分,居住的安全与人民生命财产息息相关,包括:建筑结构的安全;建筑防火的安全;燃气、电气设备的安全;居住生活的日常安全与防范;以及室内空气和供水有毒有害物质的危害性。

3.住宅的耐久性能是关系到住宅寿命期内能否正常使用的一个重要性能。住宅的特殊性之一是使用周期长,它可能伴随一代人甚至两代人的生活,因此住宅的耐久性也是一项重要的内容。由于住宅建造过程复杂,很多部分属于隐蔽工程,耐久性能不仅涉及建造中使用的建材、构件、部品、设备,还与施工技术、施工工艺及施工管理有关。耐久性能主要包括:结构耐久性;防水性能;设备、设施防腐性能;设备耐久性等。

4.住宅的环境性。住宅性能不仅包括住宅本身的性能,也包括住宅周边环境对居住质量的影响。住宅环境最先被人们所重视,并从以前追求大的花园绿地,转为追求环境的均好性,比如每一栋住宅,每一套房子都享受到阳光、绿地、花园。环境性能主要包括:合理用地;用水与节水;绿地与环境布置;室外噪音与空气;环境卫生;公共服务设施等内容。

5.住宅的经济性能是一个综合指标。其主要包括成本住宅的性能成本比和日常运行费用两部分。其中住宅的性能成本比应该落在一个合理的区间,为了达到性能的要求,过大的投入是不经济的,应该合理控制成本。

（四）住宅性能认定与建筑价值的关系

1.住宅性能认定的目的与确定建筑价值没有多大关系。住宅性能认定是对住宅综合品质进行科学和客观地评价,目的是准确地描述出住宅的性能,使公众对住宅有一个全面整体和准确客观的认识,从而达到推动住宅商品,包括住宅产品建造、销售和后期维护的规范化。

推动住宅性能认定工作的住建部官员认为,通过住宅性能认定的住宅就是好住宅。即使是1A级住宅也是同等层次住宅中质量最好的。住宅性能评定中的等级不同于评优。住宅性能认定是根据住宅不同的技术性能,赋予不同的等级是为不同的消费对象提供可选择的多层次供给市场,像旅游饭店的星级一样,拉开档次,各种档次都有自己的消费群体。可见住宅性能认定目的不是为了测量建筑价值。

将住宅性能等级评分值直接用作建筑价值评估的权重不仅不符合住宅性能认定的目的,也不符合实际的数理逻辑关系。同类住宅当中,不同的住宅性能可以具有不同的价值,比如,相同地段、同等面积、相同新旧程度等情况下,3A性能的住宅其价值很有可能会高于1A性能的住宅。这只能是个定性的结论,在一定条件下我们可以认为高等级性能的住宅价值高些,但是无法将其定量化,即住宅性能得分600的住宅其价值与住宅性能900分的住宅,其他条件相同的情况下,不一定其价值是6∶9的关系。也就是说,住宅性能与住宅价值不具有数值上的对应关系。因此,从建筑价值评估角度看,由于住宅性能评分值与被评标的价值不具有数值上的对应关系,我们不能以住宅性能的评价分值直接作为价值评估的权重。

2.住宅性能认定对住宅价值测量具有一定借鉴意义。一般而言,其他条件相同的情况下,住宅性能等级越高的住宅,其价值相对会高些。比如,3A等级的住宅性能多指高档公寓、豪宅等;2A等级的住宅性能对应的是普通大众的商品房;而1A等级的住宅性能则多用于描述经济适用房的综合品质。通常,在其他条件相同的情况下,1A、2A、3A性能的住宅其价值也是由低到高的。所以,住宅性能认定对于住宅价值测量具有定性的认识,能够进行大致的价值高低的判断。

三、住宅性能评定技术标准

（一）概述

《住宅性能评定技术标准》是目前我国唯一的有关住宅性能的评定技术标准,适用所有城镇新建和改建住宅,反映住宅的综合性能水平,体现节能、节地、节水、节材等产业技术政策,提倡土建装修一体化,提高工程质量,引导住宅开发和住房理性消费,鼓励开发商提高住宅性能。

《住宅性能评定技术标准》从适用性能、环境性能、经济性能、安全性能、耐久性能五个方面对住宅进行评定,每个方面性能又分若干个项目和分项,每个分项按照指标要求都有一定的分值,把满足指标的情况数量化,以最后得分来表示性能所达到的水平。

（二）住宅分级

根据综合性能高低,将住宅分为 A、B 两个级别:

A 级住宅——执行了现行国家标准且性能好的住宅;

B 级住宅——执行了现行国家强制性标准,但性能达不到 A 级的住宅。

其中,A 级住宅根据得分多少和能否达到规定的关键指标,由低到高又分为 1A、2A、3A 三等。

（三）分值及判定方法的设计

1.《标准》把评定总分设定为 1 000 分,五方面性能满分分值不同,适用性能 250 分,环境性能 250 分,经济性能 200 分,安全性能 200 分,耐久性能 100 分。

2.总分高低是区分住宅性能等级的基本依据,但 A 级住宅五方面性能的得分率必须分别达到 60% 以上。同时,用符号☆和★分别表示 A 级住宅和 3A 住宅的一票否决指标。即,有一项☆没有达成将不能评为 A 级住宅,有一项★没有达成将不能评为 3A 住宅。

3.A 级住宅的否决项,符号为☆的作为 A 级住宅的一票否决指标,共涉及 19 个评定子项,如表 8-3 所示。

表 8-3　A 级住宅的一票否决指标

评定项目	子项序号	子项内容	说明
A 适用性能	A11	☆居住空间、厨房、卫生间等基本空间齐备	套型设计
	A15	☆每套住宅至少要有一个居住空间获得日照。当有四个以上居住空间时,其中有两个或两个以上居住空间获得日照	同上
	A20	☆厨房有直接采光和自然通风,位置合理,对主要居住空间不产生干扰	同上
	A67	☆7 层以上住宅设电梯,12 层及以上至少设 2 部电梯,其中 1 部为消防电梯	同上

评定项目	子项序号	子项内容	说明
B 环境性能	B03	☆选址远离污染源,避免和有效控制水体、空气、噪声、电磁辐射等污染对居住生活带来的影响	环评报告
	B15	☆市政基础设施配套齐全、接口到位	本项达标
	B22	☆绿地率≥30%	
C 经济性能	C08	☆外墙平均传热系数 K≤Q	节能计算
	C09	☆外窗平均传热系数 K≤Q	同上
	C10	☆屋顶平均传热系数 K≤Q	同上
	C11	☆耗热量指标:中、南部 $E_H+E_C≤Q$	同上
D 安全性能	D01	☆结构工程设计施工工程须符合国家规定,施工质量验收合格且符合备案要求	
	D04	☆抗震设计符合规范要求	
	D07	☆室外消防给水系统、防火间距、消防道路和扑救面的质量应该符合规定	
	D40	☆墙体材料的放射性污染、混凝土外加剂中释放氨的含量不超过国家现行相关标准的规定	相关证明
	D41	☆室内装修材料有害物质含量不超标	同上
	D42	☆室内环境污染物含量不超标	同上
E 耐久性能	E03	☆结构的耐久性措施应该符合使用年限50年的要求	
	E11	☆防水工程设计使用年限,屋面和卫生间不低于15年,地下室不低于50年	相关设计说明

符号是★的为3A级住宅的一票否决指标,共涉及6个评定子项,如表8-4所示。

表8-4 3A级住宅的一票否决指标

评定项目	子项序号	子项内容	说明
A 适用性能	A21	★3个及3个以上卧室的套型至少配置2个卫生间	套型设计
	A30	★装修到位	装修图纸
	A33	★楼板计权标准化撞击声压级≤65dB	隔声性能计算
	A34	★楼板的空气声计权隔声量≥50dB	同上
	A35	★分户墙空气声计权隔声量≥50dB	同上
B 环境性能	B11	★机动车停车率≥1.0,且不低于当地标准	

4.住宅适用性能的评定包括:单元平面(满分 30 分)、住宅套型(满分 75 分)、建筑装修(满分 25 分)、隔声性能(满分 25 分)、设备设施(满分 75 分)和无障碍设施(满分 20 分)6 个评定项目,18 个分项,总分值 250 分。

5.住宅环境性能的评定包括:用地与规划(满分 70 分)、建筑造型(满分 15 分)、绿地与活动场地(满分 45 分)、室外噪声与空气污染(满分 20 分)、水体与排水系统(满分 10 分)、公共服务设施(满分 60 分)和智能化系统(满分 30 分)7 个评定项目,19 个分项,总分值 250 分。

6.住宅经济性能的评定包括:节能(满分 100 分)、节水(满分 40 分)、节地(满分 40 分)、节材(满分 20 分)4 个评定项目,20 个分项,总分值 200 分。

7.住宅安全性能的评定包括:结构安全(满分 70 分)、建筑防火(满分 50 分)、燃气及电气设备安全(满分 35 分)、日常安全防范措施(满分 20 分)和室内污染物控制(满分 25 分)5 个评定项目,17 个分项,总分值 200 分。

8.住宅耐久性能的评定包括:结构工程(满分 20 分)、装修工程(满分 15 分)、防水工程与防潮措施(满分 20 分)、管线工程(满分 15 分)、设备(满分 15 分)和门窗(满分 15 分)6 个评定项目,25 个分项,总分值 100 分。

(四)住宅性能认定的申请及评定

1.认定的申请。

(1)认定本身为自愿申请原则,但山东省建设厅将其定为强制性指标。

(2)评审工作包括设计审查、中期检查、终审三个环节。进行设计审查是为了能在前期阶段向建设单位或开发商提供技术支持;中期检查应在主体结构施工阶段进行,以使评定结果具有可靠性;终审必须在评定对象竣工后进行。

2.性能评定。

(1)住宅性能评定原则上以单栋住宅为对象,也可以单套住宅或住区为对象进行评定。

(2)当所处条件与子项规定的要求无关时,该子项可直接得分。

(3)住宅性能等级判别:

A 级住宅:含有☆的子项全部得分,且五方面性能均得分 60%以上。

其中得分不足 720 分为 1A;720 分以上但不足 850 分为 2A;850 分以上且含有★的子项全部得分为 3A。

B 级住宅:执行了国家强制性标准,但性能未达到 A 级的,评为 B 级住宅。

建筑工程损耗

第一节 概 述

一、建筑物损耗的概念

建筑物的损耗,是指建筑物在使用过程中,由于各种原因造成建筑物效用递减,从而引起的价值上的损失。其具体体现为有形损耗和无形损耗两种类型。

有形损耗,是指由于使用和受自然力影响而引起的建筑物实体价值损失。

无形损耗,是指由于功能或经济上的因素而引起的建筑物无形价值损失,诸如技术进步、消费观念变更等原因而引起的建筑物无形价值损失。

《房地产估价规范》(GB/T50291-2015)中称建筑物损耗为折旧,但建筑物的价值损耗和会计学上的折旧是两个既有区别又有联系的概念,在评估工作中,不能简单地以会计学上的折旧代替建筑物的损耗。另外,在一些评估论著中也有的将建筑物的价值损耗称为贬值。

二、造成建筑物损耗的因素

影响建筑物价值损耗的原因是多方面的,一般将其分为物质因素、功能因素和经济因素三类,见图9-1。此外,还要注意建筑物是连同土地一起评估(即房地合一进行评估)还是房、地分估,测算时要注意区分各因素对建筑物和土地价值的不同影响。

(一)物质因素

因使用而产生的磨损因建筑物的使用性质、使用强度和使用年限不同而不同,如居住建筑物的磨损要低于工业用途的建筑物。工业用途的建筑物又分为有腐蚀性的和无腐蚀性的,有腐蚀性的建筑物的磨损要高于无腐蚀性的建筑物。

自然老化主要是由自然力的作用引起的,如风吹、日晒、雨淋等引起的建筑物的腐蚀、生锈、老化、风化、基础沉降等,与建筑物的实际使用年数正相关。同时,还要看建筑物所在地区的气候和环境条件,如酸雨多的地区,建筑物的损耗就大。

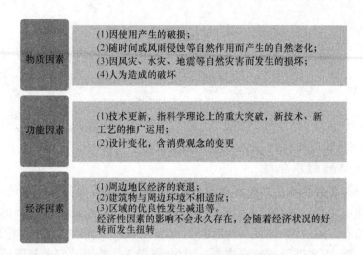

图 9-1 建筑损耗影响因素

自然灾害造成的损坏如地震、水灾、风灾等造成的损坏,人为造成的损坏包括失火、碰撞等意外的破坏损毁,或不当使用、不积极保养、维修不及时造成的损伤等。

(二)功能因素

功能因素损耗是指由于技术革新、设计变化等而导致建筑物的功能落伍引起的损耗。造成建筑物的功能损耗的主要因素包括建筑技术进步、工艺的变更、规范和标准的改变、建筑材料的更新换代。就住宅而言,包括住宅的结构类型、功能布局、层高、面积装修状况等;就工业建筑而言,还包括跨度、对生产工艺的满足程度等。房、地分别估价时,建筑物的用途与土地的最佳用途不一致而导致的价值损耗,也属于建筑物的功能性损耗。

(三)经济因素

经济因素损耗是指该建筑物与其周边环境不协调,即因经济不适应性而发生的损耗。如供给过量、需求不足、自然环境恶化、噪声、空气污染、交通拥挤、城市规划改变、政策变化等,都会带来经济性损耗。比如,在一个高级住宅区附近建一座工厂,该住宅区的房价就会降低,这就是经济因素造成的。经济性因素的影响不会永久存在,它会随着经济状况的好转而发生扭转。

第二节　建筑物损耗的确定

建筑物损耗常采用使用年限法、观察法进行计算。另外,还常使用一些辅助方法,如成本法、收益法和市场法等来计算损耗。

一、使用年限法

使用年限法是将建筑物的损耗建立在建筑物的耐用年限、已使用年限或剩余使用年限之基础上的方法。

基本计算公式如下：

$$损耗率\ d = \frac{(1-R)t}{N} \times 100\%$$

$$D = C \times d = 建筑物的重置价值 \times 损耗率$$

式中：d 为建筑物损耗率；R 为预计的建筑物的残值率；t 为建筑物已使用年限；N 为建筑物的耐用年限；D 为建筑物的损耗；C 为建筑物的重置价格。

（一）建筑物的耐用年限

建筑物的寿命有自然寿命和经济寿命，前者指建筑物从建成起到不堪使用时的年数，后者指建筑物从建成之日起预期产生的收入大于运营费用的持续期。建筑物的经济寿命短于自然寿命。因为有些建筑物虽能正常使用，但由于技术进步、消费观念变更等因素，继续使用可能变得不经济，需要进行更新或改造。因此，资产评估所用的寿命年限应该是经济耐用年限。建筑物的经济耐用年限需根据建筑物的结构、用途和维护保养情况，结合市场状况、周围环境、经营收益状况等综合判断。

原城乡建设环境保护部关于印发《经租房屋清产估价原则》的通知（于 1984 年 12 月 12 日发布）中将城市房屋分为四类七等。

具体分类如下：

1.钢筋混凝土结构：全部或承重部分为钢筋混凝土结构，包括杠架大板与框架轻板结构等房屋。

2.砖混结构一等：部分钢筋混凝土，主要是砖墙承重的结构，外墙部分砌砖，水刷石、水泥抹面、涂料粉刷或清水墙等，并有阳台，内外设备齐全的单元式住宅或非住宅房屋。

3.砖混结构二等：部分钢筋混凝土，主要是砖墙承重的结构。外墙是清水墙，没有阳台，内部设备不全的非单元式住宅或其他房屋。

4.砖木结构一等：材料上等，标准较高的砖木（石料）结构。这类房屋一般是外部有装修处理，内部设备完善的庭院式或花园洋房等高级房屋。

5.砖木结构二等：结构正规，材料较好，一般外部没有装修处理，室内有专用上、下水等设备的普通砖木结构房屋。

6.砖木结构三等：结构简单，材料较差，室内没有专用上下水等设备，较低级的砖木结构房屋。

7.简易结构：如简易楼、平房、木板房、砖坯房、土草房、竹木捆绑房等。

上述四类七等房屋的耐用年限见表 9-1。

表 9-1　各类房屋的耐用年限

房屋结构类型及等级	耐用年限
钢筋混凝土结构	60～80 年
砖混结构一、二等	40～60 年
砖木结构一、二、三等	30～50 年

续表

房屋结构类型及等级	耐用年限
简易结构	10~15 年

尽管上述规定是针对城市经租房屋清产估价目的而作出的,但对资产评估专业人员来说仍有一定参考价值。对于受腐蚀的生产用房耐用年限,钢结构和钢筋混凝土结构房屋应调低 15~20 年,其他结构房屋应调低 10 年。

在实际评估中,由于土地是有限期的土地使用权,建筑物的经济耐用年限与土地使用权的年限可能不一致。当建筑物的经济耐用年限与土地使用权的年限不一致时,按以下方法处理:

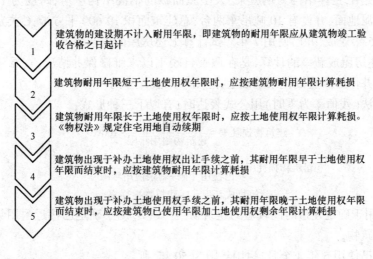

1. 建筑物的建设期不计入耐用年限,即建筑物的耐用年限应从建筑物竣工验收合格之日起计

2. 建筑物耐用年限短于土地使用权年限时,应按建筑物耐用年限计算耗损

3. 建筑物耐用年限长于土地使用权年限时,应按土地使用权年限计算耗损。《物权法》规定住宅用地自动续期

4. 建筑物出现于补办土地使用权出让手续之前,其耐用年限早于土地使用权年限而结束时,应按建筑物耐用年限计算耗损

5. 建筑物出现于补办土地使用权手续之前,其耐用年限晚于土地使用权年限而结束时,应按建筑物已使用年限加土地使用权剩余年限计算耗损

(二)建筑物已使用年限

建筑物的已使用年限分为实际使用年限和有效使用年限。当建筑物的维护保养正常时,有效使用年限和实际使用年限相当;当建筑物的维护保养更好或经过更新改造时,有效使用年限短于实际使用年限。在评估中所指使用年限为有效使用年限,有效使用年限根据对实际使用年限的调整得到。

(三)建筑物成新率的确定

1.成新率可在计算出损耗率的基础上得到,即:成新率=1-损耗率,即:

$$q = 1 - d = \left[1 - \frac{(1-R)t}{N} \right] \times 100\%$$

$$当 R = 0 \text{ 时}, q = \left(1 - \frac{t}{N} \right) \times 100\% = \frac{n}{N} \times 100\%$$

式中:n 为建筑物剩余年限。

2.现值=重置价格×成新率,即:

$$V = C \cdot q$$

式中:V 为建筑物的现值;C 为建筑物的重置价格;q 为建筑物的成新率。

由于在计算损耗时采用的是建筑物的经济耐用年限,已使用年限采用的是有效使用年限,剩余使用年限采用的是剩余经济年限,所以通过前述公式得到的损耗率、成新率是综合考虑了有形损耗和无形损耗的综合损耗。

3.若建筑物各部分新旧程度不一样,则必须利用加权系数求取建筑物的整体成新率。

在损耗率计算过程中,主体、附属设施、装饰部分的费用应分别计算,同时分别测算各部分的损耗值,加权系数分别是各部分价值占重置价的比值。

建筑物的附属设备是指与建筑物不可分割的各种附属设备,如水、暖、电、卫、通风、电梯等设备,它们的经济耐用年限比主体结构的短。装饰工程为了满足功能的需要和适应周边环境的需要,需多次进行改造,一幢建筑物主体耐用年限可包含若干个装饰工程和设备工程的经济耐用年限。

【例9-1】某项目评估基准日为2012年9月30日,A类建筑物中有一联合车间,2007年5月竣工交付使用,主体结构为钢屋架、大型屋面板的钢混结构厂房,跨度为18米,层高10米,钢门窗,水泥地面,并设有10吨吊车两台,总建筑面积19 600平方米;C类建筑中有简易库棚一座,2005年建成,并已使用7年。试计算上述房屋的成新率。

解:对上述房屋成新率的计算,是在调查自竣工以来维修保养情况,查看建筑物主体结构和内外装修并作必要查勘记录基础上,运用年限法计算的。

使用年限法(残值率为零时)用公式表达时,有以下三种形式:

$$建筑物损耗率 = \frac{已使用年限}{建筑物耐用年限} \times 100\% \tag{1}$$

$$建筑物损耗率 = \frac{已使用年限}{已使用年限 + 剩余使用年限} \times 100\% \tag{2}$$

$$建筑物成新率 = 1 - 建筑物损耗率 \tag{3}$$

公式(1)用于确定建造时间较短的建筑物,公式(2)用于确定已接近耐用年限或已超过耐用年限的建筑物。

联合车间已使用5年4个月,耐用年限为50年,则:

$$联合车间损耗率 = \frac{5.3}{50} \times 100\% = 10.6\%$$

$$联合车间成新率 = 1 - 10.6\% = 89.4\%$$

考虑到该车间维护状况良好,故取成新率为90%。

简易库棚的耐用年限为10年,已使用7年,接近耐用年限,经查该厂于2008年进行了一次大修,现实物状态基本完好,预期尚可使用5年,则:

$$简易库棚损耗率 = \frac{7}{7+5} \times 100\% = 58.33\%$$

$$联合车间成新率 = 1 - 58.33\% = 41.67\%$$

二、观察法

观察法是由具有专业知识和经验的工程技术人员对建筑物实体各主要部位进行观察打分,以判断被评估建筑物的损耗率的方法。在现场查勘时按结构、装修、设备三个部分再区分不同部位分别打分,然后按下述公式计算损耗率:

$$损耗率 = 结构部分合计得分 \times G + 装修部分合计得分 \times S + 设备部分合计得分 \times B$$

式中:G为结构部分的评分修正系数;S为装修部分的评分修正系数;B为设备部分的评分修

正系数。

评分修正系数一般按各部分造价占建筑物整体造价的比值确定。

三、其他方法

除上述两种常用方法外,计算建筑物损耗还有一些其他方法,如成本法、收益法、市场法等方法。通常,对于可弥补的损耗一般采用成本法,不可弥补的损耗一般采用收益法、市场法等。

（一）成本法

成本法是通过估算建筑物恢复到原有全新功能所必需的各项费用来确定建筑物损耗的方法。

$$D = C_1 + C_2 + C_3 + C_4 - C_5$$

式中:D 为建筑物损耗;C_1 为拆除工程费用;C_2 为修缮工程费用;C_3 为恢复工程费用;C_4 为直接经济损失;C_5 为被拆除物残值。

1.拆除、修缮、恢复工程费用包括直接费、间接费、利润和税金等,拆除、修缮、恢复工程费用除参照相关工程预算定额进行测算外,也可首先确定各项工程内容的综合单价水平,然后根据各项工程内容的工程量进行测算。

2.直接经济损失是指修复施工期间或修复后所造成的经济损失。对于房屋而言,直接经济损失包括房屋使用人周转安置费用、房屋空置的收益损失、房屋使用面积减少的损失、房屋室内净高降低的损失、房屋采光面积减少的损失、房屋耐久性降低的损失、邻近房屋损坏的补偿、施工影响的补偿和其他直接经济损失。

3.房屋使用人周转安置费用=每人所需安置费用×天数。安置对象每天所需安置费用,应当在详细调查评估对象所处区域生活服务消费水平的基础上,并参照市场上同类情况的安置费用水平确定。安置天数根据修复方案的合理工期确定。

4.房屋使用人周转安置费用、房屋空置的收益损失、房屋使用面积减少的损失、净高降低造成的损失、采光面积减少造成的损失、耐久性降低造成的损失,宜采用收益法测算。邻近房屋损坏的补偿采用成本法、收益法、市场法计算。

5.施工影响的补偿按有关标准或市场价补偿;被拆除物残值按回收市场价格估算。

（二）收益法

收益法是通过估算建筑物由于损耗所引起的未来收益损失,来确定建筑物损耗的方法。未来净收益损失通常包括租金等收入减少所造成的净收益损失额和由于能源消耗等费用增加所造成的净收益损失额。

其一,适用净收益减少的情况:

$$D = \sum_{i=1}^{m} \frac{\Delta A_i}{(1+R)^i}$$

式中:D 为建筑物损耗;ΔA_i 为未来第 i 年的净收益损失额;R 为折现率;m 为净收益损失年限。

其二,适用收益年限减少的情况:

$$D = \sum_{i=m}^{n} \frac{A_i}{(1+R)^i}$$

式中:D 为建筑物损耗;A_i 为未来第 i 年可获得的正常市场净收益;R 为折现率;n 为无损耗时的剩余使用年限;m 为有损耗时的剩余使用年限。

【例 9-2】评估人员拟对某工业项目进行评估,评估基准日为 2010 年 1 月 1 日。待估项目建成于 2006 年初,于 2004 年初取得土地使用权,年限为 50 年。经评估人员现场查勘鉴定:主体结构部分成新率为 90%,装饰装修部分成新率为 75%,设备及安装部分成新率为 80%。三部分占工程造价的比例分别为 25%,10%,65%。建筑物耐用年限为 50 年,不考虑残值。此外,由于待估项目所在行业市场变化,预计未来 2 年内,每年净收益将减少 20 万元。总投资额为:4 149.99 万元。

假定使用年限法权重 40%,观察法权重 60%。按综合法计算待估项目成新率。假定折现率为 8%,利用收益法计算待估项目由于市场变化带来的损耗额,并计算待估项目总损耗额。

解:(1)使用年限法:2004 年取得 50 年土地使用权(2004~2054 年),2006 年建成,建筑物耐用年限 50 年(2006~2056 年),属于土地使用权到期早于建筑物耐用年限到期的情况,评估基准日为 2010 年,则建筑物已使用 4 年,剩余使用年限为 44 年。

损耗率为:4/(4+44)×100% = 8.3%,则成新率 = (1-8.3%)×100% = 91.7%。

(2)使用观察法: (90%×25%+75%×10%+80%×65%)×100% = 82%

综合成新率: (91.7%×40%+82%×60%)×100% = 85.9%

(3)使用收益法计算损耗额:$D = 20/(1+8\%)+20/(1+8\%)^2 = 35.67$(万元)

则总损耗额: 4 149.99×(1-85.9%)+35.67 = 620.82(万元)

(三)市场法

市场法分为价差法和比较法两种。

1.价差法。价差法是通过估算类似有损耗建筑物与类似无损耗建筑物之间的市场价值之差作为建筑物损耗的一种方法。价差法的公式为:

$$D = D_1 - D_2$$

式中:D 为建筑物损耗;D_1 为类似的无损建筑物的市场价值;D_2 为类似的有损建筑物的市场价值。

2.比较法。比较法是指通过对建筑物与有类似损耗建筑物进行比较,对其损耗金额进行修正、调整来求取建筑物损耗的方法。比较法的公式为:

$$D = P \times F_1 \times F_2 \times F_3$$

式中:D 为建筑物损耗;P 为可比实例补偿金额;F_1 为补偿情况修正系数;F_2 为补偿日期修正系数;F_3 为缺陷状况修正系数。

采用比较法时,应当选取三个或三个以上类似损耗建筑物的可比实例。进行补偿情况修正,应当将可比实例补偿金额修正为正常补偿金额。进行补偿日期修正,应当将可比实例在补偿日期的补偿金额调整为在评估时点的补偿金额。进行损耗状况修正,应当将可比实例缺陷状况下的补偿金额调整为被评估建筑物缺陷状况下的补偿金额。不同可比实例修正后的补偿金额的简单算术平均值为比较法建筑物损耗的计算结果。

四、损耗计算方法的综合

建筑物的损耗率或成新率的测算通常会同时采用上述多种方法,并赋予各种方法的测算结果以不同的权数,最后综合确定建筑物损耗率或成新率,据此求得建筑物损耗。

【例9-3】某房屋耐用年限为50年,现已使用6年,建成2年后才补办土地使用权手续,确定的土地使用权年限为40年。经现场查勘鉴定,按照有关规定评出现状损耗总分,房屋损耗率打分详见表9-1。三部分评分修正系数 G,S,B 分别取定为 0.8,0.1,0.1。

问题:计算损耗率(其中年限法权重为40%,打分法权重为60%)

解:(1)按使用年限法计算损耗率。建筑物出现于补办土地使用权出让手续之前,其耐用年限晚于土地使用权年限结束时,故应按建筑物已使用年限加土地使用剩余年限计算损耗。

$$损耗率=\frac{已使用年限}{(已使用年限+剩余使用年限)}\times100\%=\frac{6}{6+(40-4)}\times100\%=14.29\%$$

(2)按观察法计算损耗率:

$$损耗率=结构部分合计得分\times G+装修部分合计得分\times S+设备部分合计得分\times B$$
$$=(9\times80\%+16\times10\%+12\times10\%)=10\%$$

(3)计算综合损耗率:

$$综合损耗率=使用年限损耗率\times A_1+观察损耗率\times A_2$$
$$=14.29\%\times40\%+10\%\times60\%=11.72\%$$

第三节　确定建筑物损耗的现场勘察工作

一、现场勘察工作程序

无论采用哪种方法计算建筑物的损耗率,估价人员都应亲临估价对象现场,观察、鉴定建筑物的实际新旧程度,根据建筑物具体状况确定损耗率或成新率。勘察时应事先按照厂区或小区规划或根据现场情况安排一个合理的勘察路线,并将预先安排好的日程事先通知对方。

选择典型建筑和价值量大的重点建筑作为 A 类,老旧、零星建筑作为 C 类,其余建筑为 B 类。

在进行房屋建筑物的查勘时,应对照资产评估登记表和总平面图及其编号,对房屋建筑物逐栋进行查勘。在查勘过程中应特别注意两点:一是评估人员要注意对房屋现状和使用情况进行查勘,向被评估单位的配合人员了解修缮情况;二是要注意边查勘边记录。记录内容一般应包括项目名称、结构类型、层数、檐高、层高、抗震等级,基础、内外墙、门窗、地面、顶棚、屋面做法和水管、线路和设备等的情况。对于工业厂房,还应记录吊车吨位,生产工艺对厂房的特殊要求,主要构筑物结构特征、面积或体积等。

在进行现场查勘前,应事先准备好建筑物现场查勘表。对于 A 类建筑以及商业性物业如商场、写字楼、公寓、酒店等,应作详细查勘记录,或按事先准备的不同结构建筑物评分表逐项对照评分,具体评分标准可参考第五章第四节建筑物新旧程度的评定参考依据等进行设定。而对于 A 类以外的其他建筑物可适当简化。

在查勘过程中应特别注意两点:

一是评估人员要注意对房屋现状和使用情况进行查勘,向被评估单位的配合人员了解修缮情况;

二是要注意边查勘边记录。

在对建筑物进行现场查勘后,应依据查勘结果以及已使用年限、维护、保养、使用情况等估计尚可使用年限或建筑物经济耐用年限,计算出损耗率或成新率。

在进行现场查勘前,应事先准备好建筑物现场查勘表。对于 A 类建筑以及商业性物业如商场、写字楼、公寓、酒店等,应作详细查勘记录,或按事先准备的不同结构建筑物评分表逐项对照评分,具体评分标准可参考第五章第四节建筑物新旧程度的评定参考依据等进行设定。而对于 A 类以外的其他建筑物可适当简化。

二、现场勘察要点

现场勘查应当做好记录,填写房屋建筑物现场勘察记录表,如表9-2 所示。

表9-2　房屋建筑物成新率现场勘察表

房屋建筑物成新率现场勘察表				
序号:		估价时点:　　年　　月　　日		
建筑物名称		坐落		
维护保养		及时　　较及时　　一般　　较不及时　　不及时		
可使用年限		已使用年	尚可使用年	
房屋结构构造现状				
结构部分 G	1.地基基础	□有足够承载能力,无超过允许范围的不均匀沉降;□有承载能力,稍有超过允许范围的不均匀沉降,但已稳定;□局部承载能力不足,有超过允许范围的不均匀沉降,对上部结构稍有影响;□承载能力不足,有明显不均匀沉降或明显滑动、压碎、折断、冻酥、腐蚀等损坏,并且仍在继续发展,对上部结构有明显影响。		
	2.承重构件	□足够承载力;□梁身弯曲变形;□梁身遭损;□梁身锈蚀;□梁身有裂纹;□连接牢固;□其他:		
		□足够承载力;□板身弯曲变形;□板身锈蚀;□板身有裂纹;□连接牢固;□其他:		
		□足够承载力;□柱身弯曲变形;□柱身锈蚀;□柱身有裂纹;□连接牢固;□柱身有剥落;□其他:		
		□足够承载力;□墙体变形;□墙体有裂纹;□连接牢固;□墙体有剥落;□其他:		

续表

结构部分 G	3.非承重墙	□节点坚固严实;□少量轻度裂缝;□轻微裂缝空鼓;□严重裂缝酥松			
	4.屋面	□不渗漏,保温隔热层完好;□局部渗漏,保温隔热局部损坏;□局部开裂,局部渗漏;□严重漏雨严重损坏			
	5.楼地面	□平整坚固完好;□轻度磨损剥落;□局部磨损断裂;□沉陷不平残破			
	结构部分权重		结构得分(1+2+3+4+5)	评定分:(1+2+3+4+5)×权重	
装修部分 S	6.门窗	□完整无损,开关灵活,玻璃、五金齐全,纱窗完整,油漆完好(允许有个别钢门、窗轻度锈蚀,其他结构房屋无油漆要求);□少量变形、开关不灵,玻璃、五金、纱窗少量残缺,油漆失光;□有翘裂、松动、腐朽现象,开关不灵;或有变形、锈蚀现象;玻璃、五金、纱窗部分残缺,油漆老化翘皮,剥落;□腐朽,开关普遍不灵、松动、翘裂,或严重变形锈蚀;玻璃、五金、纱窗残缺,油漆剥落见底			
	7.外墙	□完整牢固,无空鼓、剥落、破损和裂缝(风裂除外),勾缝砂浆密实;□稍有空鼓、裂缝、风化、剥落,勾缝砂浆少量酥松脱落;□部分有空鼓、裂缝、风化、剥落,勾缝砂浆部分酥松脱落;□严重空鼓、裂缝、剥落,墙面渗水,勾缝砂浆严重酥松脱落			
	8.内墙	□完整、牢固,无破损、空鼓和裂缝(风裂除外);□稍有空鼓、裂缝、剥落;□部分空鼓、裂缝、剥落;□严重空鼓、裂缝、剥落			
	9.顶棚	□完整牢固,无破损、变形、腐朽和下垂脱落,油漆完好;□无明显变形、下垂,抹灰层稍有裂缝,面层稍有脱钉、翘角、松动;□有明显变形、下垂,抹灰层局部有裂缝,面层局部有脱钉、翘角、松动,部分压条脱落;□严重变形下垂,木筋弯曲翘裂、腐朽、蛀蚀,面层严重破损,压条脱落,油漆见底			
	装修部分权重		装修得分	装修评定分:(6+7+8+9)×权重	
设备部分 B	10.水卫	□管道畅通良好,各种器具完好;□基本完好,个别轻微渗漏;□不够畅通,局部锈蚀漏冒;□严重堵塞锈蚀,零件残缺损坏			
	11.电照	□线路装置齐全完好,绝缘良好;□基本完好,个别部件受损;□局部陈旧老化,绝缘较差;□普遍老化残缺,绝缘不良			
	12.暖气	□设备管道完好,无堵漏;□基本完好,轻度陈旧可用;□明显锈蚀待修,供气不正常;□基本无法使用			
	13.通风	□现状良好;□基本完好使用正常;□不能正常使用;□严重损坏			
	14.其他				
	设备部分权重		设备部分得分(10+11+12+13+14)	设备评定分:(10+11+12+13+14)×权重	
打分法评定成新率(P):$P=G+S+B$					

年限法成新率(N):尚可使用年限/(已使用年限+尚可使用年限)		
综合成新率=打分法评定成新率×权重+年限法成新率×权重		成新率取值
评估人员: 　　　　年 月 日	审核人:	年 月 日

（一）钢筋混凝土结构

1.结构部分。

地基基础:观察有无不均匀沉降,对上部结构是否产生影响。

承重构件:观察有无裂缝,混凝土是否剥落,是否露筋锈蚀。

屋面:观察是否局部漏雨,保温层、隔热层是否损坏。

楼地面:观察整体面层是否有裂缝、空鼓、起砂,硬木楼地面是否有腐朽、翘裂、松动、油漆老化现象。

2.装饰部分。

门窗:观察开启是否自如,钢门窗是否变形,玻璃、五金是否残缺不全,油漆是否剥落。

内外粉刷:观察有无空鼓、裂缝、剥落。

顶棚:观察面层有无局部损坏,有无明显下垂变形。

细木装修:木质部分有无腐朽、蛀蚀、破裂、油漆老化现象。

3.设备部分。

水卫:上下水管是否畅通,有无阻塞、锈蚀、漏水,卫生器具零件是否损坏、残缺。

电照:观察设备陈旧情况,电线是否老化,照明装置是否残缺,绝缘是否符合安全用电要求。

暖气:设备、管道、烟道是否畅通,有无锈蚀、损坏,有无滴、冒、跑等现象。

特种设备:现状是否良好,能否正常使用。

（二）砖混结构

1.结构部分。

地基基础:观察有无不均匀沉降,对上部结构是否产生影响。

承重构件:观察墙、柱、梁是否完好,屋架各部件、节点是否完好。

自承重墙:观察是否有裂缝,间隔墙面层有无局部损坏。

屋面:观察是否局部漏雨,平屋面、隔热层、防水层破损情况,屋面板基层是否有局部腐朽变形,排水设施是否受到破坏。

楼地面:观察整体面层是否部分空鼓、脱落。

2.装修部分。

门窗:观察开启是否自如,有无局部破缺、油漆老化、剥落。

内外粉刷:观察有无空鼓、裂缝、剥落、勒角侵蚀情况。

顶棚:观察面层损坏情况,有无明显下垂变形。

3.设备部分。

水卫:上水管是否锈蚀,上、下水是否畅通,卫生器具是否滴漏损坏。

电照:观察电线是否老化,照明装置是否完好。

特种设备:观察是否完好,能否正常使用。

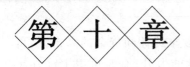

建设用地

建设用地的特点和种类、取得、转让方式、丧失和相关管理规定是土地价值评估的基础。为正确理解土地价值及其确定方法，评估人员应当熟悉建设用地相关知识。

第一节　建设用地的特点和分类

一、建设用地特点

2004 年发布的《土地管理法》规定，按土地用途将土地分为农用地、建设用地和未利用地。农用地是指直接用于农业生产的土地，包括耕地、林地、草地、农田水利用地、养殖水面等；建设用地是指建造建筑物、构筑物的土地，包括城乡住宅和公共设施用地、工矿用地、交通水利设施用地、旅游用地、军事设施用地等。未利用地是指农用地和建设用地以外的土地。建设用地利用基本上是以非生态附着物的形式，如建筑物、路、桥等存在于土地上；而农用地主要依赖于土地的肥力直接从耕作层中生产农作物，具有生态利用性。

（一）承载性与非生态利用性

建设用地从利用方式上看，是利用土地的承载功能，建造建筑物和构筑物，作为人们的生活场所、操作空间和工程载体，以及堆放场地，而不是利用土壤的生产功能。它与土壤肥力没有关系。建设用地的这个特点要求我们在选择用地时，应尽可能将水土条件好的、可能生产出更多生物量的土地留作农业生产用地。建设用地可以利用水土条件相对较差、而承载功能符合要求的土地，从而使土地资源的配置更加合理化，以发挥土地更大的效益。

（二）土地利用逆转相对困难

一般来说，只要规划允许，农用地转变为建设用地较为容易，但要使建设用地转变为农用地,则较为困难。除需要相当长的时间外,成本也相当高。建设用地的这个特点,要求在农用地转变为建设用地时,一定要慎重行事,严格把关,不要轻易将农用地转变为建设用地。

(三)土地利用的集约性

农用地或未利用地变为建设用地后,就具有利用的高度集约性和资金的高密性,可以产生更高的经济效益。就具体地段来说,它能引起地价的上升,有时可以上涨几十倍、上百倍。人们热衷于将农用地转变为建设用地就是一个典型的例子。为了保护农用地实现政府综合效益,世界各国都采取了严格的控制措施,限制农用地转变为建设用地。国外将农用地转变为建设用地要经过政府的许可,有的还需要通过购买的方式取得土地的发展权。

(四)区位选择的重要性

在建设用地的选择中,区位起着非常重要的作用,如道路的位置决定着商业服务中心的布局。但区位具有相对性,表现在两个方面:一是对一种类型的用地来说是优越的区位,对另外一种用地来说则不一定。如临街的土地对商业来说是很好的区位,而对居住用地来说则不一定是优越的区位。二是区位的优劣可以随着周围环境的改变而改变,经济活动对于区位本身的影响是巨大的。如交通站点的变迁对周围土地的影响就是典型的例子。

(五)无限性与再生性

由于建设及经济发展的需要,建设用地占用土地,对农业构成了巨大的威胁。建设用地的无限延伸,而可以供应的土地却是有限的,这就迫使我们要慎重考虑如何更加有效地以有限的供应去满足无限的需求。建设用地的再生性是指建设用地能够从现有的建设用地即存量建设用地中经过再开发重新获得。充分发挥和利用建设用地的再生性,能使人们在不断开发存量建设用地的过程中,获得越来越多的操作场所和建筑空间,提高土地利用效率。

(六)空间性与实体性

建设用地是整个建筑工程的一部分,建设用地的空间立体利用对于高效利用土地、节约用地,都是很有成效的。建设用地的实体性是指建设用地具有固定的形状,是一个工程实体,一旦形成就能直接为人类建设活动服务。建设用地的实体性是通过"营造结果"形成多种具有固定形状的工程实体如建筑物、道路、机场等。

二、建设用地主要分类

根据不同的分类方法,建设用地有不同的分类。

按照利用方式的不同,可将建设用地分为城乡住宅和公共设施用地、工矿用地、交通水利设施用地、旅游用地、军事设施用地、其他建设用地。

按照用途不同,可将建设用地分为非农业建设用地和农业建设用地。城市用地按用途可以分为居住类、商务商业类、工业类及城市设施类四大类(见表10-1)。

表 10-1　城市土地用途分类表

用地种类	城市活动类型	相应地区	用地举例
居住类	居住	R 居住用地	包括各种低中高密度的居住专用地、混合用地； 为社区服务的小公园、零售商业、中小学等
商务、商业类	工作游憩	C 公共设施用地	包括政府行政办公用地在内的集中商务用地、CBD 等；以零售业为主的集中的商业、服务业以及盈利的文化娱乐用地
工业类	工作	M 工业用地 W 仓储用地	包括各种规模的轻重工业在内的制造业用地； 批发业用地、转运、仓储用地
城市设施类	交通游憩	T 对外交通用地 S 道路交通用地 U 市政公用设施用地 G 绿地	大规模交通设施用地，城市干道、交通性广场用地社会停车场等其他交通设施； 大规模的公园、绿地、广场及其他游乐休闲设施； 城市基础设施及非营利公共服务设施
其他		D 特殊用地 E 水域和其他用地	河流水面、填埋及其他未利用土地； 农林牧业用地；军事、外事、保安用地

当然，现实中存在大量集数种用途于一个地块的实例，通常被列为混合用途，如底层商业上层居住等复合型开发用地。

按照土地所有权的不同，可将建设用地分为国有建设用地和集体所有建设用地。城市建设用地均属国家所有，而集体所有的建设用地属农村集体经济组织。

按照附着物的性质，可将建设用地分为建筑物用地和构筑物用地。

按照建设用地规模大小，可将建设用地分为大型、中型、小型项目建设用地。

按照使用期限，可将建设用地分为永久性建设用地和临时建设用地。在我国，国有划拨的土地和农村集体经济组织的宅基地都不存在土地使用权年限的问题。

按照用地状况，可将建设用地分为新增建设用地和存量建设用地。

城市规划区内的国有建设用地即是城市用地。城市用地指城市规划区范围内赋以一定用途与功能的土地的统称，是用于城市建设和满足城市机能运转所需要的土地。既指已建设利用的土地，也包括已列入城市规划区范围内尚待开发建设的土地。城市用地规模指规划期末城市建设用地范围的大小。

城市用地规模(A)＝预测的城市人口规模(P)×人均建设用地标准(a)

城市土地价值高低一定程度上受到城市人口规模与城市用地规模比例的影响。

(1)城市用地指标分级。主要方法为按照人均用地标准计算总用地规模后，在主要用地种类之间按照一定的比例进一步划分，如表 10-2 所示。

表 10-2　城市用地指标分级表

气候区①	现状人均城市建设用地指标(m²/人)	规划人均城市建设用地指标取值区间(m²/人)
I 、II 、VI、VII	≤65.0	65.0~85.0
	65.1~75.0	65.0~95.0
	75.1~85.0	75.0~105.0
	85.1~95.0	80.0~110.0
	95.1~105.0	90.0~110.0
	105.1~115.0	95.0~115.0
	>115.0	≤115.0
III、IV、V	≤65.0	65.0~85.0
	65.1~75.0	65.0~95.0
	75.1~85.0	75.0~100.0
	85.1~95.0	80.0~105.0
	95.1~105.0	85.0~105.0
	105.1~115.0	90.0~110.0
	>115.0	≤110.0

新建城市的规划人均城市建设用地指标宜在 85.1~105.0m²/人之内确定。

首都和经济特区城市的规划人均城市建设用地指标宜在 105.1~115.0m²/人内确定。

边远地区、少数民族地区以及部分山地城市、人口较少的工矿业城市、风景旅游城市等，应专门论证确定规划人均城市建设用地指标，且上限不得大于 150.0m²/人。

（2）规划人均单项城市建设用地指标及比例。

①人均指标。当建筑气候区划为 I、II、VI、VII 气候区，人均居住用地面积指标为 28.0~38.0m²/人；当建筑气候区划为 III、IV、V 气候区，人均居住用地面积指标为 23.0~36.0m²/人。

规划人均公共管理与公共服务用地面积不应小于 5.5m²/人。

规划人均交通设施用地面积不应小于 12.0m²/人。

规划人均绿地面积不应小于 10.0m²/人，其中人均公园绿地面积不应小于 8.0m²/人。

②用地比例。居住用地、公共管理与公共服务用地、工业用地、交通设施用地和绿地五大类主要用地规划占城市建设用地的比例宜符合表 10-3 的规定。工矿城市、风景旅游城市

---

①　气候区指根据《建筑气候区划标准（GB 50178-93）》,以 1 月平均气温、7 月平均气温、7 月平均相对湿度为主要指标,以年降水量、年日平均气温低于或等于 5℃的日数和年日平均气温高于或等于 25℃的日数为辅助指标而划分的七个一级区。

以及其他具有特殊情况的城市,可根据实际情况具体确定。

表 10-3 规划城市建设用地结构

类别名称	占城市建设用地的比例/%
居住用地	25.0~40.0
公共管理与公共服务设施用地	5.0~8.0
工业用地	15.0~30.0
道路与交通设施用地	10.0~25.0
绿地与广场用地	10.0~15.0

三、建设用地环境

(一)自然环境条件

自然环境条件与城市形成和发展、建设用地的使用密切相关。它为城市提供了必需的用地条件,对城市布局、结构、形式、功能的充分发挥有着重要影响,同时也对土地开发成本、建筑的建造成本等费用有着重要影响。

城市建设用地的自然环境条件主要包括工程地质、水文、气候和地形等方面的内容。

1. 工程地质条件,包括建筑土质与地基承载力、地形、冲沟、滑坡与崩塌、岩溶、地震等。

(1)建筑土质与地基承载力,由于地质构造和土质的差异,以及受地下水的影响,地基承载力相差悬殊,故需全面了解建设用地范围内各种地基的承载能力。特别要注意有些地基土在一定条件下常因改变其物理性质和形状而出现问题,如湿陷性黄土受湿后结构下陷,易导致建筑的损坏;膨胀土受水膨胀、失水收缩都会带来危害;沼泽地处于水饱和状态,地基承载力较低。

(2)地形,包括山地、丘陵和平原三类。山地指绝对高度为 500m 以上,相对高度为 200m 以上;平原指绝对高度为 200m 以下,相对高度为 50m 以下;丘陵则介于两者之间。

(3)冲沟,由间断流水在地层表面冲刷形成的沟槽。自然形成的排洪沟,常形成切割用地,增加了工程量,造成水土流失。

(4)滑坡与崩塌。滑坡指由于斜坡上大量滑坡体(土地或岩体)在风化、地下水以及重力作用下,沿一定的滑动面向下滑动而造成的,常发生在山区或丘陵地区。崩塌指由于山坡岩层或土层的层面相对滑动,造成山坡提失去稳定而塌落。

(5)岩溶,即喀斯特现象。多数为石灰岩,在地下水的溶解和侵蚀下,岩石内部形成空洞。

(6)地震,在地震烈度 7 度以下(6 度),工程建设不须特殊设防,在 9 度以上地区不宜选作城市用地。6 度地震是强震,而 7 度地震则为损害震。因此以 6 度地震烈度作为城市设防标准,非重点抗震防灾城市的设防等级为 6 度,6 度以上设防城市为重点抗震防灾城市。

2. 水文与水文地质条件,指该区域江河流量、水质、流速、最高洪水位、地下水储量和可开采量、地下水质、地下水位等资料。

水文条件,一般指江河湖泊等地面水体的流量、流速、水位、水质等条件。

水文地质条件,一般是指地下水的存在形式,含水层的厚度、矿化度、硬度、水温及水的流动状态等条件。

地下水分为上层滞水、潜水和承压水三类。上层滞水是由于局部的隔水作用,使下渗的大气降水停留在浅层的岩石裂缝或沉积层中所形成的蓄水体。潜水是指存在于地表以下第一个稳定隔水层上面、具有自由水面的重力水,它主要由降水和地表水入渗补给,当潜水流出地面时就形成泉。承压水是充满于上下两个隔水层之间的含水层中的水。具有城市用水意义的地下水,主要是潜水和承压水。

漏斗现象指以地下水作为城市水源,盲目过量抽取,出现地下水位下降的现象,形成"漏斗",导致水的流向改变。

当地下水位过高时,将不利于工程的地基,在必要时可采取降低地下水位的措施。

3. 气候条件,包括太阳辐射、风象、温度、湿度和降水。

(1)太阳辐射,即日照,包括全年太阳照射的天数,以及邻近建筑物是否对用地造成阳光遮挡等。

(2)风象,由风向与风速表示。风向一般用风向频率(某一时期内观测、累计某一风向发生的次数/同一时期内观测、累计风向的总次数)表示,绘成风频率图(或称为风玫瑰图),如图 10-1 所示,图中实线部分表示全年风向频率,虚线部分表示夏季风向频率。风向是指由外吹向地区中心,风玫瑰图是依据该地区多年来统计的各个方向吹风的平均日数的百分数按比例绘制而成,一般用 16 罗盘方位表示。

风速一般用平均风速(按每个风向的风速累计平均值)表示。

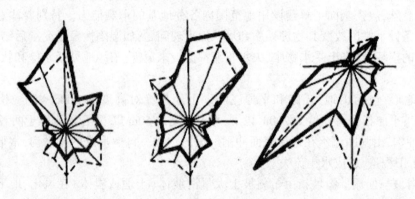

图 10-1 风玫瑰图

风对城市规划和建设用地布局有着多方面的影响,常年盛行风向会影响城市的整体布局效果。盛行风向是按照城市不同风向的最大频率来确定的。

工业区置于生活居住区的下风位,同时考虑最小风频风向,静风频率,各盛行风向的季节变换及风速关系。若最小风频风向与盛行风向置换夹角大于 90℃ ,则工业用地应放在最小风频之上风位;全年拥有两个方向的盛行风向,则工业和居住分别布置在盛行风向的两侧。道路走向不能与冬季盛行风向平行,但与夏季主导风向平行。

由于我国位于中低纬度的亚欧大陆东岸,东部季风区全年一般都有两个盛行风向(夏季为偏南风,冬季则盛行偏北风),而且方向大体相反。按"主导风向"的传统布局原则,城市生活区一般位于该风向的上风侧,工业区则布置在下风地带,但在季风气候区,由于几个盛行风向大体相反,因此,某盛行风向的上风侧恰好位于另一个盛行风向的下风侧,反之亦然,所以在城市规划中通常运用的"主导风向法"就失去了实际意义。

鉴于大多数类似于季风区地区的城市一般拥有两个风频高的盛行风向,二者风频相近,方向大致相反。因此,在这种情况下,通常应以最小风频的方向作为规划布局的原则。

有些城市盛行风向往往随季节变化逐渐转动角度,由偏北逐步过渡到偏南风,再由偏南风逐步过渡到偏北风。对于这样一些盛行风逐步过渡的城市,工业与生活居住区的布局除去应避开两盛行风的影响外,还应注意盛行风向的旋转。

(3)温度,日温差较大的地区(尤其在冬天),夜间城市地面散热、冷却快,大气层下冷上热,在城市上空会出现"逆温层"现象,污浊空气和有害废气难以扩散,将加剧大气污染,这种情况多出现在盆地城市,静风或谷底地区。在大中城市,由于建筑密集,绿地、水面偏少,生产与生活活动过程散发大量的热量,出现市区气温比郊外要高的现象,即所谓"热岛效应",这种现象大城市尤为突出。

(4)湿度和降水,降水量和降水强度对城市排水设施影响很大,而湿度则对城市某些工业生产工艺和生活居住环境产生一定影响。

4. 地形条件。城市建设用地坡度要求不小于0.3%,以地面水的排除、汇集和减少排水管道泵站的设置。但地形过陡也将出现水土冲刷等问题。地形坡度的大小对道路的选线、纵坡的确定及土石方工程量的影响尤为显著。

由于不同的地理位置和地域差异的存在,自然环境要素对城市规划和建设的影响有所不同。有些情况下气候条件影响比较突出(工厂选址),而有些条件下则可能地质条件比较重要(摩天大楼)。

一项环境要素往往对城市规划和建设有着正负两方面的影响,如地下水位高,虽有利于开采地下水源,但不利于施工。因此,应着重分析主导因素,研究其作用规律及影响程度。

(二)经济环境条件

城市建设用地的选择,不但要求有适宜的工程地质条件、水文地质条件和其他自然环境条件,还需要具有合适的经济环境条件。

1. 一般要求:

(1)城市用地布局结构方面。包括城市各功能部分的组合与构成是否合理,对城市生态环境是否有影响;城市用地布局结构能否适应今后发展的要求;现有环境污染源对用地布局结构会有什么影响;城市内外交通布局结构是否协调;城市用地结构和各项用地指标比例是否体现城市性质的要求等。

(2)城市市政设施和公共服务设施方面。包括道路、桥梁、给水、排水、供电、煤气等管网、厂站及公共绿地的分布和容量是否合理,对城市环境有无影响,是否有利于城市防灾;商业服务、文化教育、邮电、医疗卫生设施分布、配套是否合理,质量是否合格等。

(3)社会、经济构成方面。包括人口结构及分布、各项城市设施的分布及容量,应与居民需求互相适应;经济发展水平、产业结构和相应的就业结构,都将影响城市用地的功能组织和各种用地的数量结构。

2. 工业建设用地要求：

(1)必须符合工业布局和城市规划要求。

(2)工程地质、水文地质与水文要求。工业用地不应选在 7 度和 7 度以上的地震区；山地城市的工业用地应特别注意，不要选址于滑坡、断层、岩溶或泥石流等不良地质地段；在黄土地区，工业用地选址应尽量选在湿陷量小的地段，以减少基建工程费用。工业用地的地下水位最好是低于厂房的基础，并能满足地下工程的要求；地下水的水质要求不致对混凝土产生腐蚀作用。工业用地应避开洪水淹没地段，一般应高出当地最高洪水位 0.5m 以上。最高洪水频率，大、中型企业为百年一遇，小型企业为 50 年一遇。厂区不应布置在水库坝址下游，如必须布置在下游时，应考虑安置在水坝发生意外事故时，建筑不致被水冲毁的地段。

(3)交通运输的要求。工业用地的交通运输条件关系到工业企业的生产运行效益，直接影响到吸引投资的成败。工业建设与工业生产多需要来自各地的设备与物资，生产费用中运输费占有相当比重，在有便捷运输条件的地段布置工业可有效节省建厂投资，加快工程进度，并保证生产的顺利进行。因此，城市的工业多沿公路、铁路、通航河流进行布置。各种运输方式的建设与经营管理费用均不相同，在考虑工业布局时，要根据货运量的大小、货物单件尺寸与特点、运输距离，经分析比较后确定运输方式，将其布置在有相应运输条件的地段。在工业中可采用铁路、水路、公路或连续运输。

(4)能源供应的要求。安排工业区必须有可靠的能源供应，否则无法引入相应工业投资项目。大量用电的炼铝、铁合金、电炉炼钢、有机合成与电解企业用地要尽可能靠近电源布置，争取采用发电厂直接输电，以减少架设高压线、升降电压带来的电能损失。染料厂、胶合板厂、氨厂、碱厂、印染厂、人造纤维厂、糖厂、造纸厂以及某些机械厂，在生产过程中，由于加热、干燥、动力等需大量蒸汽及热水，对这类工业的用地应尽可能靠近热电站布置。

(5)水源供应的要求。安排工业项目时注意工业与农业用水的协调平衡。由于冷却、工艺、原料、锅炉、冲洗以及空调的需要，如火力发电、造纸、纺织、化纤等，用水量很大的工业类型用地，应布置在供水量充沛可靠的地方，并注意与水源高差的问题。水源条件对工业用地的选址往往起决定作用。有些工业对水质有特殊的要求，如食品工业对水的味道和气味、造纸厂对水的透明度和颜色、纺织工业对水温、丝织工业对水的含铁量等的要求，规划布局时必须予以充分注意。

(6)防止污染的要求。工业生产中排出大量废水、废气、废渣，并产生强大噪声，使空气、水、土壤受到污染，造成环境质量的恶化。工业国家为改善被污染的环境质量不得不付出巨大的代价。在工业建设的同时控制污染十分必要，在规划中注意合理布局，有利于改善环境卫生。各类工业排放的"三废"有害成分和数量不同，对城市环境影响也不同。废气污染以化工和金属制品工业最为严重；废水污染以化工、纤维与钢铁工业影响最大；废渣则以高炉为最多，每吨产品排出炉渣 300~400kg，体积则为铁的 3 倍。因此，环境保护的重点放在冶金、化工、轻工以及钢铁、炼油、火电、石化、有色金属和造纸六大工业方面。为减少和避免工业对城市的污染，在城市中布置工业用地时应注意对城市的环境保护。

(7)工业协作的要求。

①产品、原料的相互协作。产品、原料有相互供应关系的厂，宜布置在同一工业区内，以避免长距离的往返运输，造成浪费。

②副产品及废渣回收利用的协作。能互相利用副产品及废渣进行生产的厂可布置在同一工业区内,如磷肥厂和氮肥厂之间的副产品回收利用。

③生产技术的协作。有些厂在冶炼和加工的生产过程中需两个以上厂进行技术上的协作,这些厂要尽可能布置在一个地区内,如汽车、拖拉机工业体系,动力工业体系等。

④厂外工程协作。工业区内的工厂,厂外工程应进行协作,共同修建铁路专用线、工业编组站、给水工程、污水处理厂、变电站及高压线路,能减少设备、设施,节约投资。

⑤动力设施的协作。工业区内可统一修建热电站、煤气发生站及锅炉房等动力设施。

⑥备料车间及辅助设施的协作。一般工业均有铸工、锻工及热处理等热加工车间,也有机修、电修、木工等辅助车间,如各厂自成一套,往往因生产任务小,使设备不能充分利用,生产技术不易提高,建筑分散。如将几个厂的这类设施集中修建,既可节约投资,又可提高设备利用率,降低生产成本,提高产品质量。

⑦地方工业部门的协作。地方工业部门可以建立卫星厂和服务性厂为该地大厂服务,为大厂提供各种半成品及零件,利用大厂的边角废料生产各种日用品,充分利用废料增加生产。

⑧厂前建筑的协作,可联合修建办公室、食堂、卫生所、消防站、车库等以节约用地和投资。

第二节 建设用地供应

一、概述

(一)建设用地供应概念

建设用地供应是指国土资源行政主管部门依据国家法律法规与政策,将土地提供给建设用地单位使用的过程。

供地行为主要涉及是否供地、供地方式、供地数量、供地位置、供地条件等。

国土资源部[②]关于认真贯彻《国务院关于解决城市低收入家庭住房困难的若干意见》进一步加强土地供应调控的通知(国土资发〔2007〕236号)规定:加强土地供应管理,保证住宅用地供应。廉租住房、经济适用住房以及中低价位、中小套型普通商品住房用地不得低于申报住宅用地总量的70%,不符合要求的不予批准。对列入年度土地供应计划的廉租住房和经济适用住房建设用地,市、县自然资源主管部门要优先供应。各地要合理控制单宗土地供应规模,缩短土地开发周期,每宗地的开发建设时间原则上不得超过三年,确保供应出去的土地能够及时开发建设,形成廉租住房、经济适用住房和中低价位、中小套型普通商品住房的有效供应。成片开发建设的土地应统一规划,统一进行基础设施建设,按"净地"分块供应,以增加土地供应的宗数,防止房地产开发企业大面积"圈占"土地。

建设用地供应是从土地供给者的角度来看土地供应,建设用地供应手段主要有国有土地使用权的划拨和国有土地使用权的出让。

---

② 2018年3月,国务院机构改革,组建中华人民共和国自然资源部,不再保留中华人民共和国国土资源部,下同。

（二）建设用地供应的基本条件

国有建设用地供应的基本条件包括以下几方面：

1. 符合规划。建设用地的供应必须符合土地利用总体规划和城市规划等项规划的要求。

2. 符合国家的土地供应政策。应根据不同类别的项目和国家产业政策进行供地。符合《划拨用地目录》的建设项目，方可以划拨方式供地；不符合的，应当一律以出让、租赁等有偿方式供地。以出让、租赁等有偿方式供地的，应当依法采用招标、拍卖、挂牌或双方协议等方式。在公布的地段上，同一地块有两个或者两个以上意向用地者的，市、县人民政府国土资源行政主管部门应当按照《招标拍卖挂牌出让国有建设用地使用权规定》，采取招标、拍卖或者挂牌方式供应；同一地块只有一个意向用地者的，市、县人民政府国土资源行政主管部门方可采取协议方式供应，但工业、商业、旅游、娱乐和商品住宅等经营性用地应当一律以招标拍卖挂牌方式供应。

3. 符合建设用地标准和集约利用的要求。供地前应充分核实项目用地是否符合用地标准和集约利用的要求。

4. 划拨方式供地必须符合法定的划拨用地条件。划拨用地应根据《土地管理法》《城市房地产管理法》《物权法》规定，严格按照《划拨用地目录》范围和要求供地。

5. 新增建设用地符合农用地转用和征收条件。新增建设用地属于农用地的，必须按照《土地管理法》规定，办理农用地转用和征收手续后，才能供应。

（三）建设用地供地标准

1. 根据国家产业政策，决定是否供地。针对不同类别的项目，一般有以下三类不同的供地政策：

（1）国家鼓励类项目，可以供地，甚至要积极供地。如廉租住房和经济适用住房等民生工程，优先供地。

（2）国家限制类项目，实行限制供地。按照《限制供地项目目录》限制提供建设用地的是：对须在全国范围内统筹规划布点的，涉及国防安全和国家利益的，生产能力过剩需总量控制的，大量毁损引地资源或以土壤为生产原料的，需要低于国家规定地价出让、出租土地的，按照法律法规规定限制的其他建设项目。

对限制供地项目用地，必须根据建设用地标准和设计规范进行严格审查，对超过用地标准，违反集约用地原则的，要坚决予以核减用地面积。由于限制供地项目多为竞争性项目，要尽量采取招标、拍卖方式提供建设用地。

建立限制供地项目用地监管制度。凡列入《限制供地项目目录》，属于在全国范围内统一规划布点、生产能力过剩需总量控制和涉及国防安全、重要国家利益的建设项目，地方人民政府批准提供建设用地前，须先取得自然资源部许可证，再履行批准手续。凡列入《限制供地项目目录》，属于大量损毁土地资源或以土壤为生产原料的，需要低于国家规定地价出让、出租土地的，按照法律法规限制的其他建设项目，各省、自治区、直辖市人民政府国土资源行政主管部门应采取有效措施，对其供地进行严格的监督管理和指导。

（3）国家禁止类项目，严格禁止供地。按照《禁止供地项目目录》禁止提供建设用地的是：危害国家安全或者损害社会公共利益的，国家产业政策明令淘汰的生产方式、产品和工艺涉及的国家产业政策规定禁止投资的,按照法律法规规定禁止的其他建设项目。

凡列入《禁止供地项目目录》的建设用地,在禁止期限内,国土资源行政主管部门不得受理其建设项目用地报件,各级人民政府不得批准提供建设用地。

2. 根据有关法律、法规规定,决定供地方式。

(1)划拨方式供地。目前,只有列入《划拨供地项目目录》的项目,才可按划拨方式供地。

(2)有偿使用方式供地。《土地管理法》规定,建设单位使用国有土地,应当以出让等有偿使用方式取得。因此,除法律法规和《划拨供地项目目录》有明确规定,可以采取划拨方式提供建设用地的以外,都应采取有偿使用土地方式。当前在我国,有偿使用的方式具体包括:国有土地使用权出让、出租和作价出资或者入股。对符合协议出让条件的,市、县人民政府国土资源行政主管部门按照《协议出让国有土地使用权规定》(国土资源部 21 号令)和《协议出让国有土地使用权规范》(国土资发〔2006〕114 号)规定的原则、程序,以协议方式出让、租赁国有建设用地,并与受让人或承租人签订国有建设用地使用权出让合同或租赁合同。

(3)依法使用集体土地。可以使用集体土地的建设项目包括:①农民个人建房用地。②乡(镇)企业用地。③乡(镇)村公共设施、公益事业建设用地。

3. 根据规划要求,决定供地的具体位置。

根据土地利用总体规划、城市规划、村庄和集镇规划、年度建设用地计划,决定供地的具体位置。不符合前述规划的不予供地。

4. 根据年度计划,决定供地时间。

根据建设时间要求和年度建设用地计划,决定供地时间。

5. 根据用地定额,决定供地数量。

根据政府规定的具体建设用地定额指标,决定供地数量。

二、国有建设用地供应的方式

(一)国有建设用地使用权划拨

1. 国有建设用地使用权划拨的概念。国有建设用地使用权划拨,是指县级以上人民政府依法批准,在土地使用者缴纳补偿、安置等费用后将该幅土地交付其使用,或者将土地使用无偿交给土地使用者使用的行为。

符合《划拨用地目录》的建设项目,方可以划拨方式供地;不符合的,应当一律以出让、租赁等有偿方式供地。

国有建设用地划拨供应有以下主要特点:①国有建设用地划拨供应包括土地使用者缴纳拆迁安置、补偿费用(如城市的存量土地或集体土地)和无偿取得(如国有的荒山、沙漠、滩涂等)两种形式。②除法律、法规另有规定外,国有建设用地划拨供应土地没有使用期限的限制,但未经许可不得进行转让、出租、抵押等经营活动。未经批准不得改变划拨土地使用权用途。如需转让、出租等应办理土地出让手续或经政府批准。③国有建设用地划拨供应,必须经有批准权的人民政府核准并按法定的程序办理手续。④在国家没有法律规定之前,在城市范围内的土地和城市范围以外的国有土地,除出让土地以外的土地,均按国有建设用地划拨供应土地进行管理。

2. 国有建设用地使用权划拨的范围。《国务院关于深化改革严格土地管理的决定》提出,严格控制划拨用地范围,推进土地资源的市场化配置。经营性基础设施用地要逐步实行有偿使用。运用价格机制限制多占、滥占和浪费土地。依据现行法规和《划拨用地目录》(国土资源部令第9号)规定,下列建设用地可由县级以上人民政府依法批准,划拨土地使用权:

(1)国家机关用地。国家机关指国家权力机关,即全国人大及其常委会,地方人大及其常委会;国家行政机关,即各级人民政府及其所属工作或者职能部门;国家审判机关,即各级人民法院;国家检察机关,即各级人民检察院;国家军事机关,即国家军队的机关。以上机关用地属于国家机关用地。

(2)军事用地,指军事设施用地,包括军事指挥机关、地面和地下的指挥工程,作战工程;军用机场、港口、码头、营区、训练场、试验场;军用洞库、仓库;军用通信、侦察、导航观测台站和测量、导航标志;军用公路、铁路专用线、军用通讯线路等输电、输油、输气管线;其他军事设施用地。

(3)城市基础设施用地,指城市给水、排水、污水处理、供电、通信、燃气、热力、道路、桥涵、市内公共交通、园林绿化、环境卫生、消防、路标、路灯等设施用地。

(4)公益事业用地,指各类学院、医院、体育场馆、图书馆、文化馆、幼儿园、托儿所、敬老院、防疫站等文体、卫生、教育、福利事业用地。

(5)国家重点扶持的能源、交通、水利等基础设施用地,指中央投资、中央和地方共同投资,以及国家采取各种优惠政策重点扶持的煤炭、石油、天然气、电力等能源项目;铁路、公路、港口、机场等交通项目;水库水电、防洪、江河治理等水利项目用地。

(6)法律、行政法规规定的其他用地。法律和法规明确规定可以采用划拨方式供地的其他项目用地,主要包括:监狱、劳教所、戒毒所、看守所、治安拘留所、收容教育所等特殊用地,经济适用住房、廉租住房、棚户区改造等住房保障用地。

3. 建设用地使用权划拨的管理。《城市房地产管理法》和《城镇国有土地使用权出让和转让暂行条例》对划拨土地使用权的管理有以下规定:

(1)划拨建设用地的使用。①按用途使用。根据《土地管理法》《城市房地产管理法》等法律、法规规定,以划拨方式取得国有建设用地使用权的土地使用者,必须严格按照《国有建设用地划拨决定书》和《建设用地批准书》中规定的划拨土地面积、土地用途、土地使用条件等内容来使用土地,不得擅自变更。②改变用途。划拨国有建设用地使用权人需要改变批准的土地用途的,须报经市、县自然资源主管部门批准。改变后的用途符合《划拨用地目录》的,由市、县自然资源主管部门向土地使用者重新核发《国有土地划拨决定书》;改变后的用途不再符合《划拨用地目录》的,划拨国有建设用地使用权人可以申请补缴出让金、租金等土地有偿使用费,办理土地使用权出让、租赁等有偿用地手续,但法律法规、行政规定等明确规定或《国有土地划拨决定书》约定应当收回划拨国有建设用地使用权的除外。

(2)划拨土地的转让。划拨土地的转让有两种规定:一是报有批准权的人民政府审批准予转让的,应当由受让方办理土地使用权出让手续,并依照国家有关规定缴纳土地使用权出让金;二是可不办理出让手续,但转让方应将所获得的收益中的土地收益上缴国家。经依法批准利用原有划拨土地进行经营性开发建设的,应当按照市场价补缴土地出让金。经依法批准转让原划拨土地使用权的,应当在土地有形市场公开交易,按照市场价补缴土地出让金;低于市场价交易的,政府应当行使优先购买权。

(3)划拨土地使用权的出租。①房产所有权人以营利为目的,将划拨土地使用权的地上建筑物出租的,应当将租金中所含土地收益上缴国家。②用地单位因发生转让、出租、企业改制和改变土地用途等不宜办理土地出让的,可实行租赁。③租赁时间超过6个月的,应签订租赁合同。

(4)划拨土地使用权的抵押。划拨土地使用权抵押时,其抵押价值应当为划拨土地使用权下的市场价值。因抵押划拨土地使用权造成土地使用权转移的,应办理土地出让手续并向国家缴纳地价款才能变更土地权属。

(5)对未经批准擅自转让、出租、抵押划拨土地使用权的单位和个人,县级以上人民政府土地管理部门应当没收其非法收入,并根据情节处以罚款。

(6)国有企业改制中的划拨土地。对国有企业改革中涉及的划拨土地使用权,可分别采取国有土地出让、租赁、作价出资(入股)和保留划拨土地使用权等方式予以处置。

下列情况应采取土地出让或出租方式处置:① 国有企业改造或改组为有限责任或股份有限公司以及组建企业集团的;② 国有企业改组为股份合作制的;③ 国有企业租赁经营的;④ 非国有企业兼并国有企业的。

下列情况经批准可保留划拨土地使用权:① 继续作为城市基础设施用地、公益事业用地和国有重点扶持的能源、交通、水利等项目用地,原土地用途不发生改变,但改造或改组为公司制企业除外;② 国有企业兼并国有企业、非国有企业及国有企业合并后的企业是国有工业企业的;③ 在国有企业兼并、合并中,一方属于濒临破产企业的;④ 国有企业改造或改组为国有独资公司的。②③④项保留划拨土地方式的期限不超过5年。

(7)凡上缴土地收益的土地,仍按划拨土地进行管理。

(二)国有建设用地使用权出让

1. 国有建设用地使用权出让的概念。国有建设用地使用权出让,是指国家以土地所有者的身份将建设用地使用权在一定年限内让渡给土地使用者,并由土地使用者向国家支付土地使用权出让金的行为。土地使用权出让金是指通过有偿有限期出让方式取得土地使用权的受让者,按照合同规定的期限,一次或分次提前支付的整个使用期间的地租。

建设用地使用权出让的含义一般包括以下内容:①建设用地使用权出让,也称批租或土地一级市场,由国家垄断,任何单位和个人不得出让土地使用权。②经出让取得建设用地使用权的单位和个人,只有使用权,在使用土地期限内对土地拥有使用、占有、收益、处分权;土地使用权可以进入市场,可以进行转让、出租、抵押等经营活动,但地下埋藏物归国家所有。③土地使用者只有向国家支付了全部土地使用权出让金后才能领取土地使用权证书。④集体土地不经征收不得出让。⑤建设用地使用权出让是国家以土地所有者的身份与土地使用者之间关于权利义务的经济关系,具有平等、自愿、有偿、有限期的特点。

(1)出让主体。出让主体指有权出让国有土地使用权的人民政府土地行政主管部门,包括代表土地国家所有权的县、市人民政府。其他任何单位和个人不得出让土地使用权。

(2)出让客体。根据《城市房地产管理法》规定,土地使用权的出让客体为建设用地使用权,集体土地不经征收不得出让。

(3)出让年限。根据《城镇土地使用权出让和转让暂行条例》的规定,土地使用权出让的最高年限按下列用途确定:①居住用地七十年;②工业用地五十年;③教育、科技、文化、卫生、体育用地五十年;④商业、旅游、娱乐用地四十年;⑤综合或者其他用地五十年。

2. 国有建设用地使用权出让的方式。《物权法》规定,工业、商业、旅游、娱乐和商品住宅等经营性用地以及同一土地有两个以上意向用地者的,应当采取招标、拍卖等公开竞价的出让方式。

《城镇国有土地使用权出让和转让暂行条例》规定,国有土地使用权出让可以采取拍卖、招标或者双方协议的方式。

国土资源部出台的《招标拍卖挂牌出让国有土地使用权规定》(国土资源部令第 11 号,以下简称 11 号令)增加了国有土地使用权挂牌出让方式。11 号令规定,商业、旅游、娱乐和商品住宅用地,必须采取拍卖、招标或者挂牌方式出让。除此之外,其他用途的土地供应计划公布后,同一宗地有两个以上意向用地者的,也应当采用招标拍卖或者挂牌方式出让。出让人应当至少在投标、拍卖或者挂牌开始日前 20 日在土地有形市场或者指定的场所、媒介发布招标、拍卖或者挂牌公告,公布招标拍卖挂牌出让宗地的基本情况和招标拍卖挂牌的时间、地点。2007 年 9 月,国土资源部根据《物权法》、《国务院关于加强土地调控有关问题的通知》(国发〔2006〕31 号) 及相关法律法规的要求,对 11 号令中有关内容进行修改发布了《招标拍卖挂牌出让国有建设用地使用权规定》(国土资源部令第 39 号,以下简称 39 号令)。关于招标拍卖挂牌出让范围,鉴于《物权法》将工业用地出让纳入招标拍卖挂牌范围,39 号令第四条第一款规定:"工业、商业、旅游、娱乐和商品住宅等经营性用地以及同一宗地有两个以上意向用地者的,应当以招标、拍卖或者挂牌方式出让",进一步明确将工业用地纳入招拍挂范围。

招标、拍卖、挂牌公告应当包括下列内容:出让人的名称和地址;出让宗地的位置、现状、面积、使用年期、用途、规划设计要求;投标人、竞买人的资格要求及申请取得投标、竞买资格的办法;索取招标拍卖挂牌出让文件的时间、地点及方式;招标拍卖挂牌时间、地点、投标挂牌期限、投标和竞价方式等;确定中标人、竞得人的标准和方法;投标、竞买保证金;其他需要公告的事项。

招标、拍卖或者挂牌出让国有建设用地使用权,应当遵循公开、公平、公正和诚信的原则。中华人民共和国境内外的自然人、法人和其他组织,除法律、法规另有规定外,均可申请参加国有建设用地使用权招标拍卖挂牌出让活动。出让人在招标拍卖挂牌出让公告中不得设定影响公平、公正竞争的限制条件。挂牌出让的,出让公告中规定的申请截止时间,应当为挂牌出让结束日前 2 天。对符合招标拍卖挂牌公告规定条件的申请人,出让人应当通知其参加招标拍卖挂牌活动。市、县人民政府国土资源行政主管部门应当根据土地估价结果和政府产业政策综合确定标底或者底价。标底或者底价不得低于国家规定的最低价标准。确定招标标底,拍卖和挂牌的起叫价、起始价、底价,投标、竞买保证金,应当实行集体决策。招标标底和拍卖挂牌的底价,在招标开标前和拍卖挂牌出让活动结束之前应当保密。

(1)协议出让。土地使用权的协议出让称定向议标,协议出让指政府作为土地所有者(出让方)与选定的受让方磋商用地条件及价款,达成协议并签订土地使用权出让合同,有偿出让土地使用权的行为。采取此方式出让使用权的出让金不得低于国家规定所确定的最低价。协议出让方式的特点是自由度大,但不利于公平竞争。这种方式适用于公共福利事业和非营利性的社会团体、机关单位用地和某些特殊用地。

(2)拍卖出让。拍卖出让是指市、县人民政府国土资源行政主管部门(以下简称出让人)发布拍卖公告,由竞买人在指定时间、地点进行公开竞价,根据出价结果确定国有建设用地使用权人的行为。拍卖出让是按规定时间、地点,利用公开场合,由政府的代表者,即土地行政主管部门主持拍卖(指定)地块的土地使用权(也可以委托拍卖行拍卖),由拍卖主持人首先叫底价,诸多竞报者轮番报价,最后一般出最高价者取得土地使用权。一般出让方用叫价的办法将土地使用权拍卖给出价最高者(竞买人)。拍卖出让方式的特点是有利于公平竞争,这种方法适用于区位条件好、交通便利的闹市区,土地利用上有较大灵活性的地块的出让。竞买人不足三人,或者竞买人的最高应价未达到底价时,应当终止拍卖。

(3)招标出让。招标出让是指出让人发布招标公告,邀请特定或者不特定的自然人、法人和其他组织参加国有建设用地使用权投标,根据投标结果确定国有建设用地使用权人的行为。招标出让方式的特点是有利于公平竞争,适用于需要优化土地布局、重大工程的较大地块的出让。

投标、开标依照下列程序进行:①投标人在投标截止时间前将标书投入标箱。招标公告允许邮寄标书的,投标人可以邮寄,但出让人在投标截止时间前收到的方为有效。标书投入标箱后,不可撤回。投标人应当对标书和有关书面承诺承担责任。②出让人按照招标公告规定的时间、地点开标,邀请所有投标人参加。由投标人或者其推选的代表检查标箱的密封情况,当众开启标箱,点算标书。投标人少于三人的,出让人应当终止招标活动。投标人不少于三人的,应当逐一宣布投标人名称、投标价格和投标文件的主要内容。③评标小组进行评标。评标小组由出让人代表、有关专家组成,成员人数为五人以上的单数。评标小组可以要求投标人对投标文件做出必要的澄清或者说明,但是澄清或者说明不得超出投标文件的范围或者改变投标文件的实质性内容。评标小组应当按照招标文件确定的评标标准和方法,对投标文件进行评审。④招标人根据评标结果,确定中标人。按照价高者得的原则确定中标人的,可以不成立评标小组,由招标主持人根据开标结果,确定中标人。对能够最大限度地满足招标文件中规定的各项综合评价标准,或者能够满足招标文件的实质性要求且价格最高的投标人,应当确定为中标人。

(4)挂牌出让。挂牌出让国有土地使用权,是指出让人发布挂牌公告,按公告规定的期限将拟出让宗地的交易条件在指定的土地交易场所挂牌公布,接受竞买人的报价申请并更新挂牌价格,根据挂牌期限截止时的出价结果或者现场竞价结果确定国有建设用地使用权人的行为。挂牌时间不少于10个工作日,挂牌期间,土地管理部门可以根据竞买人竞价情况调整增价幅度。

挂牌依照以下程序进行:①在挂牌公告规定的挂牌起始日,出让人将挂牌宗地的面积、界址、空间范围、现状、用途、使用年期、规划指标要求、开工时间和竣工时间、起始价、增价规则及增价幅度等,在挂牌公告规定的土地交易场所挂牌公布;②符合条件的竞买人填写报价单报价;③挂牌主持人确认该报价后,更新显示挂牌价格;④挂牌主持人在挂牌公告规定的挂牌截止时间确定竞得人。

挂牌截止应当由挂牌主持人主持确定。挂牌期限届满,挂牌主持人现场宣布最高报价及其报价者,并询问竞买人是否愿意继续竞价。有竞买人表示愿意继续竞价的,挂牌出让转入现场竞价,通过现场竞价确定竞得人。挂牌主持人连续三次报出最高挂牌价格,没有竞买人表示愿意继续竞价的,按照下列规定确定是否成交:在挂牌期限内只有一个竞买人报价,且报价不低于底价,并符合其他条件的,挂牌成交;在挂牌期限内有两个或者两个以上的竞买人报价的,出价最高者为竞得人;报价相同的,先提交报价单者为竞得人,但报价低于底价者除外;在挂牌期限内无应价者或者竞买人的报价均低于底价或者不符合其他条件的,挂牌不成交。

以招标、拍卖或者挂牌方式确定中标人、竞得人后,中标人、竞得人支付的投标、竞买保证金,转作受让地块的定金。出让人应当向中标人发出中标通知书或者与竞得人签订成交确认书。中标通知书或者成交确认书应当包括出让人和中标人或者竞得人的名称,出让标的,成交时间、地点、价款以及签订国有建设用地使用权出让合同的时间、地点等内容。中标通知书或者成交确认书对出让人和中标人或者竞得人具有法律效力。出让人改变竞得结果,或者中标人、竞得人放弃中标宗地、竞得宗地的,应当依法承担责任。中标人、竞得人应当按照中标通知书或者成交确认书约定的时间,与出让人签订国有建设用地使用权出让合同。中标人、竞得人支付的投标、竞买保证金抵作土地出让价款;其他投标人、竞买人支付的投标、竞买保证金,出让人必须在招标拍卖挂牌活动结束后5个工作日内予以退还,不计利息。招标拍卖挂牌活动结束后,出让人应在10个工作日内将招标拍卖挂牌出让结果在土地有形市场或者指定的场所、媒介公布。出让人公布出让结果,不得向受让人收取费用。

受让人依照国有建设用地使用权出让合同的约定付清全部土地出让价款后,方可申请办理土地登记,领取国有建设用地使用权证书。未按出让合同约定缴清全部土地出让价款的,不得发放国有建设用地使用权证书,也不得按出让价款缴纳比例分割发放国有建设用地使用权证书。

中标人、竞得人有下列行为之一的,中标、竞得结果无效,造成损失的,应当依法承担赔偿责任:①提供虚假文件隐瞒事实的;②采取行贿、恶意串通等非法手段中标或者竞得的。国土资源行政主管部门的工作人员在招标拍卖挂牌出让活动中玩忽职守、滥用职权、徇私舞弊的,依法给予处分;构成犯罪的,依法追究刑事责任。

3. 国有建设用地使用权出让政策。

(1)出让计划的拟定和批准权限。土地使用权出让必须符合土地利用总体规划、城市规划和年度建设用地计划,根据省级人民政府下达的控制指标,拟定年度出让国有土地总面积方案,并且有计划、有步骤地进行。出让的每幅地块、面积、年限和其他条件,由市、县人民政府土地管理部门会同城市规划、建设、房产管理部门共同拟定,按照国务院的规定,报经有批准权的人民政府批准后,由市、县人民政府土地管理部门实施。

(2)建设用地使用权的收回。国家收回土地使用权有多种原因,如使用期限届满、提前收回、没收等。①土地使用权届满处理。依据《物权法》和《城市房地产管理法》规定,住宅建设用地使用权期间届满的,自动续期。对非住宅建设用地使用权期间届满后的处理:出让合同约定的使用年限届满,土地使用者需要继续使用土地的,应当最迟于届满前一年申请续期,除根据社会公共利益需要收回该幅土地的,应当予以批准。经批准准予续期的,应当重新签订上地使用权出让合同,依照规定支付土地使用权出让金。土地使用权出让合同约定的使用年限届满,土地使用者未申请续期或者虽申请续期但依照前款规定未获批准的,土地使用权由国家无偿收回。该土地上的房屋及其他不动产的归属,有约定的,按照约定;没有约定或者约定不明确的,依照法律、行政法规的规定办理。②建设用地使用权期间届满前,因公共利益需要提前收回该土地的,应当依法对该土地上的房屋及其他不动产给予补偿,并退还相应的出让金。③因土地使用者不履行土地使用权出让合同而收回土地使用权。土地使用者不履行土地使用权出让合同而收回土地使用权有两种情况:一是土地使用者未如期支付地价款。土地使用者在签约时应缴地价款的一定比例作为订金,60 日内应支付全部地价款,逾期未全部支付地价款的,出让方依照法律和合同约定,收回土地使用权。二是土地使用者未按合同约定的期限和条件开发和利用土地,由县以上人民政府土地管理部门予以纠正,并根据情节可以给予警告、罚款,直至无偿收回土地使用权。④司法机关决定收回土地使用权。因土地使用者触犯国家法律,不能继续履行合同或司法机关决定没收其全部财产,收回土地使用权。

(3)建设用地使用权终止。①建设用地使用权因土地灭失而终止。土地使用权要以土地的存在或土地能满足某种需要为前提,因土地使用权灭失而导致使用人实际上不能继续使用土地,使用权自然终止。土地灭失是指由于自然原因造成原土地性质的彻底改变或原土地面貌的彻底改变,诸如地震、水患、塌陷等自然灾害引起的不能使用土地而终止。②建设用地使用权因土地使用者的抛弃而终止。由于政治、经济、行政等原因,土地使用者抛弃使用的土地,致使土地使用合同失去意义或无法履行而终止土地使用权。

4. 合同的履行与解除。以出让方式取得土地使用权进行房地产开发的,必须按照建设用地使用权出让合同约定的动工开发期限、土地用途、固定资产投资规模和强度开发土地。

(1)超过出让合同约定的动工开发日期满一年未动工开发的,可以征收相当于土地使用权出让金 20%以下的土地闲置费;满二年未动工开发的,可以无偿收回土地使用权;但是,因不可抗力或者政府、政府有关部门的行为,或者动工开发必需的前期工作造成动工开发迟延的除外。

(2)用地单位改变土地利用条件及用途,必须取得出让方和市、县人民政府城市规划行政管理部门的同意,变更或重新签订出让合同并相应调整地价款。

(3)项目固定资产总投资、投资强度和开发投资总额应达到合同约定标准。未达到约定的标准,出让人可以按照实际差额部分占约定投资总额和投资强度指标的比例,要求用地单位支付相当于同比例国有建设用地使用权出让价款的违约金,并可要求用地单位继续履约。

国有土地使用权出让合同解除的情形:

(1)在签订出让合同后,土地使用者应缴纳定金并按约定期限支付地价款,土地使用者延期付款超过 60 日,经土地管理部门催交后仍不能支付国有建设用地使用权出让价款的,土地管理部门有权解除合同,并可以请求违约赔偿。

(2)土地管理部门未按出让合同约定的时间提供土地,出让人延期交付土地超过 60 日,经土地使用者催交后仍不能交付土地的,土地使用者有权解除合同,由土地管理部门双倍返还定金,退还已支付的地价款并可以请求违约赔偿。

(三)建设用地使用权租赁

国有土地租赁是指国家将国有土地出租给使用者使用,由使用者与县级以上人民政府土地行政主管部门签订一定年期的土地租赁合同,并支付租金的行为。承租人取得承租土地使用权。国有土地租赁与国有土地使用权出让都属于国有土地有偿使用方式,土地一级市场应以国有土地使用权出让方式为主,国有土地租赁是国有土地使用权出让的补充形式。国有土地租赁必须按照土地利用总体规划、土地利用年度计划和城市规划的要求进行。通过租赁方式取得国有土地使用权,不包括地下资源、埋藏物和市政公用设施。对于经营性房地产开发用地,必须实行出让,不实行租赁。国有土地租赁可以采取协议、招标或者拍卖的方式。

1. 租期。国有土地租赁分为:短期租赁和长期租赁。短期租赁年限一般不超过5年;长期租赁的具体租赁期限由租赁合同约定,但最长租赁期限不得超过法律规定的同类用途土地出让最高年期。《合同法》214条:"租赁期限不得超过二十年。超过二十年的,超过部分无效"。但1999年7月27日发布的《关于<规范国有土地租赁若干意见>的通知》(国土资发〔1999〕222号)第四条规定:"对需要进行地上建筑物、构筑物建设后长期使用的土地,应实行长期租赁,具体租赁期限由租赁合同约定,但最长租赁期限不得超过法律规定的同类用途土地出让最高年期"。

2. 转租。承租人在按规定支付土地租金并完成开发建设后,经土地行政主管部门同意或根据租赁合同约定,可将承租土地使用权转租。承租人将承租土地转租或分租给第三人的,承租土地使用权仍由原承租人持有,承租人与第三人建立了附加租赁关系,第三人取得土地的他项权利。

3. 转让。承租人在按规定支付土地租金并完成开发建设后,经土地行政主管部门同意或根据租赁合同约定,可将承租土地使用权转让。承租人转让土地租赁合同的,租赁合同约定的权利义务随之转给第三人,承租土地使用权由第三人取得,租赁合同经更名后继续有效。

4. 抵押。①承租人在按规定支付土地租金并完成开发建设后,经土地行政主管部门同意或根据租赁合同约定,可将承租土地使用权抵押。②地上房屋等建筑物、构筑物依法抵押的,承租土地使用权可随之抵押,但承租土地使用权只能按合同租金与市场租金的差值及租期估价,抵押权实现时土地租赁合同同时转让。

5. 承租人优先权。在使用年期内,承租人有优先受让权,租赁土地在办理出让手续后,终止租赁关系。

6. 租赁合同解除。①国家对土地使用者依法取得的承租土地使用权,在租赁合同约定的使用年限届满前一般不提前收回;因社会公共利益的需要,依照法律程序提前收回的,应对承租人给予合理补偿。②承租人未按合同约定开发建设、未经土地行政主管部门同意转让、转租或不按合同约定按时交纳土地租金的,土地行政主管部门可以解除合同,依法收回承租土地使用权。

7. 租赁合同期满处理。承租土地使用权期满,承租人可申请续期,除根据社会公共利益需要收回该幅土地的,应予以批准。未申请续期或者虽申请续期但未获批准的,承租土地使用权由国家依法无偿收回,并可要求承租人拆除地上建筑物、构筑物,恢复土地原状。

三、国有建设用地审查报批管理

《建设用地审查报批管理办法》明确了建设用地的预申请、申请、受理、审查、组织实施、登记发证等审查报批程序,是办理建设用地手续的主要依据之一。

(一)国有建设用地审查报批

1. 建设用地预申请。建设项目用地预审,是指自然资源主管部门在建设项目审批、核准、备案阶段,依法对建设项目涉及的土地利用事项进行的审查。

预审应当遵循下列原则:①符合土地利用总体规划;②保护耕地,特别是基本农田;③合理和集约节约利用土地;④符合国家供地政策。

建设项目用地实行分级预审。需人民政府或有批准权的人民政府发展和改革等部门审批的建设项目,由该人民政府的自然资源主管部门预审。需核准和备案的建设项目,由与核准、备案机关同级的自然资源主管部门预审。

需审批的建设项目在建设项目审批、核准、备案阶段,由建设用地单位提出预审申请。需核准的建设项目在项目申请报告核准前,由建设单位提出用地预审申请。需备案的建设项目在办理备案手续后,由建设单位提出用地预审申请。

《建设用地审查报批管理办法》规定,建设项目可行性研究论证时,建设单位应当向建设项目批准机关的同级国土资源行政主管部门提出建设用地预申请。受理预申请的国土资源行政主管部门应当依据土地利用总体规划、土地使用标准和国家土地供应政策,对建设项目的有关事项进行预审,出具建设项目用地预审报告。

2. 建设用地申请。在土地利用总体规划确定的城市建设用地范围外,单独选址的建设项目使用土地的,建设单位应当向土地所在地的市、县人民政府国土资源行政主管部门提出用地申请。

3. 受理。市、县人民政府国土资源行政主管部门对材料齐全、符合条件的建设用地申请,应当受理,并在收到申请之日起 30 日内拟订农用地转用方案、补充耕地方案、征收土地方案和供地方案,编制建设项目用地呈报说明书,经同级人民政府审核同意后,报上一级国土资源行政主管部门审查。

在土地利用总体规划确定的城市建设用地范围内,为实施城市规划占用土地的,由市、县人民政府土地行政主管部门拟订农用地转用方案、补充耕地方案和征收土地方案,编制建设项目用地呈报说明书,经同级人民政府审核同意后,报上一级土地行政主管部门审查。

在土地利用总体规划确定的村庄和集镇建设用地范围内,为实施村庄和集镇规划占用土地的,由市、县人民政府土地行政主管部门拟订农用地转用方案、补充耕地方案,编制建设项目用地呈报说明书,经同级人民政府审核同意后,报上一级土地行政主管部门审查。

建设只占用国有农用地的,市、县人民政府国土资源行政主管部门只需拟订农用地转用方案、补充耕地方案和供地方案。建设只占用农民集体所有建设用地的,市、县人民政府国土资源行政主管部门只需拟订土地征收方案和供地方案。建设只占用国有未利用地,按照《土地管理法实施条例》第 24 条规定应由国务院批准的,市、县人民政府国土资源行政主管部门只需拟订供地方案;其他建设项目使用国有未利用地的,按照省、自治区、直辖市的规定办理。

建设用地项目呈报材料"一书四方案"包括：

（1）农用地转用方案，应当包括占用农用地的种类、位置、面积、质量等，以及符合规划计划、基本农田占用补划等情况。

（2）补充耕地方案，应当包括补充耕地或者补划基本农田的位置、面积、质量，补充的期限，资金落实情况等，以及补充耕地项目备案信息。

（3）征收土地方案，应当包括征收土地的范围、种类、面积、权属，土地补偿费和安置补助费标准，需要安置人员的安置途径等。

（4）供地方案，应当包括供地方式、面积、用途等。

（5）建设项目用地呈报说明书，应当包括项目用地安排情况、拟使用土地情况等。并应附具下列材料：①经批准的市、县土地利用总体规划图和分幅土地利用现状图，占用基本农田的，还应当提供乡级土地利用总体规划图；②由建设单位提交的、有资格的单位出具的勘测定界图及勘测定界技术报告书；③地籍资料或者其他土地权属证明材料；④为实施城市规划和村庄、集镇规划占用土地的，还应当提供城市规划图和村庄、集镇规划图。

4. 建设用地审查。有关土地行政主管部门收到上报的建设项目呈报说明书和有关方案后，对材料齐全、符合条件的，应当在5日内报经同级人民政府审核。同级人民政府审核同意后，逐级上报有批准权的人民政府，并将审查所需的材料及时送该级土地行政主管部门审查。

对应由国务院批准的建设项目呈报说明书和有关方案，省、自治区、直辖市人民政府必须提出明确的审查意见，并对报送材料的真实性、合法性负责。

建设用地审查实行国土资源行政主管部门内部会审制度。有批准权的人民政府国土资源行政主管部门自收到上报的农用地转用方案、补充耕地方案、征收土地方案和供地方案并按规定征求有关方面意见后30日内审查完毕。农用地转用方案、补充耕地方案、征收土地方案和供地方案经有批准权的人民政府批准后，同级国土资源行政主管部门在收到批件后5日内将批复发出。

5. 方案的组织实施。

（1）组织实施部门。经批准的农用地转用方案、补充耕地方案、征收土地方案和供地方案，由土地所在地的市、县人民政府组织实施。但未按规定缴纳新增建设用地土地有偿使用费的，不予批准建设用地。

建设项目补充耕地方案经批准下达后，在土地利用总体规划确定的城市建设用地范围外单独选址的建设项目，由市、县人民政府国土资源行政主管部门负责监督落实。在土地利用总体规划确定的城市和村庄、集镇建设用地范围内，为实施城市规划和村庄、集镇规划占用土地的，由省、自治区、直辖市人民政府国土资源行政主管部门负责监督落实。

在土地利用总体规划确定的城市建设用地范围内，为实施城市规划占用土地的，经依法批准后，市、县人民政府国土资源行政主管部门应当公布规划要求，设定使用条件，确定使用方式，并组织实施。

（2）公告。征收土地方案经依法批准后，市、县人民政府自收到批准文件之日起10日内，在被征收土地所在地的乡、镇范围内，公告《土地管理法实施条例》规定的内容。

公告期满,市、县人民政府土地行政主管部门根据征收土地方案和征地补偿登记情况,拟订征地补偿、安置方案并在被征收土地所在地的乡、镇范围内公告。征地补偿、安置方案的内容,应当符合《土地管理法实施条例》的规定。

(3)规范履行合同。国有建设用地使用权出让合同或租赁合同签订后,市、县自然资源主管部门作为出让方或出租方,土地使用权人作为受让方或承租方,必须严格履行合同约定的权利和义务。出让方或出租方的义务包括必须按照合同约定的时间交付土地,所交付的土地必须达到合同约定的条件,受让方或承租方的义务包括必须按期缴纳土地出让价款,并按照合同约定的用途和使用条件使用土地。土地使用权人改变用途,必须取得出让方和市、县人民政府城市规划行政主管部门的同意,签订土地使用权出让合同变更协议或重新签订出让合同,相应调整土地使用权出让金。

(4)登记发证。以有偿使用方式提供建设用地使用权的,由市、县人民政府国土资源行政主管部门与土地使用者签订土地有偿使用合同,并向建设单位颁发《建设用地批准书》。土地使用者缴纳土地有偿使用费后,依照规定办理土地登记。

以划拨方式提供建设用地使用权的,由市、县人民政府国土资源行政主管部门向建设单位颁发《国有建设用地划拨决定书》和《建设用地批准书》,依照规定办理土地登记。建设项目施工期间,建设单位应在施工现场公示《建设用地批准书》。

(二)临时用地审查报批

临时用地是指建设过程中或勘查勘测过程中一些暂设工程和临时设施所需临时使用城市内的空闲、农用地和未利用地,不包括因使用原有的建筑物、构筑物而引起的使用土地的行为。临时用地必须办理报批手续,由县级以上人民政府国土资源行政主管部门批准。

临时用地一般包括两类:一类是工程建设施工临时用地,包括工程建设施工中的设置的临时加工车间、修配厂、搅拌站、预制场、材料堆场,运输道路和其他临时设施用地,工程建设过程的取土弃土用地;架设地上线路、铺设地下管线和其他地下工程所需临时使用的土地等。另一类是地质勘查过程中的临时用地,包括:厂址、坝址、铁路、公路选址等需要对工程地质、水文地质情况进行勘测,探矿、采矿需要对矿藏情况进行勘查勘探所需临时使用的土地等。

1. 临时用地报批。在城市规划区的临时用地应先经城市规划行政主管部门同意。建设项目施工和地质勘查需要临时使用国有土地或者农民集体所有的土地的,报县级以上人民政府国土资源行政主管部门批准。

2. 签订临时用地合同。临时用地经批准后,应当签订临时用地合同,并就土地的所有权人和原使用权人的损失予以补偿。临时用地合同是约定土地所有权人和临时用地的使用权人的权利、义务的规范文件。因临时用地的一些要求,如临时用地的用途、使用期限、使用后的恢复措施、土地补偿等,都必须通过合同双方约定,并严格执行。如改变临时用地合同中的某些条款,也要经双方协商后重新签订临时用地合同或签订临时用地的补充合同。临时用地合同由临时用地的使用者与所有者签订。如使用的是国有土地,国土资源行政主管部门代表政府与土地使用者签订合同并按合同的要求支付临时用地补偿费。如临时用地对原土地使用者造成损失的,由国土资源行政主管部门用收取的临时用地补偿费予以补偿。如果使用的是农民集体所有的土地,将由农村集体经济组织或村民委员会代表所有者与临时用地使用者签订临时使用土地合同,并收取临时用地补偿费。

3. 临时用地的使用。临时使用土地者应当按照合同约定的用途使用土地,临时用地只能是临时使用土地的行为,不能将临时用地改为永久建设用地。不得建永久性的建筑物及其他设施。使用结束后,将土地的临时建设设施全部拆除,恢复土地的原貌,并交还给原土地所有权人或使用权人。临时用地的期限一般不超过 2 年。临时用地不超过 2 年的,使用的具体期限可以在临时使用土地合同中由双方约定。临时用地确需超过 2 年的,必须经过批准,通过双方的合同约定,或 2 年后重新办理临时用地手续。

抢险救灾等急需使用土地的,可以先行使用土地。其中,属于临时用地的,灾后应当恢复原状并交还原土地使用者使用,不再办理用地审批手续;属于永久性建设用地的,建设单位应当在灾情结束后 6 个月内申请补办建设用地审批手续。

四、国有建设用地供地程序

（一）招标、拍卖、挂牌出让国有土地使用权供地程序

根据《招标拍卖挂牌出让国有土地使用权规范》的规定,招标拍卖挂牌出让供地程序包括:

1. 公布出让计划,确定供地方式。市、县自然资源主管部门应将经批准的国有土地使用权出让计划向社会公布。市、县自然资源主管部门公布国有土地使用权出让计划、细化的地段、地块信息,应同时明确用地者申请用地的途径和方式,公开接受用地申请。需要使用土地的单位和个人应根据公布的国有土地使用权出让计划、细化的地段、地块信息以及自身用地需求,向市、县自然资源主管部门提出用地申请。为充分了解市场需求情况,科学合理安排供地规模和进度,有条件的地方,可建立用地预申请制度。

2. 编制、确定出让方案。市、县自然资源主管部门应会同城市规划管理等有关部门,依据国有土地使用权出让计划、城市规划等,编制国有土地使用权招标拍卖挂牌出让方案。国有土地使用权招标拍卖挂牌出让方案应按规定报市、县人民政府批准。

3. 地价评估,确定出让底价。市、县自然资源主管部门应根据拟出让地块的条件和土地市场情况,依据《城镇土地估价规程》,组织对拟出让地块的正常土地市场价格进行评估。有底价出让的,市、县自然资源主管部门或国有土地使用权出让协调决策机构应根据土地估价结果、产业政策和土地市场情况等,集体决策,综合确定出让底价和投标、竞买保证金。招标出让的,应当同时确定标底;拍卖和挂牌出让的,应当同时确定起叫价、起始价等。

4. 编制出让文件。市、县自然资源主管部门应根据经批准的招标拍卖挂牌出让方案,组织编制国有土地使用权招标拍卖挂牌出让文件。

5. 发布出让公告。国有土地使用权招标拍卖挂牌出让公告应由市、县自然资源主管部门发布。出让公告应通过中国土地市场网和当地土地有形市场发布,也可同时通过报刊、电视台等媒体公开发布。出让公告应至少在招标拍卖挂牌活动开始前 20 日发布,以首次发布的时间为起始日。公告期间,出让公告内容发生变化的,市、县自然资源主管部门应按原公告发布渠道及时发布补充公告。涉及土地使用条件变更等影响土地价格的重大变动,应发布补充公告,补充公告发布时间距招标拍卖挂牌活动开始时间少于 20 日的,招标拍卖挂牌活动相应顺延。发布补充公告的,市、县自然资源主管部门应书面通知已报名的申请人。

6. 申请和资格审查。申请人应在公告规定期限内交纳出让公告规定的投标、竞买保证金，并根据申请人类型，持相应文件向出让人提出竞买、竞投申请。出让人应对出让公告规定的时间内收到的申请进行审查。经审查，符合规定条件的，应确认申请人的投标或竞买资格，并通知其参加招标拍卖挂牌活动。采用招标或拍卖方式的，取得投标或竞买资格者不得少于 3 个。

7. 招标拍卖挂牌活动实施。

8. 签订出让合同，公布出让结果。招标拍卖挂牌出让活动结束后，中标人、竞得人应按照《中标通知书》或《成交确认书》的约定，与出让人签订《国有土地使用权出让合同》。中标人、竞得人支付的投标、竞买保证金，在中标或竞得后转作受让地块的定金。其他投标人、竞买人交纳的投标、竞买保证金，出让人应在招标拍卖挂牌活动结束后 5 个工作日内予以退还，不计利息。招标拍卖挂牌活动结束后 10 个工作日内，出让人应将招标拍卖挂牌出让结果通过中国土地市场网以及土地有形市场等指定场所向社会公布。出让人公布出让结果，不得向受让人收取费用。

9. 核发《建设用地批准书》，交付土地。市、县自然资源主管部门向受让人核发《建设用地批准书》，并按照《国有土地使用权出让合同》《建设用地批准书》确定的时间和条件将出让土地交付给受让人。

10. 办理土地登记。受让人按照《国有土地使用权出让合同》约定付清全部国有土地使用权出让金，依法申请办理土地登记，领取《国有土地使用证》，取得国有土地使用权。

11. 资料归档。出让手续全部办结后，市、县自然资源主管部门应对宗地出让过程中的用地申请、审批、招标拍卖挂牌活动、签订合同等各环节相关资料、文件进行整理，并按规定归档。

（二）协议出让用地的供地程序

根据《协议出让国有土地使用权规范》规定，供地环节协议出让国有土地使用权的一般程序包括：

1. 公开出让信息，接受用地申请，确定供地方式。市、县自然资源主管部门应将经批准的国有土地使用权出让计划向社会公布。在规定时间内，同一地块只有一个意向用地者的，市、县国源管理部门方可采取协议方式出让，但属于商业、旅游、娱乐和商品住宅等经营性用地除外。对不能确定是否符合协议出让范围的具体宗地，可由国有土地使用权出让协调决策机构集体认定。

2. 编制协议出让方案。市、县自然资源主管部门应会同规划等部门，依据国有土地使用权出让计划、城市规划和意向用地者申请的用地类型、规模等，编制国有土地使用权协议出让方案。

3. 地价评估，确定底价。市、县自然资源主管部门应根据拟出让地块的条件和土地市场情况，按照《城镇土地估价规程》，组织对拟出让地块的正常土地市场价格进行评估。市、县自然资源主管部门或国有土地使用权出让协调决策机构应根据土地估价结果、产业政策和土地市场情况等，集体决策，综合确定协议出让底价。协议出让底价不得低于拟出让地块所在区域的协议出让最低价。

4. 协议出让方案、底价报批。市、县自然资源主管部门应按规定将协议出让方案、底价报有批准权的人民政府批准。

5. 协商,签订意向书。协商谈判时,自然资源主管部门参加谈判的代表应当不少于 2 人。双方协商、谈判达成一致,并且议定的出让价格不低于底价的,市、县自然资源主管部门应与意向用地者签订《国有土地使用权出让意向书》。

6. 公示。《国有土地使用权出让意向书》签订后,市、县自然资源主管部门将意向出让地块的位置、用途、面积、出让年限、土地使用条件、意向用地者、拟出让价格内容在当地土地有形市场等指定场所以及中国土地市场网进行公示,并注明意见反馈途径和方式。公示时间不得少于 5 日。

7. 签订出让合同,公布出让结果。公示期满,无异议或虽有异议但经市、县自然资源主管部门审查没有发现存在违反法律法规行为的,市、县自然资源主管部门应按照《国有土地使用权出让意向书》约定,与意向用地者签订《国有土地使用权出让合同》。《国有土地使用权出让合同》签订后 7 日内,市、县自然资源主管部门将协议出让结果通过中国土地市场网以及土地有形市场等指定场所向社会公布,接受社会监督。

8. 核发《建设用地批准书》,交付土地。市、县自然资源主管部门向受让人核发《建设用地批准书》,并按照《国有土地使用权出让合同》《建设用地批准书》约定的时间和条件将出让土地交付给受让人。

9. 办理土地登记。受让人按照约定付清全部国有土地使用权出让金,依法申请办理土地登记手续,领取《国有土地使用证》,取得土地使用权。

10. 资料归档。协议出让手续全部办结后,市、县自然资源主管部门应对宗地出让过程中的出让信息公布、用地申请、审批、谈判、公示、签订合同等各环节相关资料、文件进行整理,并按规定归档。

（三）划拨用地的供地程序

1. 拟定土地供应方案,符合《划拨用地目录》的建设用地项目,由市、县自然资源主管部门会同规划等部门,依据国有土地使用权出让计划、城市规划等,拟定土地供应方案。

2. 对项目用地进行实地踏勘。

3. 土地供应方案公示。受理划拨用地申请后,除有保密要求的用地外,对其他划拨土地要及时将申请人等情况通过中国土地市场网等媒体予以公示,公示时间不得少于 10 日。

4. 土地供应方案报批。土地供应方案经有批准权的人民政府批准,方可以划拨方式提供土地使用权。

5. 签署《国有建设用地划拨决定书》,交纳土地相关税费。《国有建设用地划拨决定书》是依法以划拨方式设立国有建设用地使用权、使用国有建设用地和申请土地登记的凭证。经公示无异议,供地方案经有批准权限的人民政府批准后,向用地者发放划拨用地决定书,再将结果予以公示。用于廉租住房和经济适用住房建设的,不得改变土地用途。用于廉租住房和经济适用住房建设的,开发建设期限不得超过三年。

6. 加强后续管理。国土资源行政主管部门有权对划拨土地的使用情况进行监督检查,划拨建设用地使用权人应予以配合。建设用地使用权人未按约定日期开、竣工,未按《国有建设用地划拨决定书》规定的开发建设期限进行建设,造成土地闲置的,依有关规定处理。在项目竣工验收时,没有国土资源行政主管部门的检查核验意见,或者检查核验不合格的,不得通过竣工验收。划拨建设用地使用权人必须按照《国有建设用地划拨决定书》规定的用途和使用条件开发和使用土地。需改变土地用途的,必须持《国有建设用地划拨决定书》向市、县国土资源行政主管部门提出申请,报有批准权的人民政府批准。《国有建设用地划拨决定书》项下的划拨建设用地使用权未经批准不得擅自转让、出租。需转让、出租的,划拨建设用地使用权人应持《国有建设用地划拨决定书》等资料向市、县国土资源行政主管部门提出申请,报有批准权的人民政府批准。

五、国有建设用地供应法律文书主要内容

(一)土地有偿使用合同的主要内容

国土资源部、国家工商行政管理总局制定的《国有建设用地使用权出让合同》示范文本,于 2008 年 7 月 1 日起执行,主要内容包括:当事人的名称和住所;土地界址、面积等;建筑物、构筑物及其附属设施占用的空间;土地用途;土地条件;土地使用期限;出让金等费用及其支付方式;开发投资强度;规划条件;配套;转让、出租、抵押条件;期限届满的处理;不可抗力的处理;违约责任;解决争议的方法。

合同附件主要内容有:宗地平面界址图;出让宗地竖向界限;市县政府规划管理部门确定的宗地规划条件等。

(二)《建设用地批准书》的主要内容

《建设用地批准书》的主要内容有:用地单位、用地单位主管机关、土地位置、批准用地面积、建设性质、建(构)筑物占地面积、用地批准文号、批准书有效期等。

(三)《国有建设用地划拨决定书》的主要内容

国土资源部于 2008 年 4 月初印发了新版的《国有建设用地划拨决定书》,并规定该决定书与新版的《国有建设用地使用权出让合同》,一起于 2008 年 7 月 1 日正式实施。

《国有建设用地划拨决定书》分为摘要、一般规定、特别规定、附则四部分,附件包括:划拨宗地平面界限图、划拨宗地竖向界限图、划拨宗地规划/建设条件。《国有建设用地划拨决定书》摘要中要明确宗地的批准机关和使用权人、用途、宗地编号、宗地坐落、宗地总面积、宗地划拨价款等内容。

《国有建设用地划拨决定书》按宗地核发。同一项目用地依据规划用途和项目功能分区可以划分为不同宗地的,应先行分割成不同的宗地,再按宗地核发《国有建设用地划拨决定书》。宗地用途按《土地利用现状分类》(中华人民共和国国家标准 GB/T 21010-2007,现已更新为 GB/T 21010-2017)规定的土地二级类填写。划拨建设用地使用权是由划拨宗地的平面界限和竖向界限封闭形成的空间范围。划拨宗地的平面界限按宗地的界址点坐标填写。划拨宗地的竖向界限,可按照 1985 年国家高程系统为起算基点填写,也可按照各地高程系统为起算基点填写。《国有建设用地划拨决定书》中的规划、建设条件是指城市规划区内的项目,依据市、县城市规划主管部门出具的规划条件填写;城市规划区外的单独选址项目或线性工程,可依据项目建设主管部门出具的建设条件填写。

第三节　建设用地转让、抵押与丧失

一、建设用地的转让

建设用地的转让即指土地使用权的转让,是指土地使用者将土地使用权再转让的行为,包括出售、交换和赠与。未按土地使用权出让合同规定的期限和条件投资开发、利用土地的,土地使用权不得转让。土地使用权转让应当签订转让合同。

土地使用权转让时,土地使用权出让合同和登记文件中所载明的权利、义务随之转移。土地使用者通过转让方式取得的土地使用权,其使用年限为土地使用权出让合同规定的使用年限减去原土地使用者已使用年限后的剩余年限。

土地使用权转让时,其地上建筑物、其他附着物所有权随之转让。

地上建筑物、其他附着物的所有人或者共有人,享有该建筑物、附着物使用范围内的土地使用权。土地使用者转让地上建筑物、其他附着物所有权时,其使用范围内的土地使用权随之转让,但地上建筑物、其他附着物作为动产转让的除外。土地使用权和地上建筑物、其他附着物所有权转让,应当按照规定办理过户登记。土地使用权和地上建筑物、其他附着物所有权分割转让的,应当经市、县人民政府土地管理部门和房产管理部门批准,并依照规定办理过户登记。

(一)土地使用权转让条件

1. 以出让方式取得的土地的转让条件。以出让方式取得的土地使用权,房地产项目转让时,应符合《城市房地产管理法》第39条规定的转让房地产的条件。

(1)按照出让合同约定,已经支付全部土地使用权出让金,并取得土地使用权证书,这是出让合同成立的必要条件,也只有出让合同成立,才允许转让。

(2)按照出让合同约定进行投资开发,完成一定开发规模后才允许转让。

又可分为两种情形,①属于房屋建设的,实际投入房屋建设工程的资金额应占全部开发投资总额的25%以上;②属于成片开发土地的,应形成工业或其他建设用地条件,方可转让。上述两项条件必须同时具备,才能转让房地产项目。同时,转让房地产时房屋已经建成的,还应当持有房屋所有权证书。

2. 以划拨方式取得的土地的转让条件。划拨方式取得的土地使用权,应符合《城市房地产管理法》第40条的规定,其中规定了以划拨方式取得的土地使用权在转让房地产开发项目时应具备的条件。

转让以划拨方式取得土地使用权的房地产项目,必须经有批准权的人民政府审批。经审查除不允许转让的外,对准予转让的有两种处理方式:①由受让方先补办土地使用权出让手续,并依照国家有关规定缴纳土地使用权出让金后,才能进行转让;②可以不办理土地使用权出让手续而转让房地产,但转让方应将转让房地产所获收益中的土地收益上缴国家或做其他处理。

以划拨方式取得土地使用权的,转让房地产时,有下列情形之一的,经有批准权的人民政府批准,可不办理土地使用权出让手续:①经城市规划行政主管部门批准,转让的土地用于《城市房地产管理法》第二十三条规定的项目,即用于国家机关用地和军事用地;城市基础设施用地和公益事业用地;国家重点扶持的能源、交通、水利等项目用地以及法律、行政法规规定的其他用地。经济适用住房采取行政划拨的方式进行,因此,经济适用住房项目转让后仍用于经济适用住房的,经有批准权限的人民政府批准,也可以不补办出让手续;②私有住宅转让后仍用于居住的;③按照国务院住房制度改革有关规定出售公有住宅的;④同一宗土地上部分房屋转让而土地使用权不可分割转让;⑤转让的房地产暂时难以确定土地使用权出让用途、年限和其他条件的;⑥根据城市规划,土地使用权不宜出让的;⑦县级以上人民政府规定暂时无法或不需要采取土地使用权出让方式的其他情形。

（二）土地使用权转让程序

1. 转让的主要程序。

（1）交易双方提出转让、受让申请。交易当事人申请办理转让手续同时,还应提供转让协议、土地使用证、宗地界址点图、建筑物产权证明、法人资格证明、委托书、身份证明等资料。

（2）审查。接到申请后,承办人应对资料及宗地情况进行详细审查了解,凡未按出让合同规定的期限和条件投资开发、利用土地的,抵押、查封、出租而未通知承租人知道的,权属不清、四邻有纠纷的等,不予办理转让手续,并在15日内通知转让当事人。如改变土地用途须有规划部门意见。转让时需分割建筑物的应有房产主管部门意见。

（3）现场勘察。现场勘察应与有关资料对照核实。如需分割转让,应考虑土地利用率、出路及他项权利等因素,并制图确定四至、面积,必要时需经四邻签章认可。

（4）地价评估,并提供报告书。审核评估报告与转让协议,转让价明显低于市价的,建议政府优先购买;价格过高的,可建议采取必要调控措施。

（5）填写转让审批表。认真核对原批准文件、评估报告、规划意见等资料,用途、价额、年期等内容填写要完整、准确、字迹工整。

（6）审批。审批内容包括费用表及转让审批表。费用表须经所长签字后,经办人携完整转让档案与转让审批表等报中心及局领导审查批准。

（7）交纳有关税费。

（8）登记编号。审批后(也可在审批前)到产权科对补签出让合同及审批表编号。转让档案留产权科统一保存,按年度缴档案室。

（9）土地使用权变更登记。经办人依据补签出让合同、转让审批表、付款票据等,填写变更登记审批表进行变更登记。变更登记审批表,可随转让审批表同时报批。

2. 转让土地使用权应注意的一些情况。

（1）如为协助法院执行转让土地使用权,应依据法院提供的裁定书(判决书),协助执行通知书及其中所载明的宗地四至面积筹办理转让过户手续,可以不经被执行人同意。

（2）划拨土地使用权转让,应补办土地使用权出让手续,并经审查批准,补交出让金后方可转让;或收归国有后出让国有土地使用权。党政机关、公益事业单位划拨土地转让须经上级主管部门批准。

(3)转让合同应经过公证。

(4)有关资料采用复印件时,应与原件核实并予以注明。

(5)分立、更名等涉及土地使用权变更的,当事人应提供有效的证明材料。分立者应为原同一单位或家庭成员,且单位所有权性质不变;更名者应为同一使用权人。继承的须提交继承文书或公证文书等。缴纳有关费用后,继承、分立、更名可填写变更登记审批表直接进行变更登记。夫妇共同购置的房地产,可以设定为共有财产,经申请可参照更名办理。

(6)企业改制土地变更实际上是一种转让行为,通常以有偿方式取得土地使用权,原则上需转让审批。土地使用权转让,是指土地使用权人将自己享有的权利依法转移给其他公民或法人的行为。它与土地使用权出让的区别是:出让是指土地所有权的部分权能(占有、使用、收益)与所有权相分离而作为独立的财产权;转让则是作为独立财产权的土地使用权在公民或法人之间的转移。转让有出售、交换、赠与、继承等方式。

3. 土地使用权转让的公证。土地使用权转让,一般需经公证机关进行公证证明,基本规则如下:

(1)土地使用权转让公证的管辖。

(2)申办土地使用权转让公证应提交的材料。申办土地使用权转让公证,除提交与土地使用权出让公证相同的材料外,还有以下几种材料:①关于转让人已按土地使用权出让合同规定的期限和条件,投资开发利用土地的证明文件;②土地使用权转让合同正本;③土地使用权证件及原土地使用权出让合同正本。

(3)对申办土地使用权转让公证的审查。公证处应着重审查以下内容:

①当事人提供的证明材料是否属实、有效。

②当事人的办证目的。

③合同条款是否完备。合同内容包括:①当事人双方的名称、住址,法定代表人的姓名;②转让人取得土地使用权的依据与方式;③转让土地使用权的依据与方式;④被转让土地的位置、面积、用途和其他地上物、附着物;⑤地上物及其他附着物是否转让的规定;⑥转让期限;⑦转让金数额及支付的币种、方式、时间;⑧违约责任;⑨其他事项。

④合同规定的土地使用地块、条件、用途及期限,是否与出让合同和登记文件中载明的权利义务相符。转让活动不对国家土地所有权产生任何影响。

⑤转让方是否已按土地使用权出让合同规定的期限和条件,投资、开发和利用土地。依各国通例,转让方须在对土地进行一定开发之后,才能转让其权利。

⑥转让价格是否合理,是否符合有关规定。转让价格明显低于市场价格的,应与当地土地管理部门联系,做出调整。我国法律规定,国家在土地使用权买卖交易中有优先购买权。国家的优先购买权为一项法定权利,不依当事人约定,当事人也不能以约定加以剥夺。这项权利适用于一切国有土地使用权的买卖。

⑦土地用途。需要改变土地使用权出让合同规定的土地用途的,应当征得出让方同意,即报经土地管理部门、城市规划部门批准,依照有关规定重新签订土地使用权出让合同,调整土地使用权出让金,并办理登记。

⑧登记。土地使用权的转让为不动产物权的变更,须办理登记手续。

⑨被转让的土地使用权有无出租情况。承租人具有物权性质的租赁权。在租赁关系存

续期间,出租人可以将国有土地使用权转让给他人(依出售、交换、赠与、继承方式),但这一行为不能消灭其租赁权,承租人仍可对新的土地使用权享有者主张租赁权。同时,承租人还有先买权,即土地使用权享有者将土地使用权出售时,承租人具有在同等条件优先购买的权利。

⑩土地使用权有无抵押情况。我国法律规定,国有土地使用权可以抵押。抵押时,地上建筑物、附着物随之抵押。以国有土地使用权抵押,只能抵押土地使用权出让合同规定的使用年限的余期使用权。如果转让方已将土地使用权抵押,则抵押权人具有优先权。

二、建设用地的抵押

(一)抵押的范围

我国法律明确规定,建设用地的所有权不得抵押。

可以设定抵押权的,包括建设用地的使用权、建筑物、正在建造的建筑物、土地附着物。土地使用权抵押时,其地上建筑物、其他附着物随之抵押。地上建筑物、其他附着物抵押时,其使用范围内的土地使用权随之抵押。

耕地、宅基地、自留地、自留山等集体所有土地的使用权,但法律规定可以抵押的除外。乡镇、村企业的建设用地使用权不得单独抵押,以乡镇、村企业的厂房等建筑物抵押的,其占用范围内的建设用地使用权一并抵押。

乡村企业集体土地使用权设定抵押存在四个限制:①土地使用权必须已经经过县级土地管理部门登记,未经登记的不得设定抵押;②土地上必须有厂房等地上建筑物。如果只是一块空地,不得设定抵押;③土地只能与土地上的厂房等地上建筑物一并设定抵押,不得单独设定抵押;④抵押的范围是厂房等地上建筑物占用范围内的土地使用权,而不是全部地块的土地使用权。

设定抵押权的土地使用权必须同时具备两个法定条件:第一,土地使用权必须是抵押人有权依法予以处分的;第二,土地使用权必须是依照法律法规的规定可以转让的,否则将影响抵押合同的效力。依据我国目前法律规定,集体土地使用权中可以抵押的只是特定的集体土地建设用地使用权,即《担保法》规定的两种情况:第一,抵押人依法承包并经发包方同意抵押的荒山、荒沟、荒丘、荒滩等农村集体荒地的土地使用权(以下简称"四荒"土地使用权);第二,乡(镇)村企业以厂房等建筑物抵押的,其占用范围内的土地使用权可同时抵押(以下简称乡村企业集体土地使用权)。上述抵押涉及的集体土地使用权,在抵押权实现后,未经法定程序不得改变土地集体所有的性质和原土地用途。

(二)抵押权的实现

土地使用权抵押,抵押人与抵押权人应当签订抵押合同。抵押合同不得违背国家法律、法规和土地使用权出让合同的规定。土地使用权和地上建筑物、其他附着物抵押,应当按照规定办理抵押登记。抵押权自登记之日起设立。

抵押权因债务清偿或者其他原因而消灭的,应当依照规定办理注销抵押登记。

抵押人到期未能履行债务或者在抵押合同期间宣告解散、破产的,抵押权人有权依照国家法律、法规和抵押合同的规定处分抵押财产。因处分抵押财产而取得土地使用权和地上建筑物、其他附着物所有权的,应当依照规定办理过户登记。

处分抵押财产所得,抵押权人有优先受偿权,新增建筑物不属于抵押财产的,可一并处分,但无优先受偿权利。

三、建设用地使用权的丧失

建设用地使用权丧失有两种情况:第一种情况是土地丧失导致土地使用权不存在;第二种情况是建设用地的土地使用权被政府收回。

地震、山崩和泥石流等自然灾害导致土地灭失而失去土地使用权的情况比较罕见,但也是存在的。此种情况下,如果土地使用权是通过划拨方式取得的,则土地所有者可能无须进行补偿。但若土地使用权是通过有偿的出让方式或者租赁方式获得的,在土地使用权到期前,土地由于自然灾害丧失了,则政府作为土地所有者是否需要退回相应年期部分的出让金或者租金呢?即便允许追回该部分出让金或者租金,但是土地出让或租赁都转手过多次,费用也层层追加,最后的土地使用者付出的转让或租赁支出费用可能超过原土地出让金和政府收取的租金,此时当如何进行相关费用的退回操作呢? 这些都是我国土地管理领域尚未涉及的问题。有关于此,尚没有法律性文件规定。

(一)正常收回的情况

有下列情形之一的,由有关人民政府土地行政主管部门报经原批准用地的人民政府或者有批准权的人民政府批准,可以收回国有土地使用权:① 为实施城市规划进行旧城区改建以及其他公共利益需要,确需使用土地的;②土地出让等有偿使用合同约定的使用期限届满,土地使用者未申请续期或者申请续期未获批准的;③因单位撤销、迁移等原因,停止使用原划拨的国有土地的;④公路、铁路、机场、矿场等经核准报废的。依照第①项的规定收回国有土地使用权的,对土地使用权人应当给予适当补偿。

国家对土地使用者依法取得的土地使用权,在出让合同约定的使用年限届满前不收回;在特殊情况下,根据社会公共利益的需要,可以依照法律程序提前收回,并根据土地使用者使用土地的实际年限和开发土地的实际情况给予相应的补偿。土地使用权出让合同约定的使用年限届满,土地使用者未申请续期或者虽申请续期但依照前款规定未获批准的,土地使用权由国家无偿收回。

《国有土地上房屋征收与补偿条例》(590号)规定,市、县级人民政府做出房屋征收决定后应当及时公告。公告应当载明征收补偿方案和行政复议、行政诉讼权利等事项。市、县级人民政府及房屋征收部门应做好房屋征收与补偿的宣传、解释工作。房屋被依法征收的,国有土地使用权同时收回。

(二)非正常情形的土地使用权收回

以出让方式取得土地使用权进行房地产开发的,必须按照土地使用权出让合同约定的土地用途、动工开发期限开发土地,满2年未动工开发的,可以无偿收回土地使用权。

《城镇国有土地使用权出让和转让暂行条例》规定,土地使用者应当按照土地使用权出让合同的规定和城市规划的要求,开发、利用、经营土地。未按合同规定的期限和条件开发、利用土地的,市、县人民政府土地管理部门应当予以纠正,并根据情节可以给予警告、罚款直至无偿收回土地使用权的处罚。

1. 闲置土地的认定。

（1）闲置土地的认定标准，包括：①国有建设用地使用权人超过国有建设用地使用权有偿使用合同或者划拨决定书约定、规定的动工开发日期满一年未动工开发的；②已动工开发但开发建设用地面积占应动工开发建设用地总面积不足 1/3 或已投资额占总投资额不足 25%，中止开发建设满一年的国有建设用地。

（2）因政府原因导致闲置土地的情形包括：①因未按照国有建设用地使用权有偿使用合同或者划拨决定书约定、规定的期限、条件将土地交付给国有建设用地使用权人，致使项目不具备动工开发条件的；②因土地利用总体规划、城乡规划依法修改，造成国有建设用地使用权人不能按照国有建设用地使用权有偿使用合同或者划拨决定书约定、规定的用途、规划和建设条件开发的；③因国家出台相关政策，需要对约定、规定的规划和建设条件进行修改的；④因处置土地上相关群众信访事项等无法动工开发的；⑤因军事管制、文物保护等无法动工开发的；⑥政府、政府有关部门的其他行为。

（3）因自然灾害等不可抗力导致的闲置土地。

2. 闲置土地的处理。

（1）因企业自身原因导致闲置土地的处理：①未动工开发满一年的，按照土地出让或者划拨价款的百分之二十征缴土地闲置费，闲置费应当自《征缴土地闲置费决定书》送达之日起三十日内缴纳；②未动工开发满两年的无偿收回国有建设用地使用权，企业应自《收回国有建设用地使用权决定书》送达之日起三十日内到市、县国土资源主管部门办理国有建设用地使用权注销登记，交回土地权利证书。同时，闲置土地设有抵押权的，同时抄送相关土地抵押权人。

（2）因政府或政府相关部门的原因或不可抗力原因导致闲置土地的处理。由市、县国土资源主管部门与用地使用权人协商按下列方式处置：①签订补充协议，延长动工开发期限，但延长动工开发期限最长不得超过一年；②调整土地用途、规划条件，按新用途重新办理相关手续；③由政府安排临时使用但临时使用期限不得超过两年；④协议有偿收回国有建设用地使用权；⑤置换土地，但前提是已缴清土地价款、落实项目资金，且因规划依法修改造成闲置的。

（3）企业违反法律、合同约定恶意囤地、炒地的情形。企业违反法律、合同约定恶意囤地、炒地的，在闲置土地处理完毕前，在当地不得申请新的用，不得办理闲置土地的转让、出租、抵押和变更登记。

第四节　建设用地取得的相关费用

建设用地取得方式主要有划拨、出让、租赁和转让等几类，通过划拨方式取得土地使用权需要承担征地补偿费用或对原用地单位或（和）个人进行拆迁补偿；通过租赁方式获得一定年限土地使用权需要支付租金；通过出让方式获得土地使用权需要向土地所有者支付土地使用权出让金；通过转让方式获得土地使用权的，需要向原土地使用权人支付对价。

一、征地补偿费用

征地补偿费用主要由土地补偿费、青苗补偿费、地上附着物补偿费、安置补助费、新菜地开发建设基金、耕地占用税、土地管理费等内容组成。

(一)土地补偿费

土地补偿费是指因国家征用土地对土地所有者和土地使用者收益造成损失的补偿。按照国家政策有关规定,土地补偿费由被征地单位用于恢复和发展生产,土地补偿费的补偿对象是土地所有人。土地补偿费只能由被征地单位用于再生产投资,不得付给农民个人。

征用土地的,必须按照被征用土地原来用途进行补偿费用计算。征用耕地的土地补偿费,为该耕地被征用前三年平均年产值的六至十倍。征用其他土地的补偿标准,由省、自治区、直辖市参照征用耕地的补偿标准规定。

(二)青苗补偿费

青苗补偿费是指国家征用土地时,农作物正处在生长阶段而未能收获,国家应给予土地承包者或土地使用者的经济补偿。

被征用土地,在拟定征地协议以前已种植的青苗,应当酌情给予补偿。但是,在征地方案协商签订以后抢种的青苗、抢建的地上附着物,一律不予补偿。被征用土地上的青苗补偿标准,由省、自治区、直辖市规定。

实践中,在征用前土地上长有的青苗,因征地施工被毁掉的,应由用地单位按照在田作物一季产量、产值计算,给予补偿。具体补偿标准,应根据当地实际情况而定。对于刚刚播种的农作物,按其一季产值的 1/3 补偿工本费,对于成长期的农作物,最高按一季产值补偿;对于粮食、油料和蔬菜青苗,能够得到收获的,不予补偿,不能收获的按一季补偿;对于多年生长的经济林木,要尽量移植,由用地单位支付移植费,如必须砍伐的,由用地单位按实际价值补偿,对于成材林木,由林权所有者自行砍伐,用地单位只付伐工工时费,不予补偿。

(三)地上附着物补偿费

地上附着物,是指在土地上建造的建筑物(如平房,楼房及附属房屋等),构筑物(如水塔,水井,桥梁等)及地上定着物(如花草树木,铺设的电缆等)的总称。地上附着物补偿依据,是拆什么,补什么;拆多少,补多少。被征用土地上的附着物补偿标准,由省、自治区、直辖市规定。

(四)安置补助费

安置补助费是指国家在征用土地时,为了安置以土地为主要生产资料并取得生活来源的农业人口的生活,所给予的补助费用。

根据《土地管理法》,有如下规定:

征收土地应当给予公平、合理的补偿,保障被征地农民原有生活水平不降低、长远生计有保障。

征收土地应当依法及时足额支付土地补偿费、安置补助费以及农村村民住宅、其他地上附着物和青苗等的补偿费用,并安排被征地农民的社会保障费用。

征收农用地的土地补偿费、安置补助费标准由省、自治区、直辖市通过制定公布区片综合地价确定。制定区片综合地价应当综合考虑土地原用途、土地资源条件、土地产值、土地区位、土地供求关系、人口以及经济社会发展水平等因素,并至少每三年调整或者重新公布一次。

征收农用地以外的其他土地、地上附着物和青苗等的补偿标准,由省、自治区、直辖市制定。对其中的农村村民住宅,应当按照先补偿后搬迁、居住条件有改善的原则,尊重农村村民意愿,采取重新安排宅基地建房、提供安置房或者货币补偿等方式给予公平、合理的补偿,并对因征收造成的搬迁、临时安置等费用予以补偿,保障农村村民居住的权利和合法的住房财产权益。

县级以上地方人民政府应当将被征地农民纳入相应的养老等社会保障体系。被征地农民的社会保障费用主要用于符合条件的被征地农民的养老保险等社会保险缴费补贴。被征地农民社会保障费用的筹集、管理和使用办法,由省、自治区、直辖市制定。

(五)耕地占用税

耕地占用税是对占用耕地建房或从事其他非农业建设的单位和个人,就其实际占用的耕地面积征收的一种税,属于对特定土地资源占用课税。耕地占用税兼具资源税与特定行为税的性质,采用地区差别税率,在占用耕地环节一次性课征,税收收入专用于耕地开发与改良。

耕地占用税的纳税义务人,是占用耕地建房或从事非农业建设的单位和个人。所称单位包括国有、集体、私营、股份制、外商投资、外国以及其他企业和事业单位、社会团体、国家机关、军队以及其他单位;所称个人包括个体工商户以及其他个人。

耕地占用税的征税范围包括建房或从事其他非农业建设而占用的国家所有和集体所有的耕地。占用鱼塘及其他农用土地建房或从事其他非农业建设,也视同占用耕地,必须依法征收耕地占用税。在占用之前三年内属于上述范围的耕地或农用土地,也视为耕地。

税收优惠包括如下:

免征耕地占用税的包括:①军事设施占用耕地;②学校、幼儿园、养老院、医院占用耕地。

减征耕地占用税的包括:①铁路线路、公路线路、飞机场跑道、停机坪、港口、航道占用耕地,减按每平方米2元的税额征收耕地占用税。根据实际需要,国务院财政、税务主管部门商国务院有关部门并报国务院批准后,可以对前款规定的情形免征或者减征耕地占用税。②农村居民占用耕地新建住宅,按照当地适用税额减半征收耕地占用税。农村烈士家属、残疾军人、鳏寡孤独以及革命老根据地、少数民族聚居区和边远贫困山区生活困难的农村居民,在规定用地标准以内新建住宅缴纳耕地占用税确有困难的,经所在地乡(镇)人民政府审核,报经县级人民政府批准后,可以免征或者减征耕地占用税。

免征或者减征耕地占用税后,纳税人改变原占地用途,不再属于免征或者减征耕地占用税情形的,应当按照当地适用税额补缴耕地占用税。

根据自2019年9月1日起施行的《中华人民共和国耕地占用法》(中华人民共和国第18号主席令)有关规定,耕地占用税的税额如下:①人均耕地不超过1亩的地区(以县级行政区域为单位,下同),每平方米为10元至50元;②人均耕地超过1亩但不超过2亩的地区,每平方米为8元至40元;③人均耕地超过2亩但不超过3亩的地区,每平方米为6元至30元;④人均耕地超过3亩的地区,每平方米为5元至25元。各地区耕地占用税的适用税额,由省、自治区、直辖市人民政府根据人均耕地面积和经济发展等情况,在上述规定的税额幅度内提出,报同级人民代表大会常务委员会决定,并报全国人民代表大会常务委员会和国务院备案。且各省、自治区、直辖市耕地占用税适用税额的平均水平,不得低于《中华人民共和国耕地占用法》所附《各省、自治区、直辖市耕地占用税平均税额表》规定的平均税额。同时,在人均耕地低于 0.5 亩的地区,省、自治区、直辖市可以根据当地经济发展情况,适当提高耕地占用税的适用税额,但提高的部分不得超过本法第四条第二款确定的适用税额的 50%。占用基本农田的,适用税额加按 150%征收。

(六)土地管理费

土地管理费是土地管理部门从征地费中提取的用于征地事务性工作的专项费用。土地管理费实行由县、市人民政府统一负责组织征用,包干使用。县、市提取的土地管理费,按一定比例上交给上级土地管理部门,作为征地服务所必需的费用。上缴的具体比例由省、自治区、直辖市、人民政府确定。土地管理费专款专用,主要用于:征地、拆迁、安置工作的办公、会议费;招聘人员的工资、差旅、福利费;业务培训、宣传教育、经验交流和其他必要的费用。

县、市土地管理部门从征地费中提取土地管理费的比率,按不同情况确定不同的标准。凡一次性征地数量较多,动迁安置工作量不大,牵涉人力较少的,一般可提取 1%左右,如有特殊情况,经省、自治区、直辖市、人民政府批准,可适当提高取费比率,但最高不得超过 2%;一次性征地数量较少,动迁安置工作量大,牵涉人力较多的,一般可提取 2%左右,如有特殊情况,经省、自治区、直辖市、人民政府批准,可适当提高取费比率,但最高不得超过 4%。

需要说明的是,上述七项费用,形成土地使用权获取成本的基本组成部分。这些费用代表的是该地区通过征用手段获得的土地使用权费用的最低水平,不是每一宗土地的使用权价格,也不是市场机制选择出来的土地使用权价格。

二、国有土地上房屋征收补偿费用

城市规划区内土地均属国有,征收国有土地上房屋应对被征收人给予补偿。在城市规划区内对国有土地上房屋实施拆迁,必须先征收国有土地上单位、个人所有的房屋。国有土地上房屋征收补偿的主要依据是 2011 年 1 月 19 日起施行的《国有土地上房屋征收与补偿条例》(第 590 号)。

为了公共利益的需要,征收国有土地上单位、个人的房屋,应当对被征收房屋所有权人(以下称被征收人)给予公平补偿。

(一)国有土地上房屋征收的主体

市、县级人民政府负责本行政区域的房屋征收与补偿工作。

市、县级人民政府确定的房屋征收部门(以下称房屋征收部门)组织实施本行政区域的房屋征收与补偿工作。

房屋征收部门可以委托房屋征收实施单位,承担房屋征收与补偿的具体工作。房屋征收实施单位不得以营利为目的。房屋征收部门对房屋征收实施单位在委托范围内实施的房屋征收与补偿行为负责监督,并对其行为后果承担法律责任。

(二)征收决定

为了保障国家安全、促进国民经济和社会发展等公共利益的需要,有下列情形之一,确需征收房屋的,由市、县级人民政府作出房屋征收决定:

1. 国防和外交的需要;

2. 由政府组织实施的能源、交通、水利等基础设施建设的需要;

3. 由政府组织实施的科技、教育、文化、卫生、体育、环境和资源保护、防灾减灾、文物保护、社会福利、市政公用等公共事业的需要;

4. 由政府组织实施的保障性安居工程建设的需要;

5. 由政府依照城乡规划法有关规定组织实施的对危房集中、基础设施落后等地段进行旧城区改建的需要;

6. 法律、行政法规规定的其他公共利益的需要。

确需征收房屋的各项建设活动,应当符合国民经济和社会发展规划、土地利用总体规划、城乡规划和专项规划。保障性安居工程建设、旧城区改建,应当纳入市、县级国民经济和社会发展年度计划。

制定国民经济和社会发展规划、土地利用总体规划、城乡规划和专项规划,应当广泛征求社会公众意见,经过科学论证。

做出房屋征收决定前,征收补偿费用应当足额到位、专户存储、专款专用。

房屋被依法征收的,国有土地使用权同时收回。

房屋征收范围确定后,不得在房屋征收范围内实施新建、扩建、改建房屋和改变房屋用途等不当增加补偿费用的行为;违反规定实施的,不予补偿。

房屋征收部门应当将前款所列事项书面通知有关部门暂停办理相关手续。暂停办理相关手续的书面通知应当载明暂停期限。暂停期限最长不得超过1年。

（三）补偿

1. 补偿的范围。做出房屋征收决定的市、县级人民政府对被征收人给予的补偿包括:

(1)被征收房屋价值的补偿;

(2)因征收房屋造成的搬迁、临时安置的补偿;

(3)因征收房屋造成的停产停业损失的补偿。

市、县级人民政府应当制定补助和奖励办法,对被征收人给予补助和奖励。

征收个人住宅,被征收人符合住房保障条件的,做出房屋征收决定的市、县级人民政府应当优先给予住房保障。具体办法由省、自治区、直辖市制定。

2. 被征收房屋价值的确定。对被征收房屋价值的补偿,不得低于房屋征收决定公告之日被征收房屋类似房地产的市场价格。被征收房屋的价值,由具有相应资质的房地产价格评估机构按照房屋征收评估办法评估确定。

对评估确定的被征收房屋价值有异议的,可以向房地产价格评估机构申请复核评估。对复核结果有异议的,可以向房地产价格评估专家委员会申请鉴定。

房屋征收评估办法由国务院住房城乡建设主管部门制定,制定过程中,应当向社会公开征求意见。

房地产价格评估机构由被征收人协商选定;协商不成的,通过多数决定、随机选定等方式确定,具体办法由省、自治区、直辖市制定。

房地产价格评估机构应当独立、客观、公正地开展房屋征收评估工作,任何单位和个人不得干预。

3. 对被征收人的安置。被征收人可以选择货币补偿,也可以选择房屋产权调换。

被征收人选择房屋产权调换的,市、县级人民政府应当提供用于产权调换的房屋,并与被征收人计算、结清被征收房屋价值与用于产权调换房屋价值的差价。

因旧城区改建征收个人住宅,被征收人选择在改建地段进行房屋产权调换的,做出房屋征收决定的市、县级人民政府应当提供改建地段或者就近地段的房屋。

因征收房屋造成搬迁的,房屋征收部门应当向被征收人支付搬迁费;选择房屋产权调换的,产权调换房屋交付前,房屋征收部门应当向被征收人支付临时安置费或者提供周转用房。

对因征收房屋造成停产停业损失的补偿,根据房屋被征收前的效益、停产停业期限等因素确定。具体办法由省、自治区、直辖市制定。

房屋征收部门应当依法建立房屋征收补偿档案,并将分户补偿情况在房屋征收范围内向被征收人公布。

4. 纠纷解决的安排。市、县级人民政府及其有关部门应当依法加强对建设活动的监督管理,对违反城乡规划进行建设的,依法予以处理。

市、县级人民政府做出房屋征收决定前,应当组织有关部门依法对征收范围内未经登记的建筑进行调查、认定和处理。对认定为合法建筑和未超过批准期限的临时建筑的,应当给予补偿;对认定为违法建筑和超过批准期限的临时建筑的,不予补偿。

房屋征收部门与被征收人就补偿方式、补偿金额和支付期限、用于产权调换房屋的地点和面积、搬迁费、临时安置费或者周转用房、停产停业损失、搬迁期限、过渡方式和过渡期限等事项,订立补偿协议。

补偿协议订立后,一方当事人不履行补偿协议约定的义务的,另一方当事人可以依法提起诉讼。

房屋征收部门与被征收人在征收补偿方案确定的签约期限内达不成补偿协议,或者被征收房屋所有权人不明确的,由房屋征收部门报请做出房屋征收决定的市、县级人民政府,按照征收补偿方案做出补偿决定,并在房屋征收范围内予以公告。

补偿决定应当公平,被征收人对补偿决定不服的,可以依法申请行政复议,也可以依法提起行政诉讼。

实施房屋征收应当先补偿、后搬迁。做出房屋征收决定的市、县级人民政府对被征收人给予补偿后,被征收人应当在补偿协议约定或者补偿决定确定的搬迁期限内完成搬迁。任何单位和个人不得采取暴力、威胁或者违反规定中断供水、供热、供气、供电和道路通行等非法方式迫使被征收人搬迁。禁止建设单位参与搬迁活动。

被征收人在法定期限内不申请行政复议或者不提起行政诉讼,在补偿决定规定的期限内又不搬迁的,由做出房屋征收决定的市、县级人民政府依法申请人民法院强制执行。

强制执行申请书应当附具补偿金额和专户存储账号、产权调换房屋和周转用房的地点和面积等材料。

2011年版的房屋征收条例的一大缺陷就是没有涉及国有土地使用权提前收回的问题。由于国家征收国有土地上房屋,导致国家出让的土地使用权提前被收回,因此,国家必须对剩余年限的土地使用权进行相应补偿。但新版房屋征收条例侧重于国有土地上房屋征收,未重视剩余年限的土地使用权的补偿。

三、土地使用权出让与转让的费用

通过向政府支付土地使用权出让金,可以获得土地使用权,取得建设用地。或者通过支付一笔有偿转让费,从其他拥有土地使用权的单位或者个人那里通过转让方式获得其剩余年限的土地使用权,取得建设用地。

土地出让金,指各级政府土地管理部门将土地使用权出让给土地使用者,按规定向受让人收取的土地出让的全部价款(指土地出让的交易总额),或土地使用期满,土地使用者需要续期而向征管部门③缴纳的续期土地出让价款,或原通过行政划拨获得土地使用权的土地使用者,将土地使用权有偿转让、出租、抵押、作价入股和投资,按规定补交的土地出让价款。即,在土地国有的情况下,国家以土地所有者的身份将土地使用权在一定年限内让与土地使用者,土地使用者一次性或分次支付的一定数额的货币款称为土地出让金。

转让土地时,转让价格由转让方与受让方协商确定,政府一般不会对转让价格做出严格限制或者规定,但会对转让条件做出一些限制。此外,转让土地使用权,要向土地受让者征收契税,转让土地如果升值,要向转让者征收土地增值税。

通过土地出让和转让方式获得建设用地而支付的土地使用权出让金和转让费用,即是建设用地取得的成本费用,也是房地产价值的主要组成部分。

四、土地有偿使用费

(一)新增建设用地土地有偿使用费征收范围

新增建设用地为农用地和未利用地转为建设用地。新增建设用地土地有偿使用费,由市、县人民政府按照自然资源部或省、自治区、直辖市自然资源主管部门核定的当地实际新增建设用地面积、相应等别和征收标准缴纳。新增建设用地土地有偿使用费的征收范围为:土地利用总体规划确定的城市(含建制镇)建设用地范围内的新增建设用地(含村庄和集镇新增建设用地);在土地利用总体规划确定的城市(含建制镇)、村庄和集镇建设用地范围外单独选址、依法以出让等有偿使用方式取得的新增建设用地;在水利水电工程建设中,移民迁建用地占用城市(含建制镇)土地利用总体规划确定的经批准超出原建设用地面积的新增建设用地。因违法批地、占用而实际发生的新增建设用地,应按照自然资源部认定的实际新增建设用地面积、相应等别和征收标准缴纳新增建设用地土地有偿使用费。

(二)新增建设用地土地有偿使用费征收等别和征收标准

从 2007 年 1 月 1 日起,新批准新增建设用地的土地有偿使用费征收标准在原有基础上(如表 10-4 所示)提高 1 倍。同时,根据各地行政区划变动情况,相应细化新增建设用地土地有偿使用费征收等别。

---

③ 我国已于 2021 年 7 月 1 日起开始试点推行土地使用权出让收入征管职责划转,征管权由原土地管理部门划转至税务部门,2022 年 1 月 1 日起全面实施。见《关于将国有土地使用权出让收入、矿产资源专项收入、海域使用金、无居民海岛使用金四项政府非税收入划转税务部门征收有关问题的通知》财综〔2021〕19 号。

表 10-4　新增建设用地土地有偿使用费征收标准　（单位：元/平方米）

等别	1	2	3	4	5	6	7	8	9	10	11	12	13	14	15
标准	140	120	100	80	64	56	48	42	34	28	24	20	16	14	10

（三）地方新增建设用地土地有偿使用费分成管理方式

新增建设用地土地有偿使用费征收标准提高后,仍实行中央与地方 30:70 分成体制。同时,为加强对土地利用的调控,从 2007 年 1 月 1 日起,调整地方分成的新增建设用地土地有偿使用费管理方式。地方分成的 70%部分,一律全额缴入省级(含省、自治区、直辖市、计划单列市,下同)国库。

参 考 文 献

[1]刘长滨.工程经济学[M].4 版.北京:机械工业出版社,2015.

[2]刘允延.建设工程造价管理[M].2 版.北京:机械工业出版社,2017.

[3]中国资产评估协会.建筑工程评估[M].北京:经济科学出版社,2017.

[4]李湘洲.新型建筑节能材料的选用与施工[M].北京:机械工业出版社,2012.

[5]吴民.建筑装饰构造与材料[M].天津:天津大学出版社,2011.

[6]何延树,等.建筑材料[M].北京:中国建筑工业出版社,2018.

[7]李茂英,杨映芬.建筑工程造价管理[M].2 版.北京:北京大学出版社,2017.

[8]中国建设工程造价管理协会.建设项目投资估算编审规程[M].北京:中国计划出版
社,2015.

[9]杨静,王炳霞.建筑工程概预算与工程量清单计价[M].2 版.北京:中国建筑工业出
版社,2014.

[10]袁建新.工程量清单计价[M].4 版.北京:中国建筑工业出版社,2015.

[11]陈志华,刘勇.建筑工程经济[M].北京:中国水利水电出版社,2009.

[12]尤嘎·尤基莱托.建筑保护史[M].郭旃,译.北京:中华书局,2011.

[13]魏闽.历史建筑保护和修复的全过程[M].南京:东南大学出版社,2011.

[14]易红霞,等.建筑工程计量与计价[M].长沙:中南大学出版社,2021

[15]李刚,李娜,梅向荣.建设工程全程法律风险控制[M].北京:法律出版社,2011.

[16]莫曼君.建设工程相关法律法规及案例[M].北京:中国电力出版社,2016.

[17]赵研.建筑工程基础知识[M].北京:中国建筑工业出版社,2016.

[18]全国造价工程师职业资格考试培训教材编审委员会.全国一级造价工程师执业资
格考试培训教材:建设工程计价(2019 年版)[M].北京:中国计划出版社,2019.

[19]全国造价工程师职业资格考试培训教材编审委员会.全国一级造价工程师执业资
格考试培训教材:建设工程造价管理(2019 年版)[M].北京:中国计划出版
社,2019.

[20]颜剑锋,等.建筑工程安全管理[M].北京:中国建筑工业出版社,2013.

[21]刘新佳.建筑工程材料手册[M].北京:化学工业出版社,2010.

[22]中国房地产估价师与房地产经纪人学会.房地产估价理论与方法[M].北京:中国
建筑工业出版社,2020.

[23]刘长滨等.建筑工程技术经济学[M].4 版.北京:中国建筑工业出版社,2015.

[24]罗福午.土木工程(专业)概论[M].4 版.武汉:武汉理工大学出版社,2012.

[25]孙玉红.房屋建筑构造[M].4 版.北京:机械工业出版社,2020.

[26]赵西平.房屋建筑学[M].2 版.北京:中国建筑工业出版社,2017.

[27]李必瑜,王雪松.房屋建筑学[M].4 版.武汉:武汉理工大学出版社,2012.